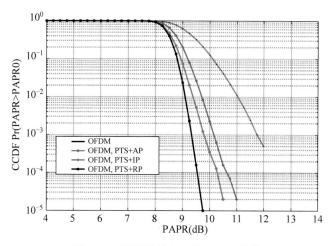

图 3-20　不同分割方法的 CCDF 曲线

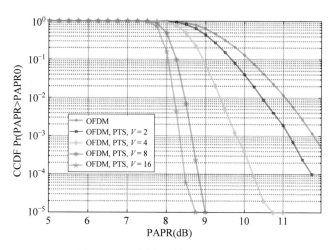

图 3-21　不同分块数的 CCDF 曲线

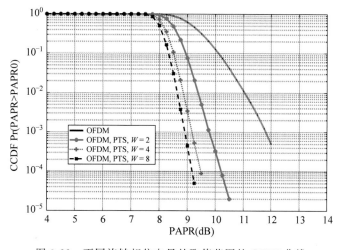

图 3-22　不同旋转相位向量的取值范围的 CCDF 曲线

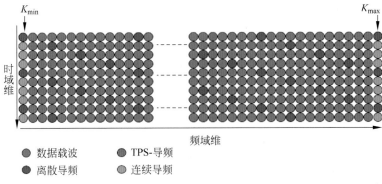

图 6-4 OFDM 帧中导频插入位置示意图

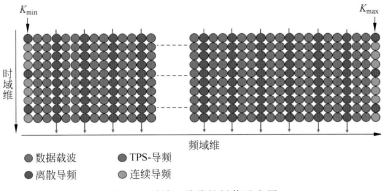

图 6-6 时域二维线性插值示意图

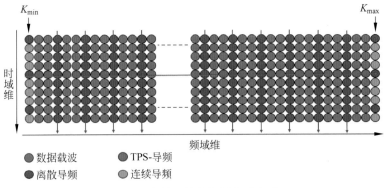

图 6-7 频域二维线性插值示意图

教育部高等学校电子信息类专业教学指导委员会规划教材

高等学校电子信息类专业系列教材

移动多媒体通信及其MATLAB实现

胡峰 李树锋 编著

清华大学出版社

北京

内 容 简 介

本书系统介绍了移动多媒体通信关键技术研究及其 MATLAB 实现。全书共 9 章,内容包括:移动多媒体通信系统和技术框架及发展现状(第 1 章),概括了 4G 通信的精髓和 5G 通信的前沿;多载波发射机调制技术研究及系统平台的 MATLAB 实现(第 2 章和第 3 章),详细描述了 OFDM 调制技术、多载波峰均比问题及功放优化关键技术;无线信道建模分析(第 4 章),详细介绍了移动场景下信道特征和建模方法;OFDM 接收机关键技术研究(第 5 章和第 6 章),包括时间、频率同步的方式和方法,信道估计算法和系统化 MATLAB 实现,设计并仿真了 MIMO-OFDM 系统模型,完成接收关键技术的性能分析;毫米波大规模MIMO 系统关键技术研究(第 7 章),包括毫米波大规模 MIMO 系统模型、信道估计、资源分配和能效优化技术及 MATLAB 建模分析;Simulink 建模(第 8 章和第 9 章),给出了 OFDM 系统和直接序列扩频通信系统的技术框架和 Simulink 仿真分析。

本书结构合理,条理清晰,内容丰富,可作为移动通信技术研究人员的参考用书。

图书在版编目(CIP)数据

移动多媒体通信及其 MATLAB 实现/胡峰,李树锋编著.—北京:清华大学出版社,2023.4
高等学校电子信息类专业系列教材
ISBN 978-7-302-63043-2

Ⅰ.①移… Ⅱ.①胡… ②李… Ⅲ.①Matlab 软件-应用-移动通信-多媒体通信-高等学校-教材 Ⅳ.①TN929.5 ②TN919.85

中国国家版本馆 CIP 数据核字(2023)第 043964 号

责任编辑:赵 凯
封面设计:李召霞
责任校对:申晓焕
责任印制:朱雨萌

出版发行:清华大学出版社
    网 址:http://www.tup.com.cn,http://www.wqbook.com
    地 址:北京清华大学学研大厦 A 座   邮 编:100084
    社 总 机:010-83470000   邮 购:010-62786544
    投稿与读者服务:010-62776969,c-service@tup.tsinghua.edu.cn
    质量反馈:010-62772015,zhiliang@tup.tsinghua.edu.cn
    课件下载:http://www.tup.com.cn,010-83470236
印 装 者:三河市铭诚印务有限公司
经 销:全国新华书店
开 本:185mm×260mm 印 张:20.5 插 页:1 字 数:502 千字
版 次:2023 年 6 月第 1 版   印 次:2023 年 6 月第 1 次印刷
印 数:1～1500
定 价:69.00 元

产品编号:090231-01

序言
PREFACE

本书通过融合多媒体通信领域的前沿理论和当前工程应用热点技术,使之具有理论性、实用性、系统性和前瞻性。5G 时代,智能媒体通信、新型多媒体广播技术的不断发展,对于移动通信网络整体性能的优化有了新的要求,不仅要提升资源传输效率,增强频谱利用率,还要保证数据的传输质量和资源效率。本书重点描述移动多媒体通信技术的基本概念、基本理论、系统性能以及算法应用情况,结合移动多媒体广播和 5G 通信的发展趋势,对前沿技术进行深层的分析。依托实际的通信和广电系统案例进行详细分析和 MATLAB 建模,将基本理论、关键技术以更为直观易懂的方式展现给读者,以使读者能够充分掌握系统分析方法,掌握 4G/5G 移动通信和移动多媒体广播的核心技术和研究热点。

全书共 9 章,分别由移动多媒体通信的 MATLAB 仿真与 Simulink 仿真两部分组成。在第 1~7 章,从移动多媒体通信系统和技术框架出发,逐步介绍移动多媒体通信的发射机系统设计、基于智能功放的能耗优化技术、移动通信信道建模、同步和信道估计等接收机关键技术、毫米波大规模 MIMO 系统信道估计和能效优化等关键技术。第 8、9 章为通信系统 Simulink 仿真,介绍了 OFDM 系统和直接序列扩频通信系统的技术框架和 Simulink 仿真分析。

在本书编写和出版过程中,得到了中国传媒大学信息与通信工程学院领导的大力支持,并得到了国家重点研发计划(编号 2021YFF0900702)、中央高校基本科研业务费专项资金项目、北京市高校高精尖学科建设项目(GJJ2100704)以及教育部新工科研究与实践项目的大力支持,在此表示深深的感谢。特别感谢李树锋老师在 Simulink 仿真模块资料整理、文字编排上所做的大量工作。同时感谢中国传媒大学金立标教授在本书写作过程中给予的指导和帮助,此外,还要特别感谢中国传媒大学信息与通信工程学院 2020 届硕士毕业生王凯悦、2021 届硕士毕业生李磊、2019 级硕士研究生徐鸿以及 2021 级硕士研究生梁雅娟对本书所做的贡献。

限于作者认知水平和写作时间,书中难免存在错误和不足之处,欢迎读者批评指正。

胡 峰

2023 年 4 月 16 日于中国传媒大学

配套资源使用说明：

为了方便教学,本书配有微课视频、教学大纲、教学课件、源代码、思维导图等资源。

(1) 获取微课视频方式：

先扫描本书封底的文泉云盘防盗码,再扫描书中相应的视频二维码,即可观看教学视频。

(2) 获取源代码方式：

先扫描本书封底的文泉云盘防盗码,再扫描书中相应章节的源代码二维码,即可获取。

(3) 其他资源可先扫描本书封底的文泉云盘防盗码,再扫描下方二维码,即可获取。

教学大纲　　　　　　　教学课件　　　　　　　思维导图

目 录
CONTENTS

第 1 章

移动多媒体通信技术概述

随着移动通信和数据传输技术的日新月异,信息传播的广泛性、实时性、移动性、媒体融合性成为无线通信发展的主旋律。而多元媒介形态的通信是信息化的产物,并广泛应用于各行各业中,在现代化生产、生活中发挥着不可替代的作用。多媒体通信技术实质上是多媒体技术和通信技术的综合产物。移动多媒体通信,是一种通过卫星或地面波传输音视频和数据业务等多媒体信息,再利用移动终端设备或电视终端接收的通信系统。数字多媒体通过媒体传输通道提供实时、多元、便携和移动接收的多媒体业务,是电信和广播技术融合的产物,满足了现代社会"信息到人"的需求,成为信息科学领域发展最快的热点之一。

新的多媒体业务也为无线通信系统带来了更多的业务增长空间,多媒体宽带传输业务将占据未来网络中过半的移动业务量。数字多媒体通信作为一种新兴的媒体业务,与其他无线传输系统相比,具有以下鲜明的特点:

(1)数字多媒体通信不受时空限制,可以随时随地接收多媒体信息。作为一种媒体功能应用,增强了国家应对突发事件的能力。

(2)数字多媒体业务内容更加丰富,覆盖区域更广,信息的传递更具时效。同时由于信息社会对视频质量的需求不断演进,高清、超高清、沉浸式等媒体业务的移动接收已成为数字多媒体通信的重要发展方向。

(3)数字多媒体通信创造了新的收视方式和时尚潮流,随时随地的便携、移动式接收,极大地提高了收视率和传播效率。

移动多媒体通信具有以下几大特点:

(1)利用无线信道进行传输;

(2)无线信道传输媒介特征复杂且干扰较大;

(3)可提供高清、超高清、沉浸式视频流以及数据等多种形式的业务;

(4)支持各种固定、便携和移动接收的各类终端;

(5)采用高效的数字通信技术。

1.1 多媒体通信系统概述

多媒体通信系统常规的分类方式是依照传输介质进行划分,可分为有线通信和无线通信。有线通信指使用有形的媒体作为传输介质的通信方式,如双绞线、同轴电缆和光缆作为媒介的通信;无线通信指以电磁波、光波等在自由空间传播的通信媒介,如无线电、微波、红外线、可见光等通信。移动通信是以无线电波作为传输手段的地面通信,满足了无线通信的特征,又具备大范围、移动性的特点。

1.1.1 移动多媒体通信发展现状

20世纪90年代以来,移动多媒体通信系统在全球范围内得到了飞速的发展和应用。目前,世界上主要有四种主流数字移动多媒体通信标准制式。

1. 欧洲DVB-T/T2、DVB-H/SH/NGH系统

DVB-T2是目前世界上最先进的数字广播系统,是DVB-T的演进,设计为静态接收与便携接收,欧洲率先将多输入多输出(Multiple Input Multiple Output,MIMO)技术引入数字广播系统,同时在移动环境中也具有非常好的性能。DVB-H(Handheld,手持)作为DVB-T的扩展和改进,支持便携/移动终端的多媒体业务。对应地,DVB-NGH是DVB-T2的演进标准,以广覆盖和移动性为优化目的,成为新一代移动多媒体广播技术的代表。

2. 美国ATSC、ATSC3.0系统

20世纪90年代,美国制定了ATSC(Advanced Television Systems Committee)标准,之后美国着眼于高清视频和固定接收,针对多径接收的问题,提出了地面接收的改进标准ATSC-M/H,用于提供移动终端、便携终端的多媒体业务。2018年,美国发布了新一代数字电视标准ATSC3.0,首次将层分复用(Layered Division Multiplexing,LDM)技术应用到地面广播标准,该技术具备高清晰、交互式、高频谱效率、移动场景的稳定接收能力等特点。

3. 中国DTMB、CMMB系统

中国于2007年颁布数字地面多媒体广播(Digital Terrestrial Multimedia Broadcasting,DTMB)标准,并成为中国广播业地面电视信号的强制标准。DTMB以TDS-OFDM调制技术为核心,替代欧洲CP-OFDM调制框架,在提高系统吞吐量的同时增强了移动接收能力。2006年颁布的中国移动多媒体广播(Chinese Mobile Multimedia Broadcasting,CMMB)系统是专门针对手持和移动终端设计的电视业务和无线电业务的系统。该系统利用S波段实现卫星传输与地面网络联合的"空天地一体化"覆盖,支持全国漫游,并支持多类型视频业务的移动接收。

4. 5G广播

5G同样支撑多媒体广播业务规划,同时组播/广播模式会增强新空口(New Radio,NR)核心架构在3GPP Rel-17中的演进和规范。一种模式是基于LTE(Long Term Evolution)框架设计的广播服务模式,是Rel-8 LTE标准化之后开始的LTE广播。里程碑的事件是Rel-14专门设立了"增强电视服务"(EnTV)工作组,并在LTE广播能力方面取得重大进展。紧接着,3GPP Rel-16设立了演进工作组,针对Rel-14界定了5G地面广播eMBMS业务场景。Rel-16改进版eMBMS系统也就是LTE的5G地面广播。MT-2020提交的版本ITU-R M.2412-0包含单播、组播和广播部分,并规范了如何能同时具备这三种接入能力。在另一种模式下,3GPP确定了一种灵活的组播服务方式作为5G的基本特性。2018年成立的NR混合模式广播/多播工作组开始研究NR启用广播/多播传输的关键因素。2019年3GPP设计了一种新的PTM传输模式,支持在NR上动态分配单播和组播资源,称为Rel-17 5G NR混合模式,该模式尽可能地利用现有的NR无线电组件和设施,通过相应的调整,在相同数据内容的多个用户之间实现高效多播/广播传输,并最大限度地与目

前的 NR Rel-15 兼容。5G 广播被认为是未来移动多媒体广播业务的主要演进趋势。

1.1.2 多媒体通信技术发展

1928 年世界上第一次进行电视发射,标志着多媒体业务从此进入黑白电视时代,但是黑白电视所提供的图像与现实生活中的视觉色彩有很大差距,之后就进入了彩色电视时代。此过程大概经历了 70 多年,在此期间,多媒体一直在进行从黑白电视向彩色电视的演进。

1. 数字化

20 世纪后期从模拟通信到数字通信的演变才真正称得上是革命性的变革。模拟信号的特点是在信息传输过程中把信息作为连续值处理;在模拟通信中,将载波的振幅、频率和相位成比例变化并以此进行信息传递。数字通信的核心定义是将模拟信号在发射端经过抽样、量化和编码,转换成二进制数字格式,然后对这些数字信号进行音视频处理、存储、记录和传输;数字接收机在准确实现系统同步和基于正确信道估计的信号均衡后,再通过上述过程的逆过程,完成数字信号的接收、处理和呈现。数字通信的特点是增加了数字信号处理的过程,获得了功能性的优化和多元化。

模拟通信的缺陷:

(1) 从节目源的质量和长期保存或者传播需求来看,图像清晰度差,存在亮色干扰和大面积闪烁,数据流不能多次复制。

(2) 从信号传输的效率看,模拟通信带宽应用受限很大,频谱利用率不高。同时,由于同频和邻频干扰的影响,相邻地区不得不使用不同的模拟频带去传输相同内容,以避免频率互相干扰和蜂窝边界的弱-强干扰问题,从而降低频谱利用率。在广电系统中,为了降低邻频干扰会间隔若干频道,频率越高,间隔的频带越宽,导致频谱利用率的进一步降低。

(3) 从信号的传输质量看,模拟信号在地面传输时由于抗多径干扰能力差,在多径干扰下会产生"鬼影",严重影响接收效果;同时,模拟电视接力传输会产生噪声累积,使信噪比不断恶化,无法实现远距离地面接力传播。

(4) 模拟信号的大功率特性更容易产生非线性失真,从模拟发送、网络设备和接收终端的性能来看,电路非线性会造成图像几何式失真和恶化,而放大器的相位失真则会导致色彩失真,使"鬼影"现象更加严重。

另外,模拟通信存在稳定度差、有时域混叠、调整复杂、不便集成、不易实现自动控制和监测等缺点。

数字通信的优势:

数字通信则具有更强的抗干扰能力、无噪声积累、更高的频谱效率,能够提供较高质量的信号覆盖等优点。

(1) 模拟信号经过数字化后转换为用若干位长二进制表示的基带信号,因而对于在连续处理或在传输过程中引入的噪声,在无误码的条件下,可通过数字信号再生技术去除噪声干扰。

(2) 在传输过程和信号处理过程中产生的误码且在纠错能力范围的,可以利用信道编码、译码技术予以纠正,实现近似无误码传输。

(3) 在数字信号传输系统中,只要系统设计合理,通过引入数字信号处理,不会降低节目的质量;而模拟信号在处理和传输过程中都可能引入新的噪声,造成噪声积累,且不可逆,使得节目质量不断下降。

(4)可以利用信噪比和误比特率等量化标准判定数字信号质量,且评估方式满足噪声统计特征。数字信号在时域和频域都是均匀和量化的,信号失真满足稳态特性,可量化统计。而模拟信号的评价方式通常是主观和客观评价相结合,相同的噪声条件下,不同的节目类型,信号质量差异也较大,无法获得稳态的统计特性。

(5)具有较高的传输效率,可实现多功能复用。数字通信可以合理地利用各种类型的频谱资源。以地面电视为例,由于高效的滤波方式,数字电视可以启用模拟电视"禁用频道",而且能够采用"单频网"(Single Frequency Network,SFN)技术应对临频和同频干扰,获得频谱效率的提升。同时数字化减少了传输所需带宽,使得频谱资源利用率大大提高。

2. 交互式

在传统媒体广播信道的基础上增加回传信道,实现交互功能。通过交互的形式获取多种感官呈现信息,并增强了信息源自主灵活性,受众不仅获得了全新的媒介体验形式,还增加了社交性、个性化、定制性和多元感知渠道。

3. 超高清与沉浸式

更高清逼真的视频体验和高速传输速度,会激发用户对视频内容和应用的极大需求,同时海量的视频流量将带来更大的网络压力,以AI和IT为主的软性计算资源的迭代将是未来媒体通信时代克服资源瓶颈、降低资源消耗、硬件成本,提升资源利用率的重要手段,会加速新媒体行业的发展,给用户带来更加极致、形式更加丰富生动的观看体验。高质量VR、AR、全息等技术的融合应用与内容处理正走向云端,满足用户日益增长的体验要求的同时降低了设备价格,VR/AR将成为未来网络最有潜力的大流量业务。全息媒体时代,用户不仅能体验到全息视频,还能实现触觉、味觉等五官全方位的感知,是超高清加物联网的最典型应用。利用通信技术与媒体业务的结合并应用服务于更多行业,将迎来产业升级的大爆发。

1.2 移动多媒体通信系统组成

1.2.1 多媒体通信系统组成结构

如图1-1所示,多媒体通信系统可以分为发射系统、信道和接收系统。具体地,媒体设

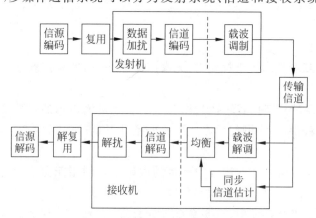

图1-1 多媒体通信系统组成结构

备采集信息经由信源编码和复用,得到多媒体传输流(Transport Stream,TS)或 IP 数据流,接入发射机系统。发射机将量化编码的比特流信号进行加扰,实现频域均匀化和数据随机化,经由信道编码保证信号的可靠传输,通过数字调制和载波调制,将基带信号以高频谱效率、高可靠性的方式调整到适合信道传输的数据格式。经由有线、卫星和无线等信道,传输至接收端。接收端完成信号同步,并对接收到的信号做均衡处理(基于信道估计和同步技术校正信道失真)。并经由信道解码纠正信道传输、信号处理过程中等效噪声引入的误码。将精确解调的 TS 流信号进行解复用和信源解码,还原成视频流给显示终端。

1.2.2　信源编码

随着大量视频类应用的问世,视频成为多媒体业务的主要形式,视频媒体传输的要求也越来越高。视频信源编码技术是多媒体传输的关键条件。国际普遍使用的是欧美 MPEG 专家组研发的第一代标准,如 MPEG-2;第二代视频信源编码标准也广泛使用,如 MPEG-4 和在此基础上开发出的 H.264 以及中国自主研发的 AVS。

视频播放的原理是通过高速地播放连续图像帧,利用视觉残留效应实现动态视频呈现。以 MPEG-2 为例,压缩编码分为帧内编码和帧间编码两部分。帧内编码在压缩过程中只是针对一帧图像内的空间相关性;帧间编码则以时间为参数,并利用相邻图像帧作为参考来预测估计某帧图像,从而去除视频信号的时间冗余度,使数据率可以得到很大的压缩。

1. 帧内编码

帧内编码主要包含离散余弦变换、量化和熵编码。

(1) 离散余弦变换(DCT):DCT 是一种空间变换,用以量化出人的感官信息。DCT 的最大特点是对于一般的图像都能够将像块的能量集中于少数低频 DCT 系数上,而其余系数的数值很小,这样就能只编码和传输少数系数而不严重影响图像质量。DCT 不能直接对图像产生压缩作用,但对图像的能量具有很好的集中效果,为压缩打下了基础。

(2) 量化:量化是针对 DCT 变换系数进行的,量化过程就是以某个量化步长去除 DCT 系数,通过映射关系减少所需传输的信息量。量化步长的大小称为量化精度,量化步长越小,量化精度越细,包含的信息就越多,但所需的传输频带越高。不同的 DCT 变换系数对人类视觉感应的重要性是不同的,因此编码器根据视觉感应准则,对低频和高频的 DCT 变换系数采用不同的量化精度,在清晰度约束下,保证尽可能多地包含特定的 DCT 空间频率信息,但又使量化精度不超过需要。在 DCT 变换系数中,低频系数对视觉感应的重要性较高,量化精度较高。通常情况下,DCT 变换块中的大多数高频系数量化后都会变为零。量化造成的信息损失是无法弥补的,量化过程是不可逆的。

(3) 熵编码:经过之字形扫描,将量化的 DCT 矩阵重构成数据流,生成 DCT 系数的一种有效的离散表示,再对其进行比特流编码,产生用于传输的数字比特流。熵编码是基于编码信号的统计特性,使得转换的比特率下降。熵编码中使用较多的一种是霍夫曼编码,该编码通过确定所有编码信号的概率后生产一个码表,利用熵的定义对经常发生的大概率信号分配较少的比特表示,对不经常发生的小概率信号分配较多的比特表示,使得整个码流的平均长度趋于最短。

2. 帧间编码

连续帧之间满足缓慢变化关系,通过计算连续帧之间的 DCT 系数变化,得出运动向量,通过参考帧和运动向量可以重构当前帧,而运动向量所需信息量远比传输连续帧要小得多。运动向量的计算过程满足在参考帧条件下,足以精确清晰恢复当前帧,且尽可能少地传输运动变化向量。

在 MPEG-2 中有 3 种常见的图像类型,即 I 帧、P 帧和 B 帧,可以根据这些类型选择合适的预测模式。I 帧也称内部帧,是不参考任何图像的编码图像,只能进行帧内编码,同时作为其他帧的参考帧。P 帧称为单向预测帧,利用前述 I 帧或 P 帧进行运动估计预测,将以前的图像作为参考进行序列预测,可以同时压缩时间和空间冗余度。B 帧称为双向预测帧,可以利用前后的 I 帧或 P 帧图像进行运动估计和采样插值。B 帧除了参考前向预测帧,还可以参考后向预测帧进行预测,引入了更多的信息量,因此恢复精度和压缩效率最高。

1.2.3 复用

复用器接收来自信源编码器的视频、音频编码比特流,通过系统复用层规范和复用策略将其交织复用成单一的 TS 流。复用包含业务的复用和节目的复用,业务的复用可将数据、视频、音频编码比特流复用成一路比特流;而节目的复用可将不同节目/用户的业务比特流进一步复用成一路 TS 流,通过发射机资源整合调制传输。为了在解码端实现不同节目和同套节目音频、视频的解码同步,需在视频、音频码流复用中插入时间标识及系统控制等信息。解复用的功能正好与复用相反,通过精确的时间标识和控制信息进行界定和业务解耦,将基本流从复合 TS 流中分离出来,送到相应的基本流解码器中,实现媒体的解调。另外,解复用器还担负系统时钟恢复的功能。

1.2.4 信道编码

信道编码与纠错是无线通信系统中一个极为重要的组成部分。数字信号在无线信道中传输时,不可避免地会受到环境和移动场景的影响,使信号产生严重的失真甚至误码。信道编码通过数字编码约束,在接收端从被噪声污染的信号中恢复出原始信息。通过发射机的信道编码器对传输的信息元按一定的规则加入冗余编码,组成差错控制编码。接收端的信道译码器按照特殊的检错和纠错的规则和图样进行译码,从而提高和保证通信系统的可靠性。

1948 年,香农发表开创性的论文《通信的数学理论》,提出香农第二定理,奠定了信道编码领域的理论基石。逼近香农限的编码方案中,最具代表性的要数 Turbo 码和 LDPC 码。1993 年,研究人员发现 Turbo 码能够让无线链路的性能逼近香农极限,随后掀起了迭代译码技术的研究热潮。3G/4G 系统引入了新兴的 Turbo 码,Turbo 码凭借较低的译码复杂度和较高的译码性能得以广泛应用。1963 年,Robert Gallager 提出 LDPC 编码,并随着 Turbo 码的发展不断演进。LDPC 码首次在 WiMAX 标准中得到应用,之后被广泛应用于 WiFi 标准(如 IEEE802.11n 和 IEEE802.11ad 等)、地面电视标准(如 DVB-T/T2 和 DTMB 等)。经过多年的研究和发展,凭借显著的性能和复杂度优势,LDPC 码在 2016 年被 3GPP 确认为 5G NR 标准的数据信道编码方案。

1.2.5 载波调制

载波调制技术是将基带信号转换为载波信号,以适应信道传输、资源划分和资源效率的一种高效的转换/映射技术。正交频分复用技术是一种逼近香农极限的多载波调制技术,在地面数字电视、WiFi等通信中应用广泛。同时,因其良好的抗多径和脉冲噪声的能力、在高效带宽利用率情况下的高速传输能力、根据信道条件对子载波进行灵活调制及功率分配的能力、实现简单等优良特性而被认为是5G通信系统的核心传输技术。而5G通信针对不同业务需求划分了不同的业务场景,为了应用在不同的场景,对正交频分复用技术进行了适应性演进,诞生了多种新型多载波调制技术,如滤波器组多载波(Filter Bank Multi-carrier,FBMC)技术、广义频分复用(Generalized Frequency Division Multiplex,GFDM)技术和全局滤波多载波(Universal Filtered Multi-carrier,UFMC)技术。

通过多载波调制可以有效实现各子载波带宽设置、各子载波交叠程度的灵活控制,使相邻子载波的干扰得到有效控制,并充分利用零散的频谱资源,实现频域维资源的高效复用。同时,各子载波无须同步,检测、信道估计等均在各子载波上单独处理,简化了接收的复杂度和解调的性能,有效增强了媒体传输的移动性。

1.2.6　信道估计与均衡

为了进行通信系统的功率分配、信号检测及波束成形,对所接收信号进行相干解调、信道解码都需要较为准确的信道状态信息作为先决条件。无线通信在传输过程中经过复杂特征的信道衰落,接收端的关键就是针对信道失真进行相应的均衡和校正。实际上,信道状态信息是未知的,需要通过专门的方法估计得到。能否准确地从接收信号中恢复信道状态信息是保证信号解调,发挥其优越性的关键所在。

高速移动环境的信道更加恶化,时变性更快,待估计的参数更多,因此对多媒体传输系统的信道估计和跟踪是较复杂困难的,信道估计对实时性和精度的要求也越来越高,信道估计技术作为多媒体传输系统的实施基础一直在不断改进。由于信道和噪声都具有随机性,要想准确获得信道状态信息比较困难,需要相应的优化技术进一步提升精度。在无线通信标准中,在发送有用数据包之前,通常需要发送一定的导频来实现系统同步,因此信道估计可以利用已有的导频序列来实现,从而不增加系统额外开销。充分利用导频信息和信号统计特征,提高频谱利用率,增强估计精确度一直是无线通信的研究热点。另外,通过同步和检测技术,充分利用同步反馈的多径时延和频偏信息,以此提升信道估计算法的精度,以适应高速移动环境下信号的传输,也是接收系统的关键所在。

1.3　5G移动通信关键技术及未来媒体通信发展前景

在4G基础上,5G对于移动多媒体通信提出了更高的要求,不仅在速率,还在功耗、时延等多方面有了全新的提升。相应的媒体呈现生态也产生了翻天覆地的变化,不断向超高清/沉浸式视频传输和展示场景演进。

国际标准化组织(3GPP)定义了5G的三大应用场景。其中,eMBB指超高清/沉浸式视频等大流量移动宽带业务,mMTC指大规模物联网业务,URLLC指车联网等低时延、高可靠连接的业务。5G的三大应用场景对传输网络提出了更高指标,不仅要实现大容量、大速率;而且对功耗、时延等提出了更高的要求。5G的基本性能可概括为6个功能指标加3个效率指标,其中6个功能指标包括:用户体验速率、连接数密度、端到端时延、流量密度、移动性和峰值速率。具体地,500km/h的移动性、1ms的空口时延、100万/km² 的连接数密度、$10\text{Mbit}/(\text{s}\cdot\text{m}^2)$ 的流量密度,用户体验速率达到 100Mbps～1Gbps、峰值速率达到 20Gbps。相比于 4G 系统,5G 系统的基本性能获得大幅提升,3 个效率指标中,频谱效率提高 5～15 倍,能源效率和成本效率提高百倍以上。

1.3.1　5G 关键技术框架

5G 技术创新主要来源于无线技术和网络技术两方面。基于软件定义网络、网络功能虚拟化、网络切片的新型网络架构成为 5G 满足异构需求、提升网络资源效率和适配性的主要网络技术手段。基于滤波的正交频分复用、滤波器组多载波调制、毫米波大规模 MIMO、非正交多址、全双工、灵活双工、终端直通(D2D)、多元低密度奇偶检验(Q-ary LDPC)码、网络编码、极化码等新型无线通信技术成为 5G 大容量、高密度、超高频、低时延、高性能的关键保障。

1. 非正交多址接入(Non-Orthogonal Multiple Access,NOMA)技术

4G 网络采用正交频分多址(OFDM)技术,OFDM 不但可以克服多径干扰问题,而且和 MIMO 技术配合,极大地提高了数据速率。从 2G 到 4G,不断在时域、频域、码域上升级复用技术,而 NOMA 等效为在 OFDM 的基础上增加了一个维度——功率域。功率域可以利用不同的路径损耗来实现资源复用。NOMA 可以利用不同的路径损耗的差异来对多路发射信号进行叠加,从而提高信号增益。能够让同一小区覆盖范围的所有移动设备都能获得最大的可接入带宽,以解决由于大规模连接带来的网络挑战。NOMA 的另一优点是,无须知道每个信道的信道状态信息,从而有望在高速移动场景下获得更好的性能,并能组建更好的移动节点回程链路。3GPP 已将 NOMA 列为 5G NR 新的研究项目,将在 5G+/6G 中继续发力和优化。

2. 滤波组多载波(FBMC)技术

在 OFDM 系统中,各个子载波在时域相互正交,载波频谱相互重叠,因而具有较高的频谱利用率。OFDM 技术一般应用在无线系统的数据传输中,由于无线信道的多径效应,使符号间产生干扰。为了消除符号间干扰(Inter-Symbol Interference,ISI),可在符号间插入保护间隔;为了消除码间干扰,通常采用循环前缀(Cycle Prefix,CP)充当保护间隔。由于 CP 是系统开销,降低了频谱效率。除了 OFDM 作为关键传输技术之外,5G 同时给出了适用不同场景的多载波调制技术。比较典型的是,FBMC 利用一组不交叠的带限子载波实现多载波传输,该调制对于频偏引起的载波间干扰非常小,因此不需要 CP,从而有效提高了频率效率。针对超高频、超宽带的新型多载波调制技术一直是 5G/6G 通信的关键研究方向。

3. 大规模 MIMO(Massive MIMO)技术

相较于传统的 MIMO 技术,大规模 MIMO 技术部署了更为密集的天线,可以极大地增强信号强度,提高数据传输速率及信号可靠性,相应的大规模 MIMO 数字信号处理算法可以适配获得系统容量、频谱和能量效率的增强。大规模 MIMO 系统的基站天线数目巨大,使得波束集中在一个较小范围内,有效降低了小区和用户间干扰。

毫米波的稀疏性强,波长短,抗干扰能力强,适合在基站端安装大规模的天线阵列。大规模 MIMO 和毫米波技术融合的异构网络系统实现了技术的优势互补。研究表明,在毫米波大规模 MIMO 系统中,通过预编码技术改变发射策略,并在接收端进行均衡,可以获得极大的空间复用增益,从而显著提高系统容量。

大规模 MIMO 技术已经广泛应用于各种实际场景。例如在人群密集的通信场景下,用户配对复杂度高,系统容量不足,大规模 MIMO 技术可以提高空间复用增益和波束赋形能力从而服务更多的用户。在高层建筑类场景中,控制信道、导频信号覆盖性能与数据信道不平衡,信号穿透墙壁后严重衰减,大规模 MIMO 通信在垂直面采用大规模天线阵列,可明显加强对高层建筑的覆盖,同时更多的高频段天线形成指向性极强的波束从而补偿毫米波传输的路径损耗。在天线阵列的发射端利用毫瓦级的输出功率放大设备代替目前使用的大功率放大设备,实现了能耗成本的大幅降低,明显提高能量效率。

4. 毫米波(millimetre Waves,mmWaves)超高频传输技术

移动通信传统 3GHz 以下的工作频段主频谱早已枯竭,而高频段(如毫米波、厘米波频段)可用频谱资源丰富,能够有效缓解频谱资源紧张的现状,可以实现极高速短距离通信,支持 5G 容量和传输速率等方面的需求。信道容量与带宽和信噪比成正比,为了满足 5G 网络 Gpbs 级的数据传输速率,需要更大的带宽。典型的毫米波的频率范围从 30GHz 到 300GHz,包含足够的可用带宽,具备较高的天线增益。特别地,超过 6GHz 的毫米波通信已被应用于 5G NR,并作为未来蜂窝技术在工业界和学术界得到了广泛的研究。得益于有效提升频谱效率的技术(如大规模 MIMO、超高频调制技术),可以以简单的技术框架实现超宽带、大容量通信。毫米波超高频传输技术可以支持超高速的传输率,且波束窄、灵活可控,可支撑连接大量设备的应用场景,避免小区间干扰。超宽带、小型化的天线和设备,较高的天线增益是高频段毫米波移动通信的主要优点,但也存在传输距离短、穿透和绕射能力差、容易受气候环境影响等缺点。射频器件、系统设计等方面的问题也有待进一步研究和解决。

5. 认知无线电技术(Cognitive Radio Spectrum Sensing Techniques)

认知无线电技术可以对现有频谱进行动态感知,包含:窄带感知、窄带频谱监测、宽带感知、协作感知。认知无线电技术最大的特点就是能够动态地选择无线信道,在不产生干扰的前提下,通过不断感知频率,选择并使用可用的无线频谱,提高资源的动态效率。

6. 同时同频全双工

同时同频全双工技术吸引了业界各方的注意力。在相同的频段,通信双方同时发射和接收信号,并在频谱中混叠同传,与传统的 TDD 和 FDD 双工方式相比,可使空口频谱效率翻倍,使得频谱资源的使用更加灵活。但是,全双工技术需要具备极高的干扰消除能力,同时还存在相邻小区同频干扰问题,在多天线及密集组网场景下,全双工技术的应用难度更大,使得干扰消除技术成为重要的研究方向。

7. D2D

传统蜂窝系统以基站为中心实现小区覆盖,而基站及中继站无法移动,使其网络结构在灵活度上有一定的限制。D2D 技术不依赖基站就能够实现通信终端之间的直接通信,以此拓展网络连接和接入方式。在短距离、高质量信道通信场景中,D2D 能够实现较高的数据传输速率、较低的时延和功耗;并通过泛在化的终端,能实现频谱资源的高效利用;支持更灵活的网络架构和连接方法,提升了链路灵活性和网络可靠性。D2D 增强技术,包括基于 D2D 的中继技术、多天线技术和联合编码技术等都是 5G 的研究方向。

8. 多技术载波聚合(Multi-Technology Carrier Aggregation)

5G 网络是一个融合和异构的网络,载波聚合技术不但支持 LTE 内载波间的聚合,还可以扩展到与 3G、WiFi 等网络的融合。多技术载波聚合与异构网络的融合框架,终将实现万物之间的无缝连接。

9. 超密度异构网络（Ultra-Dense Hetnets）

5G 通信正朝着网络多元化、宽带化、综合化、智能化的方向演进。未来井喷式增长的数据业务将主要分布在室内和热点地区，使得超密集网络成为实现 5G 大容量提升的重要手段。超密集网络能够改善网络覆盖，大幅度提升系统容量，实现业务分流，支持更灵活的网络部署和更高效的频率复用。立体分层网络（HetNet）结构不断将大蜂窝进行分层部署，在宏蜂窝网络层中划分大微蜂窝（Microcell）、微微蜂窝（Picocell）、毫微微蜂窝（Femtocell）等接入网络，通过密集化、大容量的部署来满足数据流量增长的需求。同时，密集网络部署也使得网络拓扑更加复杂，小区间干扰也更加恶劣，极大地降低了网络能效。消除干扰、密集小区间协作部署、资源之间的正交复用、增强终端移动性等方案都是 5G 密集网络方面的研究热点。

10. 新型网络架构

在 4G 中，LTE 接入网采用网络扁平化架构以减小系统时延，降低组网和维护成本。5G 主要采用 C-RAN 的集中化处理、协作式无线电和实时云计算构架的绿色无线接入网构架。通过充分利用低成本高速光传输网络，直接在远端天线和集中化的中心节点间传送无线信号，以构建覆盖多区域的无线接入系统。C-RAN 架构融合协同优化技术，可减小区域干扰、降低功耗、提升频谱效率，同时便于实现动态的智能化组网，集中处理有利于资源动态调度，全局优化，减少组网、运营和维护成本。

1.3.2 多媒体通信发展趋势

5G 致力于重新构建信息与通信技术的生态系统，成为社会数字化发展的强力催化剂。5G 技术正推动超高清/沉浸式视频传输的发展和变革；新媒体行业快速发展、媒体行业激增的数据量对网络传输能力提出了前所未有的挑战。IMT-2020（5G）推进组发布的《5G 新媒体行业白皮书》显示，2011 年至今，媒体行业的发展迅猛，年复合增长率 14.2%，产业体量已经超过 2 万亿。其中，广播电视等传统媒体在媒体总产业体量的占比从 2011 年起逐年下降，目前已低至 13%；同期，新媒体（互联网及移动互联网）数据在媒体总产业体量的占比从 39% 提升至 66%。"信息视频化、视频超高清化"已经成为全球信息产业发展的大趋势。从增长和规模来看，到 2022 年超高清视频占视频流量的百分比将高达 35%，并将迅速成为视频的主要业务形式。5G 将驱动超高清视频产业应用的飞跃提升。5G 与超高清视频技术的结合，为未来创造了无限可能。

5G 已经渗透到社会的各个垂直领域，以用户为中心构建全方位的信息生态系统，使信息突破时空限制，提供的极佳交互体验，将为用户带来身临其境的信息盛宴和沉浸感的多媒体呈现。5G 将拉近万物的距离，通过无缝融合的方式，便捷地实现人与万物的智能互联。5G 为用户提供光纤般的接入速率，"零"时延的使用体验，千亿设备的连接能力，超高流量密度、超高连接数密度和超高移动性等多场景的一致服务、业务及用户感知的智能优化，将为网络带来超百倍的能效提升和超百倍的比特成本降低，最终实现"信息随心至，万物触手及"的总体愿景。

第 2 章

OFDM 调制发射机系统

随着无线通信技术的发展和移动多媒体通信标准的演进,提供更高的传输速率一直都是主要的目标之一。多载波调制(Multi-Carrier Modulation,MCM)技术采用多个相邻副载波来调制信号,将高速串行数据流转换成多个并行低速数据流,可以降低频率选择性衰落对系统造成的影响,从而更容易实现高速数据传输。其中最具代表性的是 OFDM 多载波调制技术,作为实现宽带/超宽带通信的有效技术手段,OFDM 的研究热度经久不衰。OFDM 由于具备良好的抗多径和脉冲噪声的能力、在高效带宽利用率情况下的高速传输能力、根据信道条件对子载波进行灵活调制及功率分配的能力、实现简单等优良特性而被广泛应用在容易受外界干扰或者抵抗外界干扰能力较差的传输介质中,比如地面无线信道。

源代码

OFDM 技术最早提出时主要用于军用的无线高频通信系统,例如 KINEPLEX、ANDEFT 及 KNTHRYN 等系统,极其复杂的实现结构限制了它的进一步推广。直到20 世纪 70 年代,离散傅里叶变换用以实现多个载波的并行调制,简化了 OFDM 系统调制结构,使得 OFDM 技术更趋于实用化。20 世纪 80 年代提出了采用循环前缀作为保护间隔(Guard Interval,GI)的方法来避免多径引起的符号间干扰(Inter-Symbol Interference,ISI)和载波间干扰(Inter-Carrier Interference,ICI),以维持子载波间的正交性。同期,产业界开始研究如何将 OFDM 技术应用于高速移动通信。发展至今,OFDM 技术的研究深入各种无线调频信道上的宽带数据传输系统中,因其系统结构简单、传输容量大、抗干扰能力强、成本低而被广泛应用于高速率、宽带传输系统中。此外,由于 OFDM 快速实现算法快速傅里叶逆变换(Inverse Fast Fourier Transform,IFFT)和快速傅里叶变换(Fast Fourier Transform,FFT)的出现,使得硬件实现非常便捷,已经被主流的通信标准所采纳,例如,欧洲数字音频广播(DAB)、地面数字视频广播(DVB-T/T2 系列)、无线局域网标准 IEEE 802.11a/n/ac/ad、ETSI 的 HiperLAN2、日本的 MMAC、无线城域网标准 IEEE802.16 和中国的DTMB 等标准。国际电信联盟(ITU-T)于 2008 年发布了以码分多址(Code Division Multiple Access,CDMA)为核心技术的第三代移动通信技术(3G)。3G 商业阶段采用长期演进计划(Long Term Evolution,LTE),用 OFDM 技术来代替码分多址技术。2013 年公布的第四代移动通信技术(4G)的核心为正交频分多址(Orthogonal Frequency Division Multiplexing Access,OFDMA),OFDMA 是 OFDM 的扩展延伸,仍然是使用多载波承载数据。上述通信标准中,OFDMA 技术得到了广泛的关注,并被列入 3GPP 的主选方案和认知无线电网络 IEEE802.22 的候选方案。目前正在推广的 5G 系统采用了 OFDM 技术。表 2-1 给出了全球数字多媒体广播主要标准的对比情况。OFDM 的研究伴随着移动多媒体通信新兴技术的发展历程,已经成为新一代移动多媒体广播技术的风向标。

表 2-1　全球数字多媒体广播主要标准对比情况

	DVB-H	MediaFLO	T-DMB	S-DMB	DTMB	CMMB
国家/地区	欧洲	美国	韩国	韩国	中国	中国
带宽/MHz	6～8	6	2	25	8	8/2
最大码率/Mbps	12/8	11	1.5	7	32	16/3.2
交织深度/s	<0.25	0.75	0.25	3.5	0.25	1
信道切换/s	5	1～2	1.5	5	1.5	1～2
系统性能 (E_b/N_0, dB)	4.5	2.0	4.5	4.5	2.0	2.0
调制技术	4K OFDM	4K OFDM	1K OFDM	CDM	4K OFDM	1/4K OFDM

随着 OFDM 技术的发展,也出现了一系列改进型技术,以解决 OFDM 本身的一些问题。

(1) OFDM 本身不具备多址能力,需要和其他的多址技术,如 TDMA、CDMA、FDMA 等结合以实现多址复用,包括 OFDMA、MC-CDMA、直接序列扩频(MC-DS-CDMA)、可变扩频因子正交频码分复用(VSF-OFCDM)等技术。

(2) 未来移动多媒体广播将在高稳定性和高数据传输速率的前提下,满足高清晰度多媒体的多种综合业务需求。在频谱资源有限的情况下,实现数据内容的快速传输,需要频谱效率极高的技术,而高数据传输速率也是 OFDM 技术的一大瓶颈。OFDM 技术通常采用增加子载波数量的方式来提高传信率,但这种办法会造成带宽的增大并伴随着系统复杂度的急剧增加。而新一代通信和多媒体系统的核心技术中,OFDM 结合 MIMO 和大规模 MIMO 技术的应用是提高频谱效率的主选方案。

(3) 传统的基于循环前缀的 OFDM 存在带外泄漏高、同步要求严格、载波分配不够灵活等缺点,无法同时应对各种丰富的业务场景。5G 中异构网络需求的支撑能力,能够根据业务场景来动态地选择和配置不同的多载波传输参数,是对 5G 多载波传输技术的必然要求,后续出现的 OFDM 改进型技术,比如滤波器组多载波(Filter Bank Multi-carrier,FBMC)技术、广义频分复用(Generalized Frequency Division Multiplex,GFDM)技术和全局滤波多载波(Universal Filtered Multi-carrier,UFMC)技术等已经成为 5G 通信超宽带的主要载波调制手段。

2.1　OFDM 多载波调制技术

2.1.1　OFDM 调制原理

传统的频分复用(Frequency Division Multiplexing,FDM)技术是通过不同的频率传输数据,各频段之间互不干扰,依靠较大的频率间隔来避免干扰,频谱利用率极低。与之相比,OFDM 系统子载波之间的正交特性允许子载波频谱的交叠,对应每个子信道上的传输符号都不会受到其他子信道符号的干扰,可以从相互重叠的子信道中独立解调出每个子信道符号,充分利用了频谱资源,极大提高了频谱利用率。

高速串行数据发射方法最大的缺陷在于其符号速率太高,符号周期 T_s 可能远小于多径时延 T_d,导致严重的符号间干扰。因此不得不牺牲均衡的复杂度,极大地限制了串行数据发射的实际应用。OFDM 多载波调制系统将高速传送的数据流分成 N 组以较低速率传送的并行子数据流,传输系统中的 OFDM 调制和解调模块如图 2-1 所示。OFDM 调制模块将数据信息调制成适合信道传输的载波信号,而 OFDM 解调模块将接收的载波信号转换成适宜恢复的频带数据,进而完成数字化解调。

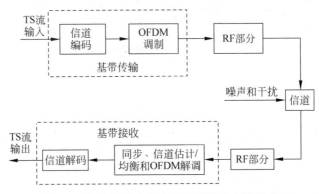

图 2-1　传输系统中的 OFDM 调制和解调模块

OFDM 调制过程利用子载波的平移正交性,将整个信道带宽划分为一系列子信道,使每个子载波所占带宽小于多径信道相干带宽,将频率选择性衰落信道转换为一系列平坦衰落子信道,接收端无须引入复杂的信号处理技术即可实现各子信道的无码间干扰传输。图 2-2 为典型的 OFDM 系统原理框图,可划分为发射端调制过程、信道传输和接收端解调过程。在发射端,信源编码的比特流信息首先经过随机化加扰,完成信道编码以保证香农容量下的高速数据传输和精确解调,经信道编码和交织后得到编码比特流。为保证传信率和频谱效率,需要将编码比特流进行星座映射/调制成适合波形携带的符号流,经过串并转换并插入必要的导频符号、系统信息符号后得到 OFDM 频域符号。OFDM 频域符号通过 IFFT 变换完成频域到时域信号转换过程;为避免多径条件下的 OFDM 码间干扰,需添加循环前缀(CP)等保护间隔进行前保护。为保证传输和信号处理的精度,生成的 OFDM 时域信号还需进行升采样、数模转换(Digital-to-Analogue Conversion, D/A)形成 OFDM 模拟信号,经过射频调制(上变频和通带变换)的发射信号将通过无线信道进行传播。在接收端,完成射频接收(包含中频滤波、下变频和基带变换),并通过 A/D 转换得到离散的 OFDM 时域符号,并经过去 CP、串并转换和 FFT 变换得到接收的 OFDM 频域符号。OFDM 解调过程需要辅助相应的时间/频率同步算法以保证 OFDM 系统的帧、定时和载波同步;同时需要通过信道估计获取信道状态信息,对解调 OFDM 频域信号进行信道均衡和判决恢复,再经过并串转换和星座解映射后得到接收的编码比特流。最后,将编码比特流经解交织和信道纠错后得到接收的信息比特流。

为了详细说明 OFDM 调制和解调过程,首先将带宽划分为 N 个子载波,OFDM 等效复基带信号可以表示为

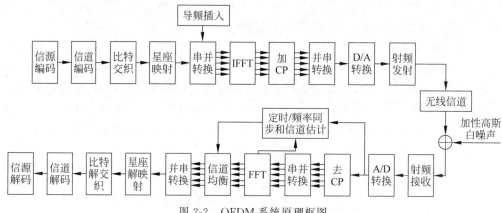

图 2-2　OFDM 系统原理框图

$$x(t) = \mathrm{IFFT}(X(k))$$

$$= \sum_{k=0}^{N-1} X(k) \mathrm{e}^{\mathrm{j}2\pi \frac{k}{T_s}t}$$

$$= \sum_{k=0}^{N-1} X(k) \mathrm{e}^{\mathrm{j}2\pi k \Delta f t} \tag{2-1}$$

$$= \sum_{k=0}^{N-1} A_k \mathrm{e}^{\mathrm{j}\theta_k} \mathrm{e}^{\mathrm{j}2\pi k \Delta f t}$$

式中，$X(k) = A_k \mathrm{e}^{\mathrm{j}\theta_k}$ 是第 k 个子载波上的 QAM 调制符号；子载波 k 的载波频率为 $k\Delta f$；T_s 为一个 OFDM 符号数据体的持续时间。为了保证子载波之间的正交性，各子载波的频率满足：

$$k\Delta f = \frac{k}{T_s} \tag{2-2}$$

基于欧拉公式，OFDM 复基带信号可以等效为直角坐标的形式：

$$x(t) = \sum_{k=0}^{N-1} A_k \mathrm{e}^{\mathrm{j}(2\pi k \Delta f t + \theta_k)}$$

$$= \sum_{k=0}^{N-1} A_k \left[\cos(2\pi k \Delta f t + \theta_k) + \mathrm{j}\sin(2\pi k \Delta f t + \theta_k) \right] \tag{2-3}$$

$$= I(t) + \mathrm{j}Q(t)$$

式中，$I(t)$ 和 $Q(t)$ 分别为基带信号的实部和虚部，表示余弦信号和正弦信号的叠加。

基带 OFDM 信号需经过射频调制变成高频通带信号才能在信道中传输，如图 2-3 所示，射频变换需经过如下步骤。

1）上变频

上变频是将零中频的基带 OFDM 信号，转换成具有更高频率的输出信号（通常不改变信号的信息内容和调制方式）的过程。将零中频的基带信号搬移到高频的实际频段上，进行频谱资源分配，上变频的 OFDM 信号如下所示：

$$\tilde{x}(t) = [I(t) + \mathrm{j}Q(t)] \mathrm{e}^{\mathrm{j}2\pi f_c t} \tag{2-4}$$

2）通带变换

双边带变换是将上变频的高频射频信号进行双边带变换得到 OFDM 实数信号，OFDM

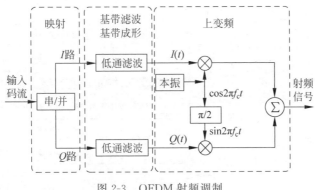

图 2-3　OFDM 射频调制

信号的通带形式可表示为

$$
\begin{aligned}
s(t) &= \mathrm{Re}\left[(I(t)+\mathrm{j}Q(t))\mathrm{e}^{\mathrm{j}2\pi f_c t}\right] \\
&= I(t)\cos 2\pi f_c t - Q(t)\sin 2\pi f_c t
\end{aligned}
\tag{2-5}
$$

即保存传输基带信号的实部部分。

双边带信号的解调原理如下：

$$
\begin{aligned}
r_1(t) &= s(t)\cos 2\pi f_c t \\
&= I(t)\cos^2 2\pi f_c t - Q(t)\sin 2\pi f_c t \cos 2\pi f_c t \\
&= \frac{I(t)}{2}(1+\cos 4\pi f_c t) - \frac{Q(t)}{2}\sin 4\pi f_c t
\end{aligned}
\tag{2-6}
$$

$$
\begin{aligned}
r_2(t) &= -s(t)\sin 2\pi f_c t \\
&= -\frac{I(t)}{2}\sin 4\pi f_c t + \frac{Q(t)}{2}(1-\cos 4\pi f_c t)
\end{aligned}
\tag{2-7}
$$

式(2-6)和式(2-7)经过低通滤波滤除倍频项 $\cos 4\pi f_c t$ 和 $\sin 4\pi f_c t$ 后剩下的直流分量即为 $I(t)$ 和 $Q(t)$，复用完成基带信号的解调。

2.1.2　OFDM 特征分析

为了更好地理解 OFDM 的优缺点，首先对 OFDM 信号的主要特征进行详细分析。

1. 周期性

如图 2-4 所示，OFDM 技术是将宽带信道分为正交的窄带子信道，设定信道划分和子载波数为 N，并设定在一个 OFDM 符号内包含多个子载波且所有子载波都具有相同的幅值和相位，每个子载波在一个 OFDM 符号周期内都包含整数倍个周期 T_0，且各个相邻的子载波之间相差 1 个周期，相邻子载波间的频率之差为 Δf。设第一个子载波的频率值为 Δf，周期为 T_s，则第 $i+1$ 个子载波的频率值是 $\Delta f + i\Delta f$，周期为 $T_s/(i+1)$，若子载波数为 N，OFDM 信号存在周期循环特征，OFDM 数据体周期为 T_s，且满足：

$$
T_s = \frac{1}{\Delta f}
\tag{2-8}
$$

在实际传输时选择一个完整的 OFDM 符号周期。

2. 正交性

OFDM 信号在时域上是彼此正交的，在频域上就是相互重叠的，且信号频谱满足 Nyquist

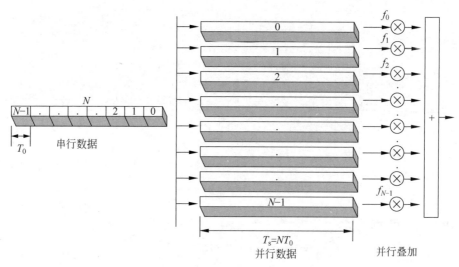

图 2-4　多载波并行传输原理

定理,因此载波间互相不会干扰,并可通过正交特性将数据解调出来。子载波间的正交性表示为

$$\frac{1}{T_s}\int_0^{T_s}e^{j2\pi f_m t}\cdot e^{j2\pi f_n t}dt=\begin{cases}0, & m\neq n\\ 1, & m=n\end{cases}$$ (2-9)

式(2-9)说明,在数据周期 T_s 内,只有当两个子载波频率相同时,积分值非零。

如图 2-5 所示,从频域观察子载波间的正交性,当任何一个子载波在固定频点处于最大值时,其他所有子载波的旁瓣为零,而任何一个子载波在其他子载波取值最大时旁瓣也为零,载波之间满足正交关系,互不干扰。

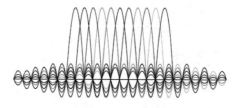

图 2-5　OFDM 频谱图

3. 全局性

如图 2-6 所示,OFDM 调制的过程即是将频域符号调制到对应频点的子载波正弦波形上,而子载波对应的正弦波正是通过调整幅值和相位的方式完成携带信息的过程;OFDM 信号中所有子载波叠加之后,生成时域为高斯分布的随机信号。每一个时域采样点都是所有子载波的叠加,同时每一个子载波都会在整个 OFDM 周期内遍历包络。当时域信号出现失真时,整个频域信号都会离散,而当一个子载波产生失真时,整个 OFDM 时域信号都会产生偏差。因此,OFDM 的时域和频域本质上携带的是相同的信息,只是信号观测的角度不同,两者之间可以通过 IFFT 和 FFT 变换实现正反向映射转换。

通过简单的 IFFT/FFT 变换来实现信号的调制与解调,变换关系如下:

在发送端,对 OFDM 基带信号在符号周期 T_s 内进行采样,采样间隔为 T_s/N,得到 N

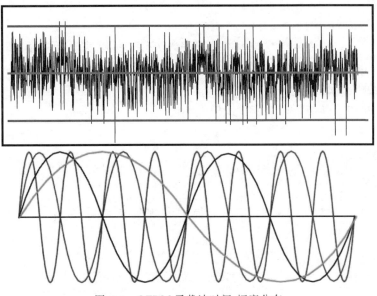

图 2-6　OFDM 子载波时间-幅度分布

个离散抽样值：

$$x(n)=\mathrm{IFFT}\left[\boldsymbol{X}(k)\right]=\sum_{k=0}^{N-1}\boldsymbol{X}(k)\mathrm{e}^{\mathrm{j}2\frac{\pi nk}{N}}\quad n=0,1,2,\cdots,N-1 \qquad (2\text{-}10)$$

式中，k、n 分别对应于频域上和时域上的离散点。

在接收端，接收的 OFDM 数据体 $\boldsymbol{y}(n)$，经过 FFT 转换为频域离散信号：

$$\boldsymbol{Y}(k)=\mathrm{FFT}\left[\boldsymbol{y}(n)\right]=\frac{1}{N}\sum_{n=0}^{N-1}\boldsymbol{y}(n)\mathrm{e}^{-\mathrm{j}2\frac{\pi nk}{N}}\quad n=0,1,2,\cdots,N-1 \qquad (2\text{-}11)$$

2.1.3　OFDM 的时域/频域配置

1. 时域开销

（1）保护间隔：循环前缀（CP）/后缀是 OFDM 系统为抵抗无线传输中因多径效应产生 ISI 和子载波间干扰，在传输的 OFDM 符号之间插入的一段保护数据。由于地面通信存在多径效应，OFDM 信号在传输过程中，其符号在到达接收端时会发生首尾重叠的现象，导致 OFDM 信号在时域维能量扩展引起 ISI。为消除 ISI，需要在符号间插入长度大于该符号时延展宽的保护间隔，作为时域缓冲和保护。目前保护间隔主要有循环前缀、空符号和 PN 序列等信号格式。

（2）时域同步头：时域同步头为时域开销整数倍 OFDM 符号，以完成帧同步、采样同步、定时同步、小数倍频偏估计。

2. 频域开销

频域子载波除了用于传输数据还有部分开销用于辅助接收，主要包含：

（1）虚拟子载波。低通滤波器的理想形式为频域矩形加窗，而实际低通滤波实现的阶数和难度与通带、阻带之间的滤波器过渡带宽度直接相关，需要额外开销预留的虚拟子载波用作滤波器的过渡带，降低滤波器实现的复杂度。

（2）频域导频。在传输过程中需要开销额外的连续导频和离散导频子载波用以完成时频同步、信道估计等辅助接收工作。

（3）系统信息。这部分子载波用以携带编码、交织、星座映射、保护间隔等系统信息选项,在接收解调时与调制过程对应,进行逆向操作。

3. 载波数 N 的选择

（1）载波数的选择与频谱效率直接相关,即

$$\eta_s = \eta_w \frac{N'}{N'+\Delta} \tag{2-12}$$

式中,η_s 为实际频谱效率;η_w 为理想频谱效率;Δ 为频谱开销;N' 为有效子载波数;载波数 $N = N' + \Delta$。

（2）载波数的选择与 IFFT/FFT 变换的实现复杂度直接相关,且复杂度 κ 正比于 $N\log N$。

$$\kappa = N\log N \tag{2-13}$$

（3）在标准制定过程中,载波数的选择主要考虑多普勒频移 f_d 和最大回波延迟 τ_{max} 之间的折中。

$$T_s = \frac{1}{\Delta f} = \frac{N}{B} \tag{2-14}$$

式中,B 为 OFDM 信号带宽。N 越大,周期越长,而回波时延产生的时域扩展失真与 τ_{max}/T_s 直接相关,从抵抗回波时延的角度而言,N 越大越好。

$$\Delta f = \frac{B}{N} \tag{2-15}$$

式中,N 越小,载波间隔越宽,而多普勒频移产生的频谱扩展失真与 $\Delta f/B$ 直接相关,从抵抗多普勒频移的角度而言,N 越小越好。所以,N 的选择是复杂环境传输（最大回波时延）与移动性（多普勒频移）的折中。

2.1.4　OFDM 信号的优缺点

1. OFDM 的优点

OFDM 技术研究至今,存在诸多的优缺点。OFDM 的优势主要集中在以下几方面。

1）频谱效率高

OFDM 信号的各个子载波相互重叠,彼此正交,理论上其频谱利用率可以接近 Nyquist 极限。如图 2-7 所示,OFDM 是多载波调制系统,每一个子载波之间是彼此正交的关系,而且每一个子信道之间的频谱彼此叠加,相较于普通的 FDM 多载波调制来说,OFDM 系统的频谱效率要高得多。

2）抗频率选择性衰落能力强

当无线信号在地面覆盖时,信道通常是频率选择性衰落信道,信道系数在频域维的快速变化主要由多径效应引起,障碍物越多,环境越复杂,多径效应越严重,频域维衰落特征变化越快。如图 2-8 所示,可以从时频二维角度分析 OFDM 抵抗频率选择性衰落的优势。

（1）针对频率选择性衰落信道中传输信号无法解调和解调复杂度高的问题,OFDM 通过 IFFT/FFT 变换把频率选择性衰落信道划分成若干个频分的窄带子信道,对于每一个子

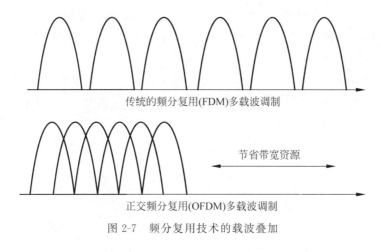

图 2-7　频分复用技术的载波叠加

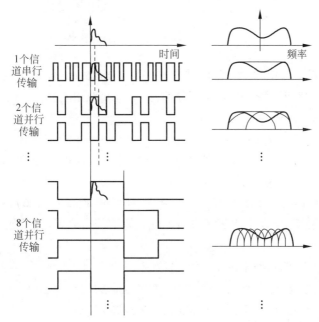

图 2-8　时域/频域分析 OFDM 的抗频率选择性衰落的能力

信道,由于占用的频带很窄,远小于信道的相干带宽,因此子信道内的衰落是平坦的,可以通过插入导频估计相干带宽范围内的信道状态信息。子信道是平坦衰落,则解调的精度和难度较为理想,这也是 OFDM 系统能对抗频率选择性衰落的原因。而单载波信号由于带宽较宽和解调的卷积过程,频率选择性信道中的解调精度较差或无法解调,同时存在解调过程复杂度较高的缺陷。

（2）在频率选择性衰落信道中,环境越复杂,多径效应和时延越严重。OFDM 周期长度等于载波间隔的倒数,频域上划分窄带子信道越多,OFDM 的周期也越长,则在时域上符号周期长,信道扩展时延一定的情况下失真较小,而短周期信号或者单载波信号,固定时延条件下会产生严重的码间干扰,导致无法接收解调。

（3）为了彻底规避码间干扰,可以在传播环境和时延固定的条件下设置大于最大时延的保护间隔的时间开销。OFDM 长周期信号开销一定比例的保护间隔的代价是在可接受的范围损失一定的频谱效率。而单载波信号周期短,设置保护间隔导致频谱效率远小于可用范畴。

3) 循环前缀的优势

如图 2-9 所示,通过在相邻的 OFDM 符号间加入保护间隔的方式,最大限度地消除了 ISI 和 ICI 问题,保护间隔的长度需大于多径信号的最大传输延迟。Peled 和 Ruiz 在 1980 年提出的循环前缀不仅克服了码间干扰,还解决了信号传输过程中子载波之间相互正交的问题。循环前缀/后缀是目前保护间隔的主流形式,其工作原理可以表述如下:

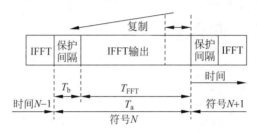

图 2-9 加入循环前缀的 OFDM 符号

(1) 在多径条件下,OFDM 发射信号分成多路到达终端。相对于同步上的主径信号,其他路径信号存在相对时延差,会丢失部分信息,这些相对于主径丢失的部分信息都可以基于循环前缀补充完整。

(2) 相对于主径,其他路径信号由于循环前缀的保护作用保持了 OFDM 周期信息的完整性,时延的影响等效为循环移位。依据 IFFT 的时域圆周循环定理,对于圆周循环的信号,从星座图的角度判定,幅值不变,相位旋转。

(3) 加入循环前缀可以克服多径环境下的码间干扰,而多径时延产生的相位偏移可以通过信道估计得以补偿,循环前缀虽然没有彻底规避多径时延,但是给接收机信道估计及补偿留下了余地。

如图 2-10 所示,在单频网系统中,由于多点发射机之间的距离差,导致重叠覆盖区接收到的信号存在时延差,等效为人工多径,且人工多径最大时延往往大于自然多径。OFDM 系统单频网组网模式,正是基于循环前缀的保护才能克服人工多径的影响,同时只有基于 OFDM 调制的传输标准才能支持单频网的组网方式。

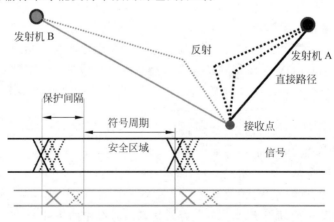

图 2-10 单频网重叠覆盖区人工多径问题

4）实现结构简单

（1）与单载波系统相比，OFDM 信道均衡简单，适合长多径和强多径信道：单载波系统普遍采用卷积均衡器来消除多径干扰，且能适应的多径时延非常小。而均衡器要消除时延较长的回波，就必须相应地增加均衡器的长度，导致接收机的计算复杂度和硬件成本将呈指数倍增长。OFDM 调制则对多径干扰有着无与伦比的抵抗能力，只要保护间隔的长度大于多径时延，就可以完全消除多径造成的码间干扰。

（2）多载波宽带通信的最大优点，就是将时域卷积通过 FFT 转换成频域乘积：

$$r = x \otimes h$$
$$Y = \text{FFT}(r) = \text{FFT}(x) \cdot \text{FFT}(h) \quad\quad (2\text{-}16)$$
$$= X \cdot H$$

由此极大地降低了解调和均衡的复杂度，计算效率高，易于硬件（FPGA/DSP）实现。有效地支撑了接收设备便携式、长待机的设计。

5）灵活的频谱规划

FDD 频谱分配时，特别是在移动通信场景中，可以自由分配载波，每个载波承载不同的业务和用户需求。如图 2-11 所示，在频带内可根据业务数据流的需求选择不同的调制方式，根据不同的便携、移动场景选择不同的载波间隔，可将不同的业务场景归一化接收而无须信道隔离，以此满足不同的业务需求和场景需求。

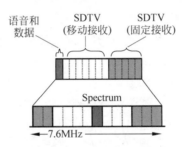

图 2-11 灵活的载波分配技术

在白频谱和频谱感知技术中利用可变长 OFDM 调制和频谱开槽技术适应不同频谱宽度的多载波自适应调制，以充分使用空白和存在频谱污染的片段化频谱，提升现有频率的频谱利用率，减少临频干扰。

6）兼容性强

OFDM 易与 MIMO、NOMA、自适应技术和联合编码等技术相结合，可以提高系统性能和资源效率。

MIMO-OFDM 技术：高速宽带无线通信系统中，多径效应、频率选择性衰落和带宽效率是信号传输过程中必须考虑的几个关键问题。多径效应会引起信号的频率选择性衰落，被视为无线通信的重要瓶颈。而 MIMO 系统正是针对空间多径无线信道而设计的，在一定程度上可以利用传播过程中产生的多径分量，转而将空间自由度作为一个有利因素加以使用。MIMO 多天线技术能在不增加带宽的情况下，在每一个窄带平坦子信道上获得更大的信道容量，可以成倍地提高通信系统的容量和频谱效率，是一种利用空间资源换取频谱资源的技术。频率选择性衰落信道中，天线间干扰（IAI）和 ISI 混合在一起，很难将 MIMO 接收和信道均衡分开处理，而解决频率选择性衰落问题恰恰正是 OFDM 的长处。MIMO 和

OFDM 在各自的应用领域有各自的优点。新一代无线传输标准要求极高的频谱利用率,但 OFDM 提高频谱利用率的能力有限,结合 MIMO 技术,可以在不增加系统带宽的情况下提高频谱效率。因此,MIMO-OFDM 技术既可以提供更高的数据传输速率,又可以通过分集达到很强的可靠性,如果把合适的数字信号处理技术应用到 MIMO-OFDM 系统中,还能更好地增强系统的稳定性。另外,OFDM 由于码率低和加入了时间保护间隔而具有很强的抗多径干扰能力。多径时延小于保护间隔使系统不受码间干扰的影响。这样就可以使单频网络采用宽带 OFDM 系统,依靠 MIMO 技术来消除阴影效应。MIMO 与 OFDM 相结合的 MIMO-OFDM 系统是未来数字多媒体广播系统的研究和应用热点。

综上所述,MIMO-OFDM 系统内组合了多输入和多输出天线和正交频分复用调制两大关键技术,实现了两种技术的优势互补。MIMO-OFDM 系统通过空间复用技术可以提供更高的数据传输速率,又可以通过空时分集和正交频分复用达到很强的可靠性和频谱利用率。

2. OFDM 的缺点

OFDM 技术也存在诸多缺陷,需要相应的技术加以优化,主要包括以下方面:

1) OFDM 对载波频偏更敏感

OFDM 系统利用 FFT 精确解调的前提是保持子载波间的正交性,正是由于子载波间的正交关系,使得相互重叠的信道得以区分。但是在时变信道中,比如高速移动时存在的多普勒频移,会导致发射机频率和接收机振荡器存在频偏,进而破坏了子载波之间的正交性,引起子信道间的信号相互干扰。

如图 2-12 所示,从 OFDM 频域正交性分布的关系来看,整个频谱发生搬移时,任何一个子载波的频域符号都存在衰落,同时其他子载波在此频点的旁瓣非零,产生了严重的载波间干扰。

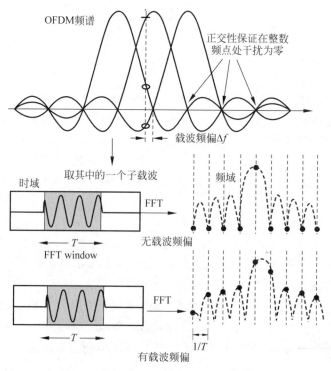

图 2-12 OFDM 信号易受频率偏差的影响

从时域角度而言,当子载波出现频偏时,存在正向或反向的偏移,导致波形的周期变短或变长,积分区间增长或缩短,产生码间干扰,造成定时偏差,并破坏正交性。

2）高峰均比、高能耗问题

高峰均比(Peak-to-Average Power Ratio,PAPR)问题：OFDM 调制系统是由多个子信道叠加而成的,当多个信号相位近似时,就会叠加出远远高于平均功率的峰值信号,由此对功放的线性度和效率提出了更高的要求。

如图 2-13 所示,功率放大器可分为线性区域、非线性区域和饱和截止区域。正常情况下,输入的 OFDM 随机信号大部分工作在线性区域,随着输入功率逐渐变大,待放大信号有很大的概率超过线性范围,此时功放就工作在了非线性区域。在非线性区域放大信号时会导致信号发生非线性失真,非线性失真又会引起信号的带内噪声和带外失真。随着输入功率的继续增大,功放就会产生严重的饱和截止失真。当 OFDM 系统中存在高峰均比,且功率放大器运行在非线性区域时,输入功率需要回退一部分功率以增加线性范围,峰均比的大小决定了回退功率值的大小。峰均比越大,输入功率回退值越大,功放效率越低。可见峰均比问题是 OFDM 系统中的一大难题。因此,在 OFDM 多载波系统中,通常采用峰均比抑制和非线性校正技术加以优化,以此提升功率放大器效率,降低系统的功率消耗。

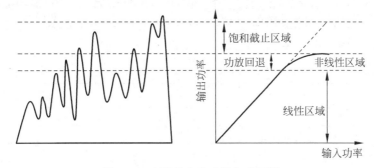

图 2-13　高峰均比和功放失真问题

3）小区间导频污染

OFDM 系统虽然保证了小区内用户的正交性,子载波间干扰可忽略,但是对小区之间的干扰还需进行充分的设计。如图 2-14 所示,采用同频组网时,需要考虑小区间干扰,特别是处于小区交叠区域的边缘用户干扰严重。为了避免小区间干扰,通常采用小区间干扰协调的方法,基本原理就是频率分用和复用,小区中心用户可以使用全部频带资源,小区边缘用户使用部分频带资源,通过给不同小区的边缘用户分配不同频带资源以消除小区间同频和临频干扰。

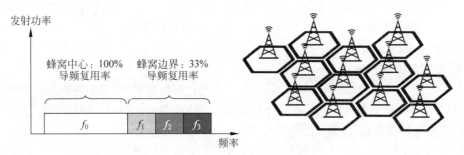

图 2-14　小区间导频干扰和频率复用

准确把握数据构造是进行算法整理与优化的必要前提,后续章节主要介绍不同类型的 OFDM 基带数据结构,包括信号成帧流程与 OFDM 调制结构。

2.2 基于 CP-OFDM 的发射机系统框架

在多媒体通信领域,欧洲的 DVB-T 系列和日本的 ISDB-T 两种数字电视地面传输标准都采用循环前缀填充保护间隔的 OFDM 多载波调制系统,学术界称这类 OFDM 系统为 CP-OFDM 系统。本节以 DVB-T 系列为例介绍经典的 CP-OFDM 发射机调制结构。

2.2.1 DVB-T 帧结构

DVB-T 系列标准第一部分规定了在 30MHz～3GHz 的频段内,DVB-T 多媒体广播物理层信号的帧结构、信道的编码调制技术以及传输指示信息。DVB-T 信道标准采用基于时隙的物理帧结构进行设计,按其载波划分为 2 种模式:2K 和 8K 模式。DVB-T 标准以帧为单位,每 68 个 OFDM 符号组成 1 帧,每 4 帧构成一个超帧;8K 模式下每个 OFDM 符号由 $K=6817$ 个有效载波组成,2K 模式下每个 OFDM 符号由 $K=1705$ 个有效载波组成,并以 T_S 持续时间构成完整 CP-OFDM 符号,T_S 由 OFDM 数据体(T_U)和保护间隔(Δ)组成。OFDM 符号 K 个子载波中,其中一部分载波携带传输数据,另一部分载波携带离散导频、连续导频和系统信息 TPS。8K 和 2K 模式下 OFDM 参数如表 2-2 所示。

表 2-2   8K 和 2K 模式下 OFDM 参数

参　　数	8K 模式	2K 模式
载波数	6817	1705
载波 K_{min} 编号	0	0
载波 K_{max} 编号	6816	1704
持续期 T_U	$896\mu s$	$224\mu s$
载波间隔 $1/T_U$	1116Hz	4464Hz
有效带宽:载波 K_{min} 和 K_{max} 之间的间隔$(K-1)/T_U$	7.61MHz	7.61MHz

2.2.2 CP-OFDM 调制

CP-OFDM 调制的 DVB-T 发射机系统框图如图 2-15 所示。系统的输入为 MPEG-2 信源编码和复用的传输 TS 流,首先对它进行加扰处理,依次经过信道的外编码、外交织、内编码、内交织,将信道编码的数据进行星座映射处理转换成符号流,与导频和 TPS 一起插入子载波中形成频域数据并转为 OFDM 信号,再插入保护间隔,经过 D/A 转换器输出的基带信号通过正交调制实现频率转换,再经由功率放大器放大后送到传输天线。图 2-15 中实线框部分为可选件,用于分层传输。星座映射调制方式有 QPSK、16QAM 和 64QAM。OFDM 采用 IFFT 调制方式来实现。

图 2-15 将 DVB-T 系统发射机物理层功能分为:数据随机化、RS 编码与外交织、卷积编码与内交织、星座映射、OFDM 频域符号成形、OFDM 调制、成帧以及射频调制部分。

1. 复用适配与随机化

将 MPEG-2 传输复用的 TS 流进行随机化和扩频编码。频域能量扩散采用伪随机二进

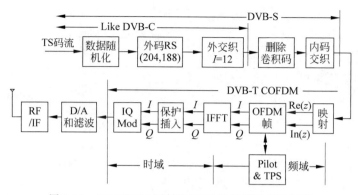

图 2-15 CP-OFDM 调制的 DVB-T 发射机系统框图

制序列(Pseudo-Random Binary Sequence，PRBS)将传输码流分开。PRBS 生成器的生成多项式为

$$f(x) = 1 + x^{14} + x^{15} \tag{2-17}$$

随机化电路图如图 2-16 所示，PRBS 的各比特流与码流中相应比特进行异或运算，完成随机化。随机化有三个目的：保证传输数据流的随机性，对输入的 TS 码流进行加扰，可以便于传输信号处理。为了保证定时信息的恢复质量，限制连"0"连"1"情况的出现，要对二进制数字信号进行相应的处理，又称为"扰码"，"扰码"既可以保证传输数据流的随机性，又很好地避免了连"0"连"1"情况的出现，广泛应用于多种通信系统。为了可以实现扩频功能，将信源数据频域均匀化。

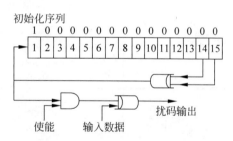

图 2-16 随机化电路示意图

2. 编码与交织

DVB-T 系统采用 RS(204,188)码作为外编码，作为 RS(255,239)的缩短码，具有最多纠正码字中 8 个错误字节的能力。一个 RS(204,188)码字被称作一个纠错保护包。纠错保护包进行外交织，如图 2-17 所示的字节卷积交织，交织深度为 $I = 12$。

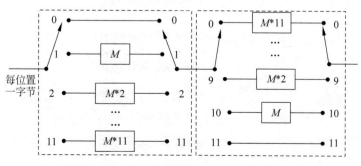

图 2-17 DVB-T 系统交织/去交织器结构

交织器由 12 个支路组成,纠错保护包序列中的字节通过切换开关轮番输入,输入与输出开关同步工作,每次接通一个支路输入一字节,同时从该支路输出一字节。经过交织,一个输入保护包的 204 字节分散到输出序列长度为 204×12＝2448 字节的一段中。

内编码采用删除卷积码的方式,在形式上也是分组处理结构:每 k 个输入信息码元为一组,经编码处理后加入 r 个校验码元,生成 $n＝k+r$ 个码元的码字,r 个校验码元不仅与本码字的 k 个信息码元有关,还与前面 $N-1$ 个码字内的信息码元有关,是由本码字和前面 $N-1$ 个码字按规定的编码算法共同生成的。外交织输出的字节流先缓存,再经过并串转换,然后送入主卷积码删除码实现内编码,再送往内交织器。DVB-T 除了 1/2 码率的主码外,还提供了 2/3、3/4、5/6、7/8 的收缩码卷积编码码率。

内交织包括比特交织和符号交织。比特交织是将路径并行的比特流中每一路的顺序按照不同的规则倒换,符号交织则是对一个 OFDM 符号的数据载波的位置进行乱序。由于符号交织的存在,信道对连续载波干扰的影响被分散,比特交织则将单个载波的失真分散到多个载波上,两种交织共同实现频域交织,可以显著提高系统的纠错能力。

3. 星座映射

星座图就是通过复平面坐标表示数字信号的直观形式。在数字通信领域中经常采用星座映射的方式,以便于观察信号以及信号之间的关系。星座映射方式有很多,DVB-T 系统主要采用的是格雷码映射的 QPSK、16QAM、64QAM 星座图。QPSK-16QAM 星座图如图 2-18 所示。映射分为均匀和非均匀两种。可以根据需要选择映射方式,各种映射都需要加入功率归一化因子,使各方式下的功率趋同。

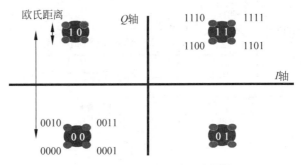

图 2-18　QPSK-16QAM 星座图

星座映射的意义如下:

(1) 调制成适合波形携带的复数符号,经过调制生成星座图后,每个星座点对应一个调制符号,发送一个 M-QAM 调制符号的信息量是直接发送一比特的 $\log_2 M$ 倍,相当于大幅度扩充了信道容量。

(2) 将符号映射到星座图上,每象限的符号数越多,则每个符号可携带的信息比特数越多,但星座点间的欧氏距离会拉近,容易出现误码。因此通过星座映射时可以折中考虑有效性和可靠性。

4. OFDM 频谱栅

由于 OFDM 信号是由许多独立调制的子载波构成的,OFDM 信号的每个单元,即每个子载波位置,有的放置信息数据,有的放置连续导频、离散导频和传输参数 TPS,因此呈现出栅状结构。导频插入位置如图 2-19 所示。

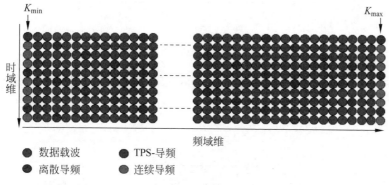

图 2-19　OFDM 帧中导频插入位置示意图

离散导频用于接收端的信道估计和信道均衡,依靠离散导频得到一部分已知的信道特性。这些信道特性信息可能存在频率选择性衰落、时间选择性衰落和干扰的动态变化情况。离散导频在不同 OFDM 符号中的位置是不同的,离散导频信元始终以"增强"功率电平传输,以提升信道估计的精度。

DVB-T 系统中的连续导频用作定时和载波频率的同步,它们在每个 OFDM 符号中数量恒定、位置固定。连续导频也以"增强"功率电平传输,因此相应的调制方式与离散导频相同。

TPS 载波是用来提供信道编码和调制等传输参数的。TPS 载波在每个符号内位置固定。

形成数据和导频的频谱栅之后,需在频谱间加入虚拟子载波作为滤波器的过渡带,以降低滤波器的实现难度。

图 2-20～图 2-22 为生成频谱栅的 QPSK、16QAM 和 64QAM 星座图,图中包含信息符号、离散导频、连续导频、TPS 和虚拟子载波。

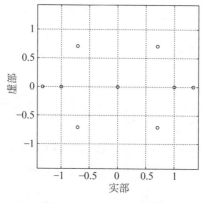

图 2-20　QPSK 星座图

5. 生成 OFDM 符号

设 k 为子载波号,l 为 OFDM 符号,m 为传输帧号,经 IFFT 变换的 OFDM 发射信号为

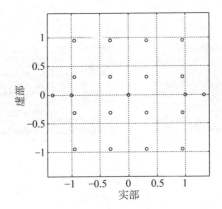

图 2-21 16QAM 星座图

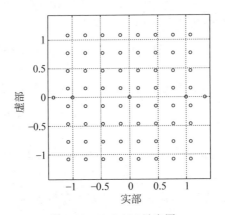

图 2-22 64QAM 星座图

$$s(t)=\mathrm{Re}\left\{e^{j2\pi f_c t}\sum_{m=0}^{\infty}\sum_{l=0}^{67}\sum_{k=K_{\min}}^{K_{\max}}c_{m,l,k}\Psi_{m,l,k}(t)\right\} \tag{2-18}$$

$$\Psi_{m,l,k}(t)=\begin{cases}e^{j2\pi\frac{k'}{T_U}}(t-\Delta-lT_s-68mT_s),&(l+68m)T_s\leqslant t\leqslant(l+68m+1)T_s\\0,&\text{其他}\end{cases}$$

$$\tag{2-19}$$

式中，f_c 为 RF 信号中心频率；k' 为相对于中心频率的载波指数，$k'=k-(K_{\max}+K_{\min})/2$；$c_{m,l,k}$ 为第 k 个子载波的复数符号。

DVB-T 规定了多种保护间隔选项。增加保护间隔的长度，可以提高系统抗 ISI 的能力，同时也意味着频带资源的额外开销。在实际应用中，保护间隔长度的选择要在抵抗 ISI 能力与频带资源之间综合考虑。

6. 升采样-时域插值滤镜像

处理数字信号时，从时域角度，如果采样率不够，即采样间隔偏大，会丢失部分采样信息；从频域角度，如果采样带宽不足，信息处理产生的带外噪声会叠加到带内对信号造成更大的干扰，因此需要升采样的步骤。在采样率不足的条件下，进行 A/D 变换时，会生成伪信号，造成超出采样频率的高频部分噪声叠加到低频部分，即当采样率提高之后，原信号中的高频成分将消失,呈现出虚假的低频混叠信号。为了避免采样率不足引起的失真混叠现象,必须对 OFDM 原信号的频谱进行采样率扩展。为此,需要对 OFDM 符号进行升采样。

常见的升采样有频域升采样和时域升采样。以时域插值滤镜像的 4 倍升采样为例,首先在时域每两个抽样点之间插入 3 个零,增加采样点数,采样率提高为原来的 4 倍,同时产生了 3 倍带宽的信号镜像。通过低通滤波器滤除镜像即可得到 4 倍升采样的时域信号。具体操作流程如下:

升采样前的 OFDM 时域信号如图 2-23 所示。时域抽样信号进行 3 倍插值补零,如图 2-24 所示。插值信号的频谱镜像见图 2-25。

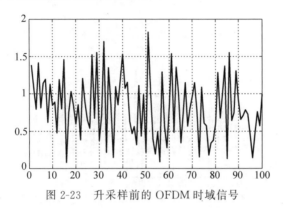

图 2-23　升采样前的 OFDM 时域信号

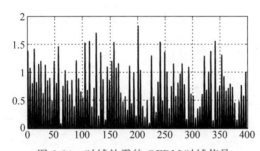

图 2-24　时域补零的 OFDM 时域信号

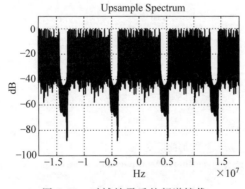

图 2-25　时域补零后的频谱镜像

如图 2-25 所示,时域插值补零后,信号带宽展宽为原来的 4 倍,产生了 3 倍的镜像。通过低通滤波器进行滤波处理,滤除带外镜像,结果如图 2-26 所示。

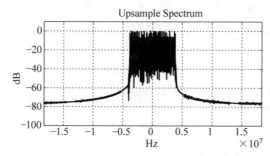

图 2-26 滤除带外镜像的升采样频谱

滤除镜像后的升采样 OFDM 时域信号如图 2-27 所示。

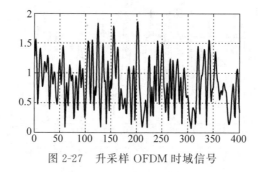

图 2-27 升采样 OFDM 时域信号

仿真视频

与原时域信号对比,升采样后的信号获得了采样率的提升。

2.2.3 CP-OFDM 系统仿真

程序 2-1"dvb_t",DVB-T CP-OFDM 系统模型

```
function dvb_t
warning off;
global DVBTSETTINGS;
global FIX_POINT;
global log_fid;
%参数设置%
DVBTSETTINGS.mode = 2;%模式选择
DVBTSETTINGS.BW = 8;%带宽
DVBTSETTINGS.level = 2;%星座映射选项
DVBTSETTINGS.alpha = 1;
DVBTSETTINGS.cr1 = 1;%信道编码码率
DVBTSETTINGS.cr2 = 7;
nframe = 2;%帧数
nupsample = 4;%采样率
DVBTSETTINGS.GI=1/32;%保护间隔选项
wv_file = 'C:\Documents and Settings\Administrator\dvbtQPSK2kGI32.wv';% 测试流存储
FIX_POINT = false;
skip_step = 1;
tstart=tic;
fig=1;
log_file='';
```

```
close all;
%OFDM 参数设置%
DVBTSETTINGS.T = 7e-6 / (8 * DVBTSETTINGS.BW);%基带基本周期
DVBTSETTINGS.fftpnts = 1024 * DVBTSETTINGS.mode;
DVBTSETTINGS.Tu = DVBTSETTINGS.fftpnts * DVBTSETTINGS.T;% OFDM 数据体周期
DVBTSETTINGS.Kmin = 0;%最小载波数值
DVBTSETTINGS.Kmax = 852 * DVBTSETTINGS.mode;% 最大载波数值
NTPSPilots = 17;
NContinualPilots = 44;
DVBTSETTINGS.NData = 1512 * DVBTSETTINGS.mode/2;
DVBTSETTINGS.NTPSPilots = NTPSPilots * DVBTSETTINGS.mode/2;
DVBTSETTINGS.NContinualPilots = NContinualPilots * DVBTSETTINGS.mode/2;
DVBTSETTINGS.N = DVBTSETTINGS.Kmax - DVBTSETTINGS.Kmin + 1;% 载波数
if DVBTSETTINGS.mode ~= 2 && DVBTSETTINGS.mode ~= 8
    error('mode setting error');
end
%delta=DVBTSETTINGS.GI * DVBTSETTINGS.Tu; %保护间隔长度
%Ts=delta+DVBTSETTINGS.Tu; %OFDM 完整符号周期
fsymbol = 1/DVBTSETTINGS.T;
fsample=nupsample * fsymbol; %射频调制中心载频
%固定参数%
SYMBOLS_PER_FRAME = 68;
if isempty(log_file)
    log_fid= 1;
else
    log_fid = fopen(log_file, 'w+');
end
fprintf(log_fid, 'Generating %d frames...\n', nframe);
if skip_step == 1
    bits = logical(randi(2, nframe, 68 * DVBTSETTINGS.NData * DVBTSETTINGS.level)-1);
    %插入导频%
    data = add_ref_sig(bits, DVBTSETTINGS, nframe);
    %scatterplot(data(:, randi(SYMBOLS_PER_FRAME, 1, 1), randi(nframe, 1, 1)));
    %加入虚拟子载波%
    fprintf(log_fid, 'Zero padding...\n');
    tic;
    signal = zeros(DVBTSETTINGS.fftpnts, SYMBOLS_PER_FRAME, nframe);
    signal((DVBTSETTINGS.fftpnts-... .
    (DVBTSETTINGS.Kmax+DVBTSETTINGS.Kmin)/2+1):end, :, :) = ...
    data(1:(DVBTSETTINGS.Kmax+DVBTSETTINGS.Kmin)/2, :, :);%Kmax-Kmin
    signal(1:(DVBTSETTINGS.Kmax+DVBTSETTINGS.Kmin)/2+1, :, :) = ...
    data((1+(DVBTSETTINGS.Kmax+DVBTSETTINGS.Kmin)/2):end, :, :);
    toc;
    if 0
        scatterplot(signal(:, randi(SYMBOLS_PER_FRAME, 1, 1), randi(nframe, 1, 1)));
        fig=fig+1;
        figure(fig);
        stem(abs(signal(:, randi(SYMBOLS_PER_FRAME, 1, 1), randi(nframe, 1, 1))));
        fig=fig+1;
    end
else
```

```
        load signal_td;
end
%IFFT 变换%
fprintf(log_fid, 'IFFT...\n');
tic;
signal_td = sqrt(DVBTSETTINGS.fftpnts) * ifft(signal, DVBTSETTINGS.fftpnts);
toc;
if 0
        plot_spectrum(reshape(signal_td(:,:,1), [], 1).', fsymbol, fig, 'Hz', 'dB', 'Original
Spectrum');
        fig=fig+1;
end
%加入保护间隔%
fprintf(log_fid, 'adding cyclic prefix in guard interval...\n');
tic;
signal_td = cyclicprefix(signal_td, DVBTSETTINGS.GI);
toc;
if 0
        plot_spectrum(signal_td(1:SYMBOLS_PER_FRAME * DVBTSETTINGS.fftpnts *
        (1+DVBTSETTINGS.GI)), fsymbol, fig, 'Hz', 'dB', 'Original Spectrum');%
        fig=fig+1;
end
%时域升采样: 时域插值滤镜像%
fprintf(log_fid, 'Upsample and LPF...\n');
tic;
Hd = lpf(1/DVBTSETTINGS.Tu * (DVBTSETTINGS.Kmax/2+1), 4.1e6, ...
fsample, fig);%DVBTSETTINGS.BW * 1e6/2
len = length(Hd);
ap = average_power(signal_td);
fprintf(log_fid, 'Average power before upsampe: %.2f\n', ap);
signal_td = upsample(signal_td, nupsample) * nupsample;
if 0
        plot_spectrum(signal(1:SYMBOLS_PER_FRAME * DVBTSETTINGS.fftpnts *
        (1+DVBTSETTINGS.GI)), fsample, fig, 'Hz', 'dB', 'Upsample Spectrum');%
        fig=fig+1;
end
signal_td = [signal_td(end-(len-1)/2+1:end) signal_td signal_td(1:(len-1)/2)];
signal_td = conv(signal_td, Hd);
signal_td = signal_td((len-1)/2+1:end-(len-1)/2);
signal_td = signal_td((len-1)/2+1:end-(len-1)/2);
ap = average_power(signal_td);
fprintf(log_fid, 'Average power after %d times upsampe and lpf: %.2f\n', nupsample, ap);
toc;
% plot _ spectrum ( signal _ tx (1: SYMBOLS _ PER _ FRAME * DVBTSETTINGS. fftpnts *
(1+DVBTSETTINGS.GI)), fsample, fig, 'Hz', 'dB', 'Tx Spectrum');%频谱图
if 0
        figure(fig);%fig=fig+1;
        [Pxx, f] = pwelch(signal_td(1:SYMBOLS_PER_FRAME * DVBTSETTINGS.fftpnts * ...
        (1+DVBTSETTINGS.GI)),[],[],[],fsample);
        Pxx = 10 * log10(fftshift(Pxx));%
        plot(f, Pxx);
```

```
end
%高斯白噪声信道 BER 分析%
SNRS=1:20;
for SNRindex = 1:length(SNRS)
    SNR = SNRS(SNRindex);
    signal_channel = awgn(signal_td,SNR,'measured');% 高斯白噪声信道接收
    signal_rev = downsample(signal_channel, nupsample);
    signal_rev = reshape(signal_rev, DVBTSETTINGS. fftpnts * (1+DVBTSETTINGS. GI),
    SYMBOLS_PER_FRAME, []);
    signal_rev = signal_rev(1+DVBTSETTINGS. fftpnts *
    DVBTSETTINGS. GI:DVBTSETTINGS. fftpnts * (1+DVBTSETTINGS. GI), :, :);
    data_rx = fft(signal_rev) / sqrt(DVBTSETTINGS. fftpnts);
    data_rx0=data_rx;
    data_rx = [data_rx(DVBTSETTINGS. fftpnts-(DVBTSETTINGS. Kmax+DVBTSETTINGS.
    Kmin)/2+1:DVBTSETTINGS. fftpnts, :, :); ...

    data_rx(1:DVBTSETTINGS. fftpnts-(DVBTSETTINGS. Kmax+DVBTSETTINGS. Kmin)/2,
    :, :)];
    data_rx = data_rx(1:DVBTSETTINGS. N, :, :);
    data_rx0= keep_ref_sig(data_rx0, signal);
    data_rx0 = [data_rx0(DVBTSETTINGS. fftpnts-(DVBTSETTINGS. Kmax+DVBTSETTINGS.
    Kmin)/2+1:DVBTSETTINGS. fftpnts, :, :); ...

    data_rx0(1:DVBTSETTINGS. fftpnts-(DVBTSETTINGS. Kmax+DVBTSETTINGS. Kmin)/2,
    :, :)];
    data_rx0 = data_rx0(1:DVBTSETTINGS. N, :, :);
    X = [signal(DVBTSETTINGS. fftpnts-(DVBTSETTINGS. Kmax+DVBTSETTINGS. Kmin)/2+1:
    DVBTSETTINGS. fftpnts, :, :); ...

    signal(1:DVBTSETTINGS. fftpnts-(DVBTSETTINGS. Kmax+DVBTSETTINGS. Kmin)/2,
    :, :)];
    X = X(1:DVBTSETTINGS. N, :, :);
    pos=find(abs(data_rx0-data_rx));
    data_rx(pos)=[];
    X(pos)=[];
    ValidDataRev = reshape(data_rx.', 1512 * 68 * nframe, 1).';
    X = reshape(X.', 1512 * 68 * nframe, 1).';
    LLevel=sqrt(2)/2;
    Const =[LLevel+j * LLevel LLevel-j * LLevel -LLevel+j * LLevel -LLevel-j * LLevel];
    for i=1:length(ValidDataRev)
        [c x] = min(abs(Const-ValidDataRev(i)));
        ValidDataRev(i) = Const(x);
    end
    disp('Calculating BER...');
    diff = ValidDataRev-X;
    BER(SNRindex)=sum(abs(diff)>1e-6)/length(ValidDataRev);
end
%SBR-BER 曲线%
plot(SNRS,BER)
toc(tstart);
end%
```

程序 2-2"wk_gen",生成离散和连续导频调制的 PRBS 序列(wk)参考序列

```matlab
function wk = wk_gen(nr_carriers)
%cons = logical([1 0 0 0 0 0 0 0 0 1 0 1]); %生成多项式
istate = logical([1 1 1 1 1 1 1 1 1 1 1]); %初始位
wk = false(1, nr_carriers);
for k=1:nr_carriers
    wk(k) = istate(end);%4.0 * (1 - 2 * istate(end)) / 3;
    istate = [xor(istate(9), istate(11)) istate(1:end-1)];
end
end
```

程序 2-3"cmlk_pilots",生成导频序列位置

```matlab
function loc_pilots = cmlk_pilots(DVBTSETTINGS)
LC=1704;
ContinualPioltPosition =[...
    48,   54,   87,  141,  156,  192,  201,  255,  279, ...
    282,  333,  432,  450,  483,  525,  531,  618,  636,  714, ...
    759,  765,  780,  804,  873,  888,  918,  939,  942,  969, ...
    984, 1050, 1101, 1107, 1110, 1137, 1140, 1146, 1206, 1269, ...
    1323, 1377, 1491, 1683, 1704...
    ];
loc_pilots = zeros(DVBTSETTINGS. N-DVBTSETTINGS. NData-DVBTSETTINGS. NTPSPilots, 68);
%wk = wk_gen(DVBTSETTINGS. N);
%连读导频%
len = length(ContinualPioltPosition);
ContinualPilots = repmat(ContinualPioltPosition', [DVBTSETTINGS. mode/2, 1]);
for k = 1:DVBTSETTINGS. mode/2-1
    ContinualPilots(len * k+1:end) = ContinualPilots(len * k+1:end)+LC;%3 * wk...
    (TPSPosition(k) + r * LC+1) / 4;
end
%离散导频%
len = length(ContinualPilots);
for l = 1:68 % Calculate the position of the scattered pilots.
    ScatteredPilots = zeros(floor(DVBTSETTINGS. N/12)+len+1, 1);
    ScatteredPilots(1:len)=ContinualPilots;
    lm = 3 * mod(l-1, 4) + DVBTSETTINGS. Kmin;
    Nsp = floor((DVBTSETTINGS. N - lm)/12);
    ScatteredPilots(len+1:len+Nsp+1) = lm + 12 * (0:(DVBTSETTINGS. N - lm) / 12);
    ScatteredPilots = unique(ScatteredPilots);
    loc_pilots(:, l) = ScatteredPilots;
end
end
```

程序 2-4"mapping",星座映射:QPSK、16QAM、64QAM

```matlab
function cmlk_vec = mapping(InVec, level, alpha)
nr_symbols = length(InVec) / level;
%cmlk_vec = zeros(1, nr_symbols);
assert(mod(length(InVec), level) == 0, 'Wrong length of binary sequence, (has to be divisible by nr of levels)');
```

```
assert(level == 2 || level == 4 || level == 6, 'QAM level, out of range (has to be in {2,4,6})');
assert(alpha == 0 || alpha == 1 || alpha == 2 || alpha == 4, 'alpha, out of range (has to be in {0, 1,2,4})');
switch (alpha)
    case {0, 1}
        switch (level)
            case 2
                map = [1+1i 1-1i -1+1i -1-1i];
                NF = 2;
            case 4
                map = [3+3i 3+1i 1+3i 1+1i 2-3i 2-1i 1-3i 1-1i -3+3i -3+1i -1+3i -1+1i -2-
                3i -2-1i -1-3i -1-1i];
                NF = 10;
            case 6
                map =[7+7i 7+5i 5+7i 5+5i 7+1i 7+3i 5+1i 5+3i 1+7i 1+5i 3+7i 3+5i 1+
                1i 1+3i 3+1i 3+3i 7-7i 7-5i 5-7i 5-5i 7-1i 7-3i 5-1i 5-3i 1-7i 1-5i 2-7i 2-5i 1-1i 1-3i
                2-1i 2-3i -7+7i -7+5i -5+7i -5+5i -7+1i -7+3i -5+1i -5+3i -1+7i -1+5i -3+
                7i -3+5i -1+1i -1+3i -3+1i -3+3i -7-7i -7-5i -5-7i -5-5i -7-1i -7-3i -5-1i -5-3i -1-
                7i -1-5i -2-7i -2-5i -1-1i -1-3i -2-1i -2-3i];
                NF = 42;
            otherwise
                error('mapping level error!!');
        end
    case 2
        switch (level)
            case 4
                map = [4+4i 4+2i 2+4i 2+2i 4-4i 4-2i 2-4i 2-2i -4+4i -4+2i -2+4i -2+2i -4-
                4i -4-2i -2-4i -2-2i];
                NF = 20;
            case 6
                map =[8+8i 8+6i 6+8i 6+6i 8+2i 8+4i 6+2i 6+4i 2+8i 2+6i 4+8i 4+6i
                2+2i 2+4i 4+2i 4+4i 8-8i 8-6i 6-8i 6-6i 8-2i 8-4i 6-2i 6-4i 2-8i 2-6i 4-8i 4-6i 2-2i 2-
                4i 4-2i 4-4i -8+8i -8+6i -6+8i -6+6i -8+2i -8+4i -6+2i -6+4i -2+8i -2+6i -4+
                8i -4+6i -2+2i -2+4i -4+2i -4+4i -8-8i -8-6i -6-8i -6-6i -8-2i -8-4i -6-2i -6-4i -2-
                8i -2-6i -4-8i -4-6i -2-2i -2-4i -4-2i -4-4i];
                NF = 60;
            otherwise
                error('mapping level error!!');
        end
    case 4
        switch (level)
            case 4
                map = [6+6i 6+4i 4+6i 4+4i 6-6i 6-4i 4-6i 4-4i -6+6i -6+4i -4+6i -4+4i -6-
                6i -6-4i -4-6i -4-4i];
                NF = 52;
            case 6
                map =[10+10i 10+8i 8+10i 8+8i 10+4i 10+6i 8+4i 8+6i 4+10i 4+8i 6+10i
                6+8i 4+4i 4+6i 6+4i 6+6i 10-10i 10-8i 8-10i 8-8i 10-4i 10-6i 8-4i 8-6i 4-10i 4-8i
                6-10i 6-8i 4-4i 4-6i 6-4i 6-6i -10+10i -10+8i -8+10i -8+8i -10+4i -10+6i -8+4i -
                8+6i -4+10i -4+8i -6+10i -6+8i -4+4i -4+6i -6+4i -6+6i -10-10i -10-8i -8-10i -
                8-8i -10-4i -10-6i -8-4i -8-6i -4-10i -4-8i -6-10i -6-8i -4-4i -4-6i -6-4i -6-6i];
```

```matlab
                    NF = 108;
                otherwise
                    error('mapping level error!!');
            end
        otherwise
            error('mapping alpha error!!');
    end
InVec = reshape(InVec.', level, []).';
vec = zeros(nr_symbols, 1);
for k = 1:level
    vec = vec + InVec(:, k).*(2.^(level-k));
end
cmlk_vec = map(1+vec) / sqrt(double(NF));
end
```

程序 2-5"tps",构造 TPS 系统信息

```matlab
function loc_tps = tps(DVBTSETTINGS)
LC = 1704;
%wk = wk_gen(DVBTSETTINGS.N);
TPSPosition =[ 34,   50,   209,   346,   413,   569,   595,   688, ...
790,   901, 1073, 1219, 1262, 1286, 1469, 1594, 1687];
len = length(TPSPosition);
loc_tps = repmat(TPSPosition, [1, (DVBTSETTINGS.mode/2)]);
for k = 1:DVBTSETTINGS.mode/2-1
    loc_tps(len*k+1:end) = loc_tps(len*k+1:end)+LC;%3 * wk(TPSPosition(k) + r*LC+1) / 4;
end
end
```

程序 2-6"cmlk_tps",生成 TPS 符号

```matlab
function s_tps = cmlk_tps(m, DVBTSETTINGS)
s_tps = false(1, 67);
fn = mod(m-1, 4)+1;
%同步字信息
if ((fn == 1) || (fn == 3))
    s_tps(1:16) = [0 0 1 1 0 1 0 1 1 1 1 0 1 1 1 0];
else
    s_tps(1:16) = [1 1 0 0 1 0 1 0 0 0 0 1 0 0 0 1];
end
%长度指示符信息%
s_tps(17:22) = [0 1 0 1 1 1];
%帧数信息%
switch (fn)
    case 1
        s_tps(23:24) = [0 0];
    case 2
        s_tps(23:24) = [0 1];
    case 3
        s_tps(23:24) = [1 0];
    case 4
        s_tps(23:24) = [1 1];
end
```

```matlab
% QAM 层级%
switch (DVBTSETTINGS.level)
    case 2
        s_tps(25:26) = [0 0];
    case 4
        s_tps(25:26) = [0 1];
    case 6
        s_tps(25:26) = [1 0];
end
%层级信息%
switch (DVBTSETTINGS.alpha)
    case 0
        s_tps(27:29) = [0 0 0];
    case 1
        s_tps(27:29) = [0 0 1];
    case 2
        s_tps(27:29) = [0 1 0];
    case 4
        s_tps(27:29) = [0 1 1];
end
%HP 流码率%
switch DVBTSETTINGS.cr1
    case 1
        s_tps(30:32) = [0 0 0];
    case 2
        s_tps(30:32) = [0 0 1];
    case 3
        s_tps(30:32) = [0 1 0];
    case 5
        s_tps(30:32) = [0 1 1];
    case 7
        s_tps(30:32) = [1 0 0];
end
%LP 流码率%
switch DVBTSETTINGS.cr2
    case 1
        s_tps(33:35) = [0 0 0];
    case 2
        s_tps(33:35) = [0 0 1];
    case 3
        s_tps(33:35) = [0 1 0];
    case 5
        s_tps(33:35) = [0 1 1];
    case 7
        s_tps(33:35) = [1 0 0];
end
%保护间隔(GI)%
GI = round(DVBTSETTINGS.GI * 32);
switch (GI)
    case 1
        s_tps(36:37) = [0 0];
```

```
        case 2
            s_tps(36:37) = [0 1];
        case 4
            s_tps(36:37) = [1 0];
        case 8
            s_tps(36:37) = [1 1];
    end
    %传输模式:2K/8K%
    if (DVBTSETTINGS.mode == 8)
        s_tps(38:39) = [0 1];
    elseif (DVBTSETTINGS.mode == 2)
        s_tps(38:39) = [0 0];
    end
    inbits = gf([false(1, 60) s_tps(1:53)], 1);
    inbits = bchenc(inbits, 127, 113);
    inbits = logical(inbits.x);
    s_tps = inbits(61:end);
end
```

程序 2-7"plot_spectrum",画频谱图

```
function plot_spectrum(signal, fs, figureindex, xlab, ylab, title_str)
figure(figureindex);
pts = length(signal);
spectrum = abs(fftshift(fft(signal)));
spectrum = spectrum/max(spectrum);
f = -fs/2:fs/pts:(fs/2-fs/pts);
plot(f, 20 * log10(spectrum));
xlabel(xlab);
ylabel(ylab);
title(title_str);
axis([-fs/2 fs/2 -100, 10]);
grid on;
end
```

程序 2-8"lpf",生成低通滤波器

```
function Hd = lpf(Fpass, Fstop, Fsample, fig)
%单位: MHz.
Dpass = 0.0063095734448; %通带
Dstop = 0.001; %阻带
flag  = 'scale';%采样表示
% KAISERORD 窗函数%
[N, Wn, BETA, TYPE] = kaiserord([Fpass Fstop]/(Fsample/2), [1 0], [Dstop Dpass]);
N = ceil(N/2) * 2;
%生成滤波器 FIR 系数%
b  = fir1(N, Wn, TYPE, kaiser(N+1, BETA), flag);
Hd = filt.dffir(b);
Hd = Hd.numerator;
if (fig > 1)
    freqz(Hd);
end
end
```

程序 2-9"add_ref_sig"，插入导频

```
function data = add_ref_sig(bits, DVBTSETTINGS, nframe)
global log_fid;
SYMBOLS_PER_FRAME = 68;
data=zeros(DVBTSETTINGS.N, SYMBOLS_PER_FRAME, nframe);
loc_pilots = cmlk_pilots(DVBTSETTINGS);
loc_tps = tps(DVBTSETTINGS);
for iframe=1:nframe
    counter = 1;
    fprintf(log_fid, 'Organizing the %dth frame...\n', iframe);
    tic;
    %bits = logical(randi(2, 1, 68 * DVBTSETTINGS.NData * DVBTSETTINGS.level)-1);
    vec = mapping(bits(iframe, :), DVBTSETTINGS.level, DVBTSETTINGS.alpha);
    for l = 1:68
        wk = wk_gen(DVBTSETTINGS.N);
        s_tps = cmlk_tps(iframe, DVBTSETTINGS);
        tps_index = 1;
        pilots_index = 1;
        for k = 1:DVBTSETTINGS.N
            if (tps_index <= length(loc_tps) && loc_tps(tps_index) == k-1)
                if l==1
                    data(k, l, iframe) = 1 - 2 * wk(k);
                else
                    if s_tps(l-1)==1
                        data(k, l, iframe) = -data(k, l-1, iframe);
                    else
                        data(k, l, iframe) = data(k, l-1, iframe);
                    end
                end
                tps_index  = tps_index + 1;
            elseif (pilots_index <= size(loc_pilots, 1) && loc_pilots(pilots_index, 1) == k-1)
                data(k, l, iframe) = (1 - 2 * wk(k)) * 4/3;
                pilots_index = pilots_index+1;
            else
                data(k, l, iframe) = vec(counter);
                counter = counter+1;
            end
            assert(abs(data(k, l, iframe))> 1/sqrt(60), 'signal error, too small! Now %dth frame
            %dth symbol %dth carrier', iframe, l, k);
            assert(abs(data(k, l, iframe))< 2, 'signal error, too big! Now %dth frame %dth
            symbol %dth carrier', iframe, l, k);
        end
    end
    toc;
end
end
```

程序 2-10"cyclicprefix"，插入循环前缀

```
function dataout = cyclicprefix(datain, GI)
fftpnts = size(datain, 1);
```

```
    GIpnts = round(fftpnts * GI);
    dataout = zeros(size(datain)+[GIpnts 0 0]);
    dataout(1:GIpnts, :, :) = datain(fftpnts-GIpnts+1:end, :, :);
    dataout((1:fftpnts)+GIpnts, :, :) = datain(:,:,:);
    dataout = reshape(dataout, [], 1).';
end
```

程序 2-11"average_power",统计平均功率

```
function power = average_power(datain)
len = length(datain);
power = datain * datain'/len;
end
```

程序 2-12"keep_ref_sig",从 OFDM 频谱栅提取数据

```
function dataout = keep_ref_sig(datain, dataorg)
global DVBTSETTINGS;
SYMBOLS_PER_FRAME = 68;
loc_pilots = cmlk_pilots(DVBTSETTINGS);
loc_tps = tps(DVBTSETTINGS);
%datain = [datain(DVBTSETTINGS.fftpnts-(DVBTSETTINGS.Kmax+DVBTSETTINGS.Kmin)/
2+1:DVBTSETTINGS.fftpnts, :, :); ...
% datain(1:DVBTSETTINGS.fftpnts-(DVBTSETTINGS.Kmax + DVBTSETTINGS.Kmin)/2,
:, :)];
datain = circshift(datain, [(DVBTSETTINGS.Kmax-DVBTSETTINGS.Kmin)/2 0 0]);
dataorg = circshift(dataorg, [(DVBTSETTINGS.Kmax-DVBTSETTINGS.Kmin)/2 0 0]);
dataout = datain(1:DVBTSETTINGS.N, :, :);
g=1.4;
index1 = abs(real(datain))> 1/sqrt(2) & abs(imag(datain)) > 1/sqrt(2);
dataout(index1) = dataorg(index1) + (datain(index1)-dataorg(index1)) * g;
index2 = abs(real(datain))> 1/sqrt(2) & abs(imag(datain)) < 1/sqrt(2);
index2 = (~index1) & index2;
dataout(index2) = real(dataorg(index2) + (datain(index2)-dataorg(index2)) * g) + 1i * imag
(dataorg(index2));
index3 = abs(real(datain))< 1/sqrt(2) & abs(imag(datain)) > 1/sqrt(2);
index3 = (~index1) & (~index2) & index3;
dataout(index3) = real(dataorg(index3)) + 1i * imag(dataorg(index3) + (datain(index3)-dataorg
(index3)) * g);
%dataout = reshape(dataout.', DVBTSETTINGS.N, SYMBOLS_PER_FRAME, []);
%}
for l = 1:SYMBOLS_PER_FRAME
    dataout(loc_pilots(:, l).'+1, l, :) = dataorg(loc_pilots(:, l).'+1, l, :);
end
dataout(loc_tps+1, :, :) = dataorg(loc_tps+1, :, :);
datain(1:DVBTSETTINGS.N, :, :) = dataout;
dataout = circshift(datain, [-(DVBTSETTINGS.Kmax-DVBTSETTINGS.Kmin)/2 0 0]);
%{
%dataout = datain;
nframe = size(datain, 3);
for iframe=1:nframe
    for l = 1:SYMBOLS_PER_FRAME
        dataout(loc_pilots(:, l)+1, l, iframe) = data_org(loc_pilots(:, l)+1, l, iframe);
```

```
            dataout(loc_tps+1, l, iframe) = data_org(loc_tps+1, l, iframe);
        end
    end
    %}
    end
```

注：程序 2-1 为 CP-OFDM 发射、信道 BER 分析实验平台主程序，程序 2-2～程序 2-12 为程序 2-1 调用的子程序模块。

CP-OFDM 仿真平台选择 DVB-T 2K 模式调制/解调系统，其中总载波数为 2048，有效子载波数为 1512，循环前缀选择 1/32 OFDM 数据体长度，升采样滤波器选择 LPF 低通滤波器。仿真平台按照标准格式搭建了发射机调制系统（包括星座映射、插入导频、OFDM 调制、成帧、升采样）、高斯信道建模、OFDM 接收解调和 BER 分析。图 2-28 为 CP-OFDM 系统在高斯信道条件下的 SNR-BER 分析，选择 QPSK、16QAM、64QAM 星座调制，用以进行调制、解调系统的信号结构分析和性能评估。

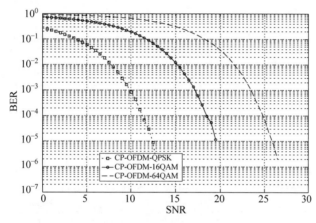

图 2-28　CP-OFDM 系统高斯信道 BER 分析（SNR/dB）

2.3　基于 TDS-OFDM 的发射机系统框架

CP-OFDM 系统需要在信号频谱中开销大量的导频以实现各种解调参数同步（帧同步、定时同步、频率同步等）和信道估计，导致系统频谱效率降低。而时域同步正交频分复用调制（Time Domain Synchronous Orthogonal Frequency Division Multiplexing，TDS-OFDM）是由中国主导和改良的一种 OFDM 调制技术，其特点是用时域的伪随机（Pseudo Noise，PN）序列替代 CP-OFDM 系统中的循环前缀；PN 序列是一种相关性很强的扩频序列，在具有消除 OFDM 符号间干扰的保护间隔功能的同时还可以用于各种系统参数同步和信道估计，节省了 CP-OFDM 系统所需的大量频域导频，极大地提高了 OFDM 系统的频谱效率。本节将以中国国家数字电视地面广播标准（DTMB）为例，对 TDS-OFDM 系统的特点和所涉及的关键技术进行详细的介绍和仿真分析。

2.3.1　DTMB 复帧结构

国标 DTMB 采用的是分级帧结构,具有周期性且与自然时间保持同步。如图 2-29 所示,超帧定义为一组信号帧,时间长度定义为 125ms,8 个超帧为 1s,便于与定时系统校准时间。分帧定义为一组超帧,包括 480 个超帧,时间长度为 1min。帧结构的顶层称为日帧。日帧以一个公历自然日为周期,由 1440 个分帧组成,时间为 24h。此种与绝对时间同步的分层帧结构,可在物理层为单频网提供与 TS 流对应的秒同步时钟,便于进行定时接收、系统功能扩展,还有利于手持便携接收机的省电控制。

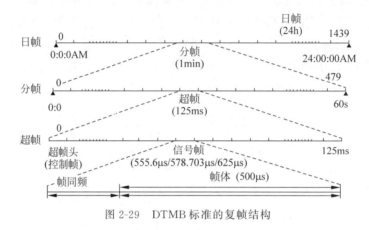

图 2-29　DTMB 标准的复帧结构

如图 2-30 所示,信号帧是系统帧结构的基本单元,一个信号帧由帧头和帧体两部分时域信号组成。帧头和帧体信号的基带符号率相同(7.56MSps)。帧头部分由 PN 序列构成。帧体部分包含 36 个符号的系统信息和 3744 个符号的数据,共 3780 个频域符号完成 OFDM 调制。帧体长度是 500μs。本节以 PN420 模式为例,描述 TDS-OFDM 的原理与系统仿真。

图 2-30　DTMB 信号帧结构

2.3.2　TDS-OFDM 调制

图 2-31 为 TDS-OFDM 系统结构图,显示了数据的调制过程。TDS-OFDM 系统的发送端完成从输入数据码流到地面电视信道传输信号的转换,输入的 TS 码流经过扰码器,前向纠错编码,然后进行从比特流到符号流的星座映射,交织后形成基本数据块。基本数据块与系统信息组合后,经过帧体数据处理形成帧体,帧体与相应的帧头复接为信号帧,经过基带处理后转换为基带输出信号,经正交上变频转换为射频信号,并通过信道传输。

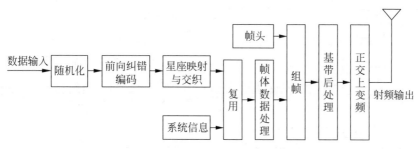

图 2-31　TDS-OFDM 系统结构图

1）随机化

随机化功能如前续章节所述,在 DTMB 中扰码采用一个最大长度 15 阶的二进制伪随机序列,以下是它的生成多项式:

$$G(x) = x^{15} + x^{14} + 1 \tag{2-20}$$

数据扰乱码由输入的比特码流与加扰序列进行逐位模二加后产生,其实现结构如图 2-32 所示。

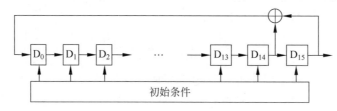

图 2-32　扰码器组成框图

2）信道编码

外码和内码级联而成前向纠错编码。TDS-OFDM 调制的外码是 BCH(762,752)码,762 是信息位,752 是校验位。TDS-OFDM 调制的内码采用 LDPC 码,又称低密度奇偶校验码。LDPC 码的输出码前面是校验位,后面是信息位,LDPC 码的特点是输入信息比特不同,但是输出码长度相同。

前向纠错编码是一种纠错码差错控制方式,接收端解码后,LDPC 码不但可以判断出错误码元所在的位置,而且还能够在发现错误的同时自动纠错。

3）星座映射

如 TDS-OFDM 系统结构所示,经过内码、外码输出的比特流要进行信道编码,转换成 M-QAM 符号流。DTMB 系统支持 64-QAM、32-QAM、16-QAM、4-QAM 和 4-QAM-NR 五种星座映射方式。在实际操作中,要根据传输速率需求和信道情况综合考量选取适当的映射方式。

4）时域交织

时域交织技术可以让 TDS-OFDM 系统更好地抵抗信道的时间选择性衰落和脉冲噪声的干扰。星座映射输出的符号是信号帧结构中的基本数据块,然后对基本数据块进行时域交织处理,如图 2-33 所示。其中,B 是交织宽度(支路数目),M 是交织深度(延迟缓存器尺寸),进行符号交织的基本数据块第 1 个符号与支路 0 同步,交织/去交织的总时延为 $(B-1) \times M \times B$ 个符号。

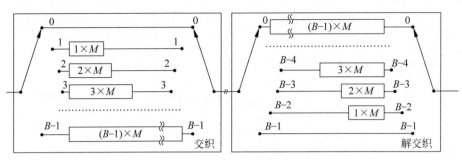

图 2-33　卷积式数据块间交织图

5）OFDM 频域数据

帧体是由 3774 个数据符号和 36 个系统信息符号一共 3780 个数据符号组成的。在 DTMB 系统中,帧体数据处理就是把 3780 个帧体符号调制到 3780 个子载波上。

6）OFDM 符号生成

TS 码流经过随机化、内码、外码、星座映射、时域交织后形成 36 个符号的系统信息和 3774 个符号的数据,经过帧体数据处理,3780 个符号通过子载波调制后,形成帧体。进行 IFFT 变换得到 OFDM 数据体时域信号:

$$F_{\mathrm{body}}(k) = \frac{1}{\sqrt{C}} \sum_{n=0}^{C-1} X(n) \mathrm{e}^{\mathrm{j}2\pi nk/C} \tag{2-21}$$

式中,$X(n)$ 是通过帧体信息符号,$C=3780$ 在多载波模式下进行频域交织得到的。

如图 2-34 所示,OFDM 数据体和 PN 序列联合构成 TDS-OFDM 信号帧。

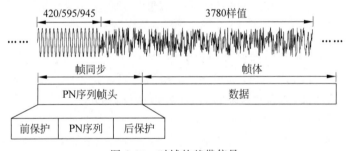

图 2-34　时域的基带信号

7）成形滤波

基带信号组帧后,需完成成形滤波。在 IFFT 变换后,会得到一个 Sa 函数脉冲,有着无限宽的频谱。需要滤去旁瓣,在多载波调制模式下,可以选择平方根升余弦滤波器(SRRC)进行基带成形滤波,如图 2-35 所示,其频率响应表达式如下:

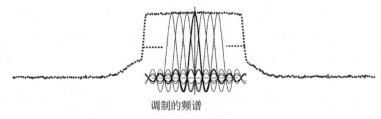

调制的频谱

图 2-35　成形滤波后基带信号频谱特性

$$P(f)=\begin{cases}1, & |f|\leqslant(1-\alpha)/2T_s\\ \dfrac{1}{2}+\dfrac{1}{2}\cos\left(\dfrac{\pi\left[(2T_s|f|)-1+\alpha\right]}{2\alpha}\right)^{\frac{1}{2}}, & (1-\alpha)/2T_s<|f|\leqslant(1+\alpha)/2T_s\\ 0, & |f|>(1+\alpha)/2T_s\end{cases}$$

$$(2\text{-}22)$$

SRRC 滤波需要匹配滤波器相互作用才能完成滤波过程,通常成形滤波器的匹配滤波器会设置在接收端。

2.3.3　TDS-OFDM 系统仿真

程序 2-13"TDS_OFDM",DTMB TDS-OFDM 系统模型

```
function TDS_OFDM
tic
%系统参数设置%
disp('Define parameters …');
PACKAGE_BYTES = 188;%MPEG-Ⅱ包长
NUM_SUPER_FRAME = 2;%超帧数:125ms
TWO_SUPER_FRAME_DUATION = 0.125 * NUM_SUPER_FRAME;%1 超帧:125ms
FEC_RATE = single(0.8);%编码码率:0.4, 0.6, 0.8
FRAME_HEAD_MODE = 1;%PN 序列,1:PN420, 2:PN595, 3:PN945
SUB_CARRIER_NUM = 3780; %OFDM 载波数
PN_PHASE_CHANGE = true;
MODUATION_TYPE = '16QAM';%星座映射:4QAM, 4QAM-NR, 16QAM, 32QAM, 64QAM
INTERLEAVER_MODE = 2; %交织选项, 1:B=52, M=240, 2: B=52 and M=720
fs = 7.56e6;%带宽
rolloff = 0.05;% SRRC 滤波器滚降因子
upsample_rate = 4;%升采样
filtorder = 384;%滤波器阶数
kaiser_beta = 0.5;% Kaiser 窗系数
%仿真参数设置%
GENERATE_TX_SIGNAL = true;
USE_NULL_TS_PACKAGE = 0;
work_start = 1e4;
INTERLEAVER = true;
GEN_PN = true;
% GEN_PN =0;
disp('Calculating parameters …');
switch FRAME_HEAD_MODE
    case 1
        NUM_FRAME_HEAD = 420;
        FRAME_HEAD_SCALE = sqrt(2);
    case 2
        NUM_FRAME_HEAD = 595;
        FRAME_HEAD_SCALE = 1;
    case 3
```

```matlab
                NUM_FRAME_HEAD = 945;
                FRAME_HEAD_SCALE = sqrt(2);
        otherwise
                error('frame mode error! should be one of 1, 2, or 3');
    end
    SIGNAL_NUM_TOTOAL = TWO_SUPER_FRAME_DUATION * fs;
    FRAME_DUATION = NUM_FRAME_HEAD + 3780;
    FRAME_NUM_TOTAL = TWO_SUPER_FRAME_DUATION * fs/FRAME_DUATION;
    FRAME_NUM_PER_SUPER = 0.125 * fs/FRAME_DUATION;
    switch MODUATION_TYPE
        case '4QAM-NR'
            BITS_PER_SYMBOL = 1;
        case '4QAM'
            BITS_PER_SYMBOL = 2;
        case '16QAM'
            BITS_PER_SYMBOL = 4;
        case '32QAM'
            BITS_PER_SYMBOL = 5;
        case '64QAM'
            BITS_PER_SYMBOL = 6;
        otherwise
            error('moduation type error!');
    end
    LDPC_PER_FRAME = BITS_PER_SYMBOL * 3744/7488;
    LDPC_NUM = FRAME_NUM_TOTAL * LDPC_PER_FRAME;
    BCH_PER_FRAME = LDPC_PER_FRAME * FEC_RATE * 10;
    BCH_NUM = LDPC_NUM * FEC_RATE * 10;
    TS_NUM = BCH_NUM * 752/PACKAGE_BYTES/8;
    TS_PER_FRAME = BCH_PER_FRAME/2;
    switch INTERLEAVER_MODE
        case 1
            CONVINTLV_B = 52;
            CONVINTLV_M = 240;
        case 2
            CONVINTLV_B = 52;
            CONVINTLV_M = 720;
        otherwise
            error('convolution interleaver parameter error!');
    end
    assert(SIGNAL_NUM_TOTOAL == fs * TWO_SUPER_FRAME_DUATION);
    if GENERATE_TX_SIGNAL
        %MPEG2 TS 文件读取%
        disp('Generating TS packages ...');
        if USE_NULL_TS_PACKAGE%空包测试
            disp(TS_PER_FRAME);
            null_package_data = [71 31 255 16 zeros(1,184)+255];
            data = repmat(null_package_data, [1 TS_PER_FRAME]);
        else
```

```matlab
        disp(TS_NUM);
        src_file = 'Cuc_Sa_gansu.mpg';
        fid = fopen(src_file, 'r');
        fseek(fid, 0, 'eof');
        length1 = ftell(fid);
        msg = sprintf('MPEG2 TS file length is %d', length1);
        disp(msg);
        package_total = length1/PACKAGE_BYTES;;
        fseek(fid, 0, 'bof');
        data1 = fread(fid, package_total * PACKAGE_BYTES, 'uint8');
        while(package_total < TS_NUM)
            data1 = [data1 data1];
            package_total = package_total * 2;
        end
        % data = data(1:package_total * TS_NUM);
        package_data
    data1(1:PACKAGE_BYTES * TS_PER_FRAME * FRAME_NUM_TOTAL );
    end
clear null_package_data data1;
    %%%%%%%%%%%循环生成 OFDM 信号%%%%%%%%%%%%%
data_iq_all=zeros(FRAME_NUM_TOTAL,3744);
    for j=0:FRAME_NUM_TOTAL-1
    data = package_data(1+j * PACKAGE_BYTES * TS_PER_FRAME:(j+1) * PACKAGE_BYTES
        * TS_PER_FRAME);
        %并行转串行%
        disp('Into serial ...');
        data_bits = false(1, numel(data) * 8);
        disp(numel(data) * 8);
        for i=0:numel(data)-1
            data_bits(i * 8+8:-1:i * 8+1) = dec2binvec(data(i+1), 8);
        end
        clear data;
        data_bits = reshape(data_bits, TS_PER_FRAME * PACKAGE_BYTES * 8, [])';
        %PRBS 加扰%
        disp('Randomization of energy ...');
        for var=1:size(data_bits, 1);
            prbs = [1 0 0 1 0 1 0 1 0 0 0 0 0 0 0]; %Low bit1 -> High bit15
            prbs_bits = false(1, TS_PER_FRAME * PACKAGE_BYTES * 8);
            for i=1:size(data_bits, 2);
                tempbit = xor(prbs(15), prbs(14));
                prbs(15:-1:2) = prbs(14:-1:1);
                prbs(1) = tempbit;
                prbs_bits(i) =tempbit;
                %data((var - 1) * PACKAGE_BYTES + i) = binvec2dec(databin);
            end
            data_bits(var, :) = xor(data_bits(var, :), prbs_bits);
        end
        clear prbs_bits prbs
```

```
% BCH(762, 752)编码: 生成多项式 G(x) = 1 + x^3 + x^10 %
disp('BCH encoding ...');
disp(BCH_NUM);
data_bits = reshape(data_bits.', 752, []).';
data_bits = [false(size(data_bits, 1), 261) data_bits];
m = 1;n=1023;k=1013;
data_bits   = gf(data_bits, m);
data_bits = bchenc(data_bits, n, k);
data_bits = logical(data_bits.x);
data_bits = data_bits(:,262:1023);
%LDPC 编码%
disp('LDPC encoding ...');
disp(LDPC_NUM);
data_bits = reshape(data_bits.', 762 * floor(FEC_RATE * 10), []).';
data_bits = dttb_ldpc(data_bits);
%星座映射%
disp('Symbol constellation mapping...');
data_symbols = reshape(data_bits.', BITS_PER_SYMBOL, []).';
clear data_bits;
disp(FRAME_NUM_TOTAL);

if BITS_PER_SYMBOL==1 %4QAM-NR
    data_iq = data_symbols;
else
    switch BITS_PER_SYMBOL
        case 2
            data_iq = QAM4_Mapping(data_symbols);
        case 4
            data_iq = QAM16_Mapping(data_symbols);
        case 5
            data_iq = QAM32_Mapping(data_symbols);
        case 6
            data_iq = QAM64_Mapping(data_symbols);
        otherwise
            disp('bits per symbol error!');
            return;
    end
end
clear data_symbols;
%交织%
if INTERLEAVER
    disp('convolution interleaver ...');
    shiftregisters = zeros(CONVINTLV_B-1, (CONVINTLV_B-1) * CONVINTLV_M);
    for m=1:CONVINTLV_B-1
        k=3744+m+1;
        for n=1:m * CONVINTLV_M
            k=k-52;
            if k < 1
```

```
                        k＝k＋3744;
                    end
                    shiftregisters(m, m * CONVINTLV_M-n＋1)＝data_iq(k);
                end
            end
            clear m k n;
            branch_num = ones(1, CONVINTLV_B-1);
            for var＝1:3744%数据子载波
                branch = mod(var-1, CONVINTLV_B);
                if branch ～= 0
                    temp = shiftregisters(branch, branch_num(branch));
                    shiftregisters(branch, branch_num(branch)) = data_iq(var);
                    data_iq(var) = temp;
                    if branch_num(branch)< branch * CONVINTLV_M
                        branch_num(branch) = branch_num(branch)＋1;
                    else
                        branch_num(branch) = 1;
                    end
                end
            end
        end
        if BITS_PER_SYMBOL＝＝1 %4QAM-NR
            for var＝1:3744 * FRAME_NUM_TOTAL8
                data_8bits = data_iq((var-1) * 8＋1:var * 8);
                data_16bits = NR_mapping(data_8bits);
                for i＝1:8
                    data_iq((var-1) * 8＋i) = QAM4_Mapping(data_16bits((i-1) * 2＋1:i * 2));
                end
            end
        end
        plot(real(data_iq(end-64:end)), imag(data_iq(end-64:end)),' * ');
        grid on;xlabel('real');ylabel('image');title('constellation');
        data_iq = reshape(data_iq.', 3744, [ ]).';
        data_iq_all(j＋1, :)＝data_iq;
end
%完成 OFDM 数据%
%生成系统信息%
save data_iq_all data_iq_all;
load data_iq_all data_iq_all;
disp('system information vector generating...');
if SUB_CARRIER_NUM ＝＝ 3780
    frame_body_mode = [1 1 1 1];
elseif SUB_CARRIER_NUM ＝＝ 1
    frame_body_mode = [0 0 0 0];
end
system_info_even_first = system_info('EVENFIRSTFRAME');
system_info_odd_first = system_info('ODDFIRSTFRAME');
system_info_normal ＝system_info(MODUATION_TYPE, …
```

```
                     FEC_RATE, INTERLEAVER_MODE);
system_info_even_first_bits = [frame_body_mode system_info_even_first];
system_info_odd_first_bits = [frame_body_mode system_info_odd_first];
system_info_normal_bits = [frame_body_mode system_info_normal];
system_info_even_first_iq = zeros(1, 36);
system_info_odd_first_iq = zeros(1, 36);
system_info_normal_iq = zeros(1, 36);
for var=1:36
    system_info_even_first_iq(var) = QAM4_Mapping(repmat ...
    (system_info_even_first_bits(var), [1 2]));
    system_info_odd_first_iq(var) = QAM4_Mapping(repmat...
    (system_info_odd_first_bits(var), [1 2]));
    system_info_normal_iq(var) = QAM4_Mapping(repmat...
    (system_info_normal_bits(var), [1 2]));
end
clear system_info_even_first system_info_even_first_bits ...
system_info_normal... system_info_normal_bits;
%频域交织%
if SUB_CARRIER_NUM == 3780
    disp('frequency interleaver ...');
    signal_iq = zeros(FRAME_NUM_PER_SUPER * NUM_SUPER_FRAME, 3780);
    signal_iq_odd_first = zeros(1, 3780);
    signal_iq_normal = zeros(1, 3780);
    InfSym_index = [0 140 279 419 420 560 699 ...
        839 840 980 1119 1259 1260 1400 1539 1679...
        1680 1820 1959 2099 2100 2240 2379 2519 2520...
        2660 2799 2939 2940 3080 3219 3359 3360 3500 3639 3779];
    original_order = 0;
    sys_info_order = 0;
    data_order = 0;
    y=freq_interleave;
    for i=0:2
        for j=0:2
            for k=0:2
                for l=0:1
                    for m=0:1
                        for n=0:4
                            for o=0:6
                                lv_order=o*540+n*108+m*54+l*27+k*9+j*3+i;
                                if original_order == InfSym_index(sys_info_order+1)
                                signal_iq(:,lv_order+1) = system_info_normal_iq(sys_
                                info_order+1).*ones(FRAME_NUM_PER_SUPER*
                                NUM_SUPER_FRAME,1);
                                signal_iq(1,lv_order+1) = ...
                                system_info_even_first_iq(sys_info_order+1);
                                signal_iq(FRAME_NUM_PER_SUPER+1, ...
                                lv_order+1)=system_info_odd_first_iq( ...
                                sys_info_order+1);
```

```
                    assert(sys_info_order == y(lv_order+1));
                    sys_info_order=sys_info_order+1;
                else
                        signal_iq(:,lv_order+1)= data_iq_all…
                        (:,data_order+1);
                        assert(data_order+36 == y(lv_order+1));
                        data_order=data_order+1;
                    end
                    original_order = original_order + 1;
                end
            end
        end
    end
  end
end%end freq_interleaver
save signal_iq  signal_iq ;
signal_framebody=(ifft(signal_iq.')).' * sqrt(3780);
else
    signal_framebody_normal = [system_info_normal_iq data_iq];
end
% plot(real(signal_iq_normal), imag(signal_iq_normal), '*');
clear data_iq  y signal_iq_even_first signal_iq_odd_first…
signal_iq_normal data_iq %signal_iq;
%生成 PN 序列%
if GEN_PN
    disp('generating frame head …');
    switch FRAME_HEAD_MODE   %1:PN420, 2:PN595, 3:PN945
        case 1
            load('PN420.mat');
            pn_init_phase_matrix = PN420;
            pn_iq = zeros(FRAME_NUM_PER_SUPER, 420);
            for var=1:FRAME_NUM_PER_SUPER
                pn_init_phase = pn_init_phase_matrix(var);
                prbs_bits_reg = dec2binvec(pn_init_phase, 8);
                prbs_signal = zeros(1, 420);
                for i=1:420

                    prbs_signal(i)=4.5 * (1-prbs_bits_reg(8) * 2)+4.5i * (1-prbs_bits_reg
                    (8) * 2);%QAM4_Mapping(repmat(not(), [1 2]));
                    bit_d1 = xor(xor(prbs_bits_reg(8), prbs_bits_reg(6)), …
                    xor(prbs_bits_reg(5), prbs_bits_reg(1)));
                    prbs_bits_reg(2:8) = prbs_bits_reg(1:7);
                    prbs_bits_reg(1) = bit_d1;
                end
                if ~PN_PHASE_CHANGE
                    pn_iq = repmat(prbs_signal, [FRAME_NUM_PER_SUPER 1]);
                    break;
```

```
                else
                    pn_iq(var, :) = prbs_signal;
                end
            end
            clear PN420 pn_init_phase_matrix prbs_signal prbs_bits_reg;
        case 3
            load('PN945.mat');
            pn_init_phase_matrix = PN945;
            %pn_iq = false(FRAME_NUM_PER_SUPER, 945);
            pn_iq = zeros(FRAME_NUM_PER_SUPER, 945);
            for var=1:FRAME_NUM_PER_SUPER
                prbs_signal = zeros(1, 945);
                pn_init_phase = pn_init_phase_matrix(var);
                prbs_bits_reg = dec2binvec(pn_init_phase, 9);
                for i=1:511
                    prbs_signal(i)=4.5 * (1-prbs_bits_reg(9) * 2)+4.5i * (1-…
                    prbs_bits_reg(9) * 2);
                    bit_d1 = xor(xor(prbs_bits_reg(9), prbs_bits_reg(8)), …
                    xor(prbs_bits_reg(7), prbs_bits_reg(2)));
                    prbs_bits_reg(2:9) = prbs_bits_reg(1:8);
                    prbs_bits_reg(1) = bit_d1;
                end
                if ~PN_PHASE_CHANGE
                    pn_iq = repmat(prbs_signal, [FRAME_NUM_PER_SUPER 1]);
                    break;
                else
                    pn_iq(var, :) = prbs_signal;
                end
            end
            clear PN945 pn_init_phase_matrix prbs_signal prbs_bits_reg;
        case 2
            prbs_bits_reg = [0 0 0 0 0 0 0 0 0 1];
            prbs_signal = zeros(1, 595);
            for i=1:595
                prbs_signal(i)=4.5 * (1-prbs_bits_reg(10) * 2)+4.5i * (1-prbs_bits_reg
                (10) * 2);%QAM4_Mapping(repmat(not…
                (prbs_bits_reg(10)), [1 2]));
                bit_d1 = xor(prbs_bits_reg(10), prbs_bits_reg(3));
                prbs_bits_reg(2:10) = prbs_bits_reg(1:9);
                prbs_bits_reg(1) = bit_d1;
            end
            pn_iq = repmat(prbs_signal, [FRAME_NUM_PER_SUPER 1]);
            clear prbs_signal;
    end
    save pn_iq pn_iq;
else
    load pn_iq;
end
```

```
%生成信号帧%
pn_iq = repmat(pn_iq, [2 1]);
signal_ensemble = [pn_iq * FRAME_HEAD_SCALE signal_framebody];
signal_ensemble = reshape(signal_ensemble!,[],1)!;
clear pn_iq signal_framebody signal_framebody_even_first ...
signal_framebody_normal signal_framebody_odd_first;
%SRRC 滤波%
signal_ensemble=[signal_ensemble(end-filtorder+1:end) signal_ensemble signal_ensemble(1:
filtorder)];
%signal_ensemble = repmat(signal_ensemble, [NUM_SUPER_FRAME/2 1]);
delay = filtorder/(upsample_rate * 2); % Group delay (# of input samples)
srrcfilter = rcosine(1,upsample_rate,'fir/sqrt',rolloff,delay)/2;
window = kaiser(filtorder+1, kaiser_beta)';
filtwin = srrcfilter. * window;
%freqz(dftfilt.dffir(filtwin));
%freqz(filtwin);
clear srrcfilter window;
clear null_package_data data1;
signal_tx=rcosflt(signal_ensemble,1,upsample_rate,'filter', ...
filtwin).'*upsample_rate;%srrcfilter);
signal_tx = signal_tx(filtorder/2+1:end-filtorder/2);
signal_tx = signal_tx(1+filtorder * 4:end-filtorder * 4);
save('frame', 'signal_tx', 'filtwin');
clear signal_ensemble ;
else
    load('frame');
end
% plot_spectrum(signal_tx(1:FRAME_DUATION * 8), fs * upsample_rate, ...
1, 'Hz', 'dB', 'DTMBtransmitter signal spectrum');
save signal_tx   signal_tx ;
load signal_tx   signal_tx ;
%高斯信道%
EbNo = [0]; %信噪比
snr = EbNo + 10 * log10(BITS_PER_SYMBOL) - 10 * log10(upsample_rate);
signal_noisy = awgn(signal_tx,snr,'measured');
clear signal_tx;
%接收解调%
signal_rx = [signal_noisy(end-filtorder+1:end) signal_noisy signal_noisy(1:filtorder)];
clear signal_noisy;
signal_rx = rcosflt(signal_rx,1,upsample_rate,'Fs/filter', filtwin).';%SRRC 匹配滤波
signal_rx = signal_rx(filtorder/2+1:end-filtorder/2);
signal_rx = signal_rx(1+filtorder:end-filtorder);
signal_rx = downsample(signal_rx, upsample_rate); % Downsample.
signal_rx = reshape(signal_rx.', FRAME_DUATION, []).';
signal_rx = signal_rx(:,end-3780+1:end);
signal_rx = fft(signal_rx.').' / sqrt(3780);
save signal_rx signal_rx
clear signal_rx signal_rx
```

```matlab
plot(real(signal_rx(200, :)), imag(signal_rx(200, :)), '*');
disp('DONE!!!');
end
```

程序 2-14"QAM4_Mapping",QAM 星座映射
```matlab
function Sig = QAM4_Mapping(bits)
level = [-4.5 4.5];
Iindex = bits(:, 1)+1;
Qindex = bits(:, 2)+1;
Sig = level(Iindex)+1i * level(Qindex);
end
```

程序 2-15"QAM16_Mapping",16QAM 星座映射
```matlab
function Sig = QAM16_Mapping(bits)
level = [-6 -2 6 2];
Iindex = bits(:, 1)+bits(:, 2) * 2+1;%LSB first
Qindex = bits(:, 3)+bits(:, 4) * 2+1;
Sig = level(Iindex)+1i * level(Qindex);
end
```

程序 2-16"QAM4_Mapping",从 OFDM 频谱栅提取数据
```matlab
function Sig = QAM32_Mapping(bits)
level =[
    -1.5  -15;
    -1.5  -4.5;
    -1.5  1.5;
    -1.5  4.5;
    -4.5  -1.5;
    -4.5  -4.5;
    -4.5  1.5;
    -4.5  4.5;
    1.5  -1.5;
    1.5  -4.5;
    1.5  1.5;
    1.5  4.5;
    4.5  -1.5;
    4.5  -4.5;
    4.5  1.5;
    4.5  4.5;
    -7.5  -4.5;
    -1.5  -7.5;
    -7.5  4.5;
    -1.5  7.5;
    -7.5  -1.5;
    -4.5  -7.5;
    -7.5  1.5;
    -4.5  7.5;
    7.5  -4.5;
```

```
    1.5  -7.5;
    7.5   4.5;
    1.5   7.5;
    7.5  -1.5;
    4.5  -7.5;
    7.5   1.5;
    4.5   7.5
    ];
index = bits(:, 1)+bits(:, 2) * 2+bits(:, 3) * 4+bits(:, 4) * 8+bits(:, 5) * 16+1;
Sig = level(index,1)+1i * level(index,2);
end
```

程序 2-17"QAM64_Mapping",64QAM 星座映射

```
function Sig = QAM64_Mapping(bits)
level = [-7 -5 -1 -3 7 5 1 3];
Iindex = bits(:, 1)+bits(:, 2) * 2+bits(:, 3) * 4+1;
Qindex = bits(:, 4)+bits(:, 5) * 2+bits(:, 6) * 4+1;
Sig = level(Iindex)+1i * level(Qindex);
End
```

程序 2-18"system_info",生成系统信息

```
function system_info_vector = system_info(varargin)
system_info_matrix = [
    '00011110101011100100100010110011ODDFIRSTFRAME               ';
    '11100001010100011011011101001100EVENFIRSTFRAME              ';
    '01111000110010000010111011010101014QAM-NRLDPC3INTERLEAVER1';
    '10000111001101111010001001010104QAM-NRLDPC3INTERLEAVER2';
    '01110111110001100100001110110104QAMLDPC1INTERLEAVER1  ';
    '10001000001110001101111000100101014QAMLDPC1INTERLEAVER2  ';
    '00100010100100100111010010001114QAMLDPC2INTERLEAVER1  ';
    '11011101011011011000101101110000 4QAMLDPC2INTERLEAVER2  ';
    '01001011111110110001110111100110 4QAMLDPC3INTERLEAVER1  ';
    '10110100000001001110001000011001 4QAMLDPC3INTERLEAVER2  ';
    '00010001101000010100011110111100 16QAMLDPC1INTERLEAVER1  ';
    '11101110010111101011100001000011 16QAMLDPC1INTERLEAVER2  ';
    '01111000001101110010111000101010 16QAMLDPC2INTERLEAVER1  ';
    '10000111110010001101000111010101 16QAMLDPC2INTERLEAVER2  ';
    '00101101100111010111101100000000 16QAMLDPC3INTERLEAVER1  ';
    '11010010011000101000010001111111 16QAMLDPC3INTERLEAVER2  ';
    '01110111001110000010000100100101 32QAMLDPC3INTERLEAVER1  ';
    '10001000110001111011110110110103 32QAMLDPC3INTERLEAVER2  ';
    '00100010011011010111010001110000 64QAMLDPC1INTERLEAVER1  ';
    '11011101100100101000101110001111 64QAMLDPC1INTERLEAVER2  ';
    '01000100000101100010010000101106 4QAMLDPC2INTERLEAVER1  ';
    '10111011111101000111011011110100 64QAMLDPC2INTERLEAVER2  ';
    '00010001010111001000011101000011 64QAMLDPC3INTERLEAVER1  ';
    '11101110101000011011100010111100 64QAMLDPC3INTERLEAVER2  '];
if nargin==1
```

```
        for var=1:24
            k = strfind(system_info_matrix(var, :), varargin{1});
            if k
                system_info_msg = system_info_matrix(var, 1:32);
                break;
            end
        end
    elseif nargin == 3
        modulation = varargin{1};
        fec_rate = floor(varargin{2} * 10);
        interleaver = varargin{3};
        ldpc_msg = ['LDPC' num2str(find([4 6 8] == fec_rate))];
        intrlv_msg = ['INTERLEAVER' num2str(interleaver)];
        for var=1:24
            k = strfind(system_info_matrix(var, :), [modulation ldpc_msg intrlv_msg]);
            if k
                system_info_msg = system_info_matrix(var, 1:32);
                break;
            end
        end
    else
        disp('look up system information function error!');
        return;
    end
    system_info_vector = dec2binvec(bin2dec(system_info_msg),32);
    system_info_vector = system_info_vector(32:-1:1);
end
```

程序 2-19"dttb_ldpc", LDPC 编码
```
function data_enc = dttb_ldpc(data)
if nargin < 1
    data = randi(1, 3048, 2);
    fid = fopen('ldpcin.txt', 'w');
    for i=1:numel(data)
        fprintf(fid, '%d ', data(i));
    end
    fclose(fid);
end
data = logical(data);
[m,n] = size(data);
switch n
    case 3048
        fec_rate = 0.4;
    case 4572
        fec_rate = 0.6;
    case 6096
        fec_rate = 0.8;
    otherwise
```

```
            disp('size of data error!');
            return;
end
disp(fec_rate);
G3048_FILE = 'G_7493_3048';
G4572_FILE = 'G_7493_4572';
G6096_FILE = 'G_7493_6096';
H3048_FILE = 'H_7493_3048';
H4572_FILE = 'H_7493_4572';
H6096_FILE = 'H_7493_6096';
G_files = [G3048_FILE; G4572_FILE; G6096_FILE];
H_files = [H3048_FILE; H4572_FILE; H6096_FILE];
% Generate G(i,j) matrix and H(i,j) matrix
fec_mode = find([0.4 0.6 0.8] == fec_rate);
switch fec_mode
    case 1
        c = 35;
        k = 24;
        bit_N = 3048;
    case 2
        c = 23;
        k = 36;
        bit_N = 4572;
    case 3
        c = 11;
        k = 48;
        bit_N = 6096;
end
load([G_files(fec_mode, :) '.mat']);
%load([H_files(fec_mode, :) '.mat']);
data_enc = false(m, 7493);
for i=1:m
    vector = data(i, :);
    for var = 1:7492-n
        vectortemp = and(vector, G_matrix(:, var)');
        data_enc(i, var) = logical(mod(sum(vectortemp),2));
    end
    %codeword = encode(ldpc, vector);
end
data_enc(:, 7492-n+1:7493) = data(:, :);
data_enc = data_enc(:, 6:end);
if nargin < 1
    fid = fopen('ldpcout.txt', 'w');
    for i=1:numel(data_enc)
        fprintf(fid, '%d ', data_enc(i));
    end
    fclose(fid);
end
```

```
end

程序 2-20"plot_spectrum",画频谱图
function plot_spectrum(signal, fs, figureindex, xlab, ylab, title_str)
figure(figureindex);
pts = length(signal);
spectrum = abs(fftshift(fft(signal)));
spectrum = spectrum/max(spectrum);
f = -fs/2:fs/pts:(fs/2-fs/pts);
plot(f, 20 * log10(spectrum));
xlabel(xlab);
ylabel(ylab);
title(title_str);
axis([-fs/2 fs/2 -100, 10]);
grid on;
end% end of function plot_spectrum
```

注：程序 2-13 为 TDS-OFDM 发射、信道 BER 分析实验平台主程序,程序 2-14～程序 2-20 为程序 2-13 调用的子程序模块。

TDS-OFDM 仿真平台选择 DTMB 标准调制解调系统,其中总载波数为 3780,有效子载波数为 3744,同步头选择 PN420 帧头模式,升采样滤波器选择 SRRC 滤波器。仿真平台按照 DTMB TDS-OFDM 标准格式搭建了发射机调制系统(包括信道编码、星座映射、插入导频、OFDM 调制、生成 PN 序列、成帧、升采样)、高斯信道建模、OFDM 接收解调和 BER 分析。图 2-36 为 TDS-OFDM 系统在高斯信道条件下的 SNR-BER 分析,选择了 16QAM、64QAM 星座调制,用以进行调制、解调系统的信号结构分析和性能评估。

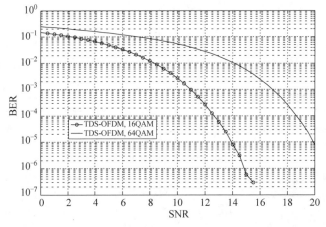

图 2-36   TDS-OFDM 系统高斯信道 BER 分析(SNR/dB)

2.4 双同步 OFDM 发射机系统框架

STiMi(双同步头 OFDM 结构)技术是面向移动多媒体广播业务需求而专门设计的无线信道传输技术,构成了中国自主研发的 CMMB 体系架构中的核心技术。STiMi 技术充

分考虑到移动多媒体广播业务的特点,针对手持设备接收灵敏度要求高,具有移动性和电池供电的特点,采用了先进的信道纠错编码(LDPC 码)技术和双同步 OFDM 调制技术,提高了系统的抗干扰能力,且支持高移动性,并且采用了时隙(Timeslot)节能技术来降低终端功耗,提高了终端续航能力。

2.4.1　CMMB 帧结构

STiMi 系统可工作于 30～3000MHz 的频率范围内,物理带宽支持 8MHz 和 2MHz 两种工作模式。如图 2-37 所示,时域传输帧长度为 1s,分为 40 个时隙。每个时隙为 25ms,由 1 个信标和 53 个 OFDM 符号组成。OFDM 符号的形成分别采用 4096 点(8MHz 带宽模式)和 1024 点(2MHz 带宽模式)的 IFFT/FFT 操作实现。循环前缀长度分别为 512 点(8MHz 带宽模式)和 128 点(2MHz 带宽模式)。系统采样速率分别是 10MSps(8MHz 带宽模式)和 2.5MSps(2MHz 宽带模式)。本节以 8MHz 模式信号结构为例说明 STiMi OFDM 的调制过程。

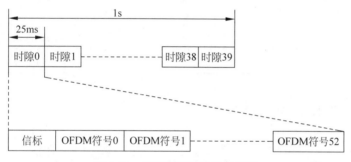

图 2-37　基于时隙划分的帧结构

为了实现系统的快速捕获和识别,STiMi 系统引入了信标技术。如图 2-38 所示,信标包括发射机标识信号(TxID)以及 2 个相同的同步信号。TxID 为频带受限的伪随机信号,用以标识不同发射机、子载波数目、子载波间隔等。同步信号是 BPSK 调制的 OFDM 信号,也是频带受限的伪随机信号,主要用于接收端的快速同步和辅助信道估计。

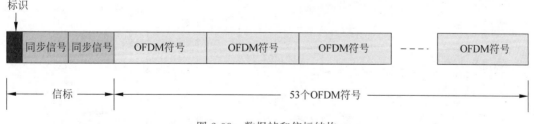

图 2-38　数据帧和信标结构

8MHz 模式中,TxID 为 256 点 IFFT 载波调制,同步头为 2048 点 IFFT 载波调制,OFDM 数据体为 4096 点 IFFT 载波调制,全部占据 8MHz 带宽,载波间隔的倒数为符号周期,所以三者的符号长度之比为 256:2048:4096。具体的系统参数如表 2-3 所示。

表 2-3   系统参数

		8MHz	2MHz
系统带宽		8MHz	2MHz
信号带宽		7.512MHz	1.536MHz
子载波数		4096	1024
有效子载波数		3076	628
时隙个数		40	
时隙长度		25ms	
RS 编码		176、192、224、240	
外交织器行数	1/2LDPC	72、144、288	36、72、144
	3/4LDPC	108、216、432	54、108、216
LDPC 编码		1/2、3/4	
内交织器		384 * 360	192 * 144
OFDM 循环前缀		1/8	
离散导频		1/8,交错分布(384)	
连续导频		携带 16 比特传输指示信息(82)	

2.4.2 双同步 OFDM 调制

图 2-39 给出了 STiMi 系统的物理层信号 OFDM 调制过程。来自上层多路 TS 数据流独立地进行 RS 编码和字节交织、LDPC 编码、比特交织和星座映射等操作,然后和离散导频以及承载传输指示信息的连续导频组合起来,形成 OFDM 频域符号,再对频域符号数据进行加扰,进行 OFDM 调制、成帧,以及射频调制等操作,最后将信号在无线信道中传输。

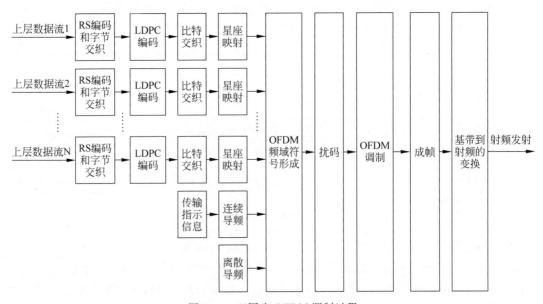

图 2-39 双同步 OFDM 调制过程

1）LDPC 编码和比特交织

信道编码采用级联码,外码采用 RS 码,内码采用高度结构化的 LDPC 编码,码长为 9216 比特,包括两种可选码率:1/2 和 3/4,码字结构经过优化设计,使解码器可以低复杂度实现提供接近香农限的纠错性能。

通过交织的随机化过程增加纠错码的编码效能,交织器采用行入列出的块交织模式,如图 2-40 所示。

图 2-40　交织结构

2）OFDM 频域结构

在每一个时隙中,信标之后发送 53 个数据结构相同的 OFDM 符号。每个 OFDM 符号包含 3076 个有效子载波和 1020 个虚拟子载波,其中有效子载波包含 82 个连续导频、384 个离散导频以及 2610 个数据子载波。在 8MHz 模式下,每个时隙含有 138330 个数据子载波,其中前 138240 个数据子载波用于承载星座映射的数据符号,后 90 个数据子载波填充 0。OFDM 的频谱结构主要由插入的连续导频和离散导频,以及承载的有效数据组成。OFDM 的时频二维结构如图 2-41 所示,连续导频用于携带系统信息,离散导频用以完成信道估计,其中离散导频采用格状导频结构,利于采用时频二维插值的信道估计算法获得时域/频域维的平坦优化。

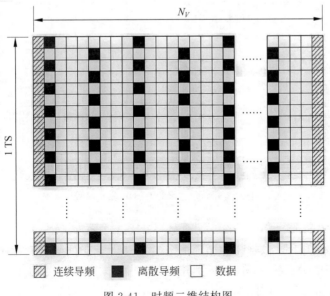

图 2-41　时频二维结构图

3）加扰

STiMi 系统创新性地提出了扰码的概念，数据子载波、离散导频和连续导频等，均由一个复伪随机序列进行加扰。占频谱 12.5% 且相位一致的离散导频相互叠加产生了很大的峰值，扰码之后的导频较为随机，峰均比可以降到一个合理的水平。

时域上的所有符号（有效子载波），包括数据子载波、离散导频和连续导频，均由一个复随机序列进行加扰，扰码的复伪随机序列生成方式如下：

$$P_c(i) = \frac{\sqrt{2}}{2}\big[(1-2S_i(i)) + j(1-2S_q(i))\big] \tag{2-23}$$

式中，$S_i(i)$ 和 $S_q(i)$ 由线性反馈移位寄存器产生。反馈移位寄存器结构见图 2-42，对应的生成多项式为 $x^{12} + x^{11} + x^8 + x^6 + 1$。

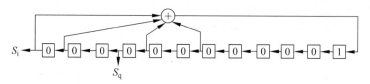

图 2-42 产生扰码的线性反馈移位寄存器结构

数据子载波、离散导频和连续导频等，均由一个复伪随机序列进行加扰。在星座图上，相当于模值不变，相位偏移 45°、135°、−45°、−135°。图 2-43 和图 2-44 的 CCDF 分布统计结果显示，扰码之后的峰均比明显降低，在概率为 10^{-3} 处，峰均比降低了 7.23dB。

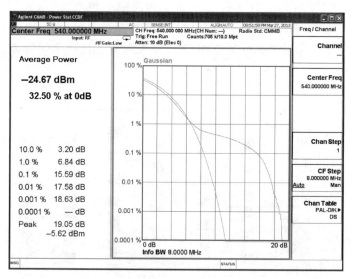

图 2-43 加扰之前的 CCDF 分布曲线

4）生成 OFDM 符号

OFDM 符号由 OFDM 数据体和循环前缀（CP）以及保护间隔（GI）组成，即 STiMi 系统也是基于 CP 的 OFDM 系统，但创新地增加了双同步头结构。TxID、同步信号和相邻OFDM 符号之间，通过保护间隔相互交叠。OFDM 符号的结构如图 2-45 所示。

STiMi 中 OFDM 的调制过程为：①形成频谱栅结构，8MHz 带宽下在数据和导频组成

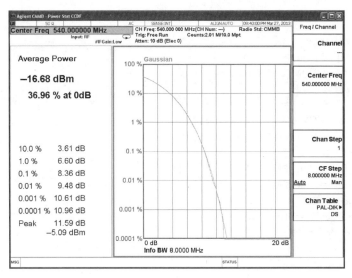

图 2-44 加扰之后的 CCDF 分布曲线

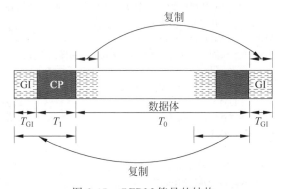

图 2-45 OFDM 符号的结构

的 3076 个有效子载波中插入 1019 个虚拟子载波和一个中心频率点；②经过 IFFT 变换，将数据从频域信号转换成时域信号；③在时域信号加入循环前缀、保护间隔并进行加窗处理。

OFDM 调制的实质就是通过 IFFT 映射为 OFDM 符号，映射方式如下：

$$S_n(t) = \frac{1}{N_s} \sum_{i=0}^{N_s-1} Z_n(i) \mathrm{e}^{\mathrm{j}2\pi i(\Delta f)_s(t-T_{CP})}, \quad 0 \leqslant t \leqslant T_s, 0 \leqslant n \leqslant 52 \qquad (2\text{-}24)$$

式中，$S_n(t)$ 为时隙中第 n 个 OFDM 符号；N_s 为 OFDM 符号子载波数；$Z_n(i)$ 为第 n 个 OFDM 符号的 IFFT 输入信号；$(\Delta f)_s$ 为 OFDM 符号的子载波间隔，取值为 2.44140625kHz；T_{CP} 为 OFDM 符号循环前缀长度，取值为 51.2μs；T_s 为 OFDM 符号长度，取值为 460.8μs。

2.4.3 双同步 OFDM 系统仿真

程序 2-21"Sys_OFDM"，双同步头 OFDM 系统模型

```
function Sys_OFDM
format long;
warning off
```

仿真视频

```matlab
clear all;
clc;
OFDM_SimNum=1;
BER=zeros(OFDM_SimNum,61);
for SimNum=1: OFDM_SimNum
    %参数设置%
    Ensemble_SimNum = 1;
    Sys_OFDM_MODE = 8;%8MHz 模式
    modulationMode =16QAM';%'QPSK';
    bitwidth = 18;
    xid_8M_file = 'xid_8M.dat';%TS 流文件
    xid_2M_file = 'xid_2M.dat';
    prbs_mode = 2;
    txid_region_code = 100;%0~127
    txid_txer_code = 228;%128~255
    fs = 1e7;%采样频率
    q=4;%采样倍数
    fover = q * fs;
    %固定参数设置%
    Fcs_id = 39062.5;%发射机识别标识 TTXID 载波间隔, 39.0625kHz
    Tu_id = 0.0000256;%TXID OFDM 周期, 25.6μs
    Tcp_id = 0.0000104;%TXID 循环前缀, 10.4μs
    Fcs_sync = 4882.8125;%同步头载波间隔, 4.8828125kHz
    Tu_sync = 0.0002048;%同步头 OFDM 周期, 204.8μs
    Fcs = 2441.40625;%数据 OFDM 载波间隔, 2.44140625kHz
    Tu = 0.0004096;%OFDM 周期, 409.6μs
    Tcp = 0.0000512;%OFDM 循环前缀, 51.2μs
    Tgi = 0.0000024;%保护间隔 GI, 2.4μs
    %参数生成%
    fft_pnts = 512 * Sys_OFDM_MODE;%IFFT 点数
    fft_pnts_txid = 32 * Sys_OFDM_MODE;
    fft_pnts_sync = 256 * Sys_OFDM_MODE;
    T = 1/fs;
    Tofdm = Tu+Tcp+Tgi;%OFDM 符号总长度
    Tid = Tu_id+Tcp_id+Tgi;%TXID OFDM 符号总长度
    Tsync = 2 * Tu_sync+Tgi;%同步头总长度
    Tensemble = Tofdm * 53+Tsync+Tid;%时隙长度
    NumEsemble = round(Tensemble/T);
    prbs_init_regs =[...
        0 0 0 0 0 0 0 0 0 0 0 1;
        0 0 0 0 1 0 0 1 0 0 1 1;
        0 0 0 0 0 1 0 0 1 1 0 0;
        0 0 1 0 1 0 1 1 0 0 1 1;
        0 1 1 1 0 1 0 0 0 1 0 0;
        0 0 0 0 0 1 0 0 1 1 0 0;
        0 0 0 1 0 1 1 0 1 1 0 1;
        0 0 1 0 1 0 1 1 0 0 1 1];
    if Sys_OFDM_MODE == 8
        ValidCarrierNum = 3076;%有效载波数
        DataCarrierNum = 2610;%数据载波数
        ContinualPilotNum = 82;%连续导频数
```

```
        ScatteredPilotNum = 384;%离散导频数
        ZeroPad_carriers = 1020;
        ZeroPad_Ensemble = 90;
        xid_file = xid_8M_file;
        txid_num = 191;
        sync_num = 1536;
        DirectorContinualPilotCarriers =[...
            22   78   92   168  174  244  274  278...
            344  382  424  426  496  500  564  608...
            650  688  712  740  772  846  848  932...
            942  950  980  1012 1066 1126 1158 1214...
            1860 1916 1948 2008 2062 2094 2124 2132...
            2142 2226 2228 2302 2334 2362 2386 2424...
            2466 2510 2574 2578 2648 2650 2692 2730...
            2796 2800 2830 2900 2906 2982 2996 3052];
        ZeroContinualPilotCarriers =[0 1244 1276 1280 1326 1378 1408 ...
            1508 1537 1538 1566 1666 1736 1748 1794 1798 1830 3075];
elseif Sys_OFDM_MODE == 2
        ValidCarrierNum = 628;
        DataCarrierNum = 522;
        ContinualPilotNum = 18;
        ScatteredPilotNum = 78;
        ZeroPad_carriers = 396;
        ZeroPad_Ensemble = 18;
        xid_file = xid_2M_file;
        txid_num = 37;
        sync_num = 314;
        DirectorContinualPilotCarriers =[20 32 72 88 128 146 154 156 ...
            470 472 480 498 538 554 594 606];
        ZeroContinualPilotCarriers =[0 216 220 250 296 313 314 330 ...
            388 406 410 627];
end
N=53;
SignalContinualPilotCarriers=zeros(1,64);
ext_iter = zeros(1,4);
cnt_signal=zeros(53,3076);
tic
fcsrrc = Fcs * (ValidCarrierNum+2)/2;%4e6;
figureindex = 0;
%生成连续导频%
load a a
for p=1:16
    for i=1:16:64
        SignalContinualPilotCarriers(i+p-1)=BPSK_Mapping(a(p));
    end
end
%生成 TXID 信号%
if 1
    disp('Generating signal of tx id...');
    txid_code = txid_region_code;
    txid = load(xid_file);
```

```
txid = txid(txid_code+1, :);
txid = [0 1-2 * txid(1:floor(txid_num/2)) ...
zeros(1, fft_pnts_txid-txid_num 1) 1-2 * txid(floor(txid_num/2)+1:txid_num)];
%txid = ifft(txid, fft_pnts_txid) * sqrt(fft_pnts_txid);
txid = ifft([txid zeros(1, fft_pnts-fft_pnts_txid)], fft_pnts) * fft_pnts/sqrt(fft_pnts_txid);
txid = txid(1:fft_pnts/fft_pnts_txid:fft_pnts);
Num = Tu_id/T;
times = Num/fft_pnts_txid;
txid_resample = zeros(1, Num);
for cnts = 0:times-1
    txid_resample(cnts+1:times:(fft_pnts_txid-1) * times+cnts+1) = txid;
end
txid_even = txid_resample;
txid_code = txid_txer_code;
txid = load(xid_file);
txid = txid(txid_code+1, :);
txid = [0 1-2 * txid(1:floor(txid_num/2)) ...
zeros(1, fft_pnts_txid-txid_num-1) 1-2 * txid(floor(txid_num/2)+1:txid_num)];
txid = ifft([txid zeros(1, fft_pnts-fft_pnts_txid)], fft_pnts) * fft_pnts/sqrt(fft_pnts_txid);
txid = txid(1:fft_pnts/fft_pnts_txid:fft_pnts);
if 0
    figureindex = figureindex + 1;
    figure(figureindex);
    plot_OFDMTimeSig = abs(fftshift(fft(txid)));
    subplot(211);
    f = -fft_pnts_txid/2 * Fcs_id:Fcs_id:(fft_pnts_txid/2-1) * Fcs_id;
    plot(f, 20 * log10(plot_OFDMTimeSig));
    xlabel('frequency (KHz)');
    ylabel('magnitude (dB)');
    title('TxID Spectrum');
    grid on;
    subplot(212);
    [Pxx, W] = pwelch(txid, chebwin(256), 128, fft_pnts_txid);
    Pxx = 10 * log10(fftshift(Pxx));
    plot_Pxx = Pxx - max(Pxx);
    plot(f, plot_Pxx);
    xlabel('frequency (KHz)');
    ylabel('power spectral density (dB)');
    title('Power Spectrum Density');
    grid on;
    clear plot_OFDMTimeSig f Pxx W plot_Pxx;
end
for cnts = 0:times-1
    txid_resample(cnts+1:times:(fft_pnts_txid-1) * times+cnts+1) = txid;
end
txid_odd = txid_resample;
clear txid_resample;
save txid txid_even txid_odd;
else
    load txid;
end
```

```
%生成同步头%
if 1
    disp('Generating signal of sync...');
    prbs_sync = [0 1 1 1 0 1 0 1 1 0 1];
    sync_signal = zeros(1, sync_num);
    for i=1:sync_num
        sync_signal(i) = prbs_sync(1);
        temp = mod(prbs_sync(1)+prbs_sync(3), 2);
        prbs_sync = [prbs_sync(2:11) temp];
    end
    sync_signal = [0 1-2 * sync_signal(1:floor(sync_num/2)) ...
    zeros(1,fft_pnts_sync-sync_num-1) 1-2 * sync_signal(floor(sync_num/2)+1:sync_num)];
    sync_signal=ifft([sync_signal zeros(1, fft_pnts-fft_pnts_sync)], ...
    fft_pnts) * fft_pnts/sqrt(fft_pnts_sync);
    sync_signal = sync_signal(1:fft_pnts/fft_pnts_sync:fft_pnts);
    Num = Tu_sync/T;
    times = Num/fft_pnts_sync;
    if 0
        figureindex = figureindex + 1;
        figure(figureindex);
        plot_OFDMTimeSig = abs(fftshift(fft(sync_signal)));
        subplot(211);
        f = -fft_pnts_sync/2 * Fcs_sync:Fcs_sync:(fft_pnts_sync/2-1) * Fcs_sync;
        plot(f,20 * log10(plot_OFDMTimeSig));
        xlabel('frequency (KHz)');
        ylabel('magnitude (dB)');
        title('CMMB Sync Spectrum');
        grid on;
        subplot(212);
        [Pxx,W] = pwelch(sync_signal,chebwin(256),128,fft_pnts_sync);
        Pxx = 10 * log10(fftshift(Pxx));
        plot_Pxx = Pxx - max(Pxx);
        plot(f,plot_Pxx);
        xlabel('frequency (KHz)');
        ylabel('power spectral density (dB)');
        title('Power Spectrum Density');
        grid on;
        clear plot_OFDMTimeSig f Pxx W plot_Pxx;
    end
    sync_signal_resample = zeros(1, Num);
    for cnts = 0:times-1
        sync_signal_resample(cnts+1:times:(fft_pnts_sync-1) * times+cnts+1) = sync_signal;
    end
    sync_signal = sync_signal_resample;
    clear sync_signal_resample;
    save sync_signal sync_signal;
else
    load sync_signal;
end
%生成扰码序列%
```

```matlab
prbs_init_reg = prbs_init_regs(prbs_mode, :);
Si = zeros(1, ValidCarrierNum * 53);
Sq = zeros(1, ValidCarrierNum * 53);
for PcCounter = 1:ValidCarrierNum * 53
    Si(PcCounter) = prbs_init_reg(1);
    Sq(PcCounter) = prbs_init_reg(4);
    RegNew = mod(sum(prbs_init_reg([1 2 5 7])),2);
    prbs_init_reg = [prbs_init_reg(2:12) RegNew];
end
Pc = complex(1-2 * Si,1-2 * Sq)/sqrt(2);
save prbs_pc Pc;
clear Pc;
%成帧%
NumGI=Tgi/T;
Wt=0.5+0.5 * cos(pi+pi * (0:T:(Tgi-T))/Tgi);
Pos=1;
ValidDataPos = 0;
SignalLastFrameForGI = zeros(1, NumGI);
SignalLastFrameForGI_noclip = zeros(1, NumGI);
ValidCarrier=[];
ValidCarrier1=[];
if 1
    disp('Generating ensemble signal...');
    for TimeSlot_Var = 0:Ensemble_SimNum-1
        disp(['The ' num2str(TimeSlot_Var+1) 'th time slot generating...']);
        assert(Pos == NumEsemble * TimeSlot_Var+1);
        %TXID%
        if mode(TimeSlot_Var,2) == 0
            txid = txid_even;
        else
            txid = txid_odd;
        end
        Num = Tu_id/T;
        NumCP = Tcp_id/T;
        SignalEnsemble(Pos:Pos+NumGI-1)=txid(Num-NumCP-NumGI+1:Num-...
NumCP) . * Wt + SignalLastFrameForGI . * (1-Wt);
        SignalEnsemble_nocode(Pos:Pos+NumGI-1)= txid(Num-NumCP-NumGI+...
1:Num-NumCP) . * Wt + SignalLastFrameForGI_noclip . * (1-Wt);
        Pos = Pos+NumGI;
        SignalEnsemble(Pos:Pos+NumCP-1) = txid(Num-NumCP+1:Num);
        SignalEnsemble_nocode(Pos:Pos+NumCP-1) = txid(Num-NumCP+1:Num);
        Pos = Pos+NumCP;
        SignalEnsemble(Pos:Pos+Num-1) = txid;
        SignalEnsemble_nocode(Pos:Pos+Num-1) = txid;
        Pos = Pos+Num;
        SignalLastFrameForGI = txid(1:NumGI);
        SignalLastFrameForGI_nocode = txid(1:NumGI);
        %同步头%
        Num = Tu_sync/T;
        SignalEnsemble(Pos:Pos+NumGI-1) = sync_signal(Num-NumGI+1:Num) . * Wt...
+ SignalLastFrameForGI . * (1-Wt);
```

```
SignalEnsemble_nocode(Pos:Pos＋NumGI-1)＝sync_signal(Num- …
NumGI＋1:Num) . ＊ Wt ＋ SignalLastFrameForGI_nocode . ＊ (1-Wt);
Pos ＝ Pos＋NumGI;
SignalEnsemble(Pos:Pos＋Num-1) ＝ sync_signal;
SignalEnsemble_nocode(Pos:Pos＋Num-1) ＝ sync_signal;
Pos ＝ Pos＋Num;
SignalEnsemble(Pos:Pos＋Num-1) ＝ sync_signal;
SignalEnsemble_nocode(Pos:Pos＋Num-1) ＝ sync_signal;
Pos ＝ Pos＋Num;
SignalLastFrameForGI ＝ sync_signal(1:NumGI);
SignalLastFrameForGI_nocode ＝ sync_signal(1:NumGI);
％OFDM 信号％
for framecnt ＝ 0:52
    disp(['  The ' num2str(framecnt＋1) 'th ofdm signal generating...']);
    if mod(framecnt,2) ＝＝ 0
        ScatteredPilotInit ＝ 1;
    else
        ScatteredPilotInit ＝ 5;
    end
    ％OFDM 频域信号％
    ScatteredPilotCarriers ＝ zeros(1,ScatteredPilotNum);
    ScatteredPilotCarriers(1:ScatteredPilotNum/2) ＝…
    8 ＊ (0:ScatteredPilotNum/2-1)＋ScatteredPilotInit;
    ScatteredPilotCarriers(ScatteredPilotNum/2＋1:ScatteredPilotNum) ＝…
    8 ＊ (ScatteredPilotNum/2:ScatteredPilotNum-1)＋ScatteredPilotInit＋2;
    ContinualPilotNum＝0;
    ValidCarrierSig ＝ zeros(1, ValidCarrierNum);
    for ValidCarrierCnt ＝ 0:ValidCarrierNum-1
        if find(ZeroContinualPilotCarriers＝＝ValidCarrierCnt)
            ValidCarrierSig(ValidCarrierCnt＋1) ＝ BPSK_Mapping(0);
        elseif find(DirectorContinualPilotCarriers＝＝ValidCarrierCnt)
            ContinualPilotNum＝ContinualPilotNum＋1;
            ValidCarrierSig(ValidCarrierCnt＋1)＝
            SignalContinualPilotCarriers(ContinualPilotNum);
        elseif find(ScatteredPilotCarriers＝＝ValidCarrierCnt)
            ValidCarrierSig(ValidCarrierCnt＋1) ＝ 1;
        else
            ValidDataPos ＝ ValidDataPos＋1;
            switch modulationMode
                case 'BPSK'
                    ValidData(ValidDataPos) ＝ randint();
                        ValidCarrierSig(ValidCarrierCnt＋1)＝ BPSK_Mapping
                        (ValidData(ValidDataPos));
                case 'QPSK'
                    ValidData(ValidDataPos) ＝ randi([0 3],1,1);
                    ％ValidData(ValidDataPos) ＝ randint(1,1,4);
                    ValidCarrierSig(ValidCarrierCnt＋1)＝
                    QPSK_Mapping(ValidData(ValidDataPos));
                case '16QAM'
                    ValidData(ValidDataPos) ＝ randi([0 15],1,1);
                    ValidCarrierSig(ValidCarrierCnt＋1)＝
```

```
                                    QAM16_Mapping(ValidData(ValidDataPos));
                            otherwise
                                error('Modulation not supported');
                        end
                    end
                end
            %加扰%
            load prbs_pc;
            ValidCarrierSig= ValidCarrierSig. *
            Pc(framecnt * ValidCarrierNum+1:(framecnt+1) * ValidCarrierNum);
            ValidCarrier=[ValidCarrier ValidCarrierSig];
            %IFFT 变换%
            OFDMSig =[zeros(1, 1) ValidCarrierSig(1:ValidCarrierNum/2) ...
            zeros(1,1019) ValidCarrierSig(ValidCarrierNum/2+1:ValidCarrierNum)];
            OFDMSig = ifft(OFDMSig, fft_pnts) * sqrt(fft_pnts);
            %OFDM 组帧%
            NumCP = Tcp/T;
            Num = Tu/T;
            times = Num/fft_pnts;
            OFDMSig_resample = zeros(1, Num);
            OFDMSig_nocode = zeros(1, Num);
            for cnts = 0:times-1
                OFDMSig_resample(cnts+1:times:(fft_pnts-1) * times+cnts+1)=...
                OFDMSig;
            end
            SignalEnsemble(Pos:Pos+NumGI-1)=OFDMSig_resample(Num-NumCP-...
            NumGI+1:Num-NumCP) . * Wt + SignalLastFrameForGI . * (1-Wt);
            Pos = Pos+NumGI;
            SignalEnsemble(Pos:Pos+NumCP-1)=OFDMSig_resample(Num-...
            NumCP+1:Num);
            Pos = Pos+NumCP;
            SignalEnsemble(Pos:Pos+Num-1) = OFDMSig_resample;
            Pos = Pos+Num;
            SignalLastFrameForGI = OFDMSig_resample(1:NumGI);
            clear OFDMSig_resample   ValidCarrierSig ValidDataRev;
        end
    end
    save ValidData SignalEnsemble;
else
    load SignalEnsemble;
end
if 1
    disp('Oversample and filter...');
    Hdlow = filter1;%(fs/2, fover);
    %Upconverter (incompalished)
    %chips = [SignalEnsemble;zeros(q-1,L)];
    %chips = reshape(chips, 1, L * q);
    if 0
        figureindex = figureindex + 1;
        figure(figureindex);
        plot_OFDMTimeSig = abs(fftshift(fft(chips)));
```

```
            plot_OFDMTimeSig = plot_OFDMTimeSig/max(plot_OFDMTimeSig);
            f = (-L * q/2:L * q/2-1)/L/q * fover;
            plot(f, 20 * log10(plot_OFDMTimeSig));
            xlabel('frequency (Hz)');
            ylabel('magnitude (dB)');
            title('CMMB OFDM Spectrum before filter');
            grid on;
        end
        if 0
            figureindex = figureindex + 1;
            figure(figureindex);
            k=length(chips);
            plot_OFDMTimeSig = abs(fftshift(fft(chips)));
            plot_OFDMTimeSig = plot_OFDMTimeSig/max(plot_OFDMTimeSig);
            f = (-k/2:k/2-1)/k * fover;
            plot(f, 20 * log10(plot_OFDMTimeSig));
            xlabel('frequency (Hz)');
            ylabel('magnitude (dB)');
            title('OFDM Spectrum after filter');
            grid on;
        end
        %升采样%
        OFDM_Signal = upsample(SignalEnsemble, q);
        OFDM_Signal=complex(conv(real(OFDM_Signal),
        Hdlow. numerator * q), conv(imag(OFDM_Signal), Hdlow. numerator * q));
        OFDM_Signal=OFDM_Signal((length(Hdlow. numerator)-1)/2+1:end-...
        (length(Hdlow. numerator)-1)/2);
        save OFDM_Signal OFDM_Signal;
    else
        load OFDM_Signal;
    end
%高斯信道接收解调和 BER 分析%
    SNRS = [0:0.5:30];
    for SNRindex = 1:length(SNRS)
        Signal_channel = awgn(OFDM_Signal, SNRS(SNRindex), 'measured');
        %同步%
        disp('sync searching...');
        samples = length(sync_signal);
        theta = zeros(1, samples * q);
        r2 = sync_signal;
        for i=1:samples * q%k-samples * q
            r1 = Signal_channel(i:q:i+q * (samples-1));
            gamma = r1 * r2';
            epsilon = r1 * r1'+r2 * r2';
            theta(i) = gamma * gamma'/epsilon/epsilon;
        end
        %theta = theta(100:end);
        SyncPos = find(theta==max(theta(10:end)));
        SyncPos =SyncPos(1); %1633
        %figureindex = figureindex + 1;
        %figure(figureindex);
```

```
%stem(theta(10:end));
%降采样
Signal_channel=[Signal_channel Signal_channel(1:800)];
Signal_rev = Signal_channel(SyncPos:q:end);
clear r2 r1 gamma epsilon theta;
if 0
    SyncSignalReceived = Signal_rev(1:samples);
    SyncSignalReceived = fft(SyncSignalReceived)/sqrt(samples);
    figureindex = figureindex + 1;
    figure(figureindex);
    plot(real(SyncSignalReceived), imag(SyncSignalReceived),'.b',[-1 0 1], 0,'.r');
    title('Received SYNC Symbol');legend('received', 'ideal');
    amp = 1.5;
    axis([-amp amp -amp amp]);
    clear SyncSignalReceived;
end
disp('Receiving and demodulating ofdm signal...');
Signal_rev = Signal_rev(2 * samples+1+round((Tgi+Tcp) * fft_pnts/Tu):end);
ofdm_signal = zeros(53,fft_pnts);
for i=1:53
    offset = (i-1) * round((Tgi+Tcp+Tu) * fft_pnts/Tu)+1;
    ofdm_signal(i,:) = Signal_rev(offset:offset+fft_pnts-1);
end
ofdm_signal = fft(ofdm_signal.',fft_pnts)/sqrt(fft_pnts);
ofdm_signal=ofdm_signal([2:ValidCarrierNum/2+1
fft_pnts-ValidCarrierNum/2+1:fft_pnts], :);
ofdm_signal = reshape(ofdm_signal, 1, 53 * ValidCarrierNum);
disp('Descramble...');
load prbs_pc;
% Pc1=Pc(1:3076 * 53);
ofdm_signal = ofdm_signal./Pc;
clear Pc;
ValidDataRev = zeros(53, DataCarrierNum);
disp('Get off pilots carriers...');
ScatteredPilotCarriersEven=[1:8:8 * (ScatteredPilotNum/2-1)+1
8 * (ScatteredPilotNum/2)+3:8:8 * (ScatteredPilotNum-1)+3];
ScatteredPilotCarriersOdd=[5:8:8 * (ScatteredPilotNum/2-1)+5
8 * (ScatteredPilotNum/2)+7:8:8 * (ScatteredPilotNum-1)+7];
ContinualPilotCarriers = [ZeroContinualPilotCarriers DirectorContinualPilotCarriers];
k0=1;
k1=1;
ofdm_signal = reshape(ofdm_signal, ValidCarrierNum, 53).';
%判决%
k0=1;
k1=1;
for i=1:ValidCarrierNum
    if (find([ContinualPilotCarriers ScatteredPilotCarriersEven]==i-1))
        assert(k0<=DataCarrierNum+1);
    else
        ValidDataRev(1:2:53, k0) = ofdm_signal(1:2:53, i);
        k0=k0+1;
```

```
                        end
                    if (find([ContinualPilotCarriers ScatteredPilotCarriersOdd]==i-1))
                            assert(k1<=DataCarrierNum+1);
                    else
                            ValidDataRev(2:2:53, k1) = ofdm_signal(2:2:53, i);
                            k1=k1+1;
                    end
                end
                disp('Demodulating...');
                switch modulationMode
                    case 'BPSK'
                            Const = BPSK_Mapping(0:1);
                    case 'QPSK'
                            Const = QPSK_Mapping(0:3);
                    case '16QAM'
                            Const = QAM16_Mapping(0:15);
                    otherwise
                            error('Modulation not supported');
                end
                ValidDataRev = reshape(ValidDataRev.', Ensemble_SimNum * 53 * DataCarrierNum, 1).';
                ValidDataRev1=ValidDataRev(1:2610 * 53);
                for i=1:length(ValidDataRev)
                    [c x] = min(abs(Const-ValidDataRev(i)));
                    ValidDataRev(i) = x-1;
                end
                %SER 和 BER 分析%
                disp('Calculating BER...');
                ValidData=ValidData(1:2610 * 53);
                diff = ValidDataRev-ValidData;
                %catterplot(ValidDataRev,1,0,'rx');
                SER(SNRindex) = sum(abs(diff)>1e-6)/length(ValidDataRev);
                bit_recev_noclip = dec2bin(ValidDataRev,2);
                bit_recev_noclip = reshape(bit_recev_noclip.',1,[]);
                bit_ori = dec2bin(ValidData,2);
                bit_ori = reshape(bit_ori.',1,[]);
                diff = bit_recev_noclip - bit_ori;
                BER(SimNum,SNRindex) = sum(abs(diff)>1e-6)/length(diff);
                clear diff;
            end
        end
        ber=mean(BER,1);
        figure;
        hold on;
        semilogy(SNRS,ber,'r')
        grid on;
        hold off;
        title('BER of transimited data')
        xlabel('SNR/dB')
        ylabel('BER')
    end
```

程序 2-22"BPSK_Mapping",BPSK 星座映射

```
function Sig = BPSK_Mapping(bit)
    Constellation = [1+1i -1-1i]/sqrt(2);
    bit = mod(floor(bit), 2);
    Sig = Constellation(bit+1);
end
```

程序 2-23"QPSK_Mapping",QPSK 星座映射

```
function Sig = QPSK_Mapping(bits)
    Constellation = [1+1i 1-1i -1+1i -1-1i]/sqrt(2);
    bits = mod(floor(bits), 4);
    Sig = Constellation(bits+1);
end
```

程序 2-24"QAM16_Mapping",16QAM 星座映射

```
function Sig = QAM16_Mapping(bits)
    Constellation = complex([3 3 1 1 3 3 1 1 -3 -3 -1 -1 -3 -3 -1 -1], ...
        [3 1 3 1 -3 -1 -3 -1 3 1 3 1  3 -1 -3 -1])/sqrt(10);
    bits = mod(floor(bits), 16);
    Sig = Constellation(bits+1);
end
```

程序 2-25"filter1",低通滤波器

```
function Hd = filter1
fs = 1e7;
q = 4;
Fs = fs * q;    %采样率
Fcs = 2441.40625;
Fpass = Fcs * (3076/2+1);%带通
Fstop = fs/2;%带阻
Dpass = 0.028774368332;% Passband Ripple
Dstop = 0.0063095734448;% Stopband Attenuation
flag = 'scale';% Sampling Flag
%KAISERORD 窗
[N, Wn, BETA, TYPE] = kaiserord([Fpass Fstop]/(Fs/2), [1 0], [Dstop Dpass]);
N = ceil(N/2) * 2;
N = 60;
%FIR1 函数
b  = fir1(N, Wn, TYPE, kaiser(N+1, BETA), flag);
Hd = dfilt.dffir(b);
end
```

注：程序 2-21 为双同步 OFDM 发射、信道 BER 分析实验平台主程序，程序 2-22~程序 2-25 为程序 2-21 调用的子程序模块。

双同步 OFDM 仿真平台选择 CMMB 8MHz 模式调制解调系统，其中总载波数为4096，有效子载波数为3076，同步头选择双同步 OFDM 序列，循环前缀选择 1/8OFDM 数据体长度模式，升采样滤波器选择 LPF 低通滤波器。仿真平台按照标准格式搭建了发射机调制系统(包括生成双同步头、星座映射、插入导频、OFDM 调制、成帧、升采样)、高斯信道建模、OFDM 接收解调和 BER 分析。图 2-46 为双同步头 OFDM 系统在高斯信道条件下的

SNR-BER 分析,选择了 QPSK、16QAM 星座调制,用以进行调制、解调系统的信号结构分析和性能评估。

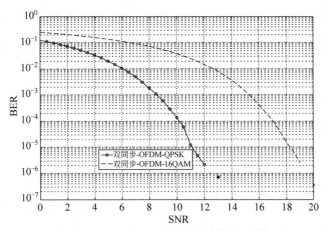

图 2-46 双同步 OFDM 系统高斯信道 BER 分析(SNR/dB)

第3章 多载波发射机系统功率优化

CHAPTER 3

源代码

移动通信不仅是全球性的技术标准,更关系到未来信息产业的基础架构和国家战略。随着移动数据流量和移动端连接数的指数型增长,高能耗和环境问题日趋严峻。全球信息和通信技术(Information and Communication Technology,ICT)行业的碳排放量预计到2030年将消耗全球51%的能源。GSMA《2018全球移动趋势报告》显示,由于能耗的剧增,近年来世界各国移动运营商的利润增长率显著下降,2016年年复合增长率仅为3%,到2020年,年复合增长率已降低到1%左右,全球无线网络运营商已陷入投入高,产出少的窘境。无线网络能耗逐渐超出控制,伴随而生的温室气体和电磁污染也将超出安全阈值。绿色通信已经上升到国家战略规划层面,我国《信息通信行业发展规划(2016—2020年)》和"十三五"规划纲要明确将降低通信行业污染物排放与总耗能量作为节能减排的目标。提升网络效率和资源利用率,节能减排,是最为可行的解决方案。

随着环境问题、运营商收支不平衡趋势日益严峻,无线通信能耗问题引起了国际范围内广泛关注。目前,3GPP已经把节能作为自组织网络引入LTE/LTE-A标准;ITU-R成立了IMT-2020推进组,提出在4G/5G无线移动网络中,通信网络系统能效要提高100倍;大量的国际科研项目如Green Radio、EARTH、TREND、C2POWER、GREEN Touch和中国的C-Ran等,标准化组织如ETSI(欧洲技术标准院)、ATIS(通信解决方案联盟)、中国通信标准化协会等都开展了大量的研究,几乎覆盖了广电、通信系统从网络到链路、从设备到布设、从架构到运营等各个方面。

能耗成本逐渐将网络的盈利能力蚕食殆尽,如图3-1所示,无线网络中大部分的能量消耗在无线基站侧,无线基站接入的能耗占比超过了50%,而在接入过程中的功放又占到50%~80%,功放效率低,导致绝大部分能耗以热量的形式浪费掉,恶化机房环境,同时散热所需空调制冷的总能耗占比又超过30%,最后以信号形成传递出的能量传递效率只有2%~3%。由此可知,基站侧能量消耗,特别是功放和制冷消耗,占据网络整体能耗的比重极高,不可忽略,也是通过资源调度算法所无法替代和优化的。已知的能效优化模型,往往设定功放效率是恒定、不可动态优化的;功放消耗和制冷消耗这些占比较高的指标,却在能效优化模型中未被重视,也未被关联起来协同管理。功放智能化提供一种新的思路:通过优化信号分布状态获得功放效率的适应性提升,从全局能耗的角度增强能量转化率。

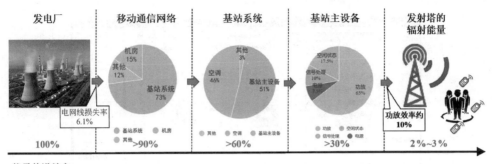

图 3-1　无线网络的主要能耗占比

3.1　多载波系统高能耗问题

移动数字多媒体发射机系统中最大的缺陷就是 OFDM 本身峰均比过高。由于 OFDM 信号为多个余弦波的叠加,当子载波个数达到一定程度时,OFDM 符号波形满足高斯随机过程,其包络极不稳定。当 IFFT 输入端的多载波同相叠加时,其输出就会产生很大的峰值,一般用峰均比(Peak to Average Power Ratio,PAPR)来衡量。如图 3-2 所示,OFDM 系统的高 PAPR 问题要求数/模转换器(Digital-to-Analog converter,D/A)和发射端的功率放大器(High Power Amplifier,HPA)具备很大的线性动态范围,否则当高峰值信号进入非线性区和饱和区时,会产生很大的带内失真和带外辐射,引起信号失真和邻频干扰,导致系统性能恶化。但由于峰值出现也是随机的,就意味着线性放大器必定不能一直工作在最高状态,从而导致功率利用率不高。如果不采用线性放大器,就需要较大的回退量,这样也会导致功率利用率降低。在对 OFDM 信号进行放大时,如果放大器线性不好,那么除了产生交调干扰外,当回退不够时,还会产生带内非线性失真(见图 3-3),并导致频谱扩展,产生很大的带外功率,从而导致对相邻信道的干扰(见图 3-4)。于是要求功率放大器扩展线性范围,但又会导致功放效率降低,绝大部分能量都转化为热能被浪费掉,成本也随之增加,直接影响了多载波数字调制发射机的推广和应用。

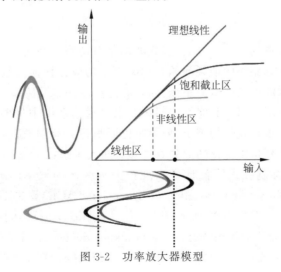

图 3-2　功率放大器模型

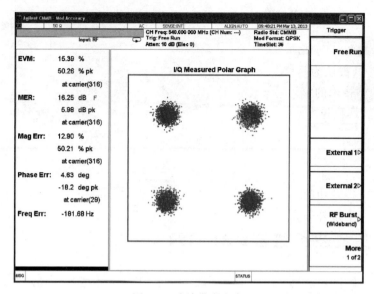

图 3-3　功放带内失真

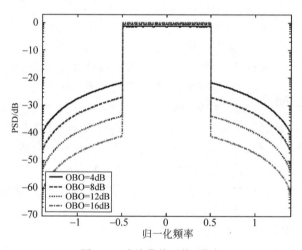

图 3-4　功放带外干扰/噪声

　　随着超高频、超宽带的应用和发展,多载波调制对超宽带系统的实现至关重要,当传输带宽达到极限时,模拟调制中的能耗问题更加突出。功放在任何类型的无线通信中都将主导基站能耗,对于任意波形的多载波系统,固有的模拟器件非线性和饱和截止都会引起严重失真,导致功放效率不断下降。高峰均比问题在未来通信系统中将更加突出,依靠毫米波、太赫兹等频段,能够实现超宽带的需求,但同时也面临超高频功放能量转化率不足的缺陷。考虑低硬件成本,从信号角度优化功放失真主要有两大思想:

　　(1) 利用 PAPR 抑制技术降低信号出现在失真区域的概率。PAPR 抑制技术包含:限幅算法、星座图扩展(Active Constellation Extension,ACE)算法、编码算法、预留子载波法(Tone Reservation,TR)、音频插入法(Tone Injection,TI)、选择性映射法(Selective Mapping,SLM)和部分传输序列法(Partial Transmit Sequence,PTS)等。综合来看,早期的通信和广电发射机系统,预畸变类方法(如限幅 ACE 算法)在工程领域应用最为广泛,然而随着高阶 QAM 调制成为未来通信的主流,占比极高的星座图内层向量挪动受限,无法对峰值优化做出贡献;概率类技术(如 PTS 技术)虽然会附加一定的冗余信息,增加计算复杂度,但是综合考虑信号 PAPR 抑制效果和超宽带高阶 QAM 系统的兼容性,相比于预畸变类和编码类技术,被认为是抑制 PAPR 最具潜力的发展方向。由于不局限于特定模式,概率类 PAPR 抑制技术的多维融合也是重要的应用方向。

(2) 利用线性化技术对非线性失真进行校正。即使是功放输出功率较低时,功放的非线性失真也可能存在,应用 PAPR 抑制技术提升功放能效存在一定的局限性。为了能够使功放工作在具有较高能量转换率的非线性区,补偿非线性失真的线性化技术也应用广泛。现有功放线性化技术主要分为前馈、负反馈与预失真三类,它们通过规避非线性失真或消除失真分量的方式提升功放效率。然而这些方案大都存在着复杂度较高、对功放非线性记忆效应敏感以及产生带外失真等不利因素,而且现有研究同时指出仅追求抑制高峰值并不是提升功放效率和效能的最佳途径。

本章将优化高峰均比的关键问题归结为如何提高多载波系统效率和信号失真的问题,提出最佳分布理论和功放效率最大化评估标准。超宽带高阶 QAM 调制系统,作为可兼容的功放优化技术存在空间自由度和频域自由度不足的问题。在智能增强型信号分布优化的节能策略中,通过研究时域、频域、空间域功放优化技术融合,用增强计算的方式拟合信号最佳分布,构建出高能效功放结构。应用新理论和融合技术,有望显著提升能效和功耗效率。

3.2　多载波系统峰均比抑制技术

3.2.1　OFDM 峰均比问题描述

OFDM 系统的技术缺陷中,包括了 PAPR 过大的问题。OFDM 调制信号是多个子载波信号的叠加,使得信号幅度可能存在较大的波动。通常采用 PAPR 来描述信号幅值波动的特点。PAPR 定义为 OFDM 信号的最大峰值功率与平均功率的比值,即

$$\text{PAPR} = 10\lg\left(\frac{\max[\,|\,x_n\,|^2\,]}{\text{E}[\,|\,x_n\,|^2\,]}\right) \tag{3-1}$$

式中,x_n 表示经过 IFFT 变换后得到的一个 OFDM 符号;E[·]表示数学期望。

较高的 PAPR 对 OFDM 的实际应用产生不良影响,具体体现在三方面:

(1) 要求发射机功率放大器具有更大的线性范围,直接导致功放效率的降低和成本的提高。

(2) 要求发射机 D/A 转换器具有较大的转换宽度,增大了实现的复杂度和成本。

(3) 为了保证信号的失真度,FCC(美国联邦通信委员会)、CEPT(欧洲邮电管理委员会)等通信组织通常会为给定的频带设置 PAPR 上限。

归一化条件下,根据中心极限定理,只要子载波的个数 N 足够大,基带的实部和虚部的采样点便会服从均值为 0、方差为 1/2 的高斯分布(实部和虚部各占整个信号功率的一半),通带信号为基带信号平均功率的一半。由此可知,OFDM 符号的幅值包络服从瑞利分布,其概率密度函数为

$$f_{|\,x_n\,|}(x) = \frac{2x\,\text{e}^{\frac{-x^2}{\sigma^2}}}{\sigma^2}, \quad x \geq 0 \tag{3-2}$$

OFDM 存在多载波叠加引起的高 PAPR,使得发射机 HPA 必须工作在较高的功率回退状态以保证足够的线性动态范围,导致极大地降低了功放的效率,故不得不采用更高功率等级的 HPA,由此必须推高功放直流总电压/功率回退,使总功耗极大增加;在输出功率不变的情况下,总功耗的增加等于功放效率的降低;功放的输出功率一部分转化为射频信号功率,另一部分转化为热能,导致温度上升,设备和机房的工作状态恶化,进一步还会导致更严重的非线性失真。因此,需要消耗极大的电量排除热量以维持机房温度。科研人员对 PAPR 抑制技术的研究投入了极大的精力,以在尽可能低的输入功率回退条件下,保证信号的失真度,降低放大器管耗,提升发射机效率,实现国家节能减排的战略目标。

实际测量状态下,能观察到 OFDM 信号峰值的概率微乎其微,因此测量 OFDM 信号的峰值统计分布更具理论分析价值。最为常用的是应用互补累积分布函数来描述大量 OFDM 信号最高峰值的分布特性,即用 PAPR 超过某一门限值 z 的概率得到互补累积概率分布函数(Complementary CDF,CCDF)来表征 PAPR 的分布,表述为

$$\Pr(\text{PAPR} > z) = 1 - (1 - e^{-z})^N \tag{3-3}$$

CCDF 曲线体现了信号功率高于给定功率电平的统计情况和概率分布。

OFDM 符号进行 N 点 IFFT 变换时,所得到的 N 个输出样值不能真实地反映连续 OFDM 信号的变化特性。在没有过采样的条件下,进行 A/D 转换时,功放失真使得超出采样频率的高频噪声叠加到低频部分,造成带内失真的恶化。若不进行过采样,仅通过离散采样点来统计 PAPR 的分布,则在采样过程中会漏掉真正的峰值,因此通过离散样点得到的 CCDF 曲线不能反映真实的信号峰值分布,其 PAPR 往往比连续信号的小一些。为了避免频谱混叠现象,需要对 OFDM 符号进行过采样,如图 3-5 所示,采样率越高,峰值越精确,当采样率 $L = 4$ 左右时,采样值幅值分布趋近于瑞利分布,足以以离散的形式模拟连续信号。

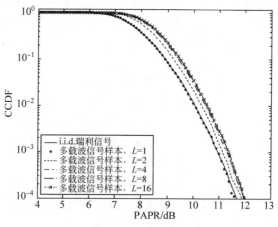

图 3-5　CCDF 曲线与过采样分布

3.2.2　功率放大器模型

功率放大器的数学模型是评估功放效率和功放失真的关键,根据建模方式的不同,大体上可分为物理模型和行为模型。物理模型主要应用于电路原理仿真,而行为模型主要应用于系统仿真。物理模型主要以功率放大器内部物理元件特性及原件之间相互作用关系为基

础,根据功率放大器内部的工作原理,建立等效数学模型。而行为模型是将功放看作系统中的子模块或子系统,主要关注其输入-输出的数学特性,来建立相应的模型。行为模型是系统非线性分析以及数字预失真器设计方面最常用的模型。针对射频功率放大器建立的行为模型,主要可分为有记忆功放模型和无记忆功放模型两种。

1）有记忆功放模型

功放的记忆效应是指某时刻的输出信号不仅取决于该时刻的输入信号,而且还与该时刻之前的输入信号有关。记忆模型常见于早期的模拟通信,由于信号时域分布不均匀,分布与不同的节目/业务内容相关,导致了不同时间的功放的管耗分布不均匀,产生了热敏感特征的记忆效应;而在数字通信中,通过时频二维的均匀化、随机化技术,选定放大信号带宽小于功率放大器带宽,可以减轻和消除记忆效应。描述功放记忆效应的模型有很多,其中比较典型的有 Volterra 级数模型、记忆多项式模型。

（1）Volterra 级数模型：Volterra 级数模型可用于有记忆效应功放的建模,离散的 Volterra 级数模型表达式为

$$y(n) = \sum_{p=1}^{Q} \sum_{i_1=0}^{T} \cdots \sum_{i_p=0}^{T} h_p(i_1, \cdots, i_p) D_p[x(n)] \tag{3-4}$$

式中,$x(n)$ 和 $y(n)$ 分别表示模型的输入与输出;$h_p(i_1, \cdots, i_p)$ 为第 p 阶 Volterra 内核;T 为系统记忆深度;$D_p[x(n)] = \prod_{j=1}^{p} x(n-i_j)$ 是第 p 阶 Volterra 算子,i_j 为时延长度。当 Volterra 级数的记忆深度和阶次增加时,模型的计算复杂度迅速增长,从而限制了 Volterra 级数的最高阶次和记忆深度,因而该模型一般用于短时记忆效应与低阶弱非线性的系统建模中。

（2）记忆多项式（Memory Polynomial,MP）模型：Volterra 模型经过简化可以得到 MP 模型。大量有关功放非线性的研究仅考虑处于 Volterra 内核对角线的各项,即对 Volterra 的内核做如下约定：

$$\tilde{h}(q_1, q_2, \cdots, q_k) \begin{cases} \neq 0, & q_1 = q_2 = \cdots = q_k \\ = 0, & 其他 \end{cases} \tag{3-5}$$

那么式(3-4)可以简化如下：

$$y(n) = \sum_{p=1}^{N} \sum_{i_1=0}^{Q} h_{i,p} x(n-i) |x(n-i)|^{p-1} \tag{3-6}$$

经过约束后得到的 MP 模型相较于 Volterra 模型,系数的个数及项数大幅减少,复杂度得到了极大地简化。MP 模型在模拟有记忆效应的功放非线性方面,有着广泛的应用。同时该模型可以应用于预失真器的构建,对有记忆效应的功放模型进行校正。

有记忆功放模型存在以下局限性：首先,功率放大器的记忆效应实际上是一种温度效应,是由于功放的工作温度变化引起的。传统的无线信号,例如电视信号存在亮场与暗场之分,亮场与暗场的平均功率不同,导致功放工作温度发生波动。但 OFDM 信号是由多个子载波叠加,幅度近似于噪声,并且对于功率恒定的信号,功放的温度在较长时间内保持稳定且变化缓慢,所以记忆效应并不明显。其次,由于 OFDM 射频信号幅度变化十分迅速,功放记忆效应无法对快速变化的信号进行跟踪。最后,在功放开机并热机达到工作状态后,影响 OFDM 系统中功放工作温度的变量,例如白昼黑夜等变量,变化十分缓慢,功放在很长时间

内保持稳定的温度及工作状态,即在一段时间内功放特性保持不变。基于此,功放的记忆效应不是本章讨论的主要问题。

2)无记忆功放模型

当输入信号带宽相较于调制频率足够窄时,或功放的频率响应特性在信号的通频带内是平坦的,则可以忽略功放的记忆效应,从而可以将功放看作简单的无记忆非线性系统进行分析。此时功放的幅度失真(AM-AM失真)和相位失真(AM-PM失真)仅与当前输入信号有关。典型的无记忆功放模型有 Saleh 模型、无记忆多项式模型以及 Rapp 模型。

(1) Saleh 模型:Saleh 模型主要用于描述行波管放大器(Traveling Wave Tube Amplifier,TWTA)的非线性特征,可表示为极坐标或直角坐标的形式。设输入信号的复包络为

$$\tilde{d}(t) = r_d(t)\, e^{j\phi(t)} \tag{3-7}$$

式中,$r_d(t)$ 为 t 时刻输入信号的幅度;$\phi(t)$ 为 t 时刻输入信号的相位。则功放输出可以表达为

$$\tilde{a}(t) = \tilde{d}(t)\tilde{Y}(t) = \tilde{d}(t) A\left[r_d(t)\right] e^{j\phi\left[r_d(t)\right]} \tag{3-8}$$

式中,$\tilde{Y}(t)$ 为功放的复增益,是输入信号的非线性函数;$A\left[r_d(t)\right]$ 是功放复增益的幅度,$\phi\left[r_d(t)\right]$ 为复增益函数的相位,分别反映了输出信号的幅度失真与相位偏移。$A\left[r_d(t)\right]$ 和 $\phi\left[r_d(t)\right]$ 分别表示放大器的幅度失真和相位失真,各自的表达式为

$$A\left[r_d(t)\right] = \frac{\alpha_A}{1 + \beta_A r_d^2(t)}, \quad \phi\left[r_d(t)\right] = \frac{\alpha_\Phi r_d^2(t)}{1 + \beta_\Phi r_d^2(t)} \tag{3-9}$$

式中,参数 α_A、β_A、α_Φ、β_Φ 均为常数。

(2) 无记忆多项式模型:泰勒级数是分析无记忆功放非线性特性的重要工具,其表达式为

$$y(t) = \sum_{n=1}^{N} a_n x^n(t) \tag{3-10}$$

式中,$x(t)$ 为功放的输入信号;a_n 为各阶多项式系数,控制着功放的线性度及非线性成分。泰勒级数对非线性描述物理意义明确,下标 n 直接反映了谐波失真阶次,各阶互调分量的大小可直接从 a_n 的大小反映出来。但泰勒级数模型的最大缺点是仅能分析有限阶次的失真度,对于工作在饱和区的功放特性分析会有较大的误差。

(3) Rapp 模型

归一化的 Rapp 模型的表达式为

$$F(x) = \frac{x}{\left(1 + \left(\dfrac{x}{A_{sat}}\right)^{2p}\right)^{\frac{1}{2p}}} \tag{3-11}$$

式中,x 为功放输入的时域信号;A_{sat} 为功放的饱和电平,控制着功放的最大输出幅度及饱和功率;p 为平滑因子,影响功放模型的线性度。Rapp 模型输入-输出特性曲线如图 3-6 所示。

考虑 OFDM 信号具有较高峰均比,更容易工作在饱和区,所以包含饱和截止区的功放模型才是 OFDM 系统中较为合理的模型。由于 Rapp 模型是根据实际的固态功率放大器

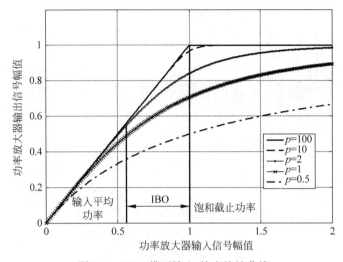

图 3-6　Rapp 模型输入-输出特性曲线

特性发展而来,是对实际 RF 功放特性曲线的合理描述,能够对功放特性有较好的模拟,并且可以通过控制平滑因子来得到不同线性度的功放,所以本章采用 Rapp 模型进行仿真分析。

3.2.3　ACE 峰均比抑制技术和 OFDM 发射机功放效率优化

1. ACE 峰均比抑制技术

为方便对比传统的方法,并进行完整的系统仿真,首先回顾 ACE 峰均比抑制技术。

令 $S_n \in \mathbb{C}^N$ 为 OFDM 调制输入端的星座映射符号(以 QPSK 星座图为例讨论 OFDM 系统的峰均比抑制、功放效率优化技术),设经过 q 倍升采样之后的时域信号可以表示为

$$\boldsymbol{x}_n = \boldsymbol{F}_q \boldsymbol{S}_n \tag{3-12}$$

式中,$\boldsymbol{x}_n \in \mathbb{C}^{qN}$ 为 IFFT 模块的输出信号;$\boldsymbol{F}_q \in \mathbb{C}^{qN \times N}$ 为逆傅里叶矩阵,矩阵中 (i, k) 元素由 $\left[\boldsymbol{F}_q\right]_{i,k} = \dfrac{1}{\sqrt{N}} \mathrm{e}^{\mathrm{j}\frac{2\pi ik}{qN}}$ 构成。

根据 Parseval 定律:

$$\mathrm{E}\{|\boldsymbol{x}_n|^2\} = \mathrm{E}\{|\boldsymbol{S}_n|^2\} = \sigma^2 \tag{3-13}$$

根据中心极限定律,OFDM 的时域信号 $\boldsymbol{x}_n$ 近似于瑞利分布,如图 3-7 所示,当多个相位近似的载波相互叠加之后就会出现远高于平均功率的峰值信号,具体表现为 CCDF 曲线中远高于平均功率的峰值有一定的出现概率。

为评估峰值的出现使功率放大器出现削波失真,采用 Rapp 模型来模拟发射机功率放大器的性能曲线及其传递函数。其中,$p = 10$ 时功率放大器接近理想状态。工程上通常利用 IBO(输入功率回退)指标衡量功率放大器的功耗和效率,定义为

$$\begin{aligned} \mathrm{IBO[dB]} &= P_{\mathrm{in, max}} - P_{\mathrm{in, av}} \\ &= 10\lg \frac{A_{\mathrm{sat}}^2}{\sigma^2} \end{aligned} \tag{3-14}$$

式中,$P_{\mathrm{in, max}}$ 为输入信号的饱和截止功率;$P_{\mathrm{in, av}}$ 为输入信号的平均功率。

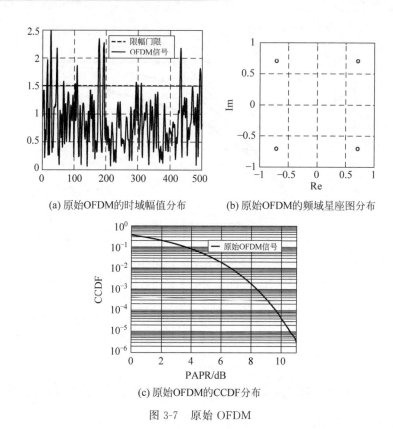

(a) 原始OFDM的时域幅值分布　　　　(b) 原始OFDM的频域星座图分布

(c) 原始OFDM的CCDF分布

图 3-7　原始 OFDM

令 $\hat{S}_n$ 为功率放大器引起的带内失真信号，通常以 MER（信噪比的形式）来统计其失真度：

$$
\begin{aligned}
\mathrm{MER}(\hat{\boldsymbol{S}}_n) &= 10\lg\left\{\frac{\sum_{k=1}^{N}(\mid s_k\mid^2)}{\sum_{k=1}^{N}(\mid s_k-\hat{s}_k\mid^2)}\right\} \\
&= 10\lg\left\{\frac{\sum_{k=1}^{N}(I_k^2+Q_k^2)}{\sum_{k=1}^{N}(\Delta I_k^2+\Delta Q_k^2)}\right\}
\end{aligned}
\tag{3-15}
$$

式中，s_k 为频域信号 $\boldsymbol{S}_n$ 的第 k 个子载波；$\hat{s}_k$ 为对应的功放失真信号；I_k 和 Q_k 分别为频域信号实部和虚部的理想点；ΔI_k 和 ΔQ_k 分别为 $\hat{s}_k - s_k$ 的实部和虚部。

鉴于时域高峰值在功率放大时存在失真，放大信号的 MER 恶化使得功放被迫提高饱和电平 A_{sat}，进而导致功率放大器效率的降低和所需功率等级的提高。

如图 3-8 所示，限幅削波主要是以预失真的方式对时域信号做特定的修正，以期达到抑制峰值的目的，但同时会使带内 MER 恶化，带外干扰严重。

失真信号经 FFT 变换后引入 ACE 技术加以修正。ACE 算法通过移动频域星座图子载波向量以满足欧氏距离不减小为约束条件（为保证信道估计的精度，导频部分的子载波需恢复原有的星座点不变），以规避限幅引起的 MER 恶化。其原理如图 3-9(b) 所示，对每个

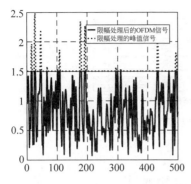
(a) 限幅处理的OFDM信号时域幅值分布

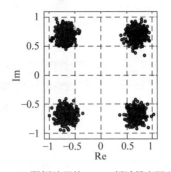
(b) 限幅处理的OFDM频域星座图分布

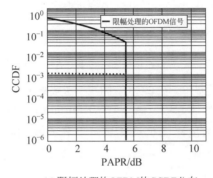
(c) 限幅处理的OFDM的CCDF分布

图 3-8　限幅处理的 OFDM

子载波的实部和虚部分别进判定,修正低于最小欧氏距离的部分,并对高出欧氏距离判决门限的部分进行优化处理。如图 3-9(a)时域幅值分布和图 3-9(c)CCDF 曲线所示,ACE 修正信号的过程引起了部分峰值的再生,可通过再返回时域进行削波-ACE 循环迭代解决。当各子载波的向量位于其星座点时,时域信号近似于瑞利分布,其 CCDF 曲线如图 3-7(c)所示。ACE 技术的本质可以认为是调整子载波向量在星座图的位置从而改变 CCDF 曲线,降低峰值出现的概率:

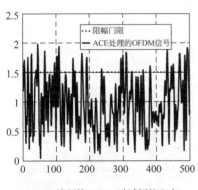

(a) ACE处理的OFDM时域幅值分布

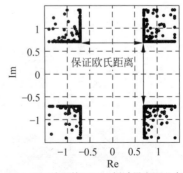
(b) ACE处理的OFDM频域星座图分布

图 3-9　ACE 处理的 OFDM

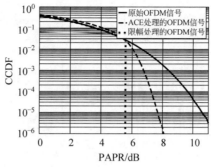

(c) ACE处理的OFDM时域CCDF分布

图 3-9　（续）

$$\min_{\boldsymbol{C}} \max |\tilde{\boldsymbol{x}}_n|^2 = \min_{\boldsymbol{C}} \max |\boldsymbol{F}_q \widetilde{\boldsymbol{S}}_n|^2$$
$$= \min_{\boldsymbol{C}} \max |\boldsymbol{F}_q (\boldsymbol{S}_n + w\boldsymbol{C})|^2 \tag{3-16}$$

式中，w 为扩张因子；$\boldsymbol{C}$ 为扩张向量，其元素 C_k 满足当 $k \notin \boldsymbol{\Psi}_a$（$\boldsymbol{\Psi}_a$ 为约束子集）时，$C_k = 0$。

　　基于 ACE 技术的 MER 统计方法。图 3-10 为 OFDM 的 ACE 信号经过 HPA 失真之后的星座图。HPA 失真信号的星座图扩展区域可以分成 $\boldsymbol{S}_d$ 和 $\boldsymbol{S}_{ace}$，其中，$\boldsymbol{S}_d$ 为信号衰落的部分，直接导致 MER 的恶化，$\mathrm{E}\{|\boldsymbol{S}_d - \boldsymbol{S}_n|^2\} = \sigma_d^2$；而 $\boldsymbol{S}_{ace}$ 部分随着欧氏距离的增加必然会增强信号的抗干扰能力，进而优化 MER，$\mathrm{E}\{|\boldsymbol{S}_{ace} - \boldsymbol{S}_n|^2\} = \sigma_{ace}^2$。定义 MER 时可以只考虑信号衰落子集 $\boldsymbol{S}_d$，而扩张子集 $\boldsymbol{S}_{ace}$ 将作为改善信号误码特性的参考量，由此 MER 的测量值可以描述为

$$\mathrm{MER\_ace} = 10\lg\left\{\frac{\sum_{k=0}^{N-1}(I_k^2 + Q_k^2)}{\sum_{k=0}^{N-1}(\alpha_k \Delta I_k^2 + \beta_k \Delta Q_k^2)}\right\}$$

$$\mathrm{s.t.}\ \alpha_k = \begin{cases} 1, & \Delta I_k < 0 \\ 0, & 其他 \end{cases} \tag{3-17}$$

$$\beta_k = \begin{cases} 1, & \Delta Q_k < 0 \\ 0, & 其他 \end{cases}$$

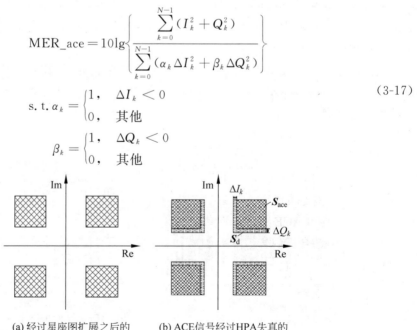

(a) 经过星座图扩展之后的　　　(b) ACE信号经过HPA失真的
　　　频域信号星座分布　　　　　　　　星座分布

图 3-10　QPSK 的 ACE 信号经过 HPA 失真的星座分布图

2. OFDM 功放效率优化

与式(3-3)不同,CCDF 互补累积函数也可以用以统计 OFDM 所有采样点中各级峰均比超过某一门限值 z 的概率,定义为 OFDM 各级信号的峰值分布状态:

$$CCDF'(z) = Pr(PAPR(\boldsymbol{x}_n) > z) \tag{3-18}$$

CCDF 曲线可以直观地描述 OFDM 峰均比的峰值水平,可以看到许多抑制 OFDM 信号峰均比的工作是以最小化 CCDF 曲线中某一幅值的概率门限作为目标。问题是以何种概率门限作为功率放大器性能的最大影响因素,并以此作为峰均比抑制优化准则,目前尚未产生共识也没有给出确实的理论和技术依据,但之前的峰均比抑制技术却是遵循这一体系来进行性能评估的。

按照中心极限定理,幅值越大的信号出现的概率越小。虽然最大峰值引起的功放失真大,但是在信号中出现的概率小,占整体失真的比重并不大,而相对幅值小的信号因为出现的概率较大,从而影响 MER 性能的比重可能更大。因此,应该从 OFDM 信号整体电平值分布的角度研究峰均比抑制技术,对信号中电平的幅值大小和出现的统计数量做全面的分析,考虑每个子载波对整体失真的影响,以此为准则优化 ACE 技术中星座点的分布,经迭代处理后得到最高功放效率意义上的最佳 OFDM 信号幅度分布概率曲线,定义为 OCCDF(Optimal CCDF)分布,而不是单纯降低某些峰值点出现的概率。

在限定失真引入参量 MER 的条件下,OFDM 输入回退(IBO)越小,此时放大器效率越高,所以在以下分析中把减小 IBO 作为优化 OCCDF 的迭代收敛标准,操作上更为方便。

OCCDF 分布的具体算法如下:

通过调整 ACE 约束空间中所有子载波分布状态使功率放大器的工作效率最高,即满足特定 MER 失真条件下,使 IBO 最小化:

$$\widetilde{\boldsymbol{X}}_n^{opt} = \arg \min_{\widetilde{\boldsymbol{x}}_n} IBO_n \tag{3-19}$$

$$s.t. \ MER\_ace = 40dB$$

在 ACE 迭代处理的峰均比抑制方案中,对峰均比抑制评估标准的不同直接决定了迭代的方式和有限次迭代条件下所能获得的最佳抑制效果。

为了方便对比,图 3-11(a)中描述了多载波 CCDF 曲线以减少特定幅度概率为目的的峰均比抑制方案的框图,以削波滤波结合 ACE 作为峰均比抑制的主体,建立了一套时域信号统计分析模型,通过测量峰均比抑制的 OFDM 信号 CCDF 分布曲线,并设立信号的某一幅度概率的最小化作为判决门限(图 3-11(a)中例举 10^{-4} 作为概率门限)。分析不同的削波和 ACE 方法在该 CCDF 判决门限中的峰均比性能表现,每次迭代时以减少判决门限处的峰均比作为削波和 ACE 方法选择和参数确立的准则,即 $PAPR/10^{-4}$ 峰均比抑制技术。

图 3-11(b)结合 OCCDF 峰均比抑制迭代收敛准则给出了系统框图。削波函数和 ACE 分布规则如下:

(1)削波曲线:限幅并不是一刀切地处理峰值信号,而是找到一个削波函数 $f_i(x)$(其中 i 表示第 i 次迭代),基于此种处理的削波信号经 FFT 变换后得到更多子载波在星座图的偏离向量,以确定它对峰值的贡献。

(2)由于每一次迭代后信号的时域曲线不同,所以 $f_i(x)$ 函数在第 i 次迭代时都需适当调整。

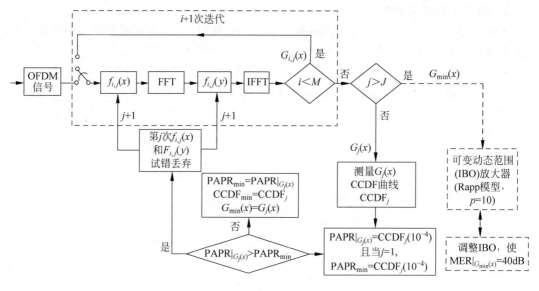

(a) PAPR/10⁻⁴峰均比抑制调整方案

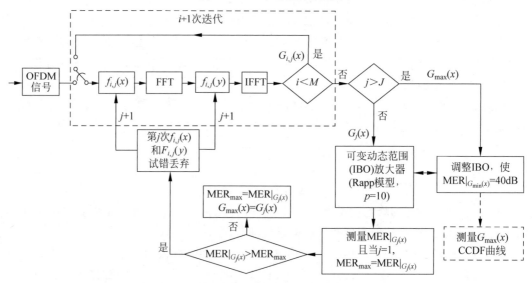

(b) OCCDF准则下最低IBO准则的峰均比抑制调整方案[57]

图 3-11　基于峰均比抑制评估标准的峰均比抑制迭代优化方案

（3）ACE 的分布规则。如图 3-12 所示，找出哪些载波和什么位置的载波是造成高峰均比的关键。迭代过程中频域子载波的移动方法主要依据第 i 次迭代得到的 ACE 分布 $F_{i,j}(y)$ 规则（其中 i 表示第 i 次迭代，j 表示在第 i 次迭代时进行的第 j 次试错），经过 M 次迭代后 IFFT 时域变换得到 $G_j(x)$ 后，测量该种 ACE 分布规则在 $p=10$ 的 Rapp 功率放大器中失真表征的 MER_ace 的改变。

（4）每次试错调整 M 次迭代的削波函数 $f_{i,j}(x)$ 和 $F_{i,j}(y)$ 分布方法，测量该峰均比抑制信号在特定 IBO 条件下的 MER_ace，$j=1$，即第一次试错时 $\left.\mathrm{MER}\right|_{G_1(x)}$ 为 $\mathrm{MER}_{\max}$ 初值：

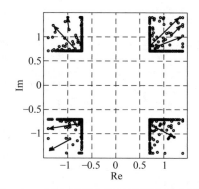

图 3-12　ACE 扩张空间的子载波移动规则

若$\mathrm{MER}|_{G_j(x)}<\mathrm{MER}_{\max}$，则该次 ACE 的 $F_{i,j}(y)$ 试错丢弃；

若$\mathrm{MER}|_{G_j(x)}\geqslant\mathrm{MER}_{\max}$，则更新最大 MER_ace 值$\mathrm{MER}_{\max}=\mathrm{MER}|_{G_j(x)}$。

（5）历经 J 次试错，找到最大的 MER_ace，得到 $G_{\max}(x)$ 作为实时运行的 M 次迭代方法，并调整 IBO 使 MER_ace＝40dB，如图 3-13 所示。迭代收敛并非寻找每一次迭代的最优曲线，而是以 M 次迭代曲线为最优目标。

（6）利用 OCCDF 迭代收敛准则经过几十次的迭代处理获得 OFDM 信号的极限分布状态，根据极限分布规律，在峰均比抑制处理之前，对信号进行预分布处理，从而加快迭代收敛速度。

功放效率优化依据不同的 OFDM 信号子载波变动的数量和分布规律进行统计分析，用改变削波 ACE 函数和参数的办法，使处理后的 OFDM 信号具有适应功放效率最高的最佳幅度分布，即保证 MER_ace＝40dB 限定条件下具有最小的动态范围 IBO 从而改善 OFDM 信号由于高峰均比造成的功放效率低的缺陷，如图 3-13 所示。和 PAPR/10^{-4} 抑制 CCDF 曲线中 10^{-4} 概率门限对应峰均比最小值所获得的抑制效果不同（见图 3-14），迭代收敛准则除了关注大信号，还重点考量了峰值不一定大但数量较多的信号，是以整体 MER 最大为收敛目标。OCCDF 方案整体地分析了 CCDF 曲线的形状和信号分布状态在非线性失真中的影响，优化了 OFDM 信号分布，拟合出可得到最高功放效率的 CCDF 分布曲线（见图 3-15）。对比两种模型可看出，迭代收敛数据分析模型选取了更为合理和系统的统计方法。

需要说明的是：

（1）每次迭代过程中的两次 IFFT/FFT 变换占用实际系统的运算量和硬件资源消耗最大，为减少运算量，后面的实验将迭代的次数限定为有限次 M，另外，削波函数和 ACE 的分布规则对复杂度和硬件资源消耗影响很小。

（2）每次迭代中都要找到削波函数和 ACE 的分布规则，这需要反复进行实验优化，工作量巨大，这种复杂数学模型的建立仅限于设计收敛准则和确立系统实时处理中的工作参数，确定了 ACE 分布规则以后，实时运行时直接引用图 3-11 中虚线框图范围内的过程，所以说 OCCDF 收敛准则的 ACE 方案和传统的 ACE 方案在实现复杂度上基本一样。

3.2.4　ACE 峰均比抑制的 OFDM 发射机功放优化仿真平台

程序 3-1 "ace_papr_reduction"，基于 ACE 峰均比抑制 OFDM 功放优化模型
function ace_papr_reduction

仿真视频

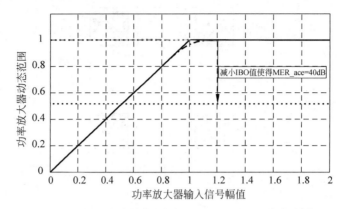

图 3-13　提升功放效率(减小 IBO)的 OCCDF 收敛准则

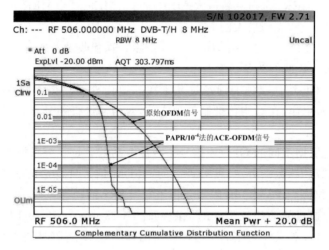

图 3-14　PAPR/10^{-4} 方案 CCDF 统计曲线

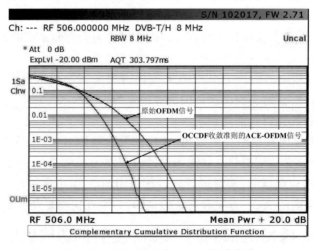

图 3-15　OCCDF 方案 CCDF 统计曲线

```
warning off;
global DVBTSETTINGS;
global FIX_POINT;
global papr_fig;
global log_fid;
%参数设置%
DVBTSETTINGS. mode = 2; %模式选择:2 for 2K, 8 for 8K
DVBTSETTINGS. BW = 8; %带宽
DVBTSETTINGS. level = 2; %星座映射选项:2 for QPSK, 4 for 16QAM, 6 for 64QAM
DVBTSETTINGS. alpha = 1;
DVBTSETTINGS. cr1 = 1; %编码码率: cr/(cr+1)
DVBTSETTINGS. cr2 = 7;
nframe = 2;%帧数
nupsample = 4; %采样率
DVBTSETTINGS.GI=1/32; %保护间隔选项:1/4, 1/8, 1/16, 1/32
wv_file = 'C:\Documents and Settings\Administrator\dvbtQPSK2kGI32_papr.wv';%测试流存储
ACE_ENABLED = true;
FIX_POINT = false;
skip_step = 1;
tstart=tic;
fig=1;
log_file='';
papr_fig = 1;
close all;
DVBTSETTINGS. T = 7e-6 / (8 * DVBTSETTINGS. BW);%基带基本周期
DVBTSETTINGS. fftpnts = 1024 * DVBTSETTINGS. mode;
DVBTSETTINGS. Tu = DVBTSETTINGS. fftpnts * DVBTSETTINGS. T;%OFDM 数据体周期
DVBTSETTINGS. Kmin = 0;%最小载波数值
DVBTSETTINGS. Kmax = 852 * DVBTSETTINGS. mode;%最大载波数值
NTPSPilots = 17;
NContinualPilots = 44;
DVBTSETTINGS. NData = 1512 * DVBTSETTINGS. mode/2;
DVBTSETTINGS. NTPSPilots = NTPSPilots * DVBTSETTINGS. mode/2;
DVBTSETTINGS. NContinualPilots = NContinualPilots * DVBTSETTINGS. mode/2;
DVBTSETTINGS. N = DVBTSETTINGS. Kmax - DVBTSETTINGS. Kmin + 1;%载波数
if DVBTSETTINGS. mode ~= 2 && DVBTSETTINGS. mode ~= 8
    error('mode setting error');
end
%delta=DVBTSETTINGS.GI * DVBTSETTINGS. Tu; %保护间隔长度
%Ts=delta+DVBTSETTINGS.Tu; %OFDM 完整符号周期(保护间隔+数据体)
fsymbol = 1/DVBTSETTINGS. T;
fsample=nupsample * fsymbol; %中心载频
%固定参数%
SYMBOLS_PER_FRAME = 68;
if isempty(log_file)
    log_fid= 1;
else
    log_fid = fopen(log_file, 'w+');
end
fprintf(log_fid, 'Generating %d frames...\n', nframe);
%生成 OFDM 频域信号%
```

```
if skip_step == 1
    bits = logical(randi(2, nframe, 68 * DVBTSETTINGS.NData * DVBTSETTINGS.level)-1);
    %插入导频%
    data = add_ref_sig(bits, DVBTSETTINGS, nframe);
    %scatterplot(data(:, randi(SYMBOLS_PER_FRAME, 1, 1), randi(nframe, 1, 1)));
    %加入虚拟子载波%
    fprintf(log_fid, 'Zero padding...\n');
    tic;
    signal = zeros(DVBTSETTINGS.fftpnts, SYMBOLS_PER_FRAME, nframe);
    signal((DVBTSETTINGS.fftpnts-...
    (DVBTSETTINGS.Kmax+DVBTSETTINGS.Kmin)/2+1):end, :, :) = ...
    data(1:(DVBTSETTINGS.Kmax+DVBTSETTINGS.Kmin)/2, :, :);%Kmax-Kmin
    signal(1:(DVBTSETTINGS.Kmax+DVBTSETTINGS.Kmin)/2+1, :, :) = ...
    data((1+(DVBTSETTINGS.Kmax+DVBTSETTINGS.Kmin)/2):end, :, :);
    toc;
    if 0
        scatterplot(signal(:, randi(SYMBOLS_PER_FRAME, 1, 1), randi(nframe, 1, 1)));
        fig=fig+1;
        figure(fig);
        stem(abs(signal(:, randi(SYMBOLS_PER_FRAME, 1, 1), randi(nframe, 1, 1))));
        fig=fig+1;
    end
    %ACE 峰均比抑制%
    if ACE_ENABLED
        fprintf(log_fid, 'ACE...\n');
        Fpass = 1/DVBTSETTINGS.Tu * (DVBTSETTINGS.Kmax/2+1);
        Fstop = fsymbol-Fpass;
        Hd = lpf(Fpass, Fstop, fsymbol * 4, 0);%低通滤波器
        L = 1.4;%扩展因子
        signal0=signal;
        [signal, orig_papr, orig_ap, X] = ace(signal, L, Hd);
        fprintf(log_fid, 'Orignal papr before GI is: %.2f\n', orig_papr);
        fprintf(log_fid, 'Orignal average power before GI is: %.2f\n', orig_ap);
    end
    %IFFT 变换%
    fprintf(log_fid, 'IFFT...\n');
    tic;
    signal=sqrt(DVBTSETTINGS.fftpnts) * ifft(signal, DVBTSETTINGS.fftpnts);
    %ACE 峰均比抑制
    signal0=sqrt(DVBTSETTINGS.fftpnts) * ifft(signal0, DVBTSETTINGS.fftpnts);%原始信号
    toc;
    if 0
        plot_spectrum(reshape(signal(:,:,1), [], 1).', fsymbol, fig, 'Hz', 'dB', 'Original
        Spectrum after ACE');%
        fig=fig+1;
    end
    %加入保护间隔%
    fprintf(log_fid, 'adding cyclic prefix in guard interval...\n');
    tic;
    signal = cyclicprefix(signal, DVBTSETTINGS.GI);
    signal0 = cyclicprefix(signal0, DVBTSETTINGS.GI);
```

```
        toc;
        if 0
            plot_spectrum(signal(1:SYMBOLS_PER_FRAME * DVBTSETTINGS.fftpnts *
            (1+DVBTSETTINGS.GI)), fsymbol, fig, 'Hz', 'dB', 'Original Spectrum');%
            fig=fig+1;
        end
        %时域升采样：时域插值滤镜像%
        fprintf(log_fid, 'Upsample and LPF...\n');
        tic;
        Hd = lpf(1/DVBTSETTINGS.Tu * (DVBTSETTINGS.Kmax/2+1), 4.1e6, fsample, ...
        fig);%DVBTSETTINGS.BW * 1e6/2
        len = length(Hd);
        ap = average_power(signal);
        fprintf(log_fid, 'Average power before upsampe: %.2f\n', ap);
        signal = upsample(signal, nupsample) * nupsample;
        signal0 = upsample(signal0, nupsample) * nupsample;
        if 0
            plot_spectrum(signal(1:SYMBOLS_PER_FRAME * DVBTSETTINGS.fftpnts *
            (1+DVBTSETTINGS.GI)), fsample, fig, 'Hz', 'dB', 'Upsample Spectrum');%
            fig=fig+1;
        end
        %save signal1 signal len Hd;
        signal = [signal(end-(len-1)/2+1:end) signal signal(1:(len-1)/2)];
        signal = conv(signal, Hd);
        signal = signal((len-1)/2+1:end-(len-1)/2);
        signal = signal((len-1)/2+1:end-(len-1)/2);
        signal0 = [signal0(end-(len-1)/2+1:end) signal0 signal0(1:(len-1)/2)];
        signal0 = conv(signal0, Hd);
        signal0 = signal0((len-1)/2+1:end-(len-1)/2);
        signal0 = signal0((len-1)/2+1:end-(len-1)/2);
        save signal0 signal0;%生成并存储原始 OFDM 信号
        save signal signal;%生成并存储 ACE 峰均比抑制 OFDM 信号
    else
        load signal0 signal0;%提取生成原始 OFDM 信号
        load signal signal;%提取生成 ACE 峰均比抑制 OFDM 信号
end
ap = average_power(signal);
fprintf(log_fid, 'Average power after %d times upsampe and lpf: %.2f\n', nupsample, ap);
toc;
fprintf(log_fid, 'Calculating PAPR after ACE...\n');
tic;
papr = calc_papr(signal, 'after lpf');
% calc2_papr(signal, 'after lpf');
ap = average_power(signal);
apIncdB = 10 * log10(ap/orig_ap);
fprintf(log_fid, 'Average power increased %.2fdB after ACE.\n', apIncdB);
toc;
%plot_spectrum(signal_tx(1:SYMBOLS_PER_FRAME * DVBTSETTINGS.fftpnts * ...
(1+DVBTSETTINGS.GI)), fsample, fig, 'Hz', 'dB', 'Tx Spectrum');%
if 0
    figure(fig);%fig=fig+1;
```

```matlab
    [Pxx, f] = pwelch(signal(1:SYMBOLS_PER_FRAME * DVBTSETTINGS.fftpnts *
    (1+DVBTSETTINGS.GI)),[],[],[],fsample);
    Pxx = 10 * log10(fftshift(Pxx));%
    plot(f, Pxx);
end
%HPA 功率放大器模型%
pp=10;%平滑因子
data_real = real(data);
data_imag = imag(data);
IBO =[5:0.1:5.4 5.5:0.01:6.1 6.2:0.1:8.3];
signal1=signal;
data_real1=data_real;
data_imag1=data_imag;
PA_rms = signal0 * signal0'/length(signal0);
PA_rms1=signal * signal'/length(signal);
aa=10 * log10(PA_rms1/PA_rms)
if 1 %ACE 峰均比抑制信号的 IBO-MER
    for var = 1:length(IBO)
        signal=signal1;
        data_real=data_real1;
        data_imag=data_imag1;
        IBO_level = IBO(var);
        max_clip_HPA = sqrt(PA_rms * (10^(IBO_level/10)));
        signal=signal./((1+(abs(signal)/max_clip_HPA).^(2 * pp)).^(1/2/pp));
        %Rapp 功率放大器模型
        % if var==1
        %   data_ACE=signal;
        % else
        %   datao=signal;
        %end
        %HPA 失真信号解调%
        signal_rx = downsample(signal, nupsample);
        signal_rx = reshape(signal_rx, DVBTSETTINGS.fftpnts * (1+DVBTSETTINGS.GI),
        SYMBOLS_PER_FRAME, []);
        signal_rx = signal_rx(1+DVBTSETTINGS.fftpnts *
        DVBTSETTINGS.GI:DVBTSETTINGS.fftpnts * (1+DVBTSETTINGS.GI), :, :);
        data_rx = fft(signal_rx) / sqrt(DVBTSETTINGS.fftpnts);
        data_rx =[data_rx(DVBTSETTINGS.fftpnts-(DVBTSETTINGS.Kmax+DVBTSETTINGS.
        Kmin)/2+1:DVBTSETTINGS.fftpnts...
        , :, :); data_rx(1:DVBTSETTINGS.fftpnts-...
        (DVBTSETTINGS.Kmax+DVBTSETTINGS.Kmin)/2, :, :)];
        data_rx = data_rx(1:DVBTSETTINGS.N, :, :);
        %修改 MER 算法%
        data_rx_real = real(data_rx);
        data_rx_imag = imag(data_rx);
        pos=find(abs(data_rx_real)> abs(data_real));
        data_rx_real(pos) = 0;
        data_real(pos)=0;
        pos=find(abs(data_rx_imag)> abs(data_imag));
        data_rx_imag(pos) = 0;
        data_imag(pos)=0;
```

```
            data_rx＝complex(data_rx_real,data_rx_imag);
            data＝complex(data_real,data_imag);
            err = data_rx - data;
            ap_data = average_power(reshape(data, 1, []));
            ap_err = average_power(reshape(err, 1, []));
            mer(var) = 10 * log10(ap_data/ap_err);%(clip_time)
        end
end
if 1 %原始 OFDM 信号的 IBO-MER
    for var = 1:length(IBO)
        signal＝signal0;
        data_real＝data_real1;
        data_imag＝data_imag1;
        IBO_level = IBO(var);
        max_clip_HPA = sqrt(PA_rms * (10^(IBO_level/10)));
        signal＝signal./((1＋(abs(signal)/max_clip_HPA).^(2 * pp)).^(1/2/pp));
        %Rapp 功率放大器模型
        % if var==1
        %   data_ACE＝signal;
        % else
        %   datao＝signal;
        %end
        %HPA 失真信号解调%
        signal_rx = downsample(signal, nupsample);
        signal_rx = reshape(signal_rx, DVBTSETTINGS.fftpnts * (1＋DVBTSETTINGS.GI),
        SYMBOLS_PER_FRAME, []);
        signal_rx = signal_rx(1＋DVBTSETTINGS.fftpnts * …
        DVBTSETTINGS.GI:DVBTSETTINGS.fftpnts * (1＋DVBTSETTINGS.GI), :, :);
        data_rx = fft(signal_rx) / sqrt(DVBTSETTINGS.fftpnts);
        data_rx = [data_rx(DVBTSETTINGS.fftpnts-(DVBTSETTINGS.Kmax＋DVBTSETTINGS.
        Kmin)/2+1:DVBTSETTINGS.fftpnts, …
        :, :); data_rx(1:DVBTSETTINGS.fftpnts-…
        (ÐVBTSETTINGS.Kmax＋DVBTSETTINGS.Kmin)/2, :, :)];
        data_rx = data_rx(1:DVBTSETTINGS.N, :, :);
        %修改 MER 算法%
        data_rx_real = real(data_rx);
        data_rx_imag = imag(data_rx);
        pos＝find(abs(data_rx_real)> abs(data_real));
        data_rx_real(pos) = 0;
        data_real(pos)＝0;
        pos＝find(abs(data_rx_imag)> abs(data_imag));
        data_rx_imag(pos) = 0;
        data_imag(pos)＝0;
        data_rx＝complex(data_rx_real,data_rx_imag);
        data＝complex(data_real,data_imag);
        err = data_rx - data;
        ap_data = average_power(reshape(data, 1, []));
        ap_err = average_power(reshape(err, 1, []));
        mer0(var) = 10 * log10(ap_data/ap_err);%(clip_time)
    end
end
```

```matlab
if 1
    figure
    plot(IBO, mer, 'r')
    hold on;
    plot(IBO, mer0, 'b')
end
%高斯白噪声信道和 BER 分析%
SNRS=[0:0.1 20];
for SNRindex = 1:length(SNRS)
    SNR = SNRS(SNRindex);
    chips = datao;
    p_chips = chips * (chips)'/length(chips);
    chips_channel = awgn(chips, SNR, 'measured');
    err = chips_channel-chips;
    % signal=data_ACE+err;
    signal = downsample(chips_channel, nupsample);
    signal = reshape(signal, DVBTSETTINGS.fftpnts * (1+DVBTSETTINGS.GI), SYMBOLS_
    PER_FRAME, []);
    signal = signal(1 + DVBTSETTINGS.fftpnts * DVBTSETTINGS.GI: DVBTSETTINGS.
    fftpnts * (1+DVBTSETTINGS.GI), :, :);
    data_rx = fft(signal) / sqrt(DVBTSETTINGS.fftpnts);
    data_rx0=data_rx;
    data_rx = [data_rx(DVBTSETTINGS.fftpnts-(DVBTSETTINGS.Kmax + DVBTSETTINGS.
    Kmin)/2+1:DVBTSETTINGS.fftpnts, :, :); ...
    data_rx(1:DVBTSETTINGS.fftpnts-...
    (DVBTSETTINGS.Kmax+DVBTSETTINGS.Kmin)/2, :, :)];
    data_rx = data_rx(1:DVBTSETTINGS.N, :, :);
    data_rx0= keep_ref_sig(data_rx0, X);
    data_rx0 = [data_rx0(DVBTSETTINGS.fftpnts-(DVBTSETTINGS.Kmax + DVBTSETTINGS.
    Kmin)/2+1:DVBTSETTINGS.fftpnts, :, :); ...
    data_rx0(1:DVBTSETTINGS.fftpnts-...
    (DVBTSETTINGS.Kmax+DVBTSETTINGS.Kmin)/2, :, :)];
    data_rx0 = data_rx0(1:DVBTSETTINGS.N, :, :);
    X = [X(DVBTSETTINGS.fftpnts-(DVBTSETTINGS.Kmax+DVBTSETTINGS.Kmin)/2+
    1:DVBTSETTINGS.fftpnts, :, :); ...
    X(1:DVBTSETTINGS.fftpnts-(DVBTSETTINGS.Kmax+DVBTSETTINGS.Kmin)/2, :, :)];
    X = X(1:DVBTSETTINGS.N, :, :);
    pos=find(abs(data_rx0-data_rx));
    data_rx(pos)=[];
    X(pos)=[];
    ValidDataRev = reshape(data_rx.', 1512 * 68 * nframe, 1).';
    X = reshape(X.', 1512 * 68 * nframe, 1).';
    LLevel=sqrt(2)/2;
    Const =[LLevel+j * LLevel LLevel-j * LLevel -LLevel+j * LLevel -LLevel-j * LLevel];
    for i=1:length(ValidDataRev)
        [c x] = min(abs(Const-ValidDataRev(i)));
        ValidDataRev(i) = Const(x);
    end
    disp('Calculating BER...');
    diff = ValidDataRev-X;
    BER(SNRindex)=sum(abs(diff)> 1e-6)/length(ValidDataRev);
```

```
end
plot(SNRS,BER);
toc(tstart);
end
```

程序 3-2 "wk_gen",生成离散和连续导频调制的 PRBS 序列(wk)参考序列

```
function wk = wk_gen(nr_carriers)
istate = logical([1 1 1 1 1 1 1 1 1 1 1]); % Initial seed.
wk = false(1, nr_carriers);
for k=1:nr_carriers
    wk(k) = istate(end);%4.0 * (1 - 2 * istate(end)) / 3;
    istate = [xor(istate(9), istate(11)) istate(1:end-1)];
end
end
```

程序 3-3 "cmlk_pilots",生成导频序列位置

```
function loc_pilots = cmlk_pilots(DVBTSETTINGS)
%连续导频位置
LC=1704;
ContinualPioltPosition =[...
    48,   54,   87,  141,  156,  192,  201,  255,  279, ...
    282,  333,  432,  450,  483,  525,  531,  618,  636,  714, ...
    759,  765,  780,  804,  873,  888,  918,  939,  942,  969, ...
    984, 1050, 1101, 1107, 1110, 1137, 1140, 1146, 1206, 1269, ...
   1323, 1377, 1491, 1683, 1704...
    ];
loc_pilots = zeros(DVBTSETTINGS. N-DVBTSETTINGS. NData- ...
DVBTSETTINGS. NTPSPilots, 68);
len = length(ContinualPioltPosition);
ContinualPilots = repmat(ContinualPioltPosition', [DVBTSETTINGS. mode/2, 1]);
for k = 1:DVBTSETTINGS. mode/2-1
    ContinualPilots(len * k+1:end) = ContinualPilots(len * k+1:end)+LC;%3 * ...
    wk(TPSPosition(k) + r * LC+1) / 4;
end
%离散导频
len = length(ContinualPilots);
for l = 1:68 %统计离散导频位置
    ScatteredPilots = zeros(floor(DVBTSETTINGS. N/12)+len+1, 1);
    ScatteredPilots(1:len)=ContinualPilots;
    lm = 3 * mod(l-1, 4) + DVBTSETTINGS. Kmin;
    Nsp = floor((DVBTSETTINGS. N - lm)/12);
    ScatteredPilots(len+1:len+Nsp+1) = lm + 12 * (0:(DVBTSETTINGS. N - lm) / 12);
    ScatteredPilots = unique(ScatteredPilots);
    loc_pilots(:, l) = ScatteredPilots;
end
end
```

程序 3-4 "mapping",星座映射: QPSK、16QAM、64QAM

```
function cmlk_vec = mapping(InVec, level, alpha)
nr_symbols = length(InVec) / level;
%cmlk_vec = zeros(1, nr_symbols);
```

```matlab
assert(mod(length(InVec), level) == 0, 'Wrong length of binary sequence, ...
(has to be divisible by nr of levels)');
assert(level == 2 || level == 4 || level == 6, 'QAM level, out of range (has to be in {2,4,6})');
assert(alpha == 0 || alpha == 1 || alpha == 2 || alpha == 4, 'alpha, out of range (has to be
in... {0,1,2,4})');
switch (alpha)
    case {0, 1}
        switch (level)
            case 2
                map = [1+1i 1-1i -1+1i -1-1i];
                NF = 2;
            case 4
                map =[3+3i 3+1i 1+3i 1+1i 3-3i 3-1i 1-3i 1-1i -3+3i -3+1i -1+3i ...
                -1+1i -3-3i -3-1i -1-3i -1-1i];
                NF = 10;
            case 6
                map = [7+7i 7+5i 5+7i 5+5i 7+1i 7+3i 5+1i 5+3i 1+7i 1+5i 3+7i 3+5i 1+
                1i 1+3i 3+1i 3+3i 7-7i 7-5i 5-7i 5-5i 7-1i 7-3i 5-1i 5-3i 1-7i 1-5i 3-7i 3-5i 1-1i 1-
                3i 3-1i 3-3i -7+7i -7+5i -5+7i -5+5i -7+1i -7+3i -5+1i -5+3i -1+7i -1+5i -
                3+7i -3+5i -1+1i -1+3i -3+1i -3+3i -7-7i -7-5i -5-7i -5-5i -7-1i -7-3i -5-1i -5-3i -
                1-7i -1-5i -3-7i -3-5i -1-1i -1-3i -3-1i -3-3i];
                NF = 42;
            otherwise
                error('mapping level error!!');
        end
    case 2
        switch (level)
            case 4
                map =[4+4i 4+2i 2+4i 2+2i 3-4i 3-2i 2-4i 2-2i -4+4i -4+2i -2+4i -2+2i ...
                -3-4i -3-2i -2-4i -2-2i];
                NF = 20;
            case 6
                map =[8+8i 8+6i 6+8i 6+6i 8+2i 8+4i 6+2i 6+4i 2+8i 2+6i 4+8i 4+6i 2+
                2i 2+4i 4+2i 4+4i 8-8i 8-6i 6-8i 6-6i 8-2i 8-4i 6-2i 6-4i 2-8i 2-6i 3-8i 3-6i 2-2i 2-
                4i 3-2i 3-4i -8+8i -8+6i -6+8i -6+6i -8+2i -8+4i -6+2i -6+4i -2+8i -2+6i -
                4+8i -4+6i -2+2i -2+4i -4+2i -4+4i -8-8i -8-6i -6-8i -6-6i -8-2i -8-4i -6-2i -6-4i -
                2-8i -2-6i -3-8i -3-6i -2-2i -2-4i -3-2i -3-4i];
                NF = 60;
            otherwise
                error('mapping level error!!');
        end
    case 4
        switch (level)
            case 4
                map =[6+6i 6+4i 4+6i 4+4i 6-6i 6-4i 3-6i 3-4i -6+6i -6+4i -4+6i -4+4i ...
                -6-6i -6-4i -3-6i -3-4i];
                NF = 52;
            case 6
                map =[10+10i 10+8i 8+10i 8+8i 10+4i 10+6i 8+4i 8+6i 4+10i 4+8i 6+
                10i 6+8i 4+4i 4+6i 6+4i 6+6i 10-10i 10-8i 8-10i 8-8i 10-4i 10-6i 8-4i 8-6i 3-10i
                3-8i 6-10i 6-8i 3-4i 3-6i 6-4i 6-6i -10+10i -10+8i -8+10i -8+8i -10+4i -10+6i -8+
```

4i -8+6i -4+10i -4+8i -6+10i -6+8i -4+4i -4+6i -6+4i -6+6i -10-10i -10-8i -8-
10i -8-8i -10-4i -10-6i -8-4i -8-6i -3-10i -3-8i -6-10i -6-8i -3-4i -3-6i -6-4i -6-6i];
            NF = 108;
        otherwise
            error('mapping level error!!');
        end
    otherwise
        error('mapping alpha error!!');
end
InVec = reshape(InVec.', level, []).';
vec = zeros(nr_symbols, 1);
for k = 1:level
    vec = vec + InVec(:, k).*(2.^(level-k));
end
cmlk_vec = map(1+vec) / sqrt(double(NF));
end

程序 3-5 "tps",构造 TPS 位置
function loc_tps = tps(DVBTSETTINGS)
LC = 1704;
%wk = wk_gen(DVBTSETTINGS.N);
TPSPosition =[34,   50, 209, 346, 413, 569, 595, 688, ...
790, 901, 1073, 1219, 1262, 1286, 1469, 1594, 1687];
%TPS 导频
len = length(TPSPosition);
loc_tps = repmat(TPSPosition, [1, (DVBTSETTINGS.mode/2)]);
for k = 1:DVBTSETTINGS.mode/2-1
    loc_tps(len*k+1:end) = loc_tps(len*k+1:end)+LC;%3 * wk(TPSPosition(k) + r * LC+1) / 4;
end
end

程序 3-6 "cmlk_tps",生成 TPS 信息
function s_tps = cmlk_tps(m, DVBTSETTINGS)
s_tps = false(1, 67);
fn = mod(m-1, 4)+1;
%同步字%
if ((fn == 1) || (fn == 3))
    s_tps(1:16) = [0 0 1 1 0 1 0 1 1 1 1 0 1 1 1 0];
else
    s_tps(1:16) = [1 1 0 0 1 0 1 0 0 0 0 1 0 0 0 1];
end
%长度指示符%
s_tps(17:22) = [0 1 0 1 1 1];
%帧数%
switch (fn)
    case 1
        s_tps(23:24) = [0 0];
    case 2
        s_tps(23:24) = [0 1];
    case 3
        s_tps(23:24) = [1 0];

```matlab
        case 4
            s_tps(23:24) = [1 1];
    end
    %QAM层级%
    switch (DVBTSETTINGS.level)
        case 2
            s_tps(25:26) = [0 0];
        case 4
            s_tps(25:26) = [0 1];
        case 6
            s_tps(25:26) = [1 0];
    end
    %层级信息%
    switch (DVBTSETTINGS.alpha)
        case 0
            s_tps(27:29) = [0 0 0];
        case 1
            s_tps(27:29) - [0 0 1];
        case 2
            s_tps(27:29) = [0 1 0];
        case 4
            s_tps(27:29) = [0 1 1];
    end
    %HP流码率%
    switch DVBTSETTINGS.cr1
        case 1
            s_tps(30:32) = [0 0 0];
        case 2
            s_tps(30:32) = [0 0 1];
        case 3
            s_tps(30:32) = [0 1 0];
        case 5
            s_tps(30:32) = [0 1 1];
        case 7
            s_tps(30:32) = [1 0 0];
    end
    %LP流码率%
    switch DVBTSETTINGS.cr2
        case 1
            s_tps(33:35) = [0 0 0];
        case 2
            s_tps(33:35) = [0 0 1];
        case 3
            s_tps(33:35) = [0 1 0];
        case 5
            s_tps(33:35) = [0 1 1];
        case 7
            s_tps(33:35) = [1 0 0];
    end
    %保护间隔(GI)%
    GI = round(DVBTSETTINGS.GI * 32);
```

```
switch (GI)
    case 1
        s_tps(36:37) = [0 0];
    case 2
        s_tps(36:37) = [0 1];
    case 4
        s_tps(36:37) = [1 0];
    case 8
        s_tps(36:37) = [1 1];
end
%传输模式: 2K/8K
if (DVBTSETTINGS. mode == 8)
    s_tps(38:39) = [0 1];
elseif (DVBTSETTINGS. mode == 2)
    s_tps(38:39) = [0 0];
end
inbits = gf([false(1, 60) s_tps(1:53)], 1);
inbits = bchenc(inbits, 127, 113);
inbits = logical(inbits. x);
s_tps = inbits(61:end);
end
```

程序 3-7 "plot_spectrum", 画 OFDM 频谱图

```
function plot_spectrum(signal, fs, figureindex, xlab, ylab, title_str)
figure(figureindex);
pts = length(signal);
spectrum = abs(fftshift(fft(signal)));
spectrum = spectrum/max(spectrum);
f = -fs/2:fs/pts:(fs/2-fs/pts);
plot(f, 20 * log10(spectrum));
xlabel(xlab);
ylabel(ylab);
title(title_str);
axis([-fs/2 fs/2 -100, 10]);
grid on;
end%
```

程序 3-8 "calc_papr", 统计 CCDF-PAPR 曲线

```
function varargout = calc_papr(signal, legend_str)
global papr_fig;
global log_fid;
P_rms = signal. * (signal. ')';
PA_rms = signal * signal';
PA_rms = PA_rms/numel(P_rms);
PP_rms = max(P_rms);
PAPR0 = 10 * log10(PP_rms./PA_rms);
fprintf(log_fid, 'PAPR Peak: %.2f\n', PAPR0);
Power2AveragedB = 10 * log10(P_rms/PA_rms);
%papr = max(Power2AveragedB);
[n x] = hist(Power2AveragedB,0:0.01:PAPR0);
ccdf = 1-cumsum(n)/length(Power2AveragedB);
```

```
figure(99);
fig_color = ['r' 'g' 'b' 'c' 'm' 'y' 'k'];
semilogy(x, ccdf, fig_color(papr_fig));
xlabel('papr, x dB');
ylabel('Probability, X>=x');
% axis([min(x) max(x) 10^-4 10^-1]);
grid on;hold on;
i = find(ccdf<0.001,1,'first');
text(x(i), ccdf(i), num2str(x(i)), 'FontWeight', 'bold');
plot(x(i), ccdf(i), 'MarkerFaceColor', 'k', 'MarkerSize',6);
varargout{1} = PAPR0;
varargout{2} = ccdf;
hold on;
papr_fig = papr_fig + 1;
end
```

程序 3-9 "gen_wv",生成 OFDM 测试信号

```
function gen_wv(signal, wv_file_name, clock, rmsoffs, peakoffs)
samples = length(signal);
fid_wv = fopen(wv_file_name, 'w');
signal = signal /max(abs([real(signal) imag(signal)]));
source_data = round(signal * (2^15));
fprintf(fid_wv,'{TYPE: SFU-WV,0}');
fprintf(fid_wv, '{CLOCK: %d}',clock);
fprintf(fid_wv, '{LEVEL OFFS: %d,%d}', rmsoffs, peakoffs);
fprintf(fid_wv, '{SAMPLES: %d}', samples);
fprintf(fid_wv, '{WAVEFORM-%d: #', (samples * 4) + 1);
source_data = [real(source_data);imag(source_data)];
source_data = reshape(source_data, 1, []);
count = fwrite(fid_wv, source_data, 'int16');
assert(count==2 * samples, 'Write number error!');
fprintf(fid_wv, '}');
fclose(fid_wv);
end
```

程序 3-10"lpf",%构造低通滤波器

```
function Hd = lpf(Fpass, Fstop, Fsample, fig)
% All frequency values are in MHz.
Dpass = 0.0063095734448; %带通
Dstop = 0.001;   %带阻
flag = 'scale';
%计算 KAISERORD 函数
[N,Wn,BETA,TYPE] = kaiserord([Fpass Fstop]/(Fsample/2), [1 0], [Dstop Dpass]);
N = ceil(N/2) * 2;
% Calculate the coefficients using the FIR1 function.
b = fir1(N, Wn, TYPE, kaiser(N+1, BETA), flag);
Hd = dfilt.dffir(b);
Hd = Hd.numerator;
if (fig > 1)
    freqz(Hd);
end
```

```
end
```

程序 3-11 "add_ref_sig"，插入连续、离散、TPS 导频

```
function data = add_ref_sig(bits, DVBTSETTINGS, nframe)
global log_fid;
SYMBOLS_PER_FRAME = 68;
data=zeros(DVBTSETTINGS.N, SYMBOLS_PER_FRAME, nframe);
loc_pilots = cmlk_pilots(DVBTSETTINGS);
loc_tps = tps(DVBTSETTINGS);
for iframe=1:nframe
    counter = 1;
    fprintf(log_fid, 'Organizing the %dth frame...\n', iframe);
    tic;
    %bits = logical(randi(2, 1, 68 * DVBTSETTINGS.NData * DVBTSETTINGS.level)-1);
    vec = mapping(bits(iframe, :), DVBTSETTINGS.level, DVBTSETTINGS.alpha);
    for l = 1:68
        wk = wk_gen(DVBTSETTINGS.N);
        s_tps = cmlk_tps(iframe, DVBTSETTINGS);
        tps_index = 1;
        pilots_index = 1;
        for k = 1:DVBTSETTINGS.N
            if (tps_index <= length(loc_tps) && loc_tps(tps_index) == k-1)
                if l==1
                    data(k, l, iframe) = 1 - 2 * wk(k);
                else
                    if s_tps(l-1)==1
                        data(k, l, iframe) = -data(k, l-1, iframe);
                    else
                        data(k, l, iframe) = data(k, l-1, iframe);
                    end
                end
                tps_index  = tps_index + 1;
            elseif (pilots_index <= size(loc_pilots, 1) && loc_pilots(pilots_index, l) == k-1)
                data(k, l, iframe) = (1 - 2 * wk(k)) * 4/3;
                pilots_index = pilots_index+1;
            else
                data(k, l, iframe) = vec(counter);
                counter = counter+1;
            end
            assert(abs(data(k, l, iframe))> 1/sqrt(60), 'signal error, too small! ...
            Now %dth frame %dth symbol %dth carrier', iframe, l, k);
            assert(abs(data(k, l, iframe))< 2, 'signal error, too big! Now %dth frame ...
            %dth symbol %dth carrier', iframe, l, k);
        end
    end
    toc;
end
end
```

程序 3-12 "cyclicprefix"，插入循环前缀

```
function dataout = cyclicprefix(datain, GI)
```

```
fftpnts = size(datain, 1);
GIpnts = round(fftpnts * GI);
dataout = zeros(size(datain)+[GIpnts 0 0]);
dataout(1:GIpnts, :, :) = datain(fftpnts-GIpnts+1:end, :, :);
dataout((1:fftpnts)+GIpnts, :, :) = datain(:,:,:);
dataout = reshape(dataout, [ ], 1).';
end
```

程序 3-13 "clipping_method1",限幅削波 1
```
function dataout = clipping_method1(datain, ibo)
ap = average_power(datain);
pmax = ap * 10^(ibo/10);
pmaxr = sqrt(pmax);
i=find(abs(datain)> pmaxr);
dataout = datain;
dataout(i) = datain(i) ./ abs(datain(i)) . * pmaxr;
end
```

程序 3-14 "clipping_method2",限幅削波 2
```
function dataout = clipping_method2(datain, ibo)
ap = average_power(datain);
pmax = ap * 10^(ibo/10);
pmaxr = sqrt(pmax);
i= abs(datain)> pmaxr;
dataout = datain;
dataout(i) = 0;%datain(i) ./ abs(datain(i)) . * pmaxr;
end
```

程序 3-15 "clipping_method3",限幅削波 3
```
function dataout = clipping_method3(datain, ibo)
ap = average_power(datain);
pmax = ap * 10^(5/10);
pmaxr = sqrt(pmax);
i= abs(datain)> pmaxr;
dataout = datain;
dataout(i) = 0;%datain(i) ./ abs(datain(i)) . * pmaxr;
pmax = ap * 10^(ibo/10);
pmaxr = sqrt(pmax);
i=find(abs(datain)> pmaxr);
dataout(i) = datain(i) ./ abs(datain(i)) . * pmaxr;
end
```

程序 3-16 "clipping_method4",限幅削波 4
```
function dataout = clipping_method4(datain, Vclip)
i=find(abs(datain)> Vclip);
dataout(i) = datain(i) ./ abs(datain(i)) . * Vclip;
end
```

程序 3-17 "clipping_method5",限幅削波 5
```
function dataout = clipping_method5(datain, ibo, P)
ap = average_power(datain);
```

```
pmax = ap * 10^(ibo/10);
pmaxr = sqrt(pmax);
i = find(abs(datain) > pmaxr);
dataout = datain;
dataout(i) = datain(i) ./ abs(datain(i)) .* (-P * (abs(datain(i))-pmaxr)+pmaxr);
end
```

程序 3-18 "average_power",统计平均功率
```
function power = average_power(datain)
len = length(datain);
power = datain * datain'/len;
end
```

程序 3-19 "keep_ref_sig",OFDM 解调数据提取
```
function dataout = keep_ref_sig(datain, dataorg)
global DVBTSETTINGS;
SYMBOLS_PER_FRAME = 68;
loc_pilots = cmlk_pilots(DVBTSETTINGS);
loc_tps = tps(DVBTSETTINGS);
% datain = [datain (DVBTSETTINGS. fftpnts-(DVBTSETTINGS. Kmax + DVBTSETTINGS.
Kmin)/2+1:DVBTSETTINGS.fftpnts, :, :); ...
datain (1:DVBTSETTINGS. fftpnts-(DVBTSETTINGS. Kmax + DVBTSETTINGS. Kmin)/2,
:, :)];
datain = circshift(datain, [(DVBTSETTINGS.Kmax-DVBTSETTINGS.Kmin)/2 0 0]);
dataorg = circshift(dataorg, [(DVBTSETTINGS.Kmax-DVBTSETTINGS.Kmin)/2 0 0]);
dataout = datain(1:DVBTSETTINGS.N, :, :);
for l = 1:SYMBOLS_PER_FRAME
    dataout(loc_pilots(:, l).'+1, l, :) = dataorg(loc_pilots(:, l).'+1, l, :);
end
dataout(loc_tps+1, :, :) = dataorg(loc_tps+1, :, :);
datain(1:DVBTSETTINGS.N, :, :) = dataout;
dataout = circshift(datain, [-(DVBTSETTINGS.Kmax-DVBTSETTINGS.Kmin)/2 0 0]);
end
```

程序 3-20 "ace",ACE 峰均比抑制
```
function [XACE, orig_papr, orig_ap, X] = ace(X, L, Hd)
global FIX_POINT;
global log_fid;
for iter_time=1:3
    if iter_time==1
        X0=X;
    else
        X0=XACE;
    end
    [fftpnts, FRAMES_PER_S, nSF] = size(X0);
    x = sqrt(fftpnts) * ifft(X0, fftpnts);
    x = reshape(x, 1, []);
    %预削波
    if iter_time==1
        x = x * 1.1;
        ibo = 7;
```

```
        x = clipping_method1(x, ibo);
    elseif iter_time==1
        ibo = 3.5;
        x = clipping_method1(x, ibo);
    else
        ibo = 3.4;
        x = clipping_method1(x, ibo);
    end
    x = upsample(x, 4) * 4;
    %    low-pass filtering
    len = length(Hd);
    x = [x(end-(len-1)/2+1:end) x x(1:(len-1)/2)];
    x = conv(x, Hd);
    x = x((len-1)/2+1:end-(len-1)/2);
    x = x((len-1)/2+1:end-(len-1)/2);
    if iter_time == 1
        orig_papr = calc_papr(x, 'original');
        fprintf(log_fid, 'PAPR PEAK before clipping: %.2f\n', orig_papr);
    end
    % orig_papr = calc_papr(x, 'original');%fig=fig+1;
    %fprintf(log_fid, 'PAPR PEAK before clipping: %.2f\n', orig_papr);
    orig_ap = average_power(x);
    fprintf(log_fid, 'Average power before clipping: %.2f\n', orig_ap);
    %限幅削波%
    if iter_time == 1
        ibo =2.5;
        P = 3;
    elseif iter_time == 2
        ibo = 5;
        P =0.25;
    else
        ibo =6;
        P = 1;
    end
    x = clipping_method5(x, ibo, P);
    %低通滤波%
    x = [x(end-(len-1)/2+1:end) x x(1:(len-1)/2)];
    x = conv(x, Hd);
    x = x((len-1)/2+1:end-(len-1)/2);
    x = x((len-1)/2+1:end-(len-1)/2);
    %    fix point
    if FIX_POINT
        signal_max = max(abs([real(x) imag(x)]));
        x = floor(signal/signal_max * 2^15)/2^15 * signal_max;
    end
    x = downsample(x, 4);
    x = reshape(x, fftpnts, FRAMES_PER_S, nSF);
    Xc = fft(x) / sqrt(fftpnts);
    %ACE 星座图扩展
    if iter_time == 1
        gain = 1;
```

```
    elseif iter_time == 2
        gain = 2.75;
    else
        gain = 6;
    end
    if iter_time==1
        Xc = X0 + gain * (Xc-X0);
    else
        Xc = XACE + gain * (Xc-XACE);
    end
    Xreal = real(Xc);
    Xreal(Xreal > L) = L;
    Xreal(Xreal <-L) = -L;
    Ximag = imag(Xc);
    Ximag(Ximag > L) = L;
    Ximag(Ximag <-L) = -L;
    pos = find(Xreal < sqrt(2)/2 & real(X)>0);
    Xreal(pos) = real(X(pos));
    pos = find(Xreal >-sqrt(2)/2 & real(X)<0);
    Xreal(pos) = real(X(pos));
    pos = find(Ximag < sqrt(2)/2 & imag(X)>0);
    Ximag(pos) = imag(X(pos));
    pos = find(Ximag >-sqrt(2)/2 & imag(X)<0);
    Ximag(pos) = imag(X(pos));
    pos = find(X==0);
    XACE = complex(Xreal, Ximag);
    XACE = keep_ref_sig(XACE, X);
    XACE(pos)=0;
    end
    end
```

程序 3-1 为 ACE 峰均比抑制 OFDM 发射机功率放大器效率优化的主程序,程序 3-2~程序 3-20 为程序 3-1 调用的子程序模块。实验仿真平台对比了图 3-11 中两种峰均比抑制方案。选取了欧洲数字电视 DVB-T 标准作为峰均比抑制的实验平台,系统参数设置如表 3-1 所示。功放选取 $p=10$ 的 Rapp 功放模型(动态范围有限的理想线性放大器放大 OFDM 信号并不是最佳的)。分别选取了 2.54s 帧长(10064 个 OFDM 符号)的数据包,为了将复杂度控制在可接受的范围,迭代次数限制为 $M=3$ 次,除了仿真数据,还由 SFE100 数字电视发射机测试仪完成射频调制,并通过 R&S ETL 电视分析仪给出测量结果。

表 3-1 仿真平台系统参数

峰均比抑制实验平台	OFDM 系统	单载波系统
有效带宽	7.61MHz	7.61MHz
IFFT/FFT 载波个数	2048	—
有效子载波	1705	—
数据子载波	1512	—
离散导频/连续导频/TPS 数据	193	—

续表

峰均比抑制实验平台	OFDM 系统	单载波系统
调制模式	QPSK	QPSK
循环前缀	1/8	—
卷积码	1/2 码率、维特比译码	—
LPF 滤波器	Kaiserord 窗	Kaiserord 窗
	带通截止频率：3.8MHz	带通截止频率：3.8MHz
	带阻起始频率：4.1MHz	带阻起始频率：4.1MHz

　　图 3-14 和图 3-15 分别给出了图 3-11（a）和图 3-11（b）对应的峰均比抑制信号经 SFE100 数字电视发射机测试仪射频调制后在 R&S ETL 电视分析仪中的 CCDF 曲线实测结果，并以原始 OFDM 信号作为参考系。对比数据如表 3-2 所示，除在 10^{-1} PAPR/10^{-4} 方案的峰均比较低，其余处 OCCDF 方案在减少峰均比方面效果更好。

表 3-2　OFDM 信号 CCDF 曲线峰均比对比（dB）

测试信号 PAPR/10^{-n}	10^{-1}	10^{-2}	10^{-3}	10^{-4}
原始 OFDM 信号	3.8	6.5	8.4	9.6
PAPR/10^{-4} ACE-OFDM 信号	3.8	4.9	5.2	5.5
OCCDF 技术的 ACE-OFDM 信号	3.6	5.1	6.2	7.1
降低 PAPR ACE 信号 PAPR 增益（相比 OCCDF 技术）	−0.2	0.2	1	1.6

　　图 3-16 描述了图 3-11 中两种 ACE 峰均比抑制方案通过功率放大器的 IBO-MER_ace 曲线。图 3-16 的对比数据如表 3-3 所示，相对于 OFDM 系统，OCCDF 方案和 PAPR/10^{-4} 方案分别获得了 3.7dB 和 3.1dB 的 IBO 增益，同时两种方案经 3 次迭代后由于星座扩张平均功率均增加了 1dB。为了更直观地描述 IBO 增益，不同的峰均比抑制方案所测得的 IBO 增益需减掉平均功率增加的部分，则 OCCDF 方案和 PAPR/10^{-4} 方案分别获得了 2.7dB 和 2.1dB 的 IBO 净增益。

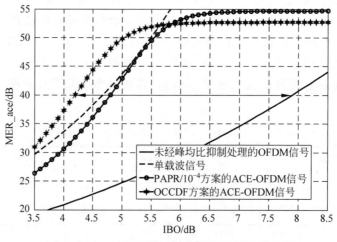

图 3-16　Rapp 功放模型下的 IBO-MER_ace 测试

表 3-3 MER_ace＝40dB 时,对比未经处理的 OFDM 信号 IBO 和 SNR 增益(dB)

测试信号	IBO	IBO 增益	平均功率增加	IBO 净增益	SNR 增益	IBO 总增益
原始 OFDM 信号	7.9	0	0	0	0	0
OCCDF 方案的 ACE-OFDM 信号	4.2	3.7	1	2.7	0.45	3.15
PAPR/10^{-4} 方案的 ACE-OFDM 信号	4.8	3.1	1	2.1	0.45	2.55
单载波信号	4.7	3.2	0	3.2	0	3.2

对比图 3-14、图 3-15 的实验可以得出如下结论:

PAPR/10^{-4} 方案在迭代时主要减少 CCDF 曲线中 10^{-4} 概率附近的 PAPR;OCCDF 方案是减小放大器在限定失真(MER_ace＝40dB)时的功率回退,这考虑了四层含义:

(1) 测量 MER 意味着是对每个子载波的失真都进行了测量,不但考虑失真大小,而且对其出现概率进行了累积,事实上从 PAPR 曲线上可得知幅度大的峰值放大后失真大,但次高峰值的子载波出现概率对失真造成的影响未必小。

(2) 迭代收敛的目标是减小 IBO,当放大器电源电压一定时,输出功率越大,意味着更多的电压输出到负载上,输出到放大管上的电压更小,等效为放大器效率越高,所以减小 IBO 等效于增加放大器效率,简化了效率计算带来的复杂度。

(3) 图 3-16 中 OCCDF 方案经三次迭代后 IBO 为 4.2dB,即当 MER_ace＝40dB 时,放大器的限幅电压在 PAPR＝4.2 处;PAPR/10^{-4} 方案得到了如图 3-14 所示的 CCDF 曲线,在限定失真 MER_ace＝40dB 时 IBO＝4.8dB(见图 3-16);虽然 OCCDF 方案在 PAPR 大于 4.8dB 时出现的概率大,但由于减少了 PAPR 在 4.2～4.8dB 峰值的概率,得到的 IBO 反而大大低于 PAPR/10^{-4} 方案。

(4) 由于 ACE 要满足最小码间欧式距离的约束,改变高 PAPR 部分的分布概率,必然会影响到其他部分的 PAPR 分布。由图 3-15 可见 OCCDF 方案得到的 CCDF 曲线是以最高功放效率为迭代收敛目标得到的,因此是具有满足最高功放效率的 OFDM 信号最佳幅值分布。

另外:放大器模型 p 取 10 被认为是接近实用的放大器(不去探讨非线性的影响),若在理想预失真状态下,IBO 还会有所改善。为了不影响解调,OFDM 系统中 10% 以上的导频子载波应保持原位置不动。

图 3-17 给出了 IBO 测量结果为 4.2dB、MER_ace 等于 40dB 时的 OCCDF-OFDM 信号在 R&S ETL 电视分析仪中的星座图分布实测结果。按照传统的 MER 统计方法,MER 测量值会变差,而星座点扩张的子载波因为欧氏距离的增加会增强信号的抗干扰能力,获得 SNR 增益。可以将峰均比抑制的 IBO 增益和信噪比增益(ΔSNR)计为 IBO 总增益。另外经过 ACE 峰均比抑制处理的 OFDM 信号中,由于扩张空间的存在增加的信号平均功率将从 IBO 增益中扣除,IBO 可以定义为

$$\text{IBO}_n[\text{dB}] = P_{\text{in,max}} - P_{\text{in,av}} + P_{\text{ace}} - \Delta\text{SNR} \tag{3-20}$$

式中,$P_{\text{in,max}}$ 为输入信号的饱和截止功率;$P_{\text{in,av}}$ 为输入信号的平均功率;P_{ace} 为 ACE 扩张空间引起的平均功率增加。

图 3-18 给出了高斯信道、1/2 码率卷积码和维特比译码条件下(经由 R&S ETL 电视分

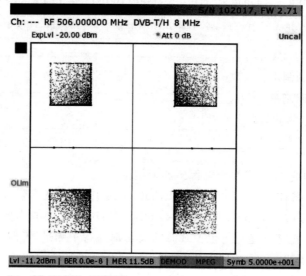

图 3-17   OCCDF 技术的 ACE-OFDM 信号在 R&S ETL 电视分析仪中解调的星座图

析仪中解调），图 3-11 中两种 ACE 方案处理的 OFDM 信号和原始 OFDM 信号在 MER_ace＝
40dB 时的 SNR-BER 测试结果（由 R&S ETL 电视分析仪实测完成）。实验结果显示，相较
于原始 OFDM 信号，OCCDF 技术和 PAPR/10^{-4} 技术的 ACE-OFDM 信号由于载波的扩
张增加了 1dB 的功率，在 BER 为 10^{-3} 处分别获得了 0.45dB 的信噪比增益。

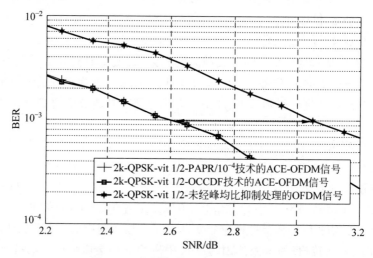

图 3-18   高斯信道下的 BER 测试结果

　　如表 3-3 所示，相比于原始 OFDM 信号，经过 OCCDF 技术处理的 OFDM 信号所匹配
功放的 IBO 总增益为 3.15dB，而 PAPR/10^{-4} 技术处理的 OFDM 信号的 IBO 总增益为
2.55dB。图 3-16 中还给出了单载波信号的测量结果，采用与 OFDM 系统相同滤波窗函数
的低通滤波器。当满足 MER 值为 40dB 时，与 OCCDF 技术处理的 ACE-OFDM 信号相比，
单载波信号仅存在 0.05dB 的 IBO 优势。

3.2.5 PSO-PTS 峰均比抑制技术和 OFDM 发射机功放效率优化

1. 部分传输序列(PTS)峰均比抑制技术

高阶 M-QAM 调制下,OFDM 峰均比抑制可扩张的星座空间和星座点不断减小;而超宽带高阶 M-QAM 调制是 5G/6G 发展的必然趋势,PTS 是为数不多的通过算力增强的适用于高阶 QAM 调制的功放优化手段。

PTS 方案的基本原理如图 3-19 所示,首先将调制完成的频域 OFDM 信号 $\boldsymbol{S}_N$ 按照某种方案在频域分割为 V 块:

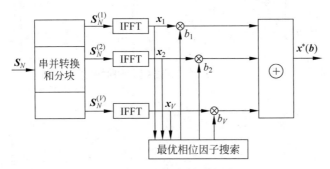

图 3-19　PTS 方案的基本原理

$$\boldsymbol{S}_N = \sum_{i=1}^{V} \boldsymbol{S}_N^{(i)} \tag{3-21}$$

式中,每个数据块 $\boldsymbol{S}_N^{(i)}$ 包含 N/V 个有效数据子载波和 $(V-1)N$ 个空子载波。然后将每块数据进行 LN 点的 IFFT 变换,其中,L 为频域过采样倍数。

将分割数据块再乘上一个旋转相位向量 $\boldsymbol{b}_i = \mathrm{e}^{\mathrm{j}\phi_i}$,$\phi_i \in [0, 2\pi]$,并将所有数据块进行累加求和得到乘性加扰峰均比抑制的基带 OFDM 信号:

$$\boldsymbol{x}^*(\boldsymbol{b}) = \sum_{v=1}^{V} \boldsymbol{b}_v \boldsymbol{x}_v = \sum_{v=1}^{V} \boldsymbol{b}_v \mathrm{IFFT}_{NL \times N}(\boldsymbol{S}_N^{(v)}) \tag{3-22}$$

不同的分割方法产生的 PTS 分块具有不同的自相关性。常用的分块方法有相邻法(Adjacency Partition,AP)、交织法(Interlaced Partition,IP)和随机法(Random Partition,RP)。其中,随机法的各个子块的自相关性最低,在相同条件下,随机法 PTS 具有最好的 PAPR 抑制效果,相对的它需要的计算资源和解调难度也是最高的。图 3-20 是三种不同的分割方法在相同的条件下 PAPR 的抑制效果。

另外,分块数和旋转相位向量的取值范围也对 PAPR 的抑制效果有非常大的影响,当分块数为 V,旋转相位向量的范围取值为 W 时,PTS 方案的全搜索空间为 W^V。图 3-21 和图 3-22 是在不同的分块数和不同的旋转相位向量下 PAPR 的抑制效果。

从图 3-21 和图 3-22 可知,在 PTS 方案中增大分块数和旋转相位向量的取值范围都能够有效提升 PAPR 抑制效果,提升乘性加扰离散度,但由于 PTS 方案的本质就是计算复杂度和性能的折中,所以要想得到更好的 PAPR 抑制性能,就得消耗巨量的计算资源,因此需要智能优化算法来提高计算效率。

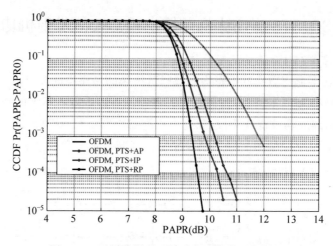

图 3-20　不同分割方法的 CCDF 曲线（见彩插）

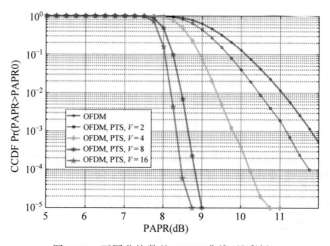

图 3-21　不同分块数的 CCDF 曲线（见彩插）

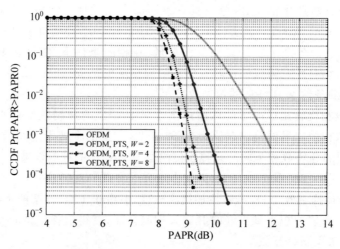

图 3-22　不同旋转相位向量的取值范围的 CCDF 曲线（见彩插）

2. 基于计算增强的 OCCDF 的 PTS OFDM 功放优化

本节在传统 PTS 的基础上,探讨经过高效计算增强的 PTS 加扰功放优化算法。在 3.2.3 节 OCCDF 优化准则下 PTS 方案的目标函数可以表示为

$$\widetilde{\boldsymbol{X}}_{\text{opt}}^{*} = \arg \min_{f} \text{IBO} \tag{3-23}$$

$$\text{s. t. MER\_PTS} = 40\text{dB}$$

式中,IBO 可以定义为

$$\text{IBO[dB]} = 10\lg \frac{A_{\text{sat}}^{2}}{\sigma^{2}} \tag{3-24}$$

基于 OCCDF 的 PTS 优化方案整体框图如图 3-23 所示。

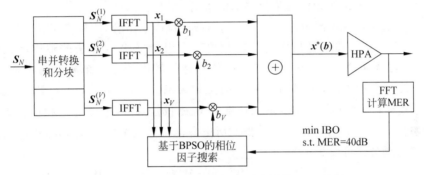

图 3-23 OCCDF 准则下最低 IBO 准则的 PTS 方案

OCCDF PTS 方案的核心思想就是从备选的旋转相位向量集合中选出一组使 IBO 最小的组合,这是一个典型的组合优化数学模型,适合将智能优化的计算效率增强算法应用到 PTS 技术中。

3. 基于 BPSO-PTS 的优化方案

智能优化较早的思路是基于达尔文的"适者生存,优胜劣汰"的竞争法则,模仿自然界生物的进化和遗传过程,在搜索过程中自动获取并累计可行解空间的有关知识,逐步向最优解或者次优解逼近。经典的智能优化算法包括蚁群算法、模拟退火、遗传算法和粒子群(Particle Swarm Optimization,PSO)算法等。不同的智能优化算法适用的场景也不尽相同。考虑 PTS 功放优化方案,由于备选可行解是一个离散空间,可选择遗传算法和 PSO 算法,其中 PSO 算法具有收敛速度快、效率高的全局搜索能力,本章主要将 PSO 算法应用于 PTS 增强方案中。Kennedy 和 Eberhart 于 1995 年首先提出一种基于种群随机优化技术的优化算法,即 PSO 算法。整个优化过程可以简化为:随机生成一组初始粒子并赋予它们速度和位置,按照"最近邻速度匹配"规则逐步运行,使得临近的粒子运行速度一致。然后计算每个位置的"适应度值",群体内各个体之间可以相互共享信息,每个粒子都能获取当前种群所能到达的最优位置并保存当前所能达到的最好位置。最后更新速度和位置。

基于二进制粒子群优化(Binary Particle Swarm Optimization,BPSO)算法,OCCDF 准则下最低 IBO 准则的 BPSO-PTS 方案的目标函数可表示为

$$F(\widetilde{\boldsymbol{X}}_{\text{opt}}^{*})_{\text{BPSO}} = \arg \min_{\widetilde{\boldsymbol{x}}(\boldsymbol{b})} \left| 10\lg \frac{A_{\text{sat}}^{2}}{\sigma^{2}} - f_{\text{D}} \right|$$

$$\text{s. t.} \quad \widetilde{\boldsymbol{X}}^{*}(\boldsymbol{b}) = \sum_{v=1}^{V} b_v \cdot \boldsymbol{x}_v$$

$$\boldsymbol{b}_m = \left\{ \mathrm{e}^{\mathrm{j}2\pi l/W} \right\}^{V}$$

$$\boldsymbol{\Omega}_g^{\mathrm{BPSO}} = \{ \boldsymbol{b}_m \mid m = 1, 2, \cdots, K \}$$

$$K \leqslant W^{V}$$

$$\mathrm{MER\_PTS} = 40\mathrm{dB}$$

(3-25)

式中，f_{D} 为迭代停止的目标值；$\boldsymbol{\Omega}_g^{\mathrm{BPSO}}$ 为 BPSO 算法的搜索空间；K 为总的搜索空间大小。

OCCDF 准则旨在降低 IBO，在限定失真 MER 的条件下，IBO 越小，功放效率越高。所以 PTS 信号在经过功率放大器后以减小 IBO 作为优化目标，反馈至相位因子搜索模块，通过 BPSO 算法选择最优的相位因子使得 IBO 最小。

为了更加适应在目标函数式(3-25)中的离散相位因子组合，在标准 PSO 算法的基础上提出 BPSO 算法，以快速找到最优的旋转相位因子组合，BPSO 算法的整体流程如图 3-24 所示，详细算法参见表 3-4。在式(3-25)中的备选旋转因子是一个离散的集合，刚好对应 BPSO 算法的一个粒子组，定义每个粒子的位置为 $\boldsymbol{W}_i = [b_{i,1}, b_{i,2}, \cdots, b_{i,V}]$，$b_{i,m} = \mathrm{e}^{\mathrm{j}2\pi l/W} \mid l = 0, 2, \cdots, W-1, m = 1, 2, \cdots, V$，定义速度为 $\boldsymbol{V}_i = [v_{i,1}, v_{i,2}, \cdots, v_{i,V}]$，相应粒子的历史最优位置为 $\boldsymbol{W}_i^{P} = [b_{i,1}^{P}, b_{i,2}^{P}, \cdots, b_{i,V}^{P}]$，种群的历史最优位置为 $\boldsymbol{W}^{G} = [b_1^{G}, b_2^{G}, \cdots, b_V^{G}]$。那么速度和位置的更新公式可以表示为

$$\boldsymbol{V}_i(t+1) = \tilde{\omega}(t)\boldsymbol{V}_i(t) + c_1 r_1 (\boldsymbol{W}_i^{P}(t) - \boldsymbol{W}_i(t)) + c_2 r_2 (\boldsymbol{W}^{G}(t) - \boldsymbol{W}_i(t))$$

$$W_{i,d}(t+1) = \begin{cases} 0, & r^t > \dfrac{1}{\left(1 + \mathrm{e}^{-V_{i,d}(t+1)}\right)} \\[3mm] 1, & r^t < \dfrac{1}{\left(1 + \mathrm{e}^{-V_{i,d}(t+1)}\right)} \end{cases}, \quad r^t \sim U(0,1), d = 1, 2, \cdots, V$$

(3-26)

$$V_{i,d}(t+1) = \begin{cases} V_{\max}, & V_{i,d}(t+1) > V_{\max} \\ -V_{\max}, & V_{i,d}(t+1) < -V_{\max} \end{cases}$$

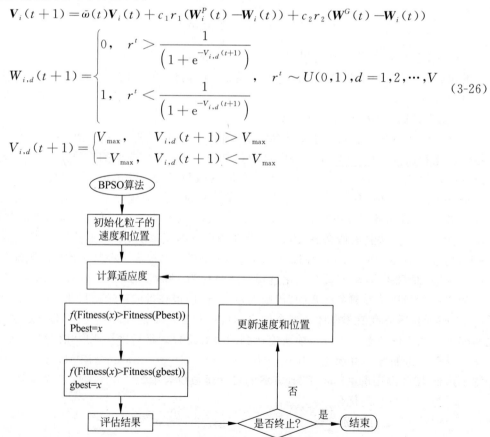

图 3-24　BPSO 算法的整体流程

表 3-4 最小 IBO 目标的 BPSO-PTS 峰均比抑制算法

OCCDF 准则下最小 IBO 的 BPSO-PTS 算法

输入：数据块 $\widetilde{\boldsymbol{X}}^*(\boldsymbol{b})$，最大迭代次数 $t_{\max}$，种群大小 P，迭代停止目标值 f_{D}
输出：最优加扰相位因子 $\boldsymbol{b}_{\mathrm{opt}}$

1：初始化粒子的位置和速度矩阵 $\boldsymbol{W}(0)$，$\boldsymbol{V}(0)$

2：设置 BPSO 参数 $V_{\max}$、$\bar{\omega}_{\max}$、$\bar{\omega}_{\min}$、c_1、c_2

3：根据式(3-29)，式(3-30)计算初始适应度函数并得到 $f_0^{\min}(\boldsymbol{W}_i)$

4：**While** $t < t_{\max}$ **then**

5：　根据式(3-26)更新速度和位置

6：　根据式(3-28)控制每个粒子的速度

7：　计算第 t 代每个粒子的适应度 $f_i(\boldsymbol{W}_i)$ 和第 t 代最优的适应度 $f_t^{\min}(\boldsymbol{W}_i)$

8：　**if** $f_t(\boldsymbol{W}_i(t)) > f_t(\boldsymbol{W}_i^P(t))$ **then**

9：　　$\boldsymbol{W}_i^P(t) = \boldsymbol{W}_i(t)$

10：　**end**

11：　**if** $f_t^{\min}(\boldsymbol{W}_i(t)) > f_t^{\min}(\boldsymbol{W}^G(t))$ **then**

12　　$\boldsymbol{W}^G(t) = \boldsymbol{W}_i(t)$

13：　　**end**

14：　**if** $|f_t^{\min}(\boldsymbol{W}^G(t)) - f_{\mathrm{D}}| \leqslant \delta$ **then**

15：　　$cnt++$

16：　**else**

17：　　$cnt = 0$

18：　**end**

19：　**if** $cnt \geqslant N$ **then**

20：　　**Break**

21：　**end**

22：　$t = t + 1$

23：　**end while**

24：　$\boldsymbol{b}_{\mathrm{opt}} = \boldsymbol{W}^G$

迭代公式中比较重要的几个参数分别为：惯性权重因子 $\bar{\omega}(t)$，学习因子 c_1、c_2，最大速度限制 $V_{\max}$。研究表明，这些参数对 PSO 算法的性能有很大的影响，所以正确选择这些参数能给 PSO 算法的性能带来显著提升。

惯性权重因子 $\bar{\omega}(t)$：该参数被认为是对 PSO 算法性能影响最大的一个参数。本章采用迭代线性递减的方法，即前期选择更大的惯性权重 $\bar{\omega}$ 值，使得 PSO 算法在前期具有更强的搜索能力，后期则选择较小的惯性权重 $\bar{\omega}$ 值进行更加精确的局部化搜索。线性递减的惯性权重因子随着迭代次数的变化为

$$\bar{\omega}(t) = \bar{\omega}_{\max} - \frac{\bar{\omega}_{\max} - \bar{\omega}_{\min}}{t_{\max}}t \tag{3-27}$$

式中，$\bar{\omega}_{\max}$ 表示初始权重；$\bar{\omega}_{\min}$ 表示最终权重；t 为当前迭代次数。惯性权重随着迭代次数增加而减小，即算法的优化区域逐渐收敛于局部。

学习因子 c_1、c_2：分别代表每组粒子向粒子自身历史最优 $\boldsymbol{W}_i^P(t)$ 和种群历史最优 $\boldsymbol{W}^G(t)$ 的随机加速项。当 $c_1 = 0$ 时，代表粒子自身没有学习过程，但存在群体学习，所以该算法收敛

快但容易陷入早熟。当 $c_2 = 0$ 时,粒子的共享信息比较少,所以更难收敛到全局最优。研究表明,当 $c_2 = c_1 = 2$ 时,PSO 算法有较好的性能。

最大速度限制 V_{max}:粒子的速度作为每次粒子移动的步长是需要严格限制的,由此来控制粒子的全局搜索能力。如果将此限制设置过大,会导致粒子过快增长而错过全局最优,将限制设置过小则会导致粒子限制局部最优:

$$v_{i,j} \geqslant V_{max}, \quad v_{i,j} = V_{max}$$
$$v_{i,j} \leqslant V_{min}, \quad v_{i,j} = V_{min} \tag{3-28}$$

第 i 个粒子的适应度 $f_i(\boldsymbol{W}_i)$ 以及第 m 次迭代整个种群中最优的适应度 $f_m^{min}(\boldsymbol{W}_i)$ 可以定义为

$$f_i(\boldsymbol{W}_i) = 10\lg \frac{A_{sat}^2}{\sigma^2}(dB) \tag{3-29}$$

$$f_m^{min}(\boldsymbol{W}_i) = \min_{1 \leqslant i \leqslant P} f_i(\boldsymbol{W}_i) \tag{3-30}$$

仿真视频

3.2.6 PSO-PTS 峰均比抑制的 OFDM 发射机功放优化仿真平台

程序 3-21 "PSO_PTS",PSO-PTS 峰均比抑制的 OFDM 发射机功放优化模型

```
function PSO_PTS
close all;
clear all;
clc;
%OFDM 设置参数%
NumCarr = 1024;%传输子载波数
mapsize = 4;%3-16QAM 2-QPSK
V = 16;%分块数
OverSampleRate = 4;%过采样率
Partition = 1;%(分块方法)1:相邻分割;2:交织分割;3:随机分割
W = 1;%旋转相位因子的取值小大取对数
W1=2;%旋转相位因子的取值大小
weight_factor=[1 -1];%旋转相位因子的取值
%GA 算法的初始化%
pop_size =100;%种群大小
Gn_G = 20;%迭代次数
initial_w_G= randi([0,1],[W * V,pop_size]);%初始化种群
%PSO 算法初始化%
Num_Particle_OCCDF = 100;%基于 OCCDF 的 PSO 算法种群大小
Num_Particle_CCDF = 100;%基于 CCDF 的 PSO 算法种群大小
Gn1 = 20;
Gn2 = 20;%迭代次数
c1 = 2;c2 = 2;%学习因子
Vmax = 0.2;%最大速度限制
wmax = 0.9;%初始惯性权重
wmin = 0.4;%最终惯性权重
w = wmax-(wmax-wmin)/Gn1 * (1:Gn1);%权重更新公式
v_min = -Vmax;  v_max = Vmax;%速度限制
initial_v_BPSO = v_min + (v_max-v_min). * rand(W * V,Num_Particle_CCDF);
initial_v = v_min + (v_max-v_min). * rand(W * V,Num_Particle_OCCDF);%初始化速度
```

```
initial_w_P_BPSO = randi([0,1],[W * V,Num_Particle_CCDF]);
initial_w_P = randi([0,1],[W * V,Num_Particle_OCCDF]);%初始化位置
%初始化 OFDM 系统%
bit_per_symbol = 4;
N = NumCarr * bit_per_symbol;
x=round(rand(1,N))';
Symbol_tx=qammod(x,2^bit_per_symbol,'InputType','bit');
%功率放大器设置%
IBO = [0:0.5:10];
SNR = 0:1.5:20;
ber_BPSO_CCDF = zeros(1,length(SNR));
ber_BPSO_OCCDF = zeros(1,length(SNR));
ber_NOPTS = zeros(1,length(SNR));
mer_BPSO = zeros(1,length(IBO));
mer_NOPTS = zeros(1,length(IBO));
mer_best = zeros(1,length(IBO));
%原始 OFDM 信号%
sinal_NOPTS = sqrt(NumCarr * 4) * ifft([Symbol_tx(1:NumCarr/2);zeros(NumCarr *
(OverSampleRate-1),1);Symbol_tx(NumCarr/2+1:end)]);
%OFDM 分块%
Symbol_block = zeros(NumCarr,V);
Symbol_ifft2 = zeros(NumCarr * OverSampleRate,V);
for v = 1:1:V
    if(Partition == 1)%相邻分割
        Symbol_block(((v-1) * NumCarr/V+1):(v * NumCarr/V),v)=Symbol_tx(((v-...
        1) * NumCarr/V+1):(v * NumCarr/V));
    elseif(Partition == 2)%交织分割
        Symbol_block(v:V:NumCarr,v) = Symbol_tx(v:V:NumCarr);
    elseif(Partition == 3)%随机分割
        Symbol_block(Index(v:V:NumCarr),v) = Symbol_tx(Index(v:V:NumCarr));
    end
    Symbol_ifft2(:,v)= sqrt(NumCarr * OverSampleRate) * ifft([Symbol_block(1:NumCarr/2,v);
    zeros(NumCarr * (OverSampleRate-1),1);Symbol_block(NumCarr/2+1:end,v)]);%IFFT 变换
end
%BPSO 方案的 IBO-MER 曲线%
if(Partition == 1)
    [~,best_W,PTS_signal] = BPSO_PTS(Symbol_ifft2,W,Gn2,c1,c2,Vmax,...
    w,initial_v_BPSO,initial_w_P_BPSO);%CCDF BPSO-PTS
    [mer_BPSO,mer_NOPTS,signal_PTS_ber,signal_NOPTS_ber]=compute_mer(...
    PTS_signal, best_W, Symbol_tx, V, NumCarr, IBO, OverSampleRate);
    % CCDF-BPSO-PTS 计算 MER%
    [ber_BPSO_CCDF,ber_NOPTS] = compute_ber(signal_PTS_ber, signal_NOPTS_ber, ...
    SNR, Symbol_tx, NumCarr, OverSampleRate, V,best_W);
    [~,X_opt,mer_best,signal_BPSO_OCCDF,best_W] = IBO_BPSO(Symbol_ifft2, V, ...
    Gn1, c1, c2, Vmax,w,Num_Particle_OCCDF, ...
    Symbol_tx,initial_w_P,initial_v,IBO,W,NumCarr,OverSampleRate);%OCCDF-BPSO-PTS
    [ber_BPSO_OCCDF,~]=compute_ber(signal_BPSO_OCCDF, signal_NOPTS_ber, ...
    SNR, Symbol_tx, NumCarr, OverSampleRate, V, best_W);
end
```

```matlab
%OPTS方案%
Bdata_OPTS_All=factor_combination3(V, W1, weight_factor); %计算所有相位因子组合
if ( Partition == 1 )
    [best_w,signaPTS] = OPTS( Symbol_ifft2,Bdata_OPTS_All ); %OPTS方案
    [mer_PTS,~] = compute_mer(signaPTS,best_w,Symbol_tx,V,NumCarr,IBO, ...
    OverSampleRate); % OPTS方案计算MER
end
%GA方案%
if ( Partition == 1 )
    [GA_PTS,best_w] = GA_PTS_nomal(Symbol_ifft2,Gn_G,W,pop_size, ...
    initial_w_G); %GA-PTS
    [mer_EGA,~] = compute_mer(GA_PTS,best_w,Symbol_tx,V,NumCarr, ...
    IBO,OverSampleRate);
    % GA-PTS方案计算MER
end
figure (1)
plot(IBO,(mer_best),'k-*')
hold on
plot(IBO,(mer_BPSO),'m-^')
hold on
plot(IBO,(mer_PTS),'g-+')
hold on
plot(IBO,(mer_EGA),'c-s')
hold on
plot(IBO,(mer_NOPTS),'r-*')
hold on
plot(IBO,40*ones(1,length(IBO)),'k.-.')
legend('OCCDF-BPSO-PTS','CCDF-BPSO-PTS','CCDF-PTS','CCDF-GA-PTS','without PTS')
xlabel('IBO/dB'),ylabel('MER/dB');
ylim([20,55]);
xlim([3,8.5]);
figure (2)
semilogy(SNR,ber_BPSO_CCDF,'r-*');
hold on
semilogy(SNR,ber_BPSO_OCCDF,'b-*');
hold on
semilogy(SNR,ber_NOPTS,'k-*');
hold on
legend('CCDF-BPSO-PTS','OCCDF-BPSO-PTS','orignal-OFDM');
xlabel('SNR(dB)');ylabel('BER');
axis([0 20 10^-3 1]);
hold off
end
```

程序 3-22 "compute_ber",BER 统计分析模型

```matlab
function[error_rate_sig1,error_rate_sig2]=compute_ber(signal_pts, ...
signal_no_pts, SNR,signal_orignal, NumCarr, OverSampleRate, V, best_W)
% signal_pts    PTS信号
% signal_no_pts 原始OFDM信号
for SNRIndex = 1:length(SNR)
    SNR_level = SNR(SNRIndex);
```

```
    recived_signal = awgn(signal_pts,SNR_level,'measured');%高斯白噪声信道
    recived_signal = fft(recived_signal)./sqrt(length(recived_signal));%FFT变换
    %去零
    X1 = recived_signal(1:NumCarr/2);
    X2 = recived_signal(NumCarr*OverSampleRate-(NumCarr/2-1):end);
    X_NOPTS1 = [X1;X2];
    %解调
    Symbol_block = zeros(NumCarr,V);
    for v = 1:V
        Symbol_block(((v-1)*NumCarr/V+1):(v*NumCarr/V),v)=X_NOPTS1(((v-, …
        1)*NumCarr/V+1):(v*NumCarr/V)); %分块
    end
    X_NOPTS1 = Symbol_block*best_W; %解调后的信号
    recived_signal_bit = qamdemod(X_NOPTS1,16,'OutputType','bit');
    %解调后的PTS信号的逆映射%
    original_signal_bit = qamdemod(signal_orignal,16,'OutputType','bit');%原始信号的逆映射
    error_bit_sig = sum(recived_signal_bit~=original_signal_bit);
    error_rate_sig1(SNRIndex) = error_bit_sig/length(recived_signal_bit);
end
%原始OFDM信号%
for SNRIndex = 1:length(SNR)
    SNR_level = SNR(SNRIndex);
    recived_signal = awgn(signal_no_pts,SNR_level,'measured');%高斯信道
    recived_signal_bit = qamdemod(recived_signal,16,'OutputType','bit');
    original_signal_bit = qamdemod(signal_orignal,16,'OutputType','bit');
    error_bit_sig = sum(recived_signal_bit~=original_signal_bit);
    error_rate_sig2(SNRIndex) = error_bit_sig/length(recived_signal_bit);
end
end
```

程序3-23 "get80216map",QAM、16QAM、64QAM 星座映射

```
function IQvalue=get80216map(Qam)
% Qam=4 -- QPSK, Qam=16 -- 16-QAM, Qam=64 -- 64QAM
switch Qam,
    case 4,
        IQvalue = [1+1i 1-1i -1+1i -1-1i]/sqrt(2);
    case 16,
        col1 = [1+1i 1+3i 1-1i 1-3i];
        IQvalue = [col1 col1+2];
        IQvalue = [IQvalue conj(-IQvalue)]/sqrt(10);
    case 64,
        quad1 = [3+3i 3+1i 3+5i 3+7i];
        col1 = [quad1 conj(quad1)];
        IQvalue = [col1 col1-2];
        IQvalue = [IQvalue col1+2];
        IQvalue = [IQvalue col1+4];
        IQvalue = [IQvalue conj(-IQvalue)]/sqrt(42);
end
end
```

程序3-24 "BPSO_PTS",基于 BPSO-PTS-minPAPR 的 OFDM 优化方案

```matlab
function [PAPR_PSO, best_W, PTS_signal] = BPSO_PTS(Symbol_ifft2, W, Gn, c1, c2, Vmax, ,
...
w, initial_v, initial_w)
%Symbol_ifft2 经过 IFFT 的 OFDM 信号
%W 相位因子大小的对数
%Gn 迭代次数
%c1,c2 学习因子
%Vmax 最大速度限制
%w 惯性权重
%initial_v 粒子的初始化速度
%initial_w 粒子的初始化位置
%PAPR_PSO 最小的 PAPR
%best_W 最优的相位因子
%PTS_signal 加扰后的信号
[M, N] = size(initial_w);
w_pbest = zeros(M, N);
w_gbest = zeros(M, 1);
papr_pbest = inf * ones(1, N);
papr_gbest = inf;
current_w = initial_w;
current_v = initial_v;
for ii = 1:1:Gn
    Bdata = binary2factor(current_w, W); %二进制粒子转换为相位因子
    Symbol_ifft = Symbol_ifft2 * Bdata; %计算加扰后信号
    PowerPerBit = abs(Symbol_ifft).^2;
    PowerMean = mean(PowerPerBit);
    PowerMax  = max(PowerPerBit);
    papr = PowerMax./PowerMean; %计算 PAPR
    update_index1 =  find(papr < papr_pbest); %更新 pbest 的状态
    w_pbest(:, update_index1) = current_w(:, update_index1);
    papr_pbest(update_index1) = papr(update_index1);
    if ( min(papr) < papr_gbest ) %更新 gbest 的状态
        [~, update_index2] = min(papr);
        w_gbest(:, 1) = current_w(:, update_index2);
        papr_gbest = papr(update_index2);
        best_W = Bdata(:, update_index2);
    end
    next_v = w(ii) * current_v + c1 * rand(M, N). * (w_pbest-current_w)...
     + c2 * rand(M, N). * (w_gbest * ones(1, N)-current_w); %速度更新公式
    index_min = find( next_v < -Vmax );
    next_v(index_min) = -Vmax;
    index_max = find( next_v > Vmax );
    next_v(index_max) = Vmax; %速度限制
    Sv = 1./(1+exp(-next_v)); % sigma 函数
    next_w = rand(M, N) < Sv; %更新位置
    current_w = next_w; %更新状态
    current_v = next_v;
end
PTS_signal = Symbol_ifft2 * best_W; %最佳相位因子加扰后的信号
PAPR_PSO = papr_gbest; %最小 PAPR
end
```

程序 3-25 "compute_mer"，解调并计算 MER

```
function [mer1, mer2, signal_PTS_ber, signal_NOPTS_ber] = compute_mer(PTS_signal, ...
best_W, X_signal, V, NumCarr, IBO, OverSampleRate)
%PTS_signal PTS 方案加扰后的信号
%best_W 最优的相位因子
%X_signal 未加扰前的原始信号
%V 分块数
%NumCarr 子载波数
%IBO IBO 取值范围
pp = 2; %功率放大器的平滑因子
for var = 1:length(IBO)
    X_PTS = X_signal;
    IBO_level = IBO(var);
    PA_rms = X_signal' * X_signal./length(X_signal); %原始信号的平均功率
    max_clip_HPA = sqrt(PA_rms * (10^(IBO_level/10))); %饱和电平
    X_NOPTS1=PTS_signal./((1+(abs(PTS_signal)/max_clip_HPA).^(2*pp)).^(1/2/pp)); %功放
    if(IBO_level==5)
        signal_PTS_ber = X_NOPTS1;
    end
    X_NOPTS1 = fft(X_NOPTS1)./sqrt(length(X_NOPTS1)); %变换到频域
    %去零
    X1 = X_NOPTS1(1:NumCarr/2);
    X2 = X_NOPTS1(NumCarr * OverSampleRate-(NumCarr/2-1):end);
    X_NOPTS1 = [X1;X2];
    %解调
    Symbol_ifft2 = zeros(NumCarr,V);
    for v = 1:V

        Symbol_block(((v-1) * NumCarr/V+1):(v * NumCarr/V),v)=X_NOPTS1(((v-1) *
        NumCarr/V+1):(v * NumCarr/V)); %分块
    end
    X_NOPTS1 = Symbol_block * best_W; %解调后的信号
    X = X_signal;
    %计算 MER
    ReceiveMER = reshape(X_NOPTS1.', [], 1).'; %经过 HPA 后的频域信号
    ValidCarrier=reshape(X.', [], 1).'; %原始频域信号
    errRev = ReceiveMER - ValidCarrier; %计算误差
    ValidCarrier = ValidCarrier';
    Psig = ValidCarrier' * ValidCarrier./length(ValidCarrier);
    Perr = (errRev * errRev')./length(errRev);
    mer1(var) = 10 * log10(Psig./Perr); %计算 MER
end
%原始 OFDM 信号%
for var = 1:length(IBO)
    X_PTS = X_signal;
    IBO_level = IBO(var);
    PA_rms = X_signal' * X_signal./length(X_signal);%平均功率
    max_clip_HPA = sqrt(PA_rms * (10^(IBO_level/10)));%饱和电平
    X_PTS = X_PTS./((1+(abs(X_PTS)/max_clip_HPA).^(2*pp)).^(1/2/pp));%经过功放
    if(IBO_level==5)
```

```
                signal_NOPTS_ber = X_PTS;
            end
            X = X_signal;
            ReceiveMER = reshape(X_PTS.', [], 1).'; %经过 HPA 后的频域信号
            ValidCarrier = reshape(X.', [], 1).'; %原始频域信号
            errRev = ReceiveMER - ValidCarrier;    %计算误差
            ValidCarrier = ValidCarrier';
            Psig = ValidCarrier' * ValidCarrier./length(ValidCarrier);
            Perr = (errRev * errRev')./length(errRev);
            mer2(var) = 10 * log10(Psig./Perr);    %计算 MER
    end
end
```

程序 3-26 "IBO_BPSO",基于 BPSO-PTS-minIBO 的 OFDM 优化模型

```
function [papr, X_opt, mer_best, signal_BPSO_OCCDF, best_W] = IBO_BPSO(Symbol_ifft2, V,
Gn, c1, c2, Vmax, w, Num_Particle, X_signal, initial_w_P, initial_v, IBO, W, NumCarr,
OverSampleRate)
%Symbol_ifft2 经过 IFFT 的 OFDM 信号
%V 分块数
%W 相位因子大小的对数
%Gn 迭代次数
%c1,c2 学习因子
%Vmax 最大速度限制
%w 惯性权重
%Num_Particle 种群粒子数目
%X_signal 原始信号
%initial_v 粒子的初始化速度
%initial_w_P 粒子的初始化位置
%IBO IBO 范围
%papr 最小 PAPR
%mer_best MER 的计算结果
%X_opt 加扰后的信号
[M,N] = size(initial_w_P);
[K1,K2] = size(Symbol_ifft2);
w_pbest = zeros(M,N);
w_gbest = zeros(M,1);
mer_pbest = -inf * ones(1,N); %初始化局部最优 MER
len = length(IBO);
mer_gbest = -inf * ones(1,len); %初始化全局最优 MER
X_PTS = zeros(K1,1);
X_opt = zeros(K1,1);
current_w = initial_w_P;
current_v = initial_v;
pp =2; %功率放大器的平滑因子
for var = 1:length(IBO)
    for ii = 1:1:Gn
        Bdata = binary2factor(current_w,W); %二进制转换为相位因子
        Symbol_ifft = Symbol_ifft2 * Bdata; %加扰后的信号
        for indx = 1:1:Num_Particle
            IBO_level = IBO(var);
            PA_rms = X_signal' * X_signal./length(X_signal); %原始信号功率
```

```
        max_clip_HPA = sqrt(PA_rms * (10^(IBO_level/10)));%饱和电平
        %经过功放%
        X_NOPTS1 = Symbol_ifft(:,indx)./((1+(abs(Symbol_ifft(:,indx))/max_clip_HPA).^
        (2 * pp)).^(1/2/pp));
        if(IBO_level==5)
            signal_BPSO_OCCDF = X_NOPTS1;
            best_W = Bdata(:,indx);
        end
        %变换到频域%
        X_NOPTS1 = fft(X_NOPTS1)./sqrt(length(Symbol_ifft(:,indx)));
        %去零%
        X1 = X_NOPTS1(1:NumCarr/2);
        X2 = X_NOPTS1(NumCarr * OverSampleRate-(NumCarr/2-1):end);
        X_NOPTS1 = [X1;X2];
        %分块%
        X_NOPTS1 = reshape(X_NOPTS1,[],16);
        PTS_signal = X_NOPTS1;
        for ii = 1:V
            PTS_signal(:,ii) = X_NOPTS1(:,ii).* Bdata(ii,indx); %解扰
        end
        X_NOPTS1 = reshape(PTS_signal,[],1);
        X = X_signal;
        %MER 计算%
        ReceiveMER = reshape(X_NOPTS1.', [], 1).';%经过 HPA 后的频域信号
        ValidCarrier=reshape(X.', [], 1).';%原始频域信号
        errRev = (ReceiveMER - ValidCarrier)';
        ValidCarrier = ValidCarrier';
        Psig = ValidCarrier' * ValidCarrier./length(ValidCarrier);
        Perr = (errRev' * errRev)./length(errRev);
        mer(var,indx) = 10 * log10(Psig./Perr); %计算 MER
    end
    update_index1 =find(mer(var,:) > mer_pbest); %更新 mer_pbset
    w_pbest(:,update_index1) = current_w(:,update_index1);
    mer_pbest(update_index1) = mer(var,update_index1);
    if ( max(mer(var,:)) > mer_gbest(var) ) % 更新 mer_gbest
        [~,update_index2] = max(mer(var,:));
        w_gbest(:,1) = current_w(:,update_index2);
        mer_gbest(var) = mer(var,update_index2);
        X_PTS = Symbol_ifft(:,update_index2);
    end
    next_v = w(ii) * current_v + c1 * rand(M,N).* (w_pbest-current_w)...
    + c2 * rand(M,N).* (w_gbest * ones(1,N)-current_w); %速度更新公式
    index_min = find( next_v < -Vmax );
    next_v(index_min) = -Vmax;
    index_max = find( next_v > Vmax );
    next_v(index_max) = Vmax; %速度限制
    Sv = 1./(1+exp(-next_v)); % sigma 函数
    next_w = rand(M,N) < Sv; %位置更新
    current_w =   next_w;
    current_v = next_v;
end
```

```
end
    mer_best = mer_gbest;  %得到最优 MER
    X_opt = X_PTS;  %加扰后的 PTS 信号
    PowerPerBit = abs(X_opt).^2;
    PowerMean = mean(PowerPerBit);
    PowerMax  = max(PowerPerBit);
    papr = PowerMax./PowerMean;
end
```

程序 3-27 "binary2factor"，将二进制的种群转化为标准离散相位旋转因子

```
function y = binary2factor(x,W)
%x 输入二进制矩阵
%W 相位旋转因子大小取对数
%y 输出相位因子矩阵
if ( W == 1 )  %0->-1   1->1
    y = 2 * x-1;
elseif ( W == 2 )  %00 -> 1 01->j 11->-1 10->-j
        y = 1 * ( x(1:W:end,:) == 0 & x(2:W:end,:) == 0 ) + ...
        1j * ( x(1:W:end,:) == 0 & x(2:W:end,:) == 1 ) + ...
        -1 * ( x(1:W:end,:) == 1 & x(2:W:end,:) == 1 ) + ...
        -1j * ( x(1:W:end,:) == 1 & x(2:W:end,:) == 0 );
elseif ( W == 3 )  %000->1 001-> 1/2+1j/2 011-> 1j 010->-1/2+1j/2 110->-1 111->-1/2-1j/2 101...
        -> -1j 100-> 1/2-1j/2
        y = 1 * ( x(1:W:end,:) == 0 & x(2:W:end,:) == 0 & x(3:W:end,:) == 0 ) + ...
        (1/2+1j/2) * ( x(1:W:end,:) == 0 & x(2:W:end,:) == 0 & x(3:W:end,:) == 1 ) + ...
        1j * ( x(1:W:end,:) == 0 & x(2:W:end,:) == 1 & x(3:W:end,:) == 1 ) + ...
        (-1/2+1j/2) * ( x(1:W:end,:) == 0 & x(2:W:end,:) == 1 & x(3:W:end,:) == 0 ) + ...
        -1 * ( x(1:W:end,:) == 1 & x(2:W:end,:) == 1 & x(3:W:end,:) == 0 ) + ...
        (-1/2-1j/2) * ( x(1:W:end,:) == 1 & x(2:W:end,:) == 1 & x(3:W:end,:) == 1 ) + ...
        -1j * ( x(1:W:end,:) == 1 & x(2:W:end,:) == 0 & x(3:W:end,:) == 1 ) + ...
        (1/2-1j/2) * ( x(1:W:end,:) == 1 & x(2:W:end,:) == 0 & x(3:W:end,:) == 0 );
else
    error('please input W from [1 2 3]');
end
end
```

程序 3-28 "factor_combination3"，求 OPTS 方案中的离散相位因子的所有组合 W^V 种

```
function sub_bdata = factor_combination3( V,W,weight_factor )
%V 子载波分块数
%W 相位因子的取值范围
%weight_factor 相位因子的取值
%sub_bdata 所有相位因子的组合
sub_bdata = zeros(V,W^(V));  %总共 W^V 种组合
for ii = 1:1:V
    for kk = 1:1:W
        for jj = 1:1:W^(ii-1)
            sub_bdata(ii,W^(V-ii) * (kk-1)+1+W^(V-ii+1) * (jj-1):W^(V-ii) * kk+W^(V-ii+1) * ...
            (jj-1))= weight_factor(kk);
        end
    end
end
```

```
end
```

程序 3-29 "OPTS", OPTS 峰均比抑制优化

```
function [phase_factor, X_opt] = OPTS( Symbol_ifft2, Bdata )
%Symbol_ifft2 经过 IFFT 的未加扰的信号
%Bdata 所有相位因子的组合
%phase_factor 输出的最优加扰因子组合
%X_opt 输出的最优加扰 PTS 信号
N = size(Bdata, 2);
M = size(Symbol_ifft2, 1);
PAPR_PTS = zeros( 1, N );
X_opt = zeros(M, 1);
for n = 1:1:N
    Symbol_ifft = Symbol_ifft2 * Bdata(:, n); %计算加扰后的信号
    PowerPerBit = abs(Symbol_ifft).^2;
    PowerMean = mean(PowerPerBit);
    PowerMax  = max(PowerPerBit);
    PAPR_PTS(1, n) = PowerMax/PowerMean; %计算 PAPR
end
[~, K] = min(PAPR_PTS); %选取所有组合中最小的 PAPR
X_opt = Symbol_ifft2 * Bdata(:, K);
phase_factor = Bdata(:, K);
end
```

程序 3-30 "GA_PTS_nomal", 基于 GA-PTS-minPAPR 的 OFDM 优化模型

```
function [GA_PTS, best_w3] = GA_PTS_nomal(Symbol_ifft2, Gn, W, pop_size, initial_w)
%Symbol_ifft2 经过 IFFT 变换未加扰的信号
%Gn 迭代次数
%W 相位因子取值范围的对数
%pop_size 种群大小
%initial_w 初始化的种群
%GA_PTS 经过加扰后的 PTS 信号
%best_w3 最优的加扰因子
pc=0.8; %交叉概率
pm=0.025; %变异概率
current_w = initial_w;
current_papr=inf * ones(1, pop_size);
best_papr=0;
for ii = 1:1:Gn
    Bdata = binary2factor(current_w, W); %二进制矩阵转变为相位因子矩阵
    Symbol_ifft = Symbol_ifft2 * Bdata; %加扰
    PowerPerBit = abs(Symbol_ifft).^2;
    PowerMean = mean(PowerPerBit);
    PowerMax  = max(PowerPerBit);
    papr = 1./(PowerMax./PowerMean); %计算 PAPR 并取倒数
    if (max(papr)> best_papr) %取每一代的最优个体
        [~, update_index2] = max(papr);
        best_papr = papr(update_index2);
    end
    [dad, mom]=selection_nomal(current_w', papr); %选择操作
    new_pop1 = crossover_nomal(dad, mom, pc); %交叉操作
```

```
            new_pop = bianyi(new_pop1,pm); %变异操作
            current_w = new_pop';
    end
    PAPR_GA= 1./best_papr;
    best_w3=Bdata(:,update_index2); %最优的加扰相位因子
    GA_PTS = Symbol_ifft2 * best_w3; %最优的 PTS 信号
end
```

程序 3-31 "selection_nomal",GA-PTS-minPAPR 优化方案中的选择操作,按照适应度值选择合适的个体作为父代

```
function [dad mom] =selection_nomal(pop,fitness_value)
%pop 待选择的种群
%fitness_value 适应度值即 1/PAPR
%dad mom 被选择当作父辈和母辈的个体
[pop_size,~]=size(pop);
fit=fitness_value./sum(fitness_value); %计算每个适应度所占的概率
fit =    cumsum(fit); %概率叠加
for i = 1:pop_size %轮盘赌算法
    for j = 1:pop_size
        r=rand;
        if r < fit(j)
            dad(i,:)=pop(j,:);
            break
        end
    end
end
for i = 1:pop_size
    for j= 1:pop_size
        r=rand;
        if    r < fit(j)
            mom(i,:)=pop(j,:);
            break
        end
    end
end
end
```

程序 3-32 "crossover_nomal",GA-PTS-minPAPR 优化方案中的交叉操作,采用轮盘赌算法进行交叉得到后代

```
function new_pop = crossover_nomal(dad,mom,pc)
%dad,mom 进行交叉的两个父辈种群
%pc 交叉概率
%new_pop 交叉得到的新种群
[pop_size gen_length]=size(dad);
for i=1:pop_size
    r=rand;
    if pc > r
        cpoint=randi([1 gen_length-1]);
        new_pop(i,:) = [dad(i,1:cpoint) mom(i,cpoint+1:end)]; %单点交叉
    else
        new_pop(i,:)=dad(i,:);
```

```
        end
    end
end
```

程序 3-33 "bianyi",GA-PTS-minPAPR 优化方案中的变异操作,采用单点变异操作增加后代基因的多样性

```
function new_pop = bianyi(pop,pm)
%pop 交叉后的种群
%pm 编译概率
%new_pop 变异后的新种群
[pop_size gen_length]=size(pop);
new_pop = zeros(pop_size,gen_length);
for i=1:1:pop_size
    r=rand;
    if pm > r
        mpoint=randi([1 gen_length-1]);
        new_pop(i,:)=pop(i,:);
        new_pop(i,mpoint)=~pop(i,mpoint);%单点变异
    else
        new_pop(i,:)=pop(i,:);
    end
end
end
```

为了分析验证基于 BPSO-PTS 优化的 OFDM 功放优化方案,建立以下仿真模型:程序 3-21 为主程序,程序 3-22 和程序 3-33 为主程序调用的子程序。该实验平台考虑 1024 点 IFFT 变换的 OFDM 系统,调制方式采用 16-QAM,并采用相邻分割划分频域数据块,设定相位旋转因子 $b_v \in \{\pm 1\}$,载波分块数 $V=16$。BPSO 算法的相关参数设置如下:粒子群大小 P 取 50 个个体,初始惯性权重 $\bar{\omega}_{max}=0.9$,最终权重 $\bar{\omega}_{min}=0.4$,学习因子 $c_1=c_2=2$,最大速度限制 $V_{max}=0.2$,以及最大迭代次数 $t_{max}=20$。

图 3-25 仿真了 Rapp 功放模型下不同智能算法优化的 PTS 信号的 IBO-MER 曲线。表 3-5 为图 3-25 的观测数据,结论如下:MER=40dB 时,OFDM-BPSO-PTS-minIBO 方案相较于原始 OFDM 信号有 4.2dB 的 IBO 增益,相较于 OFDM-BPSO-PTS-minPAPR 方案也有 0.25dB 的 IBO 增益,且比 OFDM-GA-PTS-minPAPR 方案有 1dB 的提升。表 3-6 为传统 PTS 方案和所提 PTS 方案的搜索算法复杂度分析。由表 3-6 可知,所提三种 PTS 方案的搜索复杂度相近,OFDM-BPSO-PTS-minIBO 方案相比传统 PTS 方案提升了 98.4% 的计算效率。

表 3-5　MER = 40dB 时,对比各种算法与未处理的 OFDM 信号 IBO 增益

测 试 方 案	IBO	IBO 增益
原始 OFDM 方案	9.2	0
OFDM-BPSO-PTS-minIBO 方案	5.0	4.2
OFDM-BPSO-PTS-minPAPR 方案	5.25	3.95
OFDM-GA-PTS-minPAPR 方案	6.0	3.2

表 3-6   MER_PTS = 40dB 时，对比各种算法的计算复杂度

方　　案	搜索复杂度	相较于 PTS 方案的计算效率的提升
OFDM-BPSO-PTS-minIBO 方案	$O(P \times t_{max} = 1000)$	98.4%
OFDM-BPSO-PTS -minPAPR 方案	$O(P \times t_{max} = 1000)$	98.4%
OFDM-GA-PTS -minPAPR 方案	$O(P \times t_{max} = 1000)$	98.4%
传统 PTS 方案	$O(W^V = 2^{16})$	0

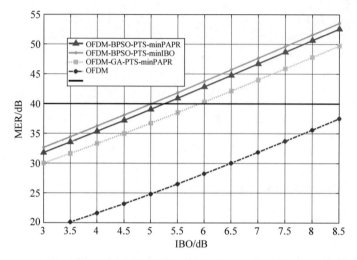

图 3-25   Rapp 功放模型下不同智能算法优化的 PTS 信号的 IBO-MER 曲线

图 3-26 分析了在不同优化准则下，BPSO-PTS 方案通过功率放大器的 IBO-MER 曲线。从表 3-5 和表 3-6 可以看出，在相同的搜索复杂度下，OFDM-BPSO-PTS-minIBO 方案相较于 OFDM-BPSO-PTS-minPAPR 方案有 0.25dB IBO 增益。

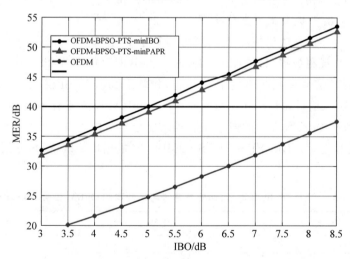

图 3-26   Rapp 功放模型下不同优化准则的 IBO-MER 曲线

图 3-27 给出了高斯信道条件下 OFDM-BPSO-PTS-minIBO 优化方案和原始 OFDM 信号在 Rapp 功率放大 MER=40dB 时的 SNR-BER 仿真结果。实验结果显示，相较于原始

OFDM 信号,OFDM-BPSO-PTS-minIBO 方案在 BER 为 10^{-3} 处获得了 7.5dB 的信噪比增益。

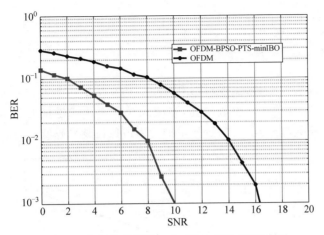

图 3-27　高斯信道下的 SNR-BER 曲线(SNR/dB)

3.3　多载波系统线性化技术

3.3.1　多项式模型

3.2.2 节对功放模型进行了分类分析,本节着重介绍功放模型的多项式表达形式。任何功放失真函数都可以用泰勒分解(或牛顿分解等)展开成多项式的形式,泰勒级数展开式中,项数越多越精确。

多项式模型并不是一种功率放大器的模型,而是一种表达式的模型,任何功率放大器的模型函数都可以分解为多项式的形式,通常以泰勒级数来描述功率放大器模型。泰勒级数的一般形式为

$$f(x) = \frac{f(x_0)}{0!} + \frac{f'(x_0)}{1!}(x - x_0) + \frac{f''(x_0)}{2!}(x - x_0)^2 + \cdots$$
$$+ \frac{f^{(n)}(x_0)}{n!}(x - x_0)^n + R_n(x) \tag{3-31}$$

程序 3-34 "taylorex",Rapp 模型的泰勒分解

```
function taylorex
x = sym('x', 'real');
% syms x;
syms a b;
% x=a * exp(j * b)
% y=x+0.5 * x^3+0.1 * x^5+0.2 * x^7;
n=40;
pp=1;
sat=1;
f(x)=x./((1+(x/sat).^(2 * pp)).^(1/2/pp));
y(x)=f(0);
```

```
g(x)=f(x);
for i=1:n
  g(x)=diff(g(x));
  an=factorial(i);
  y=y+g(0)/an * (x^i);
end
end
```

程序 3-34 以 Rapp 模型为例,进行泰勒分解。仿真结果如图 3-28 所示,将 Rapp 函数分解为泰勒级数的形式,多项式的阶数越高,多项式级数表达式越接近于 Rapp 原函数,同时高阶分量的多项式系数越来越小,高阶分量的功率占比也越来越低。

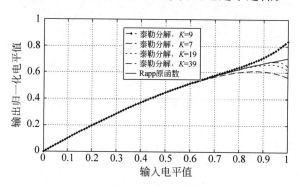

图 3-28　Rapp 函数的泰勒分解

以多项式模型来统一表达功放模型:

$$z(n)=\sum_{k=1}^{K}a_k\,|\,u(n)\,|^{\,k-1}u(n) \tag{3-32}$$

式中,每一项都表示其中的一个频率分量,每一项的系数为该频率分量的大小。随着阶数的增加,干扰频率分量离基波频率越来越远,失真产生的影响也越来越小。离中心频率较远的干扰频率分量可以用低通滤波器滤除;偶次项产生的失真分量,离基波较远,也可以用低通滤波器滤除;且功率放大之后存在滤除邻频干扰的低通滤波器,原则上分析功率放大器模型时,可以忽略偶次项的影响,因此只剩下中心频率附近的干扰频率分量即奇次项,简化为如下多项式模型:

$$z(n)=\sum_{k=0}^{K}a_{2k+1}\,|\,u(n)\,|^{\,2k}u(n)$$

$$=a_1u(n)+a_3\,|\,u(n)\,|^{\,2}u(n)+a_5\,|\,u(n)\,|^{\,4}u(n)+\cdots+a_K\,|\,u(n)\,|^{\,2K}u(n) \tag{3-33}$$

以双音信号功率放大为例,将双音信号输入到组成元件会产生非线性效应的系统之中,其中两个信号的频率分别为 ω_1 和 ω_2,且满足二者频率之差 $\Delta\omega=|\,\omega_1-\omega_2\,|\ll\dfrac{\omega_1+\omega_2}{2}$,双音信号可表示为

$$d(t)=A(\cos\omega_1 t+\cos\omega_2 t) \tag{3-34}$$

假定多项式模型为三阶多项式,得到:

$$a(t)=c_1 d(t)+c_2 d^2(t)+c_3 d^3(t) \tag{3-35}$$

将双音信号代入式(3-35)中,得到:

$$a(t) = \underbrace{c_1 A (\cos\omega_1 t + \cos\omega_2 t)}_{T_1(t)} + \underbrace{c_2 A^2 (\cos\omega_1 t + \cos\omega_2 t)^2}_{T_2(t)} + \underbrace{c_3 A^3 (\cos\omega_1 t + \cos\omega_2 t)^3}_{T_3(t)}$$

$$= c_1 A \cos\omega_1 t + c_1 A \cos\omega_2 t + \frac{1}{2} c_2 A^2 (1 + \cos2\omega_1 t) + \frac{1}{2} c_2 A^2 (1 + \cos2\omega_2 t)$$

$$+ c_2 A^2 \cos[(\omega_1 - \omega_2)t] + c_2 A^2 \cos[(\omega_1 + \omega_2)t]$$

$$+ c_3 A^3 \left(\frac{3}{4}\cos\omega_1 t + \frac{1}{4}\cos3\omega_1 t\right) + c_3 A^3 \left(\frac{3}{4}\cos\omega_2 t + \frac{1}{4}\cos3\omega_2 t\right) \quad (3\text{-}36)$$

$$+ c_3 A^3 \left\{\frac{3}{2}\cos\omega_1 t + \frac{3}{4}\cos[(2\omega_2 - \omega_1)t] + \frac{3}{4}\cos[(2\omega_2 + \omega_1)t]\right\}$$

$$+ c_3 A^3 \left\{\frac{3}{2}\cos\omega_2 t + \frac{3}{4}\cos[(2\omega_1 - \omega_2)t] + \frac{3}{4}\cos[(2\omega_1 + \omega_2)t]\right\}$$

式中，$T_1(t)$ 部分的频率分量项是期望得到的线性放大的信号，即线性分量；$T_2(t)$ 部分的频率分量项是系统的二阶项非线性失真产物；$T_3(t)$ 部分的频率分量项是系统的三阶项非线性失真产物。经过频率合成的信号中存在基波 ω_1 和 ω_2、二次谐波项 $2\omega_1$ 和 $2\omega_2$、三次谐波项 $3\omega_1$ 和 $3\omega_2$，还有其他基波组合项 $m\omega_1 \pm n\omega_2$（$m, n = 0, \pm 1, \pm 2, \cdots$）的频率成分。
其中，由基波频率新组成的频率成分被称之为互调（Inter Modulation，IM）分量，$|m| + |n|$ 是互调阶数。新产生的频率分量对系统造成了非线性失真等不利影响时，就产生了互调干扰。

单独提取出中心频率及其附近无法滤除的频率分量项，即 $\cos\omega_1 t$、$\cos\omega_2 t$、$\cos[(2\omega_1 - \omega_2)t]$、$\cos[(2\omega_1 - \omega_2)t]$，得到基波和干扰项：

$$\tilde{a}(t) = \left(c_1 A + \frac{9}{4} c_3 A^3\right)(\cos\omega_1 t + \cos\omega_2 t)$$

$$+ \frac{3}{4} c_3 A^3 \{\cos[(2\omega_1 - \omega_2)t] + \cos[(2\omega_2 - \omega_1)t]\} \quad (3\text{-}37)$$

其中，$2\omega_1 - \omega_2$ 和 $2\omega_2 - \omega_1$ 是滤波器无法滤除的部分，成为功放系统中非线性失真的主要来源。而其他远离中心频率的分量（$\cos[(\omega_1 - \omega_2)t]$、$\cos[(\omega_2 - \omega_1)t]$、$\cos2\omega_1 t$、$\cos[(\omega_1 + \omega_2)t]$、$\cos3\omega_1 t$、$\cos[(2\omega_1 + \omega_2)t]$、$\cos[(2\omega_2 + \omega_1)t]$、$\cos3\omega_2 t$）都落在通带之外，可以被滤波器完全滤除。

图 3-29 可以直观地展示中心频率附近的频率分量，以及远离中心频率的可被滤波器滤除的频率分量。同理，再将双频率信号代入到五阶多项式得到：

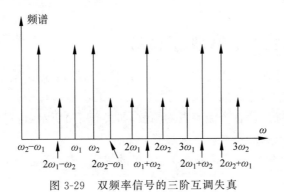

图 3-29 双频率信号的三阶互调失真

$$a_5(t) = c_1 A(\cos\omega_1 t + \cos\omega_2 t) + c_3 A^3 (\cos\omega_1 t + \cos\omega_2 t)^3 + c_5 A^5 (\cos\omega_1 t + \cos\omega_2 t)^5$$

$$= c_1 A\cos\omega_1 t + c_1 A\cos\omega_2 t$$

$$+ c_3 A^3 \left(\frac{3}{4}\cos\omega_1 t + \frac{1}{4}\cos3\omega_1 t\right) + c_3 A^3 \left(\frac{3}{4}\cos\omega_2 t + \frac{1}{4}\cos3\omega_2 t\right)$$

$$+ c_3 A^3 \left\{\frac{3}{2}\cos\omega_1 t + \frac{3}{4}\cos[(2\omega_2 - \omega_1)t] + \frac{3}{4}\cos[(2\omega_2 + \omega_1)t]\right\}$$

$$+ c_3 A^3 \left\{\frac{3}{2}\cos\omega_2 t + \frac{3}{4}\cos[(2\omega_1 - \omega_2)t] + \frac{3}{4}\cos[(2\omega_1 + \omega_2)t]\right\}$$

$$+ c_5 A^5 \left\{\frac{25}{8}\cos[(2\omega_2 - \omega_1)t] + \frac{25}{8}\cos[(\omega_1 + 2\omega_2)t] + \frac{25}{8}\cos[(2\omega_1 + \omega_2)t]\right\}$$

$$+ c_5 A^5 \left\{\begin{array}{l}\frac{5}{16}\cos[(\omega_1 - 4\omega_2)t] + \frac{5}{16}\cos[(\omega_1 + 4\omega_2)t] + \frac{5}{16}\cos[(\omega_2 - 4\omega_1)t] + \\ \frac{5}{16}\cos[(4\omega_1 + \omega_2)t]\end{array}\right\}$$

$$+ c_5 A^5 \left(\frac{25}{16}\cos3\omega_1 t + \frac{25}{16}\cos3\omega_2 t + \frac{1}{16}\cos5\omega_1 t + \frac{1}{16}\cos5\omega_2 t\right)$$

$$+ c_5 A^5 \left\{\frac{25}{8}\cos[(2\omega_1 - \omega_2)t] + \frac{5}{8}\cos[(3\omega_2 - 2\omega_1)t] + \frac{5}{8}\cos[(2\omega_1 + 3\omega_2)t]\right\}$$

$$+ c_5 A^5 \left\{\frac{5}{8}\cos[(3\omega_1 - 2\omega_2)t] + \frac{5}{8}\cos[(3\omega_1 + 2\omega_2)t]\right\}$$

$$+ c_5 A^5 \left(\frac{25}{4}\cos\omega_1 t + \frac{25}{4}\cos\omega_2 t\right)$$

$$\tag{3-38}$$

取出基波频率及其附近的频率分量项,得到:

$$\tilde{a}_5(t) = \left(c_1 A + \frac{9}{4}c_3 A^3 + \frac{25}{4}c_5 A^5\right)(\cos\omega_1 t + \cos\omega_2 t)$$

$$+ \left(\frac{3}{4}c_3 A^3 + \frac{25}{8}c_5 A^5\right)\{\cos[(2\omega_2 - \omega_1)t] + \cos[(2\omega_1 - \omega_2)t]\} \tag{3-39}$$

$$+ \frac{5}{8}c_5 A^5 \{\cos[(3\omega_2 - 2\omega_1)t] + \cos[(3\omega_1 - 2\omega_2)t]\}$$

式中无法滤除的 $2\omega_2 - \omega_1$、$2\omega_1 - \omega_2$、$3\omega_1 - 2\omega_2$、$3\omega_2 - 2\omega_1$ 频率分量是非线性失真的主要来源;其他诸如直流分量、二次谐波项等距离中心频率比较远的频率分量可被滤波器直接滤除。

3.3.2 多项式功放模型估计算法

以泰勒级数三阶展开多项式为例,在给定功放模型,即对应多项式的系数是定值的情况下,将双音信号(双频率信号的幅值 A 已知)代入多项式,将时域函数转化为频域的频谱图,即可测得主信号和干扰分量各个频率点的幅值,如式(3-37)所示,可以从高阶分量到低阶分量逐项推算出功放多项式的系数。计算过程如下:

$\cos[(2\omega_1 - \omega_2)t]$ 和 $\cos[(2\omega_2 - \omega_1)t]$ 分量的幅度一样,系数只有 c_3,测得该频率点处

的幅值为 M_1，则由 $\dfrac{3}{4}c_3A^3 = M_1$ 得到：

$$c_3 = \frac{M_1}{\dfrac{3}{4}A^3} \tag{3-40}$$

进而再根据 $\cos\omega_1 t$（此时 $\cos\omega_2 t$ 的分量幅度和 $\cos\omega_1 t$ 的一样）的频谱幅值 M_2，由 $c_1 A + \dfrac{9}{4}c_3 A^3 = M_2$ 得到：

$$c_1 = \frac{M_2 - \dfrac{9}{4}c_3 A^3}{A} \tag{3-41}$$

同理，对于泰勒级数五阶展开式，设测得的各频率点的幅值（按互调失真阶数从高到低）分别为 N_1、N_2、N_3，则多项式各系数分别为

$$c_5 = \frac{N_1}{\dfrac{5}{8}A^5} \tag{3-42}$$

$$c_3 = \frac{N_2 - \dfrac{25}{8}c_5 A^5}{\dfrac{3}{4}A^3} \tag{3-43}$$

$$c_1 = \frac{N_3 - \dfrac{25}{4}c_5 A^5 - \dfrac{9}{4}c_3 A^3}{A} \tag{3-44}$$

通过监测各频率分量，计算功放多项式系数，以此拟合出功率放大器多项式模型。

程序 3-35 "HPA_estimation"，基于双音信号的 HPA 多项式模型估计

```
function HPA_estimation
close all;
clear all;
fsig = 10e6;
fcarrier1 = 6e6;
fcarrier2 = 7e6;
q = 8;
figureindex = 0;
N = 1;
fsample = fsig * q;
ts = 1/fsample;
t = -0.01:ts:0.01-ts;
fft_pnts = length(t)/q;
Fcs = fsig/fft_pnts;
A = 0.5;
f1 = cos(2 * pi * fcarrier1 * t);
f2 = cos(2 * pi * fcarrier2 * t);
Dtmf = A * (f1+f2);
% Dtmf=[0:0.001:1];
```

```
pp=1;
sat=1;
% f(x)=x/((1-(x/sat)^(2 * pp))^(1/2/pp));
Sig1=Dtmf-0.5 * Dtmf.^3;
% Sig2=Dtmf-0.5 * Dtmf.^3+3/8 * Dtmf.^5-5/16 * Dtmf.^7;
% sat=1;
% f(x)=x/((1+(x/sat)^(2 * pp))^(1/2/pp));
if 1
    SignalEnsem = fft(Sig1,fft_pnts)/fft_pnts * 2;
    disp('Calculating Spectrum...');
    figureindex = figureindex + 1;
    figure(figureindex);
    %plot_OFDMTimeSig = 20 * log10(abs(SignalEnsem));
    f = (-fsig/2:Fcs:(fft_pnts/2-1) * Fcs)/1e6;
    plot(f,fftshift(SignalEnsem));
    %ylabe0l('magnitude (dB)');
    %title(' OFDM Spectrum');
end
end
```

设定双频率信号幅值均为 $A=0.5$,利用程序 3-35 仿真平台测得三阶展开式对应的频率幅值如表 3-7 所示。

表 3-7 三阶幅值

M_1	M_2
-0.04687	0.3594

原始系数和式(3-40)和式(3-41)的估计系数如表 3-8 所示。

表 3-8 三阶原始系数和估计系数

	c_1	c_3
原始	1	-0.5
估计	1.00002	-0.499946667

由此拟合三阶功放多项式曲线,如图 3-30 所示。从图中可看出,原始系数和估计系数

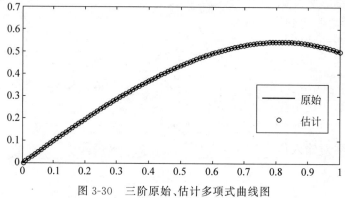

图 3-30 三阶原始、估计多项式曲线图

的误差可控制在 0.01% 以内，拟合曲线也近似重合。

五阶展开式对应频点幅值如表 3-9 所示。

表 3-9 五阶幅值

N_1	N_2	N_3
0.007324	−0.01025	0.4326

原始系数和式(3-42)～式(3-44)的估计系数如表 3-10 所示。

表 3-10 五阶原始系数和估计系数

	c_1	c_3	c_5
原始系数	1	−0.5	0.375
估计系数	0.99994	−0.499946667	0.3749888

由此拟合五阶功放多项式曲线，如图 3-31 所示，原始系数和估计系数的误差可以控制在 0.01% 左右，拟合曲线也近似重合。因此基于多项式的功放估计算法可以精确获得功放失真函数。

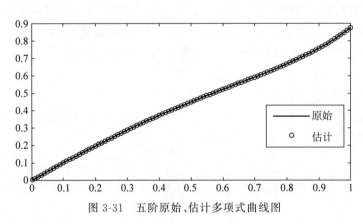

图 3-31 五阶原始、估计多项式曲线图

3.3.3 基于多项式的非线性校正技术

在估计获得功放失真函数之后，可以基于反馈功放失真进行反函数补偿的预失真校正，以抵消功放失真的影响。预失真技术的基本思想如图 3-32 所示：输入信号功率为 r_i，此时功放工作在非线性区，得到输出信号功率为 r_o，而如果是线性放大则可以得到 r_{op}，即理想功率放大。根据功放的特性曲线，如果对输入信号 r_i 进行预失真处理后得到 r_{ip}，那么 r_i 在经过功放系统后虽然经历了非线性失真依然可以通过功率预失真得到理想放大效果的 r_{op}。具体地说，对于每一个输入信号 r_i，预失真器先进行预失真处理，得到对应的理想输出值，并代入功放特性函数的反函数，得到调整过的 r_{ip}。将其作为功放输入信号，便可得到理想放大信号 r_{op}。

注：预失真器对输入信号的范围有一定要求，即在稳态的非线性区，如图 3-33 所示。

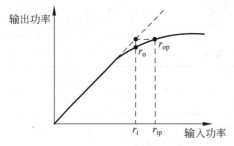

图 3-32　预失真技术的基本思想

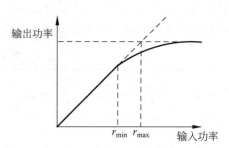

图 3-33　预失真器工作范围

如果输入信号功率小于 r_{min}，功放特征为线性放大，无须采取预失真处理。如果输入信号功率大于 r_{max}，则功放工作在饱和截止区，此种情况下功放失真无法预测，即无法执行预失真校正。因此，通常功放非线性校正的输入电压应在 r_{min} 和 r_{max} 之间。

1. 基于查表法的预失真技术

查表法就是构建基于功放模型的预失真查询表，根据这个查询表进行映射预处理。查询表包括：地址索引和查询表内容。功放输入信号通过地址索引找到查询表中的预失真修正值，完成离散条件下的映射和预失真，而映射关系由反函数校正自动生成。

图 3-34 是基于查表法对输入信号的幅度和相位校正的具体流程：设输入信号的幅度和相位分别为 ρ_n、φ_n，分别经过幅度预失真器和相位预失真器进行补偿，然后送到功放。对于幅度修整，输入信号经过 AM/AM 预失真器中已得到的功放幅度失真函数的反函数进行功率放大，整个预失真器-功放级联系统便可满足 $F(|V_m|) \cdot G(|V_d|) = K$，所以功放最终的输出幅度为 $K\rho_n$。对于相位预失真，输入信号经过 AM/PM 预失真器得到新相位 $\theta_n = \varphi_n + \gamma[\rho_n]$，进行功率放大得到 $\Psi_n = \Phi[r_n] + \theta_n$。校正的结果满足线性抵消 $\Psi_n = \varphi_n$，所以令 $\gamma[\rho_n] = -\Phi[r_n]$，则相位预失真满足 $\theta_n = \varphi_n - \Phi[r_n]$。

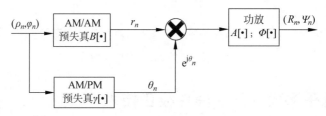

图 3-34　基于查表法的预失真线性化技术示意图

查表法中地址索引非常重要，不同的索引技术会影响查询表内数据的分布和效率，最终影响到硬件的复杂度和实施可能性。通常做法是根据输入信号功率进行校正映射，即映射到目标功率值。此方法电路简单，可依据输入信号直接映射。功率索引技术中，预失真表的分布特点是随输入信号的功率均匀分布。在输入信号幅度较小时表项内容少、分布稀疏，输入信号幅度较大时表项内容多、分布紧密。但是功放特性曲线正好相反，输入信号功率小时功放处在线性区，输出功率变化范围大，输入信号功率大时功放处在非线性区甚至是在饱和截止区，输出功率变化范围小，所以查询表时效率较低。查表法除了时延问题之外，另一个明显缺点就是需要特定的存储空间，预失真查询表作为一个本地数据库，必须足够大，以保证每一个输入信号都能顺利映射到对应的校正信号。如果是比较复杂的信号和变化比较快的功放模型,匹配系统还要预留存储空间来存放匹配运算数据。并且现有的查询表需要不断更新,以适应功率放大器的动态变化,这成为制约它广泛应用的主要缺陷。

2. 基于多项式的预失真线性化技术

假设功放的整体非线性是由多项式表示的各阶非线性叠加而成的,则对各阶非线性失真进行校正,就能对功放整体进行优化。

以三阶多项式功放模型为例,将表示功放特性函数的泰勒级数展开成三项,即表明功放有三阶非线性失真,只有奇次项才会产生无法滤除的互调失真,并且假设预失真器-功放级联系统能完全消除非线性失真,如图 3-35 所示。

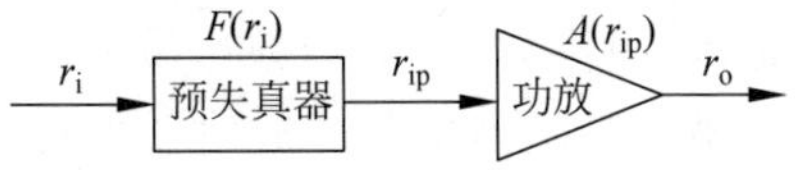

将功放增益因子和预失真器增益因子均归一化,得到 $r_o = r_{ip} + c_3 r_{ip}^3$,满足预失真和功放失真相互抵消,$r_o = r_i$。通过变形得到 $r_{ip} = r_i - c_3 r_{ip}^3$。令初始时 $r_i = r_{ip}$,进行迭代计算可得:

$$r_i \rightarrow \boxed{\text{预失真器}} \xrightarrow{F(r_i)} r_{ip} \rightarrow \boxed{\text{功放}} \xrightarrow{A(r_{ip})} r_o$$

图 3-35　预失真系统

$$\begin{aligned} r_{ip1} &= r_i - c_3 r_i^3 \\ r_{ip2} &= r_i - c_3 (r_i - c_3 r_i^3)^3 \\ r_{ip3} &= r_i - c_3 [r_i - c_3 (r_i - c_3 r_i^3)^3]^3 \\ &\vdots \end{aligned} \tag{3-45}$$

由式(3-45)可知,通过迭代次数的增加,r_{ip} 的值越来越接近理想情况,但是却引入了更多的高阶项。

功放的特性函数用泰勒级数五阶展开式表示,此时功放的输入是预失真器的输出:

$$r_o = A(r_{ip}) \approx \beta_1 r_{ip} + \beta_3 r_{ip}^3 + \beta_5 r_{ip}^5 \tag{3-46}$$

与此功放对应的五阶预失真器模型为

$$r_{ip} = F(r_i) \approx \alpha_1 r_i + \alpha_3 r_i^3 + \alpha_5 r_i^5 \tag{3-47}$$

式中,多项式的系数均为复数。

由式(3-46)和式(3-47)可以得到:

$$\begin{aligned} r_o = A[F(r_i)] &= \eta_1 r_i + \eta_3 r_i^3 + \eta_5 r_i^5 + \cdots \\ &= \beta_1 (\alpha_1 r_i + \alpha_3 r_i^3 + \alpha_5 r_i^5) + \beta_3 (\alpha_1 r_i + \alpha_3 r_i^3 + \alpha_5 r_i^5)^3 \\ &\quad + \beta_5 (\alpha_1 r_i + \alpha_3 r_i^3 + \alpha_5 r_i^5)^5 + \cdots \end{aligned} \tag{3-48}$$

忽略偶次项,得到剩余奇次项的系数:

$$\begin{cases} \eta_1 = \beta_1 \times \alpha_1 \\ \eta_3 = \beta_1 \times \alpha_3 + \beta_3 \times \alpha_1^2 \times \bar{\alpha}_1 \\ \eta_5 = \beta_5 \times \alpha_1^3 \times \bar{\alpha}_1^2 + \beta_3 \times \alpha_1^2 \times \bar{\alpha}_3 + 2 \times \beta_1 \times \alpha_3 \times \alpha_1 \times \bar{\alpha}_1 + \beta_1 \times \alpha_5 \\ \vdots \end{cases} \tag{3-49}$$

式中,$\bar{\alpha}_i$ 为 α_i 的共轭。为满足 $r_o = r_i$,必须消除三次项、五次项和高阶项,即 η_3、η_5 为零。假设功放的增益倍数为 1,$\eta_1 = \beta_1 = 1$,将 β_1、η_1、η_3、η_5 的值代入式(3-49)得到:

$$\begin{cases} \alpha_1 = 1 \\ \alpha_3 = -\beta_3 \\ \alpha_5 = -(2\alpha_3 \beta_3 + \bar{\alpha}_3 \beta_3 + \beta_5) \end{cases} \tag{3-50}$$

同样,可以获得更高阶的系数,即

$$\alpha_7 = -(2\alpha_5\beta_3 + \bar{\alpha}_5\beta_3 + 2|\alpha_3|^2\beta_3 + (\alpha_3)^2\beta_3 + 3\alpha_3\beta_5 + 2\bar{\alpha}_3\beta_5) \tag{3-51}$$

$$\alpha_9 = -\frac{\begin{pmatrix} 2\beta_5\bar{\alpha}_5\alpha_1^3\bar{\alpha}_1 + \beta_5\alpha_1^3\bar{\alpha}_3^2 + 6\beta_5\alpha_1^2|\alpha_3|^2\bar{\alpha}_1 + 3\beta_5\alpha_5|\alpha_1|^4 \\ + \beta_3\bar{\alpha}_7\alpha_1^2 + 3\beta_5\alpha_1\alpha_3^2\bar{\alpha}_1^2 + 2\beta_3\bar{\alpha}_5\alpha_3\alpha_1 + 2\beta_3\alpha_7|\alpha_1|^2 \\ + 2\beta_3\alpha_5\bar{\alpha}_3\alpha_1 + \beta_3\alpha_3^2\bar{\alpha}_3 + 2\beta_3\alpha_5\alpha_3\bar{\alpha}_1 \end{pmatrix}}{\beta_1} \tag{3-52}$$

如图 3-36 所示,当反馈得到功放的多项式形式的非线性拟合曲线时,可以基于多项式反函数运算得到预失真器的多项式校正模型。

输入信号由预失真器进行预失真处理后经过 D/A 转换后进行滤波,预失真器的多项式的高阶被滤波器滤除。功放对预失真处理过的信号进行放大,放大后输出信号的高阶项同样被滤除。因此进行多项式预失真校正时,也无法执行高阶多项式的补偿。

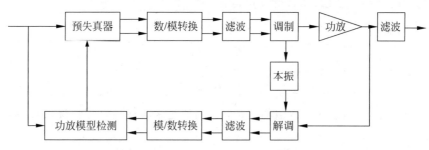

图 3-36　预失真器-功放系统原理框图

仿真视频

3.3.4　非线性校正的 OFDM 发射机系统功放效率优化仿真平台

程序 3-36 "nonlinear_correction",OFDM 发射机非线性校正模型

```
function nonlinear_correction
warning off;
global DVBTSETTINGS;
global FIX_POINT;
global papr_fig;
global log_fid;
%参数设置%
DVBTSETTINGS.mode = 2;%模式选择: 2 for 2K, 8 for 8K
DVBTSETTINGS.BW = 8;%带宽
DVBTSETTINGS.level = 2;%星座映射选项: 2 for QPSK, 4 for 16QAM, 6 for 64QAM
DVBTSETTINGS.alpha = 1;
DVBTSETTINGS.cr1 = 1;%编码码率: cr/(cr+1)
DVBTSETTINGS.cr2 = 7;
nframe = 2;%帧数
nupsample = 4;%采样率
DVBTSETTINGS.GI=1/32;%保护间隔选项:1/4, 1/8, 1/16, and 1/32
wv_file = 'C:\Documents and Settings\Administrator\dvbtQPSK2kGI32_papr.wv';%测试流存储
ACE_ENABLED = true;
FIX_POINT = false;
skip_step = 1;
```

```
tstart＝tic;
fig＝1;
log_file＝'';
papr_fig ＝ 1;
close all;
DVBTSETTINGS.T ＝ 7e-6 / (8 * DVBTSETTINGS.BW);%基带基本周期
DVBTSETTINGS.fftpnts ＝ 1024 * DVBTSETTINGS.mode;
DVBTSETTINGS.Tu ＝ DVBTSETTINGS.fftpnts * DVBTSETTINGS.T;%OFDM 数据体周期
DVBTSETTINGS.Kmin ＝ 0;%最小载波数值
DVBTSETTINGS.Kmax ＝ 852 * DVBTSETTINGS.mode;%最大载波数值
NTPSPilots ＝ 17;
NContinualPilots ＝ 44;
DVBTSETTINGS.NData ＝ 1512 * DVBTSETTINGS.mode/2;
DVBTSETTINGS.NTPSPilots ＝ NTPSPilots * DVBTSETTINGS.mode/2;
DVBTSETTINGS.NContinualPilots ＝ NContinualPilots * DVBTSETTINGS.mode/2;
DVBTSETTINGS.N ＝ DVBTSETTINGS.Kmax - DVBTSETTINGS.Kmin ＋ 1;%载波数
if DVBTSETTINGS.mode ～＝ 2 && DVBTSETTINGS.mode ～＝ 8
    error('mode setting error');
end
%delta＝DVBTSETTINGS.GI * DVBTSETTINGS.Tu;%保护间隔长度
%Ts＝delta＋DVBTSETTINGS.Tu;%OFDM 完整符号周期
fsymbol ＝ 1/DVBTSETTINGS.T;
fsample＝nupsample * fsymbol;%中心载频
%固定参数%
SYMBOLS_PER_FRAME ＝ 68;
if isempty(log_file)
    log_fid＝ 1;
else
    log_fid ＝ fopen(log_file, 'w＋');
end
fprintf(log_fid, 'Generating %d frames...\n', nframe);
%生成 OFDM 频域信号%
if skip_step ＝＝ 1
    load signal0 signal0;%提取生成原始 OFDM 信号,见程序 3-1
    load signal signal;%提取生成 ACE 峰均比抑制 OFDM 信号,见程序 3-1 和程序 3-20
    load data data
end
toc;
%HPA 功率放大器模型%
pp＝10;%平滑因子
data_real ＝ real(data);
data_imag ＝ imag(data);
IBO ＝[5:0.1:13];
signal1＝signal;
data_real1＝data_real;
data_imag1＝data_imag;
PA_rms ＝ signal0 * signal0'/length(signal0);
PA_rms1＝signal * signal'/length(signal);
```

```
aa=10 * log10(PA_rms1/PA_rms)
%
if 1%ACE 峰均比抑制 OFDM 信号非线性校正
    for var = 1:length(IBO)
        signal=signal1;
        data_real=data_real1;
        data_imag=data_imag1;
        IBO_level = IBO(var);
        max_clip_HPA = sqrt(PA_rms * (10^(IBO_level/10)));
        signal=signal/max_clip_HPA;
        a1=1;a3=-0.1-j * 0.1;a5=-0.05-j * 0.05;%多项式功放模型系数
        %预失真非线性校正%
        b1=1;b3=-a3; b5=-(2 * b3 * a3+conj(b3) * a3+a5);
        b7=-(2 * b5 * a3+conj(b5) * a3+2 * (abs(b3)^2) * a3+(b3^2) * a3+3 * b3 * a5+2 *
        conj(b3) * a5);
        % b9=-(2 * a5 * conj(b5) * (b1^3) * conj(b1)+a5 * (b1^3) * (conj(b3))^2+6 * a5);
        %signal=b1 * signal+b3 * signal.^3+b5 * signal.^5+b7 * signal.^7;
        signal=b1 * signal+b3 * signal.^3+b5 * signal.^5;
        % HPA 非线性失真%
        signal=a1 * signal+a3 * signal.^3+a5 * signal.^5;
        point = find((abs(signal) >= 1));
        signal(point)=signal(point)./abs(signal(point));
        signal=signal * max_clip_HPA;
        if 0
            figure(fig);%fig=fig+1;
            [Pxx, f]=pwelch(signal(1:SYMBOLS_PER_FRAME * DVBTSETTINGS.fftpnts *
            (1+DVBTSETTINGS.GI)),[],[],[],fsample);
            Pxx = 10 * log10(fftshift(Pxx));%
            plot(f,Pxx);
        end
        %if var==1
        %    data_ACE=signal;
        %else
        %    datao=signal;
        %end
        %HPA 失真信号解调%
        signal_rx = downsample(signal, nupsample);
        signal_rx=reshape(signal_rx, DVBTSETTINGS.fftpnts * (1+DVBTSETTINGS.GI),
        SYMBOLS_PER_FRAME, []);
        signal_rx=signal_rx(1+DVBTSETTINGS.fftpnts *
        DVBTSETTINGS.GI:DVBTSETTINGS.fftpnts * (1+DVBTSETTINGS.GI), :, :);
        data_rx = fft(signal_rx) / sqrt(DVBTSETTINGS.fftpnts);

        data_rx=[data_rx(DVBTSETTINGS.fftpnts-(DVBTSETTINGS.Kmax+DVBTSETTINGS.
        Kmin)/2+1:DVBTSETTINGS.fftpnts, ...
        :, :); data_rx(1:DVBTSETTINGS.fftpnts-...
        (DVBTSETTINGS.Kmax+DVBTSETTINGS.Kmin)/2, :, :)];
        data_rx = data_rx(1:DVBTSETTINGS.N, :, :);
```

```
    %修改 MER 算法%
    data_rx_real = real(data_rx);
    data_rx_imag = imag(data_rx);
    pos=find(abs(data_rx_real)> abs(data_real));
    data_rx_real(pos) = 0;
    data_real(pos)=0;
    pos=find(abs(data_rx_imag)> abs(data_imag));
    data_rx_imag(pos) = 0;
    data_imag(pos)=0;
    data_rx=complex(data_rx_real,data_rx_imag);
    data=complex(data_real,data_imag);
    err = data_rx - data;
    ap_data = average_power(reshape(data, 1, []));
    ap_err = average_power(reshape(err, 1, []));
    mer(var) = 10 * log10(ap_data/ap_err);%(clip_time)
    end
end
if 1%原始 OFDM 信号非线性校正
    for var = 1:length(IBO)
        signal=signal0;
        data_real=data_real1;
        data_imag=data_imag1;
        IBO_level = IBO(var);
        max_clip_HPA = sqrt(PA_rms * (10^(IBO_level/10)));
        signal=signal/max_clip_HPA;
        a1=1;a3=-0.1-j * 0.1;a5=-0.05-j * 0.05;%多项式功放模型系数
        %预失真非线性校正%%
        b1=1;b3=-a3; b5=-(2 * b3 * a3+conj(b3) * a3+a5);
        b7=-(2 * b5 * a3+conj(b5) * a3+2 * (abs(b3)^2) * a3+(b3^2) * a3+3 * b3 * a5+2 *
        conj(b3) * a5);
        % b9=-(2 * a5 * conj(b5) * (b1^3) * conj(b1)+a5 * (b1^3) * (conj(b3))^2+6 * a5);
        % signal=b1 * signal+b3 * signal.^3+b5 * signal.^5+b7 * signal.^7;
        signal=b1 * signal+b3 * signal.^3+b5 * signal.^5;
        % HPA 非线性失真%%
        signal=a1 * signal+a3 * signal.^3+a5 * signal.^5;
        point = find((abs(signal) >= 1));
        signal(point)=signal(point)./abs(signal(point));
        signal=signal * max_clip_HPA;
        if 0
            figure(fig);%fig=fig+1;
            [Pxx, f]=pwelch(signal(1:SYMBOLS_PER_FRAME * DVBTSETTINGS.fftpnts *
            (1+DVBTSETTINGS.GI)),[],[],[],fsample);
            Pxx = 10 * log10(fftshift(Pxx));%
            plot(f,Pxx);
        end
        %HPA 失真信号解调%
        signal_rx = downsample(signal, nupsample);
        signal_rx = reshape(signal_rx, DVBTSETTINGS.fftpnts * (1+DVBTSETTINGS.GI),
```

```
            SYMBOLS_PER_FRAME, []);
        signal_rx=signal_rx(1+DVBTSETTINGS.fftpnts *
        DVBTSETTINGS.GI:DVBTSETTINGS.fftpnts * (1+DVBTSETTINGS.GI), :, :);
        data_rx = fft(signal_rx) / sqrt(DVBTSETTINGS.fftpnts);

        data_rx=[data_rx(DVBTSETTINGS.fftpnts-(DVBTSETTINGS.Kmax+DVBTSETTINGS.
        Kmin)/2+1:DVBTSETTINGS.fftpnts…
        , :, :); data_rx(1:DVBTSETTINGS.fftpnts-…
        (DVBTSETTINGS.Kmax+DVBTSETTINGS.Kmin)/2, :, :)];
        data_rx = data_rx(1:DVBTSETTINGS.N, :, :);
        %修改 MER 算法%
        data_rx_real = real(data_rx);
        data_rx_imag = imag(data_rx);
        pos=find(abs(data_rx_real)> abs(data_real));
        data_rx_real(pos) = 0;
        data_real(pos)=0;
        pos=find(abs(data_rx_imag)> abs(data_imag));
        data_rx_imag(pos) = 0;
        data_imag(pos)=0;
        data_rx=complex(data_rx_real,data_rx_imag);
        data=complex(data_real,data_imag);
        err = data_rx - data;
        ap_data = average_power(reshape(data, 1, []));
        ap_err = average_power(reshape(err, 1, []));
        mer0(var) = 10 * log10(ap_data/ap_err);%(clip_time)
    end
end
if 1
    figure
    plot(IBO,mer,'r')
    hold on;
    plot(IBO,mer0,'b')
end
end
```

通过程序 3-36 搭建了预失真非线性校正的 OFDM 发射机功放优化仿真平台,其中前续章节程序 2-2~程序 2-12 为程序 3-36 调用的子程序模块。实验平台设置 8MHz 频谱带宽,2048 点的 IFFT/FFT 变换,有效载波数是 1512 点,星座映射方式为 QPSK 调制。设定功放模型采用五阶多项式形式,多项式系数设置为

$$
\begin{cases}
\beta_1 = 1 \\
\beta_3 = -0.1 - 0.1j \\
\beta_5 = -0.05 - 0.05j
\end{cases}
\tag{3-53}
$$

通过图 3-36 分析可知,输入信号的高阶非线性失真会被滤波器滤除,输出信号的高阶校正量也会被滤除,所以高阶预失真补偿无法完成高阶校正。因此,实验选取三阶、五阶和七阶非线性校正,整理、分析校正结果,并对失真补偿程度进行评估。评估以 IBO-MER 作为功放效率和信号质量指标。

如图 3-37 所示,IBO-MER 曲线中,对原始 OFDM 信号进行未校正、三阶校正、五阶校正、七阶校正四种情况进行分析。选取 MER＝40dB 作为质量约束,可得未校正、三阶校正、五阶校正、七阶校正时 IBO 的值分别为 15dB、11dB、9dB、9dB。由此可知利用非线性校正可以获得极大的 IBO 增益和功放效率优化,同时随着非线性校正阶数的增加,功率占比逐渐减小,校正增益也随之减少,甚至于在五阶校正就已经收敛。

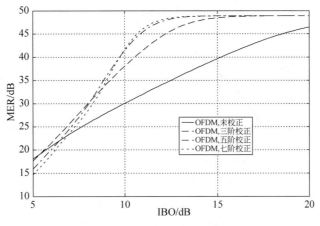

图 3-37　IBO-MER 仿真结果图 1

如图 3-38 所示,IBO-MER 曲线中,对 ACE 峰均比抑制的 OFDM 信号进行未校正、三阶校正、五阶校正、七阶校正四种情况进行分析,即在峰均比抑制的基础上考虑非线性校正的叠加增益。MER＝40dB 时,得到 ACE 峰均比抑制 OFDM 未校正、三阶校正、五阶校正、七阶校正时 IBO 的值分别为 15dB、9dB、7.5dB、7dB。由此可知 ACE 峰均比抑制的信号随着非线性校正的应用也可以获得极大的 IBO 增益和功放效率优化,同时随着校正阶数的增加,校正增益也随之减少,但是相较于原始信号,七阶校正依然可以获得功放优化增益。对比图 3-37 和图 3-38,通过峰均比抑制和非线性校正的叠加可以获得功率的双重增益。

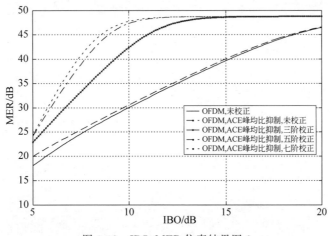

图 3-38　IBO-MER 仿真结果图 2

从上述对校正效果的分析可知,基于多项式的预失真线性化技术的校正效果增益明显。如图 3-39 所示,可将图 3-37 的校正效果直观反映在 Rapp 模型中的功放特性曲线上,进行高阶失真校正时,校正阶数越高失真补偿越接近线性。未校正的功放特性曲线上有占比很大的非线性区。进行三阶校正后,功放在饱和截止功率不变的情况下,特性曲线的非线性区有一定程度的扩展,在相同输入信号的情况下相比于未校正时功率增益得到提升。进行五阶校正后,特性曲线的非线性区有所提升。三阶校正相比于未校正时饱和区更窄,五阶校正相比于三阶校正时饱和区有所缩短。说明校正对于改善功放效率起到了明显的作用。

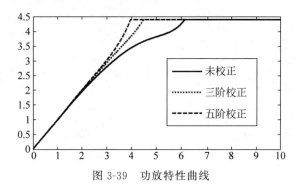

图 3-39　功放特性曲线

第 4 章

无线信道传输模型

源代码

自从 G. Marconi 在 1897 年第一次用莫尔斯码实现了无线传输通信之后,无线信道就开始被用于远距离通信。从 1979 年第一个蜂窝电话商用,到 20 世纪 80 年代后期,模拟蜂窝通信已经取得了商业上的巨大成功。期间,Claude E. Shannon 于 1949 年发表了具有里程碑意义的论文《通信的数学原理》,预言了数据传过任何信道的最佳方式是数字通信而非模拟通信,并提出了任何信道传输数字符号的基本速率是带宽、信号功率和噪声功率的函数,基于此形成了有效的信道分析和评估方法。过去几十年里,在无线通信领域,每十年甚至更短的周期内移动通信系统就会完成一次升级换代,每一代移动通信系统都有特有的技术来满足用户在数据速率、时延以及频谱效率等方面的需求。随着不同频段、不同信道特性的革新,无线通信的传输场景也随之发生了巨大的变化。

移动通信中所有的信息都要通过无线信道来传播,无线信道的特性、分布规律和匹配的传输技术深刻影响无线通信系统的性能。无线电波的传播是随机的,为了有效地预测、评估无线通信系统的性能,以及对无线通信系统后端信号处理进行设计和验证,都要求对无线信道进行准确的建模分析。不同的模型具有不同的复杂度与精确度,这就需要针对不同的系统、不同的工作机制、不同的场景、不同的算法设计要求以及不同的测试要求建立相应的无线信道分析模型。由于现代无线通信业务的要求、频率规划法规的限定以及无线电波多径传播复杂性的固有特性,无线信道具有发射功率受限、频率带宽受限、随空间变化、随时间变化、随频率变化以及随环境气候变化的特点,使得无线信道很难被把握与运用。随着无线通信系统的发展,对信道资源的利用更加广泛和深入,这就要求进一步认识无线信道,通过建立信道模型对这些资源进行全面、精确的描述。通过信道建模可以准确直观地反映信道的传播特性,分析信道传播规律,进而抽取信道参数,进一步构建层次化、系统化的信道模型,从而辅助移动通信系统设计和无线网络建设。

4.1 信道模型的分类与分析

从通信系统设计的角度,无线信道传播模型可以分为两大类:用于计算路径损耗的大尺度衰落模型(包括阴影衰落效应)和描述信号失真的多径时变小尺度衰落模型(包括多径、多普勒效应)。大尺度衰落模型主要用于网络规划和网络优化,如链路功率预算和覆盖范围分析等;小尺度衰落模型主要用于通信系统的物理层设计,如发射机、接收机的设计,算法的选择和优化以及调制编码等关键技术的集成。本章主要集中于小尺度衰落模型的分析,包含精确的传播特性分析、数学建模分析、信道特性对系统性能的影响和设计指导。

通信信道代表了发射机和接收机之间的物理媒介,信道模型则是以数学或算法的形式来表示信道的输入输出关系,通常利用大量的测量或基于实际的电磁波传播理论推导得出。实际上无线传播表现出易变的特性,影响因素包括信号的频率和带宽、收发天线类型、高度和倾角、实际的传播地理环境和地形(城市、农村、丘陵、室内和室外)、蜂窝小区的类型(宏蜂窝(Macrocell)、微蜂窝(Microcell)和微微蜂窝(Picrocell))和气候条件(雨、雪或雾等)。由于多重因素的影响,无线信道的描述也是一个多变量的随机过程。了解电波传播的特性是研究任何无线通信系统的首要问题,移动传播环境的特性是移动通信理论研究的基础,关系到工程设计中天线高度的确定、电波覆盖范围的估算以及通信设备的抗噪声和抗多径衰落的设计。移动通信信道环境远比固定通信的信道环境复杂,必须根据移动通信的特点,按照不同的传播环境和地理特征进行分析和仿真。

4.1.1　信道建模方法

已知的任何一类通信系统中,信道都是不可或缺的关键部分,而不同的信道传输造成的信号失真也是通信需要解决的主要问题。广播电视和通信中通常按照信道的分类方式作为业务类型区分的主要手段。按照信道/传输媒介可以划分为有线信道和无线信道。

有线信道的典型代表是架空明线、同轴电缆和光纤,特点是传输容量大、信号衰减小、失真小,可以近似地表述为高斯白噪声信道。无线信道的典型代表是中、长地表面波传播,短波电离层反射传播,超短波和微波直射传播及各种散射传播。

无线信道建模是通信理论、随机过程统计学以及电磁传播与天线理论三个学科的交叉融合。无线信道建模方法可以分为统计性建模和确定性建模。统计性建模采用统计分析方法,统计参数主要基于信道测量,通过对实际场景进行实际测量,利用参数估计方法,获得无线传播特性,刻画信道统计特性,获得传播模型的经验表达。此种方法的特点是随机性较强,建模的准确度取决于场景的契合度。确定性建模主要依据传播环境信息,基于电磁传播理论分析和预测信道模型,同时引入集合绕射理论和一致绕射理论估算电磁波传播路径信息,以此获得确定性的空间衰落、时延和相偏。确定性建模的特点是计算复杂度高,与实测环境契合度高,但是环境适应性差、通用性差。本章主要选用统计性建模方法分析移动场景信道的模型问题。

信道建模是网络规划、传输技术选择和通信系统设计的前提和基础。无线网络规划是一项系统工程,包括业务量需求分析、基站布局规划、频率和信道规划、系统建模及优化等。其中,基站布局规划是无线网络的核心,需要综合考虑地理特征、用户特点,使无线网络能够在覆盖范围、容量、网络质量、建设成本及扩展性等方面取得良好的平衡指标,所有指标的量化分析需要高契合度的信道模型加以验证和优化,主要考虑的是接收点信号场强的平均值。另一方面,移动通信信道是随时间和空间剧烈变化的,传播特征存在着极大的差异性,因此为保证传输的稳定性和可行性,需要针对不同的信道模型及其分布特征选择和集成合适的传输关键技术及参数配置,因此需要相应的信道建模及估计方法来完成通信设备和通信系统的实验、验证和测试;同时通信设备也需要对相应传输环境、信道衰落进行数学建模,完成实时参数的估计及更新,此时信道模型主要考虑的是接收点信号场强的变化规律和特征分布情况。无线信道模型建立的理论模型必须逼近实测场景,因此无线信道的实测场景与理论模型的差异和引起差异的因素也是无线信道模型的研究方向之一。

移动通信信道的建模分析难度是比较高的,移动台以不同的移动速度移动到不同的环境,除了环境的多样性,移动本身也造成了时间快衰落,同一无线空口在不同的无线信道中存在信道是快衰落还是慢衰落的问题,由于信号质量差异、信道容量差异,处理这两种衰落的技术差异,故处理这两种衰落难度也完全不同。移动通信的信道特点加剧了信道建模的难度。

(1) 无线信道的开放性和非导向性。无线信道以自由空间为传输介质,具有无限的开放性和非导向性,造成了空间性的扩散和衰落。

(2) 地面发射和接收的地理、物理环境的复杂性和多样性。发射和接收的地理环境可以是高楼林立的大型城市密集区及其开阔的郊区;以山丘、湖泊、平原为主的平坦区域;屏蔽电磁波的地铁、隧道、坑道、地下通道等空间;高速移动的汽车、火车、高铁等交通工具。这些因素造成了建模的多样性和适应性问题。

(3) 移动的随机性和环境复杂度的动态时变性。移动台的移动和场景变换是随机的,有大致三种类型的移动速度:固定(室内和室外)、便携和高速移动,导致环境复杂度具有动态时变性,且移动速度的动态时变性影响各不相同,造成了信道特征的时间域快速变化。

4.1.2　频率划分

信道的覆盖特征除了与客观环境有关,还与信号自身的特征参数相关,首先就是无线电频率分布及其可用带宽。

《中华人民共和国无线电频率划分规定》把 3Hz～3000GHz 的电磁频谱(无线电波)按 10 倍方式划分为 14 个频带,表 4-1 列举了无线通信中常见的 10 个频段,并标注了频段名称、频率范围以及波段名称。

表 4-1　无线电波段划分

	名　称	英　文	波　长　范　围	频　率　范　围	应　用
	特低频(特长波)	ULF	$10^3 \text{km} \sim 10^2 \text{km}$	300Hz～3kHz	水下通信
	甚低频(甚长波)	VLF	$10^2 \text{km} \sim 10\text{km}$	3kHz～30kHz	海上通信
	低频(长波)	LF	$10^4 \text{m} \sim 10^3 \text{m}$	30kHz～300kHz	调幅广播
	中频(中波)	MF	$10^3 \text{m} \sim 10^2 \text{m}$	300kHz～3MHz	调幅广播
	高频(短波)	HF	$10^2 \text{m} \sim 10\text{m}$	3MHz～30MHz	调幅广播
	甚高频(米波)	VHF	10m～1m	30MHz～300MHz	调频广播、地面电视
微波	特高频(分米波)	UHF	10dm～1dm	300MHz～3GHz	地面电视、移动通信
	超高频(厘米波)	SHF	10cm～1cm	3GHz～30GHz	卫星电视
	极高频(毫米波)	EHF	10mm～1mm	30GHz～300GHz	移动通信
	至高频(亚毫米)	THF	$0.3\text{nm} \sim 1\mu\text{m}$	300GHz～3THz	移动通信

不同频段内的频率具有不同的传播特性。频率越低,绕射能力越强,传播损耗越小,覆盖越远;受约束的是低频段频率资源紧张,系统容量有限,因此主要应用于广播、电视等系统。高频段频率资源丰富,系统容量大;但是频率越高,绕射能力越弱,传播损耗越大,覆盖距离越近,穿透能力越强;另外频率越高,技术难度越大,系统的成本也相应提高。

移动通信系统选择所用频段要综合考虑覆盖效果和容量。UHF 频段与其他频段相比,在覆盖效果和容量之间的折中较好,因此被广泛应用于地面电视、移动通信领域。当然,随着人们对移动通信的需求越来越多,需要的容量越来越大,移动通信系统必然要向高频段发展。其中,毫米波技术作为 5G 移动通信系统的关键技术之一,能利用毫米波频段超带宽的频谱资源来极大地提升系统容量。然而相比 UHF 频谱而言,毫米波频率高、波长短,因此毫米波信道具有路径损耗大、衍射能力弱、绕射能力差、覆盖范围小等传播特性。这些特性会对毫米波通信系统的组网构架、资源管理、传输技术等产生重要影响。

4.1.3 无线信道模型分类

信号在无线信道环境中要经历一系列相当复杂的传输过程。信号以无线电波的形式传输,并随着传输距离的增加产生弥散损耗,还会受到高大建筑物的遮挡影响产生"阴影效应"。信号在发射机和接收机之间的信道环境下的传播机制可以归结为直射、散射、衍射和反射。因此无线射频信号在发射机和接收机之间会沿多条路径传输,每一条路径传输信号的幅度、相位和到达时间各不相同。这些信号在接收端叠加之后,相互作用造成了瞬时接收信号相位和幅度的随机波动,且无线终端设备的移动使得无线信道呈现出时变性和随机性。实现无线信道上的高速数据传输和终端高速移动的数据传输是无线通信系统的巨大挑战和研究热点。无线信道建模也是无线通信系统设计和测试的难点之一,主要分为大尺度衰落和小尺度衰落两种统计模型。大尺度衰落模型用于描述发送机与接收机之间长距离的场强信号变化。而小尺度衰弱模型则主要描述短距离(往往是几个波长)或是短时间(秒数量级)内接收场强的快速波动,一般由多径效应和多普勒效应引起,此时无线电信号幅度、相位或多径时延快速变化,以至于大尺度衰落的影响可以忽略不计。

1) 大尺度传播模型

大尺度(Large-Scale)衰落是接收信号强度在较长距离/较长时间内的变化,包括路径损耗和阴影衰落,这些变化是由发射天线和接收天线之间传播路径上的障碍物遮挡造成的。路径损耗主要是由于多径信号在自由空间中传播造成的损耗,取决于收发两端的空间距离。阴影衰落主要是由于在收发两端的中间存在遮挡物,多径信号在传播过程中被遮挡物遮挡从而造成接收信号强度的变化。主要的模型代表有 Okumura-Hata 模型和室内传播模型。在网络规划中一般只考虑大尺度衰落,关心的是接收点信号场强的平均值。

2) 小尺度传播模型

小尺度(Small-Scale)传播模型描述了短距离或短时间内接收信号强度的快速变化,该变化主要由在接收端的多径叠加造成的。发射信号经过多径传播,由于多径信号间的相位偏移造成接收端信号的干涉、相长或者相消,并且每条路径的衰落系数都各自独立,由各路径的传输环境决定。小尺度衰落模型中复杂传播环境引起的多径效应导致信号频率选择性衰落,而高速移动的多普勒效应引起信号时间选择性衰落,小尺度衰落信道的分类如图 4-1所示。典型的模型有莱斯模型、瑞利时变信道模型、伦琴衰落模型等。

如图 4-2 所示,大尺度衰落信号强度的局部中值,随距离的变化缓慢变化;小尺度衰落信号强度随着距离的变化快速变化,变化范围可达 30～40dB,变化频率可达 40 次/秒左右。

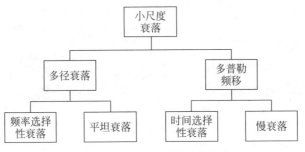

图 4-1　小尺度衰落信道的分类

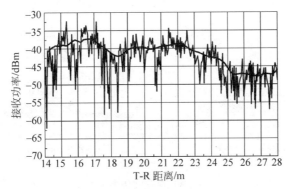

图 4-2　大尺度衰落和小尺度衰落传输功率分布

4.2　大尺度效应

　　发射机发射的电磁波信号,可依不同的路径到达接收机,典型的传播通路如图 4-3 所示。地面信号最典型的覆盖方式是地波传输,沿图 4-3 中路径(1)的电磁波经过地面反射到达接收机,称为地面反射波,地面传播最接近用户,同时环境极为复杂,移动速度不可忽略;沿图 4-3 中路径(2)经过电离层反射而传播的电磁波称为电离层波。中短波主要依靠在地面与电离层之间反射形成的反射波来传输信号,传播损耗较直射波大,同时覆盖范围、接收信号很难控制,受天气因素影响较大;同样沿图 4-3 中路径(4)中还有通过对流层反射的电波传输机制。沿图 4-3 中路径(3)从发射天线直接到达接收天线的电波称为直射波,是在视距范围内无遮挡传播的无线电波,以短波和微波为主要传播方式,常见于高塔大功率远距离通信,传播损耗与传播距离相关,近似于自由空间衰落。除此之外,还有穿透建筑物的传播以及漫反射产生的散射波,散射波相对直射波、反射波、绕射波较弱,在某些场景里同样不可忽略。移动通信主要利用直射波、反射波、绕射波、散射波传播,在接收信号中表现为多径效应。

　　按引起衰减的类型分类,信道衰落可以分为 3 种类型:自由空间传播损耗、阴影衰落、多径衰落。本章首先讨论信号在无障碍物条件下的自由空间传播损耗,为可视路径自由空间的能量弥散;再进一步考虑在陆地环境的传播机制,为不可视路径条件下陆地传播中存在的障碍物对信号的影响,同时考虑移动环境下信道多径衰落的影响、高速移动多普勒效应对频偏的影响。

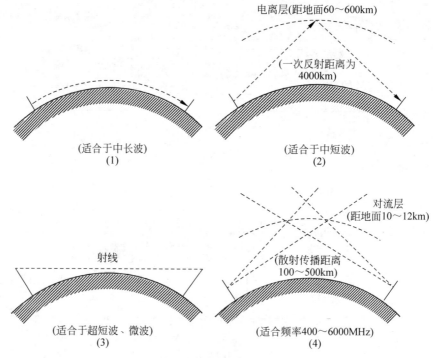

图 4-3　电磁波传播方式

4.2.1　自由空间损耗

电磁波在真空(无任何衰减、无任何阻挡、无任何多径的自由传播空间)中的传播称为自由空间传播。自由空间具有各向同性、零电导率等特性,因此电磁波在自由空间里传播时,电磁波的能量不会被障碍物所吸收,不存在反射、折射、绕射,以及散射等现象,只存在因电磁场能量扩散而引起的传播损耗。如图 4-4 所示,发射功率为 P,发射天线为各向均匀辐射,则在以发射源为中心,r 为半径的球面上单位面积的功率 S 为

$$S = \frac{P}{4\pi r^2} \tag{4-1}$$

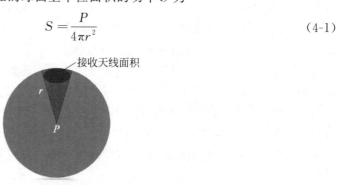

图 4-4　信号自由空间弥散

电磁波在传播的过程中能量守恒,但是单位面积的能量密度不断减小,而接收天线的面积是固定的,因此电磁能量在扩散过程中产生球面波扩散损耗,并随接收点距发射台的距离(以千米数量级)而变化。在自由空间传播情况下,接收电平的平均值随距离的平方衰减,称

为自由空间弥散。地面视距通信场景中直射波传播可按自由空间传播来考虑。理想的自由空间传播衰落模型可以用 Friis 方程描述：

$$P_r(d) = \frac{P_t G_t G_r \lambda^2}{(4\pi)^2 d^2 L} \tag{4-2}$$

式中，P_t 代表发射信号的功率（单位 W）；G_t 代表发射天线形成的增益；G_r 代表接收天线形成的增益；λ 为电磁波波长（单位 m）；d 是收发天线间距离（单位 m）；L 是和传播没有关联的硬件消耗因子。

假设理想条件下系统无损耗，令天线增益 $G_t = G_r = 1$，化简式（4-2）得

$$P_r(d) = \frac{P_t \lambda^2}{(4\pi)^2 d^2} \tag{4-3}$$

理想条件下路径损耗对数式为

$$PL_F(d)\ [\text{dB}] = 10\lg\left(\frac{P_t}{P_r}\right) = 10\lg\left(\frac{4\pi d}{\lambda}\right)^2 \tag{4-4}$$

典型的自由空间传播损耗只与传播距离和工作频率有关：

$$\begin{aligned}PL_F(d)\ [\text{dB}] &= 10\lg(4\pi)^2 + 20\lg d\,(\text{m}) + 20\lg f\,(\text{MHz}) \\ &= -27.6 + 20\lg d\,(\text{km}) + 20\lg f\,(\text{MHz})\end{aligned} \tag{4-5}$$

由此，发射机与接收机之间的距离越远、电磁波波长越短，路径损耗越严重。在直射波传播过程中，它的强度衰减较慢，超短波和微波通信就是利用直射波传播的。限制直射波通信距离的主要因素是造成非视距的障碍物：地球表面曲率、起伏变化和山地、楼房等障碍物。

4.2.2　阴影衰落

电波传播由于遇到建筑物等阻挡，会形成电波阴影区，阴影区的电场强度减弱的现象称为阴影效应，引起的衰落称为阴影衰落（长期慢衰落），其幅度服从对数正态分布。

1）影响信号强度的两个因素

路径衰落：主要由障碍物引起的衰落，传输距离引起的空间弥散，导致绝大部分能量被阻隔，造成场强衰减。

多径相消：信号经过多径传播时，每条路径存在独立的相位偏差，不同相位之间的能量簇互相干涉，形成相长或者相消。当存在相位偏差时，如满足 $\dfrac{\Delta\theta}{2\pi} = \dfrac{\Delta l}{\lambda} = \dfrac{\Delta t}{T}$，多径之间的向量相互抵消，因此如果不做空间分集特殊预处理，会造成场强衰减，而不会产生分集增益。以双径单载波信号为例，相位差 $\Delta\theta$ 的大小对接收到的信号会产生严重的影响。例如，当 $\Delta\theta = (2n+1)\pi$ 时（其中 n 为正整数），直射波和反射波恰好反相而引起相互抵消的作用（见图 4-5）。

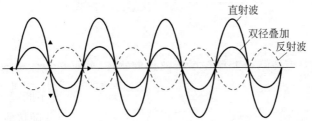

图 4-5　双径相消的衰落

2）产生多径的原因

多径衰落本身主要由自由空间衰落，反射/折射、散射、绕射能量损耗，多径叠加相位差能量抵消构成。如图 4-6 所示，实际信号的传输会经过独立的、若干次的折射、反射、绕射等传输过程到达终端，同时由于不确定性的路径传输使得信号在空间内随机分布，所以用户终端可在不同的区域接收到信号。

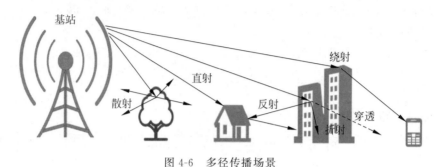

图 4-6　多径传播场景

自由空间衰落：信号能量在传播一定距离后由于自由空间弥散发生衰减。

反射/折射：当电磁波传播过程中碰撞到远远大于信号波长的光滑界面的障碍物时，就会发生反射/折射。反射经常发生在地球、建筑物和墙壁表面。

如图 4-7 所示，以两路径为例，从发射天线到接收天线的电波包括直射波和反射波，接收点路径相位相差：

$$\Delta\phi = \frac{2\pi}{\lambda}\Delta d = \frac{2\pi h_{t} h_{r}}{\lambda d} \tag{4-6}$$

接收点多径叠加相位相消的信号功率为

$$
\begin{aligned}
P_r &= P_t \left(\frac{\lambda}{4\pi d}\right)^2 \left|\left[1 + a_r \exp(\mathrm{j}\Delta\phi)\right]\right|^2 \\
&\approx P_t \left(\frac{\lambda}{4\pi d}\right)^2 (\Delta\phi)^2 \quad (\Delta\phi \ll 1) \\
&= P_t (h_t h_r)^2 / d^4
\end{aligned}
\tag{4-7}
$$

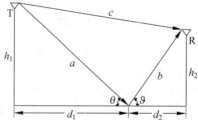

图 4-7　反射波和直射波传播路径

散射：当电磁波传播路径上存在小于波长的物体、并且单位体积内这种障碍物体的数目非常巨大时，折射指数随机不均匀体对入射无线电波的再辐射发生散射。

绕射：如图 4-8 所示，在实际的移动通信环境中，发射与接收之间的传播路径上存在山丘、建筑物、树木等各种障碍物，无线电波被尖利的边缘阻挡时会发生绕射，所引起的电波传播损耗称为绕射损耗。如图 4-9 所示，频率越高绕射能力越差，但同时穿透能力相对增强，因此移动场景室内覆盖的穿透损耗也是重要的考量。

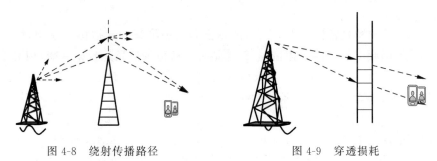

图 4-8 绕射传播路径   图 4-9 穿透损耗

3）阴影效应

电波经过高大建筑物、树林、地形起伏等障碍物的阻挡时，在这些障碍物后面会产生电磁场的阴影，引起信号场强的衰减，称为阴影衰落。阴影衰落是以较大的空间尺度来衡量的，障碍物的反射、绕射和散射衰落为一个随机过程，其统计特性通常符合对数正态分布：

$$p(x) = \frac{1}{\sqrt{\pi}\sigma x} \exp\left[-\frac{(\lg x - \mu)^2}{2\sigma^2}\right], \quad x > 0 \tag{4-8}$$

路径损耗与阴影衰落联合造成了无线信道在大尺度上对传输信号的影响，合称为大尺度衰落，因为这种衰落对信号的影响反映为信号随传播距离、地区位置的改变而缓慢起伏变化，这种变化也称为慢衰落。

信号通过无线信道时，会遭受各种衰落的影响，综合考虑，接收信号的功率可以近似为

$$P(d) = |d|^{-n} S(d) R(d) \tag{4-9}$$

式中，$|d|$ 表示移动台与基站的距离；电波在自由空间内的传播损耗 $|d|^{-n}$ 也被称作大尺度衰弱，n 取值一般为 2～4；$S(d)$ 为阴影衰落；$R(d)$ 为多径衰落，多径衰落在移动信道特性中表现为方向性和时变性。

4）大尺度衰落模型

大尺度衰落模型有多种分类方法，可以按照室外和室内传播模型举例。

常见的室外模型包含 EGLI 模型、Okumura/Hata 模型、COST231-Hata 模型。地面大范围覆盖的经典模型是 Okumura/Hata 模型，适用于频率 100～2000MHz、传播距离在 1～20km 内的场强预测。

Okumura/Hata 模型以描述城市内路径损耗为主：

$$L_{\text{urban}}[\text{dB}] = 69.55 + 26.16\lg f_{\text{MHz}} - 13.82\lg h_{\text{t}} - a(h_{\text{r}})$$
$$+ (44.9 - 6.55\lg h_{\text{t}})\lg d_{\text{km}} \tag{4-10}$$

式中，终端修正因子为

$$a(h_{\text{r}}) = \begin{cases} [1.1\lg(f_{\text{MHz}}) - 0.7]h_{\text{r}} - [1.56\lg(f_{\text{MHz}}) - 0.8], & \text{中小城市} \\ 8.29[\lg(1.54h_{\text{r}})]^2 - 1.1, & \text{大城市 } f_{\text{MHz}} \leqslant 300\text{MHz} \\ 3.2[\lg(11.75h_{\text{r}})]^2 - 4.97, & \text{大城市 } f_{\text{MHz}} \geqslant 300\text{MHz} \end{cases} \tag{4-11}$$

Okumura/Hata 模型以高塔大功率、广覆盖场景为主，而信号塔多部署于城市密集区域，信号覆盖到城市郊区和开阔地时，由于障碍物密度的减少，路径损耗相对降低；将

Okumura/Hata 模型基于城市损耗进行修正可得到郊区和开阔地区路径损耗：

$$L_{\text{suburban}} = L_{\text{urban}} - 2[\lg(f_{\text{MHz}}/28)]^2 - 5.4 \tag{4-12}$$

$$L_{\text{open-area}} = L_{\text{urban}} - 4.78(\lg f_{\text{MHz}})^2 + 18.33\lg f_{\text{MHz}} - 40.94 \tag{4-13}$$

Okumura/Hata 模型常用于无线组网的场强和频率测试的虚拟仿真模型，用以描述以基站为中心的不同频率信号的覆盖情况，计算地理空间范围的场强量化衰减，相对于接收灵敏度，判定是否正常覆盖。Okumura/Hata 模型同样可以估算接收灵敏度约束下的基站覆盖半径，用以近似估算无线组网场景蜂窝覆盖范围，实现无线基站的部署和蜂窝协同覆盖的无缝衔接。

大尺度衰落模型中常见的室内模型有 Chan 模型、Keenan-Motley 模型等。

Chan 模型适用于室内微蜂窝区的场强预测，该模型表述为电波在室内传播时的路径损耗 L_{Chan} 近似等于自由空间传播损耗 L_{p} 与室内墙壁的穿透损耗 L_{w} 之和：

$$L_{\text{Chan}}[\text{dB}] = L_{\text{p}} + L_{\text{w}} \tag{4-14}$$

式中，$L_{\text{p}}[\text{dB}] = 32.4 + 20\lg d(\text{km}) + 20\lg f(\text{MHz}) = -27.6 + 20\lg d(\text{m}) + 20\lg f(\text{MHz})$。

Keenan-Motley 模型适用于模拟室内路径损耗，模型预测的路径损耗为

$$L[\text{dB}] = L(d_0)_{\text{p}} + 20\lg\left(\frac{d}{d_0}\right) + \sum_{j=1}^{J} N_{\text{w}j} L_{\text{w}j} + \sum_{i=1}^{I} N_{\text{F}i} L_{\text{F}i} \tag{4-15}$$

式中，d 为传播距离（单位 m）；d_0 为近地参考距离；$N_{\text{w}j}$、$N_{\text{F}i}$ 分别表示信号穿过不同类型的墙和地板的数目；$L_{\text{w}j}$、$L_{\text{F}i}$ 则为对应的损耗因子（单位 dB）；J、I 分别表示墙和地板的类型数目。

4.3 小尺度衰落

小尺度衰落主要表现为短时间或短距离内的幅度、相位或多径时延的快速变化，其中复杂环境的多径传播和高速移动的多普勒频移是导致小尺度衰落的重要原因。

4.3.1 多径效应

发射机发出的无线信号到达接收机的路径可能不止一条，通常是由许多直射、反射和折射等路径叠加而成，等效为不同幅度、相位的信号叠加，故多径信号的包络表现出较大的起伏失真。如图 4-10 所示，多径信号中各路径信号的到达时间各不相同，这会造成符号间干扰现象（ISI）。相对于同步的主径，其他路径造成了接收信号的时延扩展，而时延的影响等

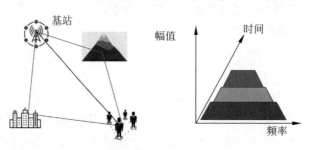

图 4-10 多径传播的时间、频率分布

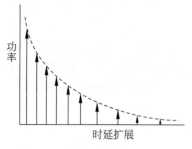

图 4-11　多径引起的时延扩展

效于相位的失真,如图 4-11 所示。由于这种衰落是由多径传播引起的,一般称为多径衰落。多径传播中到达终端的只有部分路径,一些不能到达终端的路径反射会造成信号传播损耗,同时非直射的传播路径更长;多径叠加的相位相消造成了信号的大幅度衰落;每条路径相互独立,因此信号到达的时延不同,造成信号的时延扩展;每条路径信号到达的角度不同,造成合成信号的相位偏差;在信号的多普勒扩展条件下,每条路径信号到达的角度不同,就具有不同的多普勒频移,而此时时延扩展和频谱扩展共存,这是目前移动通信面临的主要难题之一。

目前多径分析的方式很多:在通信场景中,通常从接收的角度统计分析接收到多径叠加之后信号的幅度变化及分布、接收信号的到达角分布,通过终端场景的建模可以实现接收机的信道估计和信号恢复的过程;在 6G 通信中,提出了全局信道模型的概念,通过对全局或局部信道的掌控乃至智能化的重构过程来实现信号覆盖效果的优化,此时多径的物理概念/数学建模分析以研究全局多径中每条路径信号幅度的分布、每条路径信号的到达角和分布、每条路径信号的时延特性及分布为主。

多径传播信道的冲激响应模型为

$$h(\tau) = \sum_{i=1}^{L} \rho_i \mathrm{e}^{\mathrm{j}2\pi\theta_i} \delta(t - \tau_i) \qquad (4\text{-}16)$$

式中,L 是所有传播路径的数目;ρ_i、τ_i、θ_i 是每条路径信号的强度、到达时间和相位偏移。

对式(4-16)进行傅里叶变换得到信道多径环境下的频率响应:

$$H(\omega) = \int_{-\infty}^{\infty} h(\tau) \mathrm{e}^{-\mathrm{j}\omega\tau} \mathrm{d}\tau = \sum_{i=1}^{L} \rho_i \mathrm{e}^{\mathrm{j}2\pi\theta_i} \mathrm{e}^{-\mathrm{j}\omega\tau_i} \qquad (4\text{-}17)$$

式中,τ_i、θ_i 表现为相位偏移,τ_i 引起的时延与频率直接相关。

假设发射信号为 $s(t)$,则接收到的信号是经多径传播后的总和,可表示为卷积的形式:

$$y(t) = s \otimes h + n(t)$$
$$= \sum_{i=1}^{L} \rho_i \mathrm{e}^{\mathrm{j}2\pi\theta_i} s(t - \tau_i) + n(t) \qquad (4\text{-}18)$$

如图 4-12 所示,以等功率双径为例 $y(t) = V_0 s(t-t_0) + V_0 s(t-t_0-\tau)$,当存在多径传播时,由于传输路径不同、到达的时延不同,造成周期信号的延展。

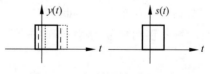

图 4-12　时延扩展与多径叠加

在 OFDM 系统中,对式(4-18)的卷积过程进行傅里叶变换得到频域乘性表达式:

$$\boldsymbol{Y} = \boldsymbol{HS} + \boldsymbol{N} \qquad (4\text{-}19)$$

式中,$\boldsymbol{H}$ 为频域信道矩阵;$\boldsymbol{S}$ 为接收信号时频二维矩阵。

将时域卷积转换为乘性加窗之后,极大简化了 OFDM 接收解调的复杂度;同时在 OFDM 的时频二维结构中(见图 4-13)可以获得或者调整获得时域、频域维的平坦特征,在单个 OFDM 符号周期内频域维相干带宽范围内子载波之间的信道满足平坦特征,超过相干带宽的变化特征在复杂环境下表现为频率选择性衰落,环境越复杂,多径效应越严重,信道衰落频域维变化越快;不同 OFDM 符号周期在相同频点上,相干时间内子载波之间的信道满足平坦特性,超过相干时间的变化特征在高速移动场景下表现为时间选择性衰落,移动速度越快,多普勒效应越严重,信道衰落时域维变化越快。

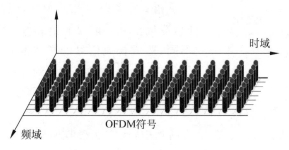

图 4-13　OFDM 时频二维结构

当移动台在复杂的传播环境高速移动时,存在多径和多普勒效应共存的场景,此时时域选择性衰落和频域选择性衰落叠加会造成信号时域和频域扩展,难以解调。从数学模型的角度对多径-多普勒效应进行分析,带通信号可表示为

$$s_b(t) = \mathrm{Re}\{s(t)\mathrm{e}^{\mathrm{j}2\pi f_c t}\} \tag{4-20}$$

式中,$s(t)$ 为等效低通基带信号;f_c 为本地载频。

假设信道包含 L 条路径,则接收到的带通信号可以表示为

$$y(t) = \sum_{i=1}^{L} \rho_i \mathrm{e}^{\mathrm{j}[2\pi f_{\mathrm{D},i} \cdot t + \theta_i]} s_b(t - \tau_i) + n(t) \tag{4-21}$$

式中,$f_{\mathrm{D},i}$ 为第 i 条路径的多普勒频移。此时不同路径产生时延扩展、存在不同的多普勒频移,而对于频域与时域混叠,现有的技术是无法解调和恢复的。通常情况下假设每一条路径的多普勒频移相同,或者尽量避免高速移动到复杂的传播环境中。

衰落系数模型根据是否存在直射路径,分别服从瑞利分布和莱斯分布,这两种分布分别对应信道模式中的便携接收和固定接收。

图 4-14 为接收信号的瑞利与莱斯分布特征。在障碍物比较多的区域,发射机和接收机间没有直射波,多径信道的时变性让收到波形的同相分量与正交分量的总和也会形成时变性。当信道中存在大量不可分辨路径,且不存在视距路径的条件,则接收信号的包络 γ 在统计上服从瑞利分布,瑞利分布的概率密度函数可以表示为

$$f(\gamma) = \frac{\gamma}{\sigma^2}\exp\left(-\frac{\gamma}{2\sigma^2}\right), \quad 0 \leqslant \gamma \leqslant \infty \tag{4-22}$$

在接收信号里有视距传送的直达波信号时,视距信号就会成为主要接收信号的分量,同时还有不同角度随机到达的反射信号叠加在主信号分量上,这时的接收信号就呈现为莱斯分布:

$$f(\gamma) = \frac{\gamma}{\sigma^2}\exp\left(-\frac{\gamma^2 + A^2}{2\sigma^2}\right) I_0\left(\frac{A\gamma}{\sigma^2}\right), \quad 0 \leqslant \gamma \leqslant \infty, A \geqslant 0 \tag{4-23}$$

式中,A 代表主接收信号最大幅度的大小;$I_0(\cdot)$ 代表零阶修正的第一类贝塞尔函数。现

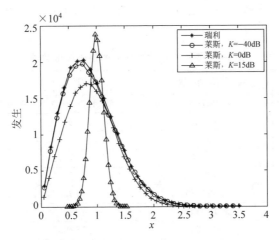

图 4-14 瑞利与莱斯分布特征

定义莱斯因子 K 为主信号的功率与多径分量的功率之比：

$$K = 10\lg \frac{A\gamma}{\sigma^2}[\mathrm{dB}] \tag{4-24}$$

式中，K 的取值范围完全确定了莱斯分布，当 $K \to -\infty$ 时，莱斯分布转变为瑞利分布；$K \to \infty$ 时，信道为常数，没有多径分量。

   DVB-T 系列标准给出了多径信道中莱斯信道和瑞利信道两种模型，莱斯信道即为无线电信号符合莱斯分布的信道，莱斯信道的发射机和接收机之间存在直射路径，适用于固定接收信道。然而在实际的移动多媒体通信系统中，由于接收端位置处于不断变化之中，信道状况具有很大的不确定性，因此必须使用便携、移动的信道模型，此时，瑞利信道是比较典型的建模方式。瑞利信道中，信号通过无线信道之后，其信号幅度是随机的，即"衰落"，并且其包络服从瑞利分布。瑞利衰落能有效描述存在大量散射无线电信号障碍物的无线传播环境。瑞利衰落模型适用于描述建筑物密集的城镇中心地带的无线信道，适于便携、移动的接收场景。密集的建筑和其他物体使得无线设备的发射机和接收机之间没有直射路径，从而引起无线信号的衰减、反射、折射、衍射。正是由于瑞利信道的这些特征，其信号衰落也存在时变特征，在无线信道的信道估计中是不能忽略的。

   基于此，输入信号经过多径信道中的信道响应可以表示为

$$h(t) = k\left\{ \rho_0 + \sum_{i=0}^{N} \rho_i \mathrm{e}^{-\mathrm{j}2\pi\theta_i} \delta(t - \tau_i) \right\} \tag{4-25}$$

式中，ρ_0 为视距通信；$k = \dfrac{1}{\sqrt{\sum\limits_{i=0}^{N} \rho_i^2}}$，$N$ 为多径数目；τ_i 表示第 i 径的时延；θ_i 表示第 i 径的相

偏；ρ_i 为对应路径的衰落系数；莱斯因子 $K = \dfrac{\rho_0^2}{\sum\limits_{i=1}^{N} \rho_i^2}$，仿真模型中令 $K = 10$，则 $\rho_0^2 = $

$10\sqrt{\sum\limits_{i=1}^{N} \rho_i^2}$。设置信道环境为便携接收，衰落为瑞利平坦衰落，路径时延缓慢变化。忽略多

普勒频移引起的载波间干扰(ICI),近似认为 ρ_i 在一个时隙信号长度内保持不变,式(4-25)中的衰落系数如表 4-2 所示。

表 4-2 便携式移动环境下的信道模型数据

多 径 数	衰落系数	时延/μs	入射角/rad
1	0.057662	1.003019	4.855121
2	0.176809	5.422091	3.419109
3	0.407163	0.518650	5.864470
4	0.303585	2.751772	2.215894
5	0.258782	0.602895	3.758058
6	0.061831	1.016585	5.430202
7	0.150340	0.143556	3.952093
8	0.051534	0.153832	1.093586
9	0.185074	3.324886	5.775198
10	0.400967	1.935570	0.154459
11	0.295723	0.429948	5.928383
12	0.350825	3.228872	3.053023
13	0.262909	0.848831	0.628578
14	0.225894	0.073883	2.128544
15	0.170996	0.203952	1.099463
16	0.149723	0.194207	3.462951
17	0.240140	0.924450	3.664773
18	0.116587	1.381320	2.833799
19	0.221155	0.640512	3.334290
20	0.259730	1.368671	0.393889

4.3.2 多普勒频移

多径衰落引起信道的频率选择性衰落,而信道的另一个特征是时变性,即时间选择性衰落,同一个传输信号在不同时刻经过同一个信道后,接收到的信号存在时域维快速变化的特征。信道的时间选择特性在频域表现为多普勒频移。多普勒频移多由发射机或接收机的相对移动引发。当收发两端发生相对移动时,多径无线信号的频率会产生一定的偏差,其大小与移动速度成正比,即当相对速度越大,受多普勒频移的影响越严重,同时多普勒频移也与无线信号入射角相关。

如图 4-15 所示,当移动台以恒定速率 v 移动时,沿着与入射波成 θ 角的方向运动,相位偏移 $\Delta\Phi$ 和移动速度 v 满足:

$$\frac{\Delta\Phi}{2\pi} = \frac{\Delta l}{\lambda}$$
$$= \frac{v\Delta t\cos\theta}{\lambda} \qquad (4\text{-}26)$$

由高速移动形成的接收信号相位变化值为

$$\Delta\Phi = \frac{2\pi\Delta l}{\lambda}$$

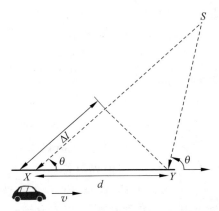

图 4-15 多普勒频移引起的相偏

$$= \frac{2\pi v \Delta t}{\lambda} \cos\theta \qquad (4\text{-}27)$$

定义相偏的频率变化值即为多普勒频移：

$$f_{\mathrm{d}} = \frac{1}{2\pi} \frac{\Delta\Phi}{\Delta t}$$

$$= \frac{v}{\lambda} \cos\theta \qquad (4\text{-}28)$$

$$= \frac{v}{c} f_{\mathrm{c}} \cos\theta$$

$$= f_{\mathrm{m}} \cos\theta$$

式中，c 为光速；f_{c} 为载波频率。当收发两端正向或反向移动时，$\cos\theta = \pm 1$，即最大多普勒频移为 f_{m}。

假设发射频率为 f_{c}，则接收频率变化为

$$f = f_{\mathrm{c}} + f_{\mathrm{d}} \qquad (4\text{-}29)$$

此时，相位偏移与多普勒频移直接相关：

$$\Delta\Phi = \frac{2\pi\Delta l}{\lambda}$$

$$= \frac{2\pi v}{c} f_{\mathrm{c}} \cos\theta \Delta t \qquad (4\text{-}30)$$

$$= 2\pi f_{\mathrm{d}} \Delta t$$

在高阶 M-QAM 中，调制阶数越高，传信率越高，同时表现为欧式距离变小，抗噪能力下降，星座夹角变小，移动性变差。由此高阶 QAM 在移动通信场景中表现为传信率与抗噪能力、移动性的折中。

典型的多普勒频移模型有 Jakes 模型、Gaus 模型。

Jakes 模型：二维平面内，接收机位于散射区域的中心；接收天线是全向天线，到达天线的电波入射角均匀分布在 $0\sim360°$，表示为

$$P_{\mathrm{s}}(f) = \frac{2E_{\mathrm{s}}}{2\pi f_{\mathrm{d}} \sqrt{1 - (f/f_{\mathrm{d}})^2}} \qquad (4\text{-}31)$$

式中，E_s 为衰落信道的平均功率。

Gaus 模型：散射体相对比较集中，且距发射机较远，表示为

$$S_D(v) = \frac{\sigma_0^2}{\tilde{f}_c} \sqrt{\frac{\ln 2}{\pi}} \exp\left\{-\ln 2 \left(\frac{v - f_c}{\tilde{f}_c}\right)^2\right\} \tag{4-32}$$

式中，$\tilde{f}_c$ 为 3dB 截止频率。

多径-多普勒效应引起的频域混叠在频域不可分，难以消除。此时，在频域难以实现多子载波联合均衡的接收解调，在频域仍以单子载波均衡解调为主，然而单子载波均衡方式也无法解决子载波间干扰的问题。这种载波间干扰随着移动速度的增大而进一步增大，此时单载波独立均衡已然无效。实际许多高速环境的建模，例如高铁、磁悬浮、飞机的移动通信，均以直射路径为主，多普勒频偏退化为固定频偏，可以通过固定频偏补偿掉。广播电视传输普遍采取单频网的布局，此时多普勒频移影响难以忽略，特别是在多个蜂窝区域的重叠部分，多普勒频移的影响近似于多径-多普勒频偏混叠，此时的频偏补偿也难以实现。

多普勒频移的高低同信噪比也直接相关，直接受调制方式、编码增益、多天线增益、信道环境的影响。QPSK 的工作点相对较低，通过编码增益、多天线增益可以有效抵抗高速移动的影响。16QAM 通过编码增益和多天线增益可以克服高速移动的影响，但需要折中评估高速下相比于 QPSK 是否还存在传输速率的优势。64QAM 通过编码增益和多天线增益仍不足以克服高速移动的影响，因此 64QAM 在高速移动环境中的接收解调仍需相关技术进一步优化。

4.3.3　频率选择性衰落与时间选择性衰落

1）频率选择性衰落和相干（关）带宽

如图 4-16 所示，当通信过程中存在多径效应时，不同频率在相同时延条件下表现为不同程度的相位偏移，不同路径不同频率的信号叠加表现为频域维的变化特征，其中多径效应越严重，频域维变化越快，定义为频率选择性衰落。无线通信中频率选择性衰落被认为是通信的关键性难题之一，频率的快速变化导致严重的信号失真，同时造成信号解调的精度偏差过大，复杂度过高，因此在频率选择性信道中宽带通信要难于窄带通信。

在频率选择性衰落信道内，从微观上看，必定存在特定的带宽范围，定义为相干/相关带宽，在该频率范围内，信道是平坦的。即所有谱分量以"几乎"相同的增益和线性相位通过信道（统计意义上的）。相干带宽可用以描述时延扩展的影响，是表征多径信道特性的一个重要参数。

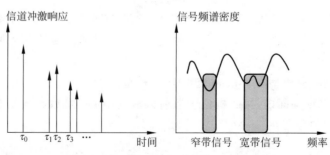

图 4-16　多径效应引起的频率选择性衰落

通常,相干带宽与最大多径时延 $\tau_{\max}$ 成反比,表示为

$$B_{c}[\text{Hz}] = \frac{1}{2\pi\tau_{\max}} \tag{4-33}$$

如果系统带宽大于相干带宽,则不同频率的衰落情况各不相同,造成了频率选择性衰落。如果系统带宽小于相干带宽,则所有频谱分量的衰落近乎相同,称之为平坦衰落。从频域角度看,宽带通信和窄带通信并非以实际信号带宽决定,而是由信号带宽和相干带宽的相对值来区分。OFDM 系统在调制带宽很大的条件下,经由正交的多载波划分出大量的频域维窄带子信道,而独立载波的窄带子信道远远小于相干带宽,表现为平坦信道特征,因此OFDM 具有较强的抗频率选择性衰落的能力。由于多径信号的叠加,造成了信道的时间弥散性,称之为时延扩展。时延扩展最直接的影响是引起符号间干扰,为了规避符号间干扰,一般要求 OFDM 符号的长度远大于最大时延扩展,即符号速率小于时延扩展的倒数。

2）时间选择性衰落和相干(关)时间

如图 4-17 所示,多普勒效应导致频域维能量扩散、频谱展宽,若信号带宽远小于多普勒扩展带宽,此时多普勒频移使多载波频率分量之间相互干扰,造成载波间干扰(ICI)。若信号带宽远大于多普勒扩展带宽,则可以有效规避 ICI。如图 4-18 所示,多普勒频移造成信道在时域维的相对变化,表现为时间选择性衰落,多普勒频移值越大,时间选择性衰落越严重。微观上也存在一定的相对平坦的时间范围,定义为相干时间。相干时间是一段时间间隔,在此间隔内到达的两个信号具有很强的幅度相关性;超过此间隔到达的两个信号相关性很小。相干时间可定义为信道的冲击响应维持不变时时间间隔的平均值。

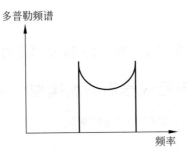

图 4-17　多普勒效应引起的频谱扩展

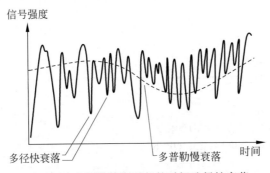

图 4-18　多普勒效应引起的时间选择性衰落

相干时间通常表现为多普勒扩展带宽的倒数:

$$T_{c} \approx \frac{1}{f_{m}} \tag{4-34}$$

如果要求频率分量的相关函数大于 0.5,则相干时间可表示为

$$T_c \approx \frac{9}{16\pi f_m} \approx \frac{0.179}{f_m} \tag{4-35}$$

普遍的定义方法中通常将上述两式做几何平均:

$$T_c \approx \sqrt{\frac{9}{16\pi f_m^2}} = \sqrt{\frac{9}{16\pi}} \frac{1}{f_m} \approx \frac{0.423}{f_m} \tag{4-36}$$

若符号周期远大于相干时间时,多普勒扩展带宽所对应的频率信号的相位将发生很大的变化,在一个符号时间内接收端到达的同一信号的波形幅度会产生很大的变化,产生时间选择性衰落,也称为快衰落;当发送信号周期小于相干时间时,信道表现为慢衰落信道。

在时频二维结构中,信道的平坦特征根据相关带宽 B_c,相关时间 T_c,信号带宽 B,信号持续时间 T_s 的相对关系进行划分:

当 $B_c \gg B$,$T_c \gg T_s$ 时,表现为平坦衰落信道,时间平坦衰落,频域平坦衰落,在若干符号周期、若干载波间隔内信道恒定。

当 $B_c \gg B$,$T_c \ll T_s$ 时,表现为时间选择性衰落信道,频率平坦衰落,信号带宽范围内信道恒定,在符号周期内信道变化。

当 $B_c \ll B$,$T_c \gg T_s$ 时,表现为频率选择性衰落信道,时间平坦衰落,在信号带宽范围内存在频率选择性慢衰落,在符号周期内信道恒定。

当 $B_c \ll B$,$T_c \ll T_s$ 时,表现为频率和时间双选择性衰落信道,在信号带宽和符号周期内存在信道变化。

4.4 无线信道模型及发射/接收信号结构分析

4.4.1 OFDM 系统无线信道仿真模型

仿真视频

程序 4-1"channel_model",无线信道及信号分析模型

```
function channel_model
format long;
warning off
clear all;
clc;
OFDM_SimNum=1;
BER=zeros(OFDM_SimNum,41);
for SimNum=1:OFDM_SimNum
    %参数设置%
    Ensemble_SimNum = 1;
    Sys_OFDM_MODE = 8;%8MHz 模式
    modulationMode ='16QAM';%'QPSK';
    bitwidth = 18;
    xid_8M_file = 'xid_8M.dat';%TS 流文件
    xid_2M_file = 'xid_2M.dat';
    prbs_mode = 2;
    txid_region_code = 100;%0~127
    txid_txer_code = 228;%128~255
```

```
fs = 1e7;%采样频率
q=4;%采样倍数
fover = q * fs;
%固定参数设置%
Fcs_id = 39062.5;%发射机识别标识 TTXID 载波间隔，39.0625kHz
Tu_id = 0.0000256;%TXID OFDM 周期，25.6μs
Tcp_id = 0.0000104;%TXID 循环前缀，10.4μs
Fcs_sync = 4882.8125;%同步头载波间隔，4.8828125kHz
Tu_sync = 0.0002048;%同步头 OFDM 周期，204.8μs
Fcs = 2441.40625;%数据 OFDM 载波间隔，2.44140625kHz
Tu = 0.0004096;%OFDM 周期，409.6μs
Tcp = 0.0000512;%OFDM 循环前缀，51.2μs
Tgi = 0.0000024;%保护间隔 GI，2.4μs
%参数生成%
fft_pnts = 512 * Sys_OFDM_MODE;%IFFT 点数
fft_pnts_txid = 32 * Sys_OFDM_MODE;
fft_pnts_sync = 256 * Sys_OFDM_MODE;
T = 1/fs;
Tofdm = Tu+Tcp+Tgi;%OFDM 符号总长度
Tid = Tu_id+Tcp_id+Tgi;%TXID OFDM 符号总长度
Tsync = 2 * Tu_sync+Tgi;%同步头总长度
Tensemble = Tofdm * 53+Tsync+Tid;%时隙长度
NumEsemble = round(Tensemble/T);
prbs_init_regs =[...
    0 0 0 0 0 0 0 0 0 0 0 1;
    0 0 0 0 1 0 0 1 0 0 1 1;
    0 0 0 0 0 1 0 0 1 1 0 0;
    0 0 1 0 1 0 1 1 0 0 1 1;
    0 1 1 1 0 1 0 0 0 1 0 0;
    0 0 0 0 0 1 0 0 1 1 0 0;
    0 0 0 1 0 1 1 0 1 1 0 1;
    0 0 1 0 1 0 1 1 0 0 1 1];
if Sys_OFDM_MODE == 8
    ValidCarrierNum = 3076;%有效载波数
    DataCarrierNum = 2610;%数据载波数
    ContinualPilotNum = 82;%连续导频数
    ScatteredPilotNum = 384;%离散导频数
    ZeroPad_carriers = 1020;
    ZeroPad_Ensemble = 90;
    xid_file = xid_8M_file;
    txid_num = 191;
    sync_num = 1536;
    DirectorContinualPilotCarriers =[...
        22   78   92   168  174  244  274  278...
        344  382  424  426  496  500  564  608...
        650  688  712  740  772  846  848  932...
        942  950  980  1012 1066 1126 1158 1214...
        1860 1916 1948 2008 2062 2094 2124 2132...
```

```matlab
                        2142 2226 2228 2302 2334 2362 2386 2424...
                        2466 2510 2574 2578 2648 2650 2692 2730...
                        2796 2800 2830 2900 2906 2982 2996 3052];
            ZeroContinualPilotCarriers =[0 1244 1276 1280 1326 1378 1408 ...
                1508 1537 1538 1566 1666 1736 1748 1794 1798 1830 3075];
    elseif Sys_OFDM_MODE == 2
        ValidCarrierNum = 628;
        DataCarrierNum = 522;
        ContinualPilotNum = 18;
        ScatteredPilotNum = 78;
        ZeroPad_carriers = 396;
        ZeroPad_Ensemble = 18;
        xid_file = xid_2M_file;
        txid_num = 37;
        sync_num = 314;
        DirectorContinualPilotCarriers =[20 32 72 88 128 146 154 156 ...
            470 472 480 498 538 554 594 606];
        ZeroContinualPilotCarriers =[0 216 220 250 296 313 314 330 ...
            388 406 410 627];
end
N=53;
SignalContinualPilotCarriers=zeros(1,64);
ext_iter = zeros(1,4);
cnt_signal=zeros(53,3076);
tic
fcsrrc = Fcs * (ValidCarrierNum+2)/2;%4e6;
figureindex = 0;
%生成连续导频
load a a
for p=1:16
    for i=1:16:64
            SignalContinualPilotCarriers(i+p-1)=BPSK_Mapping(a(p));
    end
end
%生成 TXID 信号
if 1
    disp('Generating signal of tx id...');
    txid_code = txid_region_code;
    txid = load(xid_file);
    txid = txid(txid_code+1, :);
    txid =[0 1-2 * txid(1:floor(txid_num/2)) ...
    zeros(1,fft_pnts_txid-txid_num-1) 1-2 * txid(floor(txid_num/2)+1:txid_num)];
    %txid = ifft(txid,fft_pnts_txid) * sqrt(fft_pnts_txid);
    txid = ifft([txid zeros(1, fft_pnts-fft_pnts_txid)], fft_pnts) * fft_pnts/sqrt(fft_pnts_txid);
    txid = txid(1:fft_pnts/fft_pnts_txid:fft_pnts);
    Num = Tu_id/T;
    times = Num/fft_pnts_txid;
    txid_resample = zeros(1, Num);
```

```
for cnts = 0:times-1
    txid_resample(cnts+1:times:(fft_pnts_txid-1) * times+cnts+1) = txid;
end
txid_even = txid_resample;
txid_code = txid_txer_code;
txid = load(xid_file);
txid = txid(txid_code+1, :);
txid = [0 1-2 * txid(1:floor(txid_num/2)) ...
zeros(1,fft_pnts_txid-txid_num-1) 1-2 * txid(floor(txid_num/2)+1:txid_num)];
txid = ifft([txid zeros(1, fft_pnts-fft_pnts_txid)], fft_pnts) * fft_pnts/sqrt(fft_pnts_txid);
txid = txid(1:fft_pnts/fft_pnts_txid:fft_pnts);
for cnts = 0:times-1
    txid_resample(cnts+1:times:(fft_pnts_txid-1) * times+cnts+1) = txid;
end
txid_odd = txid_resample;
clear txid_resample;
save txid txid_even txid_odd;
else
    load txid;
end
%生成同步头%
if 1
    disp('Generating signal of sync...');
    prbs_sync = [0 1 1 1 0 1 0 1 1 0 1];
    sync_signal = zeros(1, sync_num);
    for i=1:sync_num
        sync_signal(i) = prbs_sync(1);
        temp = mod(prbs_sync(1)+prbs_sync(3), 2);
        prbs_sync = [prbs_sync(2:11) temp];
    end
    sync_signal = [0 1-2 * sync_signal(1:floor(sync_num/2)) ...
    zeros(1,fft_pnts_sync-sync_num-1) 1-2 * sync_signal(floor(sync_num/2)+1:sync_num)];
    sync_signal=ifft([sync_signal zeros(1, fft_pnts-fft_pnts_sync)], ...
    fft_pnts) * fft_pnts/sqrt(fft_pnts_sync);
    sync_signal = sync_signal(1:fft_pnts/fft_pnts_sync:fft_pnts);
    Num = Tu_sync/T;
    times = Num/fft_pnts_sync;
    if 0
        figureindex = figureindex + 1;
        figure(figureindex);
        plot_OFDMTimeSig = abs(fftshift(fft(sync_signal)));
        subplot(211);
        f = -fft_pnts_sync/2 * Fcs_sync:Fcs_sync:(fft_pnts_sync/2-1) * Fcs_sync;
        plot(f,20 * log10(plot_OFDMTimeSig));
        xlabel('frequency (KHz)');
        ylabel('magnitude (dB)');
        title(' Sync Spectrum');
        grid on;
```

```
            subplot(212);
            [Pxx, W] = pwelch(sync_signal, chebwin(256), 128, fft_pnts_sync);
            Pxx = 10 * log10(fftshift(Pxx))
            plot_Pxx = Pxx - max(Pxx);
            plot(f, plot_Pxx);
            xlabel('frequency (KHz)');
            ylabel('power spectral density (dB)');
            title('Power Spectrum Density');
            grid on;
            clear plot_OFDMTimeSig f Pxx W plot_Pxx;
        end
        sync_signal_resample = zeros(1, Num);
        for cnts = 0:times-1
            sync_signal_resample(cnts+1:times:(fft_pnts_sync-1) * times+cnts+1) = sync_signal;
        end
        sync_signal = sync_signal_resample;
        clear sync_signal_resample;
        save sync_signal sync_signal;
    else
        load sync_signal;
    end
    %生成扰码序列%
    prbs_init_reg = prbs_init_regs(prbs_mode, :);
    Si = zeros(1, ValidCarrierNum * 53);
    Sq = zeros(1, ValidCarrierNum * 53);
    for PcCounter = 1:ValidCarrierNum * 53
        Si(PcCounter) = prbs_init_reg(1);
        Sq(PcCounter) = prbs_init_reg(4);
        RegNew = mod(sum(prbs_init_reg([1 2 5 7])), 2);
        prbs_init_reg = [prbs_init_reg(2:12) RegNew];
    end
    Pc = complex(1-2 * Si, 1-2 * Sq)/sqrt(2);
    save prbs_pc Pc;
    clear Pc;
    %成帧%
    NumGI=Tgi/T;
    Wt=0.5+0.5 * cos(pi+pi * (0:T:(Tgi-T))/Tgi);
    Pos=1;
    ValidDataPos = 0;
    SignalLastFrameForGI = zeros(1, NumGI);
    SignalLastFrameForGI_noclip = zeros(1, NumGI);
    ValidCarrier=[];
    ValidCarrier1=[];
    if 1
        disp('Generating ensemble signal...');
        for TimeSlot_Var = 0:Ensemble_SimNum-1
            disp(['The ' num2str(TimeSlot_Var+1) 'th time slot generating...']);
            assert(Pos == NumEsemble * TimeSlot_Var+1);
```

```
%TXID%
if mode(TimeSlot_Var,2) == 0
    txid = txid_even;
else
    txid = txid_odd;
end
Num = Tu_id/T;
NumCP = Tcp_id/T;
SignalEnsemble(Pos:Pos+NumGI-1)=txid(Num-NumCP-NumGI+1:Num-…
NumCP) .* Wt + SignalLastFrameForGI .* (1-Wt);
SignalEnsemble_nocode(Pos:Pos+NumGI-1)=txid(Num-NumCP-…
NumGI+1:Num-NumCP) .* Wt + SignalLastFrameForGI_noclip .* (1-Wt);
Pos = Pos+NumGI;
SignalEnsemble(Pos:Pos+NumCP-1) = txid(Num-NumCP+1:Num);
SignalEnsemble_nocode(Pos:Pos+NumCP-1) = txid(Num-NumCP+1:Num);
Pos = Pos+NumCP;
SignalEnsemble(Pos:Pos+Num-1) = txid;
SignalEnsemble_nocode(Pos:Pos+Num-1) = txid;
Pos = Pos+Num;
SignalLastFrameForGI = txid(1:NumGI);
SignalLastFrameForGI_nocode = txid(1:NumGI);
%同步头%
Num = Tu_sync/T;
SignalEnsemble(Pos:Pos+NumGI-1) = sync_signal(Num-NumGI+1:Num) .* Wt…
+ SignalLastFrameForGI .* (1-Wt);
SignalEnsemble_nocode(Pos:Pos+NumGI-1)=sync_signal(Num-…
NumGI+1:Num) .* Wt + SignalLastFrameForGI_nocode .* (1-Wt);
Pos = Pos+NumGI;
SignalEnsemble(Pos:Pos+Num-1) = sync_signal;
SignalEnsemble_nocode(Pos:Pos+Num-1) = sync_signal;
Pos = Pos+Num;
SignalEnsemble(Pos:Pos+Num-1) = sync_signal;
SignalEnsemble_nocode(Pos:Pos+Num-1) = sync_signal;
Pos = Pos+Num;
SignalLastFrameForGI = sync_signal(1:NumGI);
SignalLastFrameForGI_nocode = sync_signal(1:NumGI);
%OFDM信号%
for framecnt = 0:52
    disp(['The ' num2str(framecnt+1) 'th ofdm signal generating…']);
    if mod(framecnt,2) == 0
        ScatteredPilotInit = 1;
    else
        ScatteredPilotInit = 5;
    end
    %OFDM频域信号%
    ScatteredPilotCarriers = zeros(1,ScatteredPilotNum);
    ScatteredPilotCarriers(1:ScatteredPilotNum/2) =…
    8 * (0:ScatteredPilotNum/2-1)+ScatteredPilotInit;
```

```matlab
ScatteredPilotCarriers(ScatteredPilotNum/2+1:ScatteredPilotNum) = ...
8 * (ScatteredPilotNum/2:ScatteredPilotNum-1)+ScatteredPilotInit+2;
ContinualPilotNum=0;
ValidCarrierSig = zeros(1, ValidCarrierNum);
for ValidCarrierCnt = 0:ValidCarrierNum-1
    if find(ZeroContinualPilotCarriers==ValidCarrierCnt)
        ValidCarrierSig(ValidCarrierCnt+1) = BPSK_Mapping(0);
    elseif find(DirectorContinualPilotCarriers==ValidCarrierCnt)
        ContinualPilotNum=ContinualPilotNum+1;
        ValidCarrierSig(ValidCarrierCnt+1)=...
        SignalContinualPilotCarriers(ContinualPilotNum);
    elseif find(ScatteredPilotCarriers==ValidCarrierCnt)
        ValidCarrierSig(ValidCarrierCnt+1) = 1;
    else
        ValidDataPos = ValidDataPos+1;
        switch modulationMode
            case 'BPSK'
                ValidData(ValidDataPos) = randint();
                ValidCarrierSig(ValidCarrierCnt+1)=...
                BPSK_Mapping(ValidData(ValidDataPos));
            case 'QPSK'
                ValidData(ValidDataPos) = randi([0 3],1,1);
                %ValidData(ValidDataPos) = randint(1,1,4);
                ValidCarrierSig(ValidCarrierCnt+1)=...
                QPSK_Mapping(ValidData(ValidDataPos));
            case '16QAM'
                ValidData(ValidDataPos) = randi([0 15],1,1);
                ValidCarrierSig(ValidCarrierCnt+1)=...
                QAM16_Mapping(ValidData(ValidDataPos));
            otherwise
                error('Modulation not supported');
        end
    end
end
%加扰%
load prbs_pc;
ValidCarrierSig= ValidCarrierSig. * ...
Pc(framecnt * ValidCarrierNum+1:(framecnt+1) * ValidCarrierNum);
ValidCarrier=[ValidCarrier ValidCarrierSig];
%IFFT 变换%
OFDMSig =[zeros(1, 1) ValidCarrierSig(1:ValidCarrierNum/2) ...
zeros(1,1019) ValidCarrierSig(ValidCarrierNum/2+1:ValidCarrierNum)];
OFDMSig = ifft(OFDMSig, fft_pnts) * sqrt(fft_pnts);
%OFDM 组帧%
NumCP = Tcp/T;
Num = Tu/T;
times = Num/fft_pnts;
OFDMSig_resample = zeros(1, Num);
```

```
            OFDMSig_nocode = zeros(1, Num);
            for cnts = 0:times-1
                OFDMSig_resample(cnts+1:times:(fft_pnts-1) * times+cnts+1)=...
                OFDMSig;
            end
            SignalEnsemble(Pos:Pos+NumGI-1)=OFDMSig_resample(Num-NumCP-...
            NumGI+1:Num-NumCP) . * Wt + SignalLastFrameForGI . * (1-Wt);
            Pos = Pos+NumGI;
            SignalEnsemble(Pos:Pos+NumCP-1)=OFDMSig_resample(Num-...
            NumCP+1:Num);
            Pos = Pos+NumCP;
            SignalEnsemble(Pos:Pos+Num-1) = OFDMSig_resample;
            Pos = Pos+Num;
            SignalLastFrameForGI = OFDMSig_resample(1:NumGI);
            clear OFDMSig_resample   ValidCarrierSig ValidDataRev;
        end
    end
    save ValidData ValidData;
    save SignalEnsemble SignalEnsemble;
else
    load ValidData ValidData;
    load SignalEnsemble SignalEnsemble;
end
if 1
    disp('Oversample and filter...');
    Hdlow = filter1;%(fs/2, fover);
    %Upconverter (incomplished)
    %chips = [SignalEnsemble;zeros(q-1,L)];
    %chips = reshape(chips, 1, L * q);
    if 0
        figureindex = figureindex + 1;
        figure(figureindex);
        plot_OFDMTimeSig = abs(fftshift(fft(chips)));
        plot_OFDMTimeSig = plot_OFDMTimeSig/max(plot_OFDMTimeSig);
        f = (-L * q/2:L * q/2-1)/L/q * fover;
        plot(f, 20 * log10(plot_OFDMTimeSig));
        xlabel('frequency (Hz)');
        ylabel('magnitude (dB)');
        title('OFDM Spectrum before filter');
        grid on;
    end

    %升采样%
    OFDM_Signall = upsample(SignalEnsemble, q);
    OFDM_Signall=complex(conv(real(OFDM_Signall), ...
    Hdlow. numerator * q),conv(imag(OFDM_Signall), Hdlow. numerator * q));
    OFDM_Signall=OFDM_Signall((length(Hdlow. numerator)-1)/2+1:end-...
    (length(Hdlow. numerator)-1)/2);
```

```
                save OFDM_Signall OFDM_Signall;
        else
                load OFDM_Signall OFDM_Signall;
        end
        %Rayleigh 信道%
        p1=[ 0.057662 0.576809   0.407163   0.303585 0.258782 0.061831 0.150340 0.051534
        0.185074 0.400967  0.295723  0.350825  0.262909  0.225894  0.170996  0.149723  0.240140
        0.116587 0.221155 0.259730];
        q1=[4.885121 3.419109 5.864470 2.215894 3.758058 5.430202 3.952093 1.093586 5.775198
        0.154459 5.928383 3.053023 0.628578 2.128544 1.099463 3.462951 3.664773 2.833799
        3.334290 0.393889];
        ti=[1.003019 5.422091 0.518650 2.751772 0.602895 1.016585 0.143556 0.153832 3.324866
        1.935570 0.429948 3.228872 0.848831 0.073883 0.203952 0.194207 0.924450 1.381320
        0.640512 1.368671];
        ti1=fix(ti/0.025);
        K=1/(sqrt(sum(p1.^2)));
        li=sqrt(-1);
        Signal_channel=zeros(size(OFDM_Signall));
        p2=circshift(p1,1);
        q2=circshift(q1,5);
        ti2=circshift(ti,8);
        for i=1:20
            Signalstest= K * p1(i) * exp(-2 * pi * li * q1(i)) * circshift(OFDM_Signall, ti1(i));
            % Signalstest= K * p1(i) * exp(-2 * pi * li * q1(i)) * circshift(OFDM_Signal.', ti(i)).';
            %Signalstest=   K * p1(i) * circshift(OFDM_Signal.', ti1(i)).';
            %Signalstestcode=   K * p2(i) * exp(-2 * pi * li * q2(i)) * circshift(chips.', ti2(i)).';
            Signal_channel=Signal_channel+Signalstest;
        end
        Signal_channel1=Signal_channel;
        len=length(OFDM_Signall);
        N=len;
        fd=0.1 * Fcs;
        %Signal_channel1=Signal_channel. * exp(sqrt(-1) * 2 * pi * fd. * [0:len-1]/N);
        %高斯信道接收解调和 BER 分析%
        SNRS = [0:0.5:20];
        for SNRindex = 1:length(SNRS)
            Signal_channel = awgn(Signal_channel1, SNRS(SNRindex), 'measured');
            %同步%
            disp('sync searching...');
            samples = length(sync_signal);
            theta = zeros(1, samples * q);
            r2 = sync_signal;
            for i=1:samples * q%k-samples * q
                r1 = Signal_channel(i:q:i+q * (samples-1));
                gamma = r1 * r2';
                epsilon = r1 * r1'+r2 * r2';
                theta(i) = gamma * gamma'/epsilon/epsilon;
            end
```

```
%theta = theta(100:end);
SyncPos = find(theta==max(theta(10:end)));
SyncPos =SyncPos(1); %1633
%figureindex = figureindex + 1;
%figure(figureindex);
%stem(theta(10:end));
%降采样
Signal_channel=[Signal_channel Signal_channel(1:800)];
Signal_rev = Signal_channel(SyncPos:q:end);
clear r2 r1 gamma epsilon theta;
if 0
    SyncSignalReceived = Signal_rev(1:samples);
    SyncSignalReceived = fft(SyncSignalReceived)/sqrt(samples);
    figureindex = figureindex + 1;
    figure(figureindex);
    plot(real(SyncSignalReceived), imag(SyncSignalReceived),'.b',[-1 0 1], 0,'.r');
    title('Received SYNC Symbol');legend('received', 'ideal');
    amp = 1.5;
    axis([-amp amp -amp amp]);
    clear SyncSignalReceived;
end
disp('Receiving and demodulating ofdm signal...');
Signal_rev = Signal_rev(2*samples+1+round((Tgi+Tcp)*fft_pnts/Tu):end);
OFDM_Signall = zeros(53,fft_pnts);
for i=1:53
    offset = (i-1)*round((Tgi+Tcp+Tu)*fft_pnts/Tu)+1;
    OFDM_Signall(i,:) = Signal_rev(offset:offset+fft_pnts-1);
end
OFDM_Signall = fft(OFDM_Signall.',fft_pnts)/sqrt(fft_pnts);
OFDM_Signall=OFDM_Signall([2:ValidCarrierNum/2+1 fft_pnts-...
ValidCarrierNum/2+1:fft_pnts], :);
OFDM_Signall = reshape(OFDM_Signall, 1, 53*ValidCarrierNum);
disp('Descramble...');
load prbs_pc;
%   Pc1=Pc(1:3076*53);
OFDM_Signall = OFDM_Signall./Pc;
clear Pc;
OFDM_Signall = reshape(OFDM_Signall, ValidCarrierNum, 53).';
% scatterplot(OFDM_Signall);
ValidDataRev = zeros(53, DataCarrierNum);
disp('Get off pilots carriers...');
ScatteredPilotCarriersEven=[1:8:8*(ScatteredPilotNum/2-1)+1...
8*(ScatteredPilotNum/2)+3:8:8*(ScatteredPilotNum-1)+3];
ScatteredPilotCarriersOdd=[5:8:8*(ScatteredPilotNum/2-1)+5...
8*(ScatteredPilotNum/2)+7:8:8*(ScatteredPilotNum-1)+7];
ContinualPilotCarriers = [ZeroContinualPilotCarriers DirectorContinualPilotCarriers];
k0=1;
k1=1;
```

```
%LS 信道估计%
if 0
    ValidDataRev_ScatteredPilot=zeros(size(OFDM_Signall));
    for i=1:ValidCarrierNum
        if (find([ScatteredPilotCarriersEven]==i-1))
            ValidDataRev_ScatteredPilot(1:2:53, i) = OFDM_Signall(1:2:53, i);
        elseif (find([ScatteredPilotCarriersOdd]==i-1))
            ValidDataRev_ScatteredPilot(2:2:53, i) = OFDM_Signall(2:2:53, i);
        end
    end
    D1=find(ValidDataRev_ScatteredPilot(1,:));
    D2=find(ValidDataRev_ScatteredPilot(2,:));
    Hp=ValidDataRev_ScatteredPilot;
    HL=Hp;
    %时域线性插值%
    HL(2:2:52,D1)=(HL((2:2:52)-1,D1)+HL((2:2:52)+1,D1))/2;
    HL(1,D2)=HL(2,D2)-(HL(4,D2)-HL(2,D2))/2;
    HL(3:2:51,D2)=(HL((3:2:51)-1,D2)+HL((3:2:51)+1,D2))/2;
    HL(53,D2)=HL(52,D2)-(HL(50,D2)-HL(52,D2))/2;
    Hl=HL.';%
    %频域线性插值
    HL(:,1)=HL(:,2)-(HL(:,6)-HL(:,2))/2;
    HL(:,3076)=HL(:,3072)-(HL(:,3072-4)-HL(:,3072))/2;
    for k=0:(384-2)
        for t=1:3
            HL(:,2+k*4+t)=(1-t/3)*HL(:,2+k*4)+(t/3)*HL(:,2+(k+1)*4);
        end
    end
    for t=1:5
        HL(:,1534+t)=(1-t/5)*HL(:,1534)+(t/5)*HL(:,1540);
    end
    for k=0:(384-1)
        for t=1:3
            HL(:,1538+2+k*4+t)=(1-...
            t/3)*HL(:,1538+2+k*4)+(t/3)*HL(:,1538+2+(k+1)*4);
        end
    end
    OFDM_Signall=OFDM_Signall./HL;
end
%判决%
k0=1;
k1=1;
for i=1:ValidCarrierNum
    if (find([ContinualPilotCarriers ScatteredPilotCarriersEven]==i-1))
        assert(k0<=DataCarrierNum+1);
    else
        ValidDataRev(1:2:53, k0) = OFDM_Signall(1:2:53, i);
        k0=k0+1;
```

```
                end
                if (find([ContinualPilotCarriers ScatteredPilotCarriersOdd]==i-1))
                    assert(k1<=DataCarrierNum+1);
                else
                    ValidDataRev(2:2:53, k1) = OFDM_Signall(2:2:53, i);
                    k1=k1+1;
                end
            end
        disp('Demodulating...');
        switch modulationMode
            case 'BPSK'
                Const = BPSK_Mapping(0:1);
            case 'QPSK'
                Const = QPSK_Mapping(0:3);
            case '16QAM'
                Const = QAM16_Mapping(0:15);
            otherwise
                error('Modulation not supported');
        end
        ValidDataRev = reshape(ValidDataRev.', Ensemble_SimNum * 53 * DataCarrierNum, 1).';
        ValidDataRev1=ValidDataRev(1:2610 * 53);
        for i=1:length(ValidDataRev)
            [c x] = min(abs(Const-ValidDataRev(i)));
            ValidDataRev(i) = x-1;
        end
        %SER 和 BER 分析%
        disp('Calculating BER...');
        ValidData=ValidData(1:2610 * 53);
        diff = ValidDataRev-ValidData;
        %catterplot(ValidDataRev,1,0,'rx');
        SER(SNRindex) = sum(abs(diff)>1e-6)/length(ValidDataRev);
        bit_recev_noclip = dec2bin(ValidDataRev,2);
        bit_recev_noclip = reshape(bit_recev_noclip.',1,[]);
        bit_ori = dec2bin(ValidData,2);
        bit_ori = reshape(bit_ori.',1,[]);
        diff = bit_recev_noclip - bit_ori;
        BER(SimNum,SNRindex) = sum(abs(diff)>1e-6)/length(diff);
        clear diff;
    end
end
ber=mean(BER,1);
figure;
hold on;
semilogy(SNRS,ber,'r')
grid on;
hold off;
title('BER of transimited data')
xlabel('SNR/dB')
```

```
ylabel('BER')
end
```

程序 4-1 为双同步头 OFDM 发射/接收、无线信道建模分析、BER 分析实验平台主程序，第 2 章中程序 2-22～程序 2-25 为程序 4-1 调用的子程序模块。

4.4.2 实验结果分析

表 4-3 给出了实验平台(程序 4-1)OFDM 系统各项参数，无线信道选择表 4-2 中的瑞利信道模型及参数。

表 4-3   OFDM 实验平台参数

带宽模式	8M
IFFT/FFT 载波个数	4K
有效子载波	3076
数据子载波	2610
离散导频/连续导频	384/82
调制模式	QPSK/16QAM

如图 4-19 所示，信号经过瑞利信道后，经过独立多径的衰减、相偏、时延影响的星座离散情况，表现为噪声干扰和衰减条件下星座图整体偏移。如图 4-20 所示，信号经过多普勒频移和噪声干扰之后，表现为相位旋转和离散。如图 4-21 所示，经过信道估计并均衡的信号星座图，对瑞利衰落有一定程度的抵消，表现为噪声和补偿误差等效噪声条件下的信号离散。

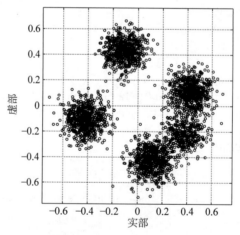

图 4-19   瑞利信道下的失真信号星座图

如图 4-22 所示，通过实验平台，仿真了经过信道失真和信道失真补偿之后的 SNR-BER 曲线，并比对了 QPSK、16QAM 星座映射 OFDM 调制系统的抗干扰能力。OFDM 信号在信道失真场景下表现为极大的误码，甚至于 16QAM 条件下，信号无法解调，显示了星座映射阶数越高，抗干扰能力越下降的趋势。而经过信道估计和均衡补偿后的 OFDM 信号，BER 获得了极大的改善，由此可以得出结论，在无线信道条件下，信号失真较大以至于难以解调或无法解调，必须通过高效的信道补偿才能保证传输性能。

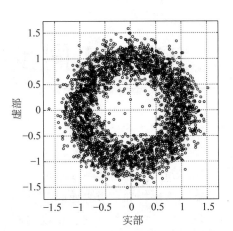

图 4-20　多普勒效应条件下的信号失真星座图

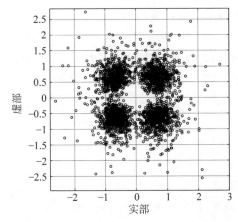

图 4-21　信道失真补偿条件下的信号失真星座图

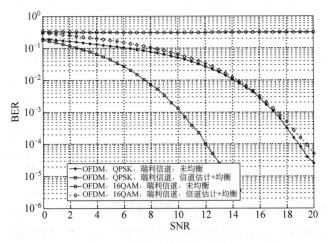

图 4-22　OFDM 系统瑞利信道失真分析(SNR/dB)

第 5 章

OFDM 同步技术

源代码

移动通信的地面射频信号受到障碍物和信道界面的影响,通常会以多径方式传播,使得信号经由不同路径到达,产生多径效应,增加了空间自由度的同时也造成了时延拓展,导致不同路径到达信号的错位叠加,产生码间干扰。同时由于高速移动本身信道的多普勒效应,会引起时变特征和频谱扩展问题。为了克服移动通信中固有的多径效应和多普勒效应问题,同步和信道估计在接收端是必不可少的。

OFDM 由于实现简单、可抵抗信道多径衰落的优势,在全世界范围获得了极为成功的商业应用。但也存在诸多亟须解决的问题,例如 OFDM 系统对同步误差和载波频偏极其敏感,调制信号存在高峰均比引起的功放失真等缺陷。同步是 OFDM 系统中的关键性技术问题。随着 5G 通信的发展,超高频、大带宽得以广泛使用,通信系统对时间和频率偏差更为敏感,精确地实现载波同步、时钟同步与定时同步,是系统优越性和先进性的重要保障和先决条件。所谓同步是指收发双方在时间、频域甚至空域上步调一致,故又称为时间、频率、空间同步。任何通信系统都会配置完整的信号发射和接收过程,而接收信号实际上就是从噪声干扰与信道畸变中提取有效信号,获取完整的发送信息。提取信号就是估计信号的某个或数个特征参数,如振幅、频率、相位与时间等。同步的主要过程就是信号参数的估值过程。本章主要从 OFDM 同步信号的性能要求、同步信号的提取方法、OFDM 数字通信的同步系统结构及同步信号对通信系统误码率的影响等方面对 OFDM 系统中的同步技术进行介绍。

5.1　OFDM 同步系统结构及同步偏差分析

5.1.1　OFDM 同步系统结构

如图 5-1 所示,OFDM 接收机通常分为内接收机和外接收机两部分,其中内接收机主要包含同步、信道估计和均衡极大模块,广义上整个内接收机信号恢复的过程都可定义为同步,狭义的同步主要指时间、频域的资源片精确定位;而外接收机主要包含信道译码和信源解码,实现误比特的校正、解复用和信源呈现。

如图 5-2 所示,OFDM 采用了频域复用和时间复用技术,发射机的调制过程完成了时间和频域的二维资源分配,提升了资源利用率和信道容量,并可支持相关通道的正交隔离,获得了极大的鲁棒性优势。保证上述优势的前提是在解调的过程中实现精确的资源界定和识别,即时间窗、带宽范围的精准同步。在接收机对子载波进行解调之前必须进行两项同步

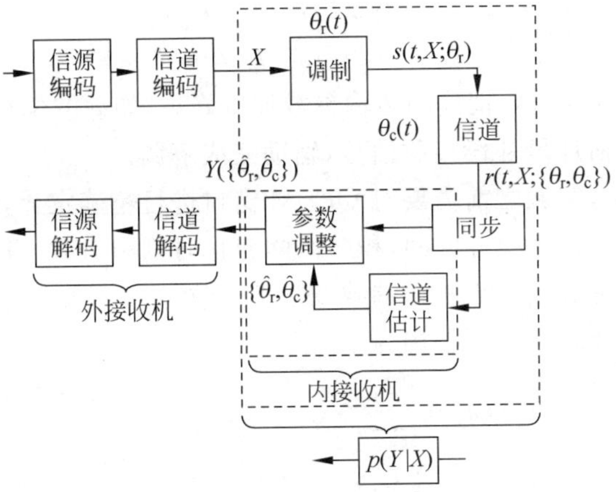

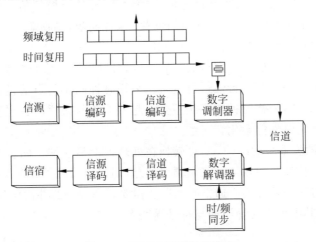

图 5-1　OFDM 系统结构图

工作：找出符号边界的位置和最佳的时间间隔(最佳的时间间隔一般是一个符号帧的长度)，以规避信道间干扰(ICI)和符号间干扰(ISI)；估计和补偿接收信号的载波频率偏移，因为任何偏移都会引入子载波间干扰和符号间干扰。尽管 OFDM 系统相对于单载波系统来说对相位噪声和频率偏差更为敏感，但是事实证明，利用循环前缀和加入特殊的 OFDM 训练符号等方法，可以获得较好的时间同步和频率同步。

图 5-2　OFDM 系统同步模块

　　OFDM 系统数学模型中，通过在 IFFT/FFT 窗口内进行载波调整，完成时间、频域的资源分配和信息携带。连续的 OFDM 基带调制和解调的数学表达式为

$$s(t) = \sum_{k=0}^{N-1} X_k \operatorname{rect}(t) \mathrm{e}^{\mathrm{j}2\pi f_k t} \tag{5-1}$$

式中，N 为载波数；$\operatorname{rect}(t)$ 为宽度为 T_s 的 IFFT/FFT 时间窗口；f_k 为第 k 个载波的调制频率；X_k 为 OFDM 符号第 k 个子载波所承载的频域符号。

$$\widetilde{X}_{\mathrm{m}} = \int_{t=0}^{T_s} \left[\sum_{k=0}^{N-1} X_k \operatorname{rect}(t) \mathrm{e}^{\mathrm{j}2\pi f_k t} \right] \mathrm{e}^{-\mathrm{j}2\pi f_{\mathrm{m}} t} \mathrm{d}t$$

$$= \begin{cases} X_{\mathrm{m}} T_{\mathrm{s}}, & k = m \\ 0, & k \neq m \end{cases} \tag{5-2}$$

式(5-2)所示解调过程需要精确的传输参数加以修正,如载波偏移、采样定时偏差、符号定时偏差等,亟须这些估计量补偿接收信号,辅助完成解调。

在模拟解调过程中,解调之前需要对 OFDM 窗口进行精确定界,完成符号定界的功能,具体地就是同步 OFDM 符号积分区间,积分区间起止时刻和 IFFT/FFT 窗口位置一致;载波同步,接收端本地振荡器频率与发送端载波频率一致。

而离散的 OFDM 调制和解调结构为

$$s(n) = \sum_{k=0}^{N-1} X_k \mathrm{e}^{\mathrm{j}2\pi \frac{n}{N}k} \tag{5-3}$$

$$\widetilde{X}_k = \sum_{k=0}^{N-1} r(k \Delta t) \, \mathrm{e}^{-\mathrm{j}2\pi f_{\mathrm{m}} k \Delta t} \Delta t$$

$$= T_{\mathrm{s}} \sum_{n=0}^{N-1} \left[\frac{1}{N} \sum_{k=0}^{N-1} X_k \mathrm{e}^{\mathrm{j}2\pi \frac{n-m}{N}k} \right] \tag{5-4}$$

$$= \begin{cases} X_k T_{\mathrm{s}}, & n = m \\ 0, & n \neq m \end{cases}$$

对应地,离散信号解调过程的同步主要完成:载波同步,接收端本地振荡器频率与发送端载波频率一致,值得注意的是数字信号的频偏估计、补偿与模拟信号的同步有着本质区别;定时同步,精确定时 OFDM 窗口开始的位置;采样同步,接收端 A/D 和发送端 D/A 时钟频率一致。通过定时同步、采样同步以及 OFDM 周期采样点数,可以确定 OFDM 窗口范围。符号同步的目的是找到 FFT 窗口的起始位置,可以采用特殊的训练序列来进行符号定时,也可以利用双同步头的相关特性进行定时。采样时钟同步的目的是使接收机的采样时钟频率和发射机的一致,采样时钟频率误差会引起 ICI,而且采样时钟误差还会导致符号定时的漂移,而使符号定时性能恶化。

图 5-3 为数字同步系统的结构,A/D 转换在处理器的最前端。同步可以通过多次迭代实现,首先通过相位估计和频域估计获得频率偏差,用以完成载波恢复,进而执行定时同步和采样同步,完成时间偏差补偿。通常时间同步需要频率偏差的补偿作为前提,因此频偏补偿先于时间补偿。其中采样时钟周期与符号周期无关。

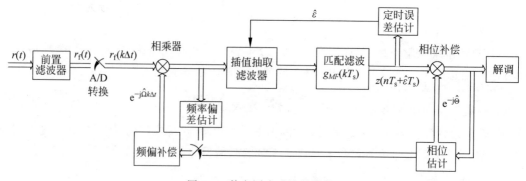

图 5-3 数字同步系统的结构

5.1.2　OFDM 同步偏差

OFDM 系统的同步技术分为时间同步和频率同步。下面将对 OFDM 系统的时间同步偏差和频率同步偏差加以分析。

1）频域偏差

在 OFDM 系统中,发射机基带调制的数字信号经 D/A 转换变换成模拟信号,经 RF 中心频率 f_c 上变频调制后通过无线信道传输,接收端 RF 接收解调模拟信号,进行下变频从 RF 搬移到基带。再经 A/D 数字化,最后送到 OFDM 解调器。由于发送端和接收端的载波频率存在偏差,每一个对 t 的信号采样都包含未知的相位因子 $e^{j2\pi\Delta f_c t}$,其中 Δf_c 是未知的载波频率偏差。为了不破坏子载波之间的正交性,在接收端进行 FFT 变换之前,必须对这个未知的相位因子进行估计和补偿。

如图 5-4 所示,发送端和接收端之间存在频率偏差 Δf_c,导致所有子载波都会一定程度地偏离发射机的调制频率,频偏产生的失真随着时间的延长而线性增大。造成频偏的原因主要为:

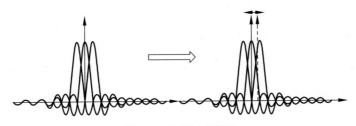

图 5-4　接收频率偏差

(1) 发射机和接收机中振荡器存在相对偏差。振荡器由于元器件老化、环境电气参数变化和电路噪声等原因,引起频率精度偏差。

(2) 发射台和接收台之间由于相对移动引起的多普勒频移。

为描述频偏产生的相位失真,设定通带信号为

$$\overline{s}(t) = \text{Re}[s(t)e^{j2\pi f_c t}] \tag{5-5}$$

式中,$s(t)$ 为基带等效信号；f_c 为中心频率。

接收环节的本地载波频率为 f_c',则接收机下变频及低通滤波后的信号为

$$\begin{aligned}
y(t) &= s(t)e^{j2\pi f_c t}e^{-j2\pi f_c' t} \\
&= s(t)e^{j2\pi(f_c - f_c')t}
\end{aligned} \tag{5-6}$$

式中,$e^{-j2\pi f_c' t}$ 为本地载波。

假设收发两端频偏为 $\mathrm{d}f = f_c - f_c'$,则归一化的频偏为载波间隔的系数:

$$\varepsilon = \frac{\mathrm{d}f}{\Delta f} \tag{5-7}$$

式中,Δf 为 OFDM 载波间隔。

将接收信号进行数字化采样,一个 OFDM 周期 T_s 内包含 N 个子载波,N 个采样点,则离散形式可以表示为

$$y(n) = s(n)e^{j2\pi df \frac{T_s}{N}n} \tag{5-8}$$

式中，$t = \dfrac{T_s}{N}n = n\Delta t$，$n$ 为时间 t 对应于周期的采样点，Δt 为采样间隔。

进一步地，由于载波间隔和周期是倒数关系 $\Delta f = \dfrac{1}{T_s}$，可以得到：

$$
\begin{aligned}
y(n) &= s(n)e^{j2\pi df \frac{T_s}{N}n} \\
&= s(n)e^{j2\pi\varepsilon \Delta f \frac{T_s}{N}n} \\
&= s(n)e^{j2\pi\varepsilon \frac{n}{N}}
\end{aligned}
\tag{5-9}
$$

载波频偏相当于时域采样序列增加了一个等效的指数因子 ε，也是采样失真产生的重要因素之一。载波频偏失真的影响随着时间延长不断增大。频偏对系统的影响可写为归一化频偏 ε 的函数。

考虑频偏对 OFDM 接收信号的影响，设定发射端基带信号的表示形式为

$$s(n) = \sum_{k=0}^{N-1} X_k e^{j2\pi \frac{n}{N}k} \tag{5-10}$$

接收端存在频率偏移，此时信号应表示为

$$y(n) = \sum_{k=0}^{N-1} X_k e^{j2\pi \frac{n}{N}(k+\varepsilon)} + w(n) \tag{5-11}$$

式中，$w(n)$ 为高斯白噪声。

接收信号经过 FFT 变换可得：

$$
\begin{aligned}
Y(l) &= \frac{1}{N}\sum_{n=0}^{N-1}\sum_{k=0}^{N-1} X_k e^{j2\pi \frac{n}{N}(k+\varepsilon)} e^{-j2\pi \frac{n}{N}l} + W(k) \\
&= \sum_{k=0}^{N-1} X_k \frac{\sin(\pi\varepsilon)e^{j\pi\varepsilon}}{N}\left(\cot\left(\frac{\pi}{N}(k+\varepsilon-l)\right) - j\right) + W(k)
\end{aligned}
\tag{5-12}
$$

式中，l 为接收端频域标号。

令 $S_{k-l} = \dfrac{\sin(\pi\varepsilon)e^{j\pi\varepsilon}}{N}\left(\cot\left(\dfrac{\pi}{N}(k+\varepsilon-l)\right) - j\right)$ 为频偏产生的相位失真，则有：

$$Y(l) = \sum_{k=0}^{N-1} X_k S_{k-l} + W(k) \tag{5-13}$$

如图 5-5 所示，由于频偏的存在，正交性被破坏，其他子载波都会对解调的频点产生干

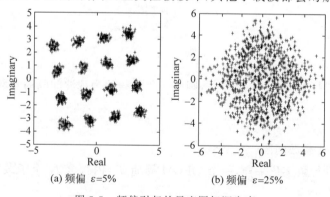

(a) 频偏 $\varepsilon=5\%$ (b) 频偏 $\varepsilon=25\%$

图 5-5　频偏引起的星座图解调失真

扰；S_{k-l} 为载波间干扰系数或 ICI 系数；当频偏存在时，接收星座图产生整体角度旋转，同时噪声引起信号星座图扩散。

频偏和频偏估计以载波间隔系数 ε 的形式描述和实现，具体可分为载波间隔的整数倍和小数倍的形式：

$$\mathrm{d}f = \varepsilon \Delta f = (D + d)\Delta f \tag{5-14}$$

式中，$D\Delta f$ 为整数倍载波间隔；$d\Delta f$ 为小数倍载波间隔。

如图 5-6(a)所示，当频偏为载波间隔的整数倍时，OFDM 信号在频域平移，等效于接收频域地址错位，并未引起正交性的破坏或产生载波间干扰和码间干扰，但是接收信号等效于错位乱码(误码率 50%)。

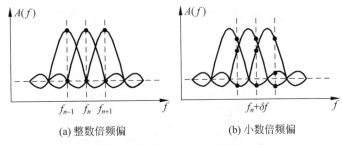

(a) 整数倍频偏　　　　　　　(b) 小数倍频偏

图 5-6　频谱的整数倍和小数倍偏移

如图 5-6(b)所示，当频偏为载波间隔的小数倍时，每个子载波频域符号产生相位旋转和幅值衰减；另外子频点的偏移导致了正交性的破坏，其他子载波对当前频域信号产生载波间干扰 S_{k-l}。

尽管时间偏差会破坏子载波之间的正交性，但是通常情况下可以忽略不计。当抽样错误可以被校正时，就可以用内插滤波器来控制它在正确的时间进行抽样。

2）定时偏差

OFDM 系统定时恢复与单载波系统的定时恢复不同，单载波系统的定时恢复是找到眼图张开最大时刻为最佳抽样时刻。OFDM 符号沿时间轴顺序传输，OFDM 符号由循环前缀和 OFDM 数据体组成，因此 OFDM 同步就是要确定 OFDM 数据体的开始时刻，即确定 FFT 窗的开始时刻。抽样时钟同步主要是指接收机和发射机的抽样时钟频率保持一致，抽样时钟频率偏差将导致 ICI，还将影响同步，因此首先假设抽样时钟同步是理想的。

理想的符号同步就是选择最佳的 FFT 窗，使子载波保持正交，且 ISI 被完全消除或者降至最小。由于使用了循环前缀技术，在保护范围内 OFDM 系统能够容忍一定的符号定时误差而无性能损失。所以 OFDM 系统对定时偏差的鲁棒性相对于频率偏差更强。

如图 5-7 所示，当定时偏差小于保护间隔长度时，在保护间隔保护范围内，定时偏差可以看作多径时延的一部分，减少了 OFDM 对多径时延的容忍能力。如果是定时超前，循环前缀作为保护间隔可以保证 OFDM 的完整性，不会产生 ISI 和 ICI，根据 IFFT 圆周循环定理，子载波相位旋转。如果是定时滞后，由于没有后保护，定时偏差导致后一个 OFDM 干扰当前 OFDM 符号(即 ISI)，ISI 同时破坏了载波间的正交约束，引起 ICI；同时时延偏差导致子载波相位旋转。在移动多媒体相关标准中，通常设置循环后缀作为后保护，以避免 ISI 和 ICI。

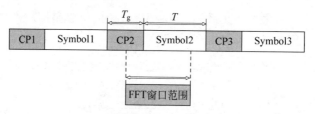

图 5-7　OFDM 定时同步偏差

如图 5-8 所示，在多径条件下，理想的定时并不一定是同步首径，因为移动场景中多径随机分布，并不存在直射径，能量最大径往往是中间的某一路径。定时同步算法往往是利用导频的相关性定时到最相关的一条路径，即能量最强径。相对于同步的主径而言，存在超前和滞后的其他路径，如果超前和滞后路径在保护间隔的保护范围以内，则不会产生 ISI 和 ICI。

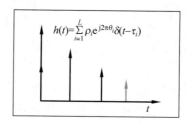

图 5-8　多径条件下的定时同步

考虑频偏对 OFDM 接收信号的影响，设定发射端基带信号的表示形式为

$$s(t) = \sum_{k=0}^{N-1} X_k e^{j2\pi k \Delta f t} \tag{5-15}$$

多径信道模型简单描述为

$$h(t) = \sum_{i=1}^{L} h_i(t)\delta(t - \tau_i) + w(t) \tag{5-16}$$

OFDM 经过多径信道，此时信号应表示为

$$y(t) = \sum_{i=1}^{L} h_i(t)s(t - \tau_i) + w(t) \tag{5-17}$$

3）采样同步偏差

如图 5-9 所示，采样频率的同步是指发射端的 D/A 转换器和接收端的 A/D 转换器的工作频率保持一致。一般地，收发两端的转换器之间的偏差较小，相对于载波频移的影响来说也较小，而一帧的数据如果不太长的话，只要保证了帧同步，可以忽略采样时钟不同步造成的漏采样或多采样，而只需要在一帧数据中补偿由于采样偏差造成的相位噪声。

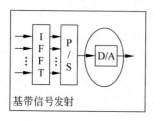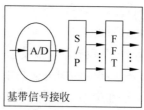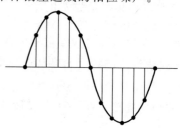

图 5-9　采样频率同步

在 D/A 和 A/D 模块中采样频率和采样时间间隔成反比：

$$\begin{cases} \dfrac{1}{f_{\text{samp}}} = \Delta t \\ T_{\text{s}} = \Delta t N \end{cases} \tag{5-18}$$

如果接收机的 A/D 模块采样频率偏大，会造成采样间隔偏小，导致积分区间缩短，在固定的 FFT 窗口周期内，OFDM 数据不完整，定时逐渐提前；如果 A/D 模块采样频率偏小，会造成采样间隔偏大，导致积分区间延长，OFDM 时延扩展到下一个 OFDM 符号，定时逐渐滞后。两种情况都会造成 ISI，并且破坏正交性，引起 ICI。

发射机基带时域信号的模拟形式为 $s(t) = \sum\limits_{k=0}^{N-1} X_k e^{j2\pi k \Delta f t}$，没有偏差的采样时刻为 $t = \dfrac{T_{\text{s}}}{N}n = n\Delta t$。当接收机 A/D 模块数字化的过程中存在时间偏差：

$$r(t + \mathrm{d}t) = r\left(\dfrac{T_{\text{s}}}{N}n'\right) \tag{5-19}$$

采样频率偏差也分为整数部分和小数部分的采样偏差：

$$n' = u + \zeta \tag{5-20}$$

式中，u 为整数倍频率偏差；ζ 为小数倍频率偏差。

采样频率偏差等效为频偏的相位抖动，造成的影响也是相位旋转和噪声离散。理想的采样时钟的时间间隔为 $\Delta t = \dfrac{T_{\text{s}}}{N}$，此时采样点和接收机匹配滤波器的最大点相吻合。当采样时间间隔存在偏差，表述为

$$\Delta t' = \Delta t + \delta \tag{5-21}$$

式中，δ 为设定采样时刻的绝对偏差。

为了方便分析偏差的影响，考虑采样偏差和采样时间间隔的倍数关系，设定归一化的采样偏差时刻为

$$\xi = \dfrac{\delta}{\Delta t} \tag{5-22}$$

采样偏差导致实际采样点偏离理想采样点，且随着时间推移和样本点的增加，漂移越来越大。

设定离散形式的发射机基带信号为 $s(n) = \sum\limits_{k=0}^{N-1} X_k e^{j2\pi \frac{n}{N}k}$，在采样时钟偏差条件下，接收信号可以表示为

$$y(n) = \sum\limits_{k=0}^{N-1} X_k e^{j2\pi \frac{(n+n\xi)}{N}k} \tag{5-23}$$

随着取样频率系数 k 的增加，取样误差也随之增大为 $(1+\xi)k$。接收信号 $y(n)$ 经过 FFT 变换，转换为频域表达式为

$$\begin{aligned} Y(l) &= \frac{1}{N} \sum\limits_{n=0}^{N-1} \sum\limits_{k=0}^{N-1} X_k e^{j2\pi \frac{(n+n\xi)}{N}k} e^{-j2\pi \frac{n}{N}l} + W(k) \\ &= \sum\limits_{k=0}^{N-1} X_k \frac{\sin(\pi(k+k\xi-l)) e^{j\pi\varepsilon}}{N\sin\left(\frac{\pi}{N}(k+k\xi-l)\right)} e^{j\pi\left(1-\frac{1}{N}\right)(k+k\xi-l)} + W(k) \end{aligned} \tag{5-24}$$

式中，l 为接收端频域标号。

令 $S'_{k-l} = \dfrac{\sin(\pi(k+k\xi-l))\mathrm{e}^{\mathrm{j}\pi\varepsilon}}{N\sin\left(\dfrac{\pi}{N}(k+k\xi-l)\right)}\mathrm{e}^{\mathrm{j}\pi\left(1-\frac{1}{N}\right)(k+k\xi-l)}$ 为采样偏差产生的相位失真，则有：

$$Y(l) = \sum_{k=0}^{N-1} X_k S'_{k-l} + W(k) \tag{5-25}$$

因此采样偏差也会导致 ICI，且 ICI 的大小与子载波的频率系数 l 相关。

本章不专门分析采样同步偏差的补偿方法，而将其看成频率偏差的一部分进行估计和补偿，由此频偏估计应对的频率偏差包含 A/D 偏差、多普勒频移等因素。

5.2　定时同步

同步对于任何数字通信系统来说都是重要的任务，没有精确的同步就不能对传送的数据进行可靠的恢复。可以说，同步是任何通信接收机实现的基础。OFDM 既可以用于广播类型的通信系统，又可以用于突发数据传输的通信系统，在同步的问题上二者可以采取的途径不尽相同。广播类型的系统传输的是连续的数据，因此最初需要经过较长的一段时间获得信息（同步捕获），之后转换成跟踪模式。突发通信系统通常采用分组的方式，需要在分组开始发送之后的很短时间内完成同步。由于 OFDM 信号结构特殊，使得很多为单载波系统设计的同步算法不能被采用，因此，必须从 OFDM 信号本身的角度出发来设计同步算法。

在数字电视/广播和电路交换蜂窝系统为代表的 OFDM 系统中，OFDM 往往执行日帧、分帧、秒帧的划分，最基本的帧单元和 OFDM 周期是连续规则的数据格式，且满足循环结构，时分和频分复用是静态的划分方式，因此结构和帧长都是恒定的格式，所以精确的定时同步很容易完成定界，且允许用较长时间重新捕获调整同步精度，减少一定时间内的同步次数。同时，广播类节目对于同步的时延误差要求相对较低，可以允许较长的同步捕获时间，因此对于同步时间消耗的约束不大，通常允许用较长的时间进行多次同步以获得估计精度的提升。

5.2.1　滑动窗口法定时同步

以 DVB 系列为例，如图 5-10 所示在 DVB 的时频二维结构中，设定一个或多个符号为空符号，后续帧的 OFDM 符号为正常的帧结构。接收端在接收连续信号时通过监测空符号标识的上升沿与下降沿，监测能量的连续过程来进行定界。

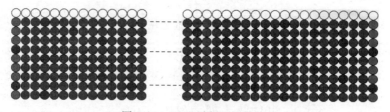

图 5-10　DVB 时频二维结构

如图 5-11 所示,采用滑动窗口法设定一个能量监测的窗口,包含 L 个采样点,进行自相关处理。

$$m_n = \sum_{k=0}^{L-1} r_{n-k} r_{n-k}^* = \sum_{k=0}^{L-1} \mid r_{n-k} \mid^2 \tag{5-26}$$

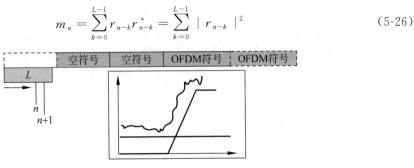

图 5-11　滑动窗口法

滑动的过程可以表示为窗前去掉第一个采样点,窗尾增加一个采样点,即所有采样点 $n+1$ 移位。

$$m_{n+1} = \sum_{k=0}^{L-1} r_{n+1-k} r_{n+1-k}^* = \sum_{k=0}^{L-1} \mid r_{n+1-k} \mid^2 \tag{5-27}$$

程序 5-1"energy_detection",滑动窗口能量检测法定时

```
function SyncPos＝energy_detection(chips_channel, sync_signal)
Recv1thOFDMzeros＝ chips_channel;
L＝length(sync_signal);％窗的长度 L
len＝length(Recv1thOFDMzeros);
M＝zeros(1,len);
for i＝1:len-L
    M(i)＝Recv1thOFDMzeros(i:i＋L-1) * (Recv1thOFDMzeros(i:i＋L-1))';
end
M1＝(M - min(M))/(max(M) - min(M));
％M2＝M1(20000,100000);
% plot(M1);
% xlim([20000,100000]);
% title('Sliding window energy detection');
% hold on;
% Y1＝ones(1,100000). * ((1/2) * (max(M1)-min(M1)));％0.5
% plot(Y1,'r');
M2＝M1(20001:100000);
[～,SyncPos]＝min(abs(M2-0.5));
clear M M1 Y1 len;
end
```

程序 5-1 为滑动窗口实现过程。图 5-12 为滑动窗口法定时同步时域能量监测遍历窗口,能量的变化可以作为有效信号的定界。利用滑动窗口的信号自相关方法监测能量,当没有接收到数据或滑动到空符号时,接收信号中只有噪声,能量明显小于有数据传输的时刻;当滑动到有效数据符号时,接收信号中包含有效信号成分,因此当接收能量值发生变化时可

以检测到有效 OFDM 符号。

滑动窗口法只能用于监测能量,因此监测的结果与信息内容无关,且监测过程搜索速度快,实现复杂度小。但同时存在一定的误差瓶颈:滑动窗口法仅用以区分有效信号和噪声,因此无法判定有效信号具体是什么标准格式和什么业务类型,无法执行帧同步功能,解决的方法是在授权频段内通过中频滤波保证监测信号的唯一性;当传输信号处于覆盖边缘,传播损耗较大或者噪声较强时,信号和噪声功率无法通过阈值区分,导致无法精确定界,并且定界的精度受噪声的影响较大,无法执行定时同步;当固定频段受到同频干扰时,无法通过噪声和信号的阈值区分边界和确定标准信号。因此滑动窗口法最大的缺陷是同步偏差过大。

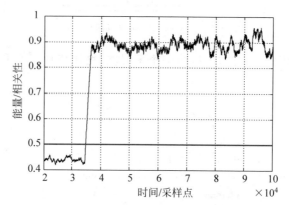

图 5-12　滑动窗口法定时同步时域能量监测遍历窗口

5.2.2　SC 定时同步

随着通信技术的发展和变革,以无线通信为代表的 OFDM 系统,如 WiFi(802.11a/b/n/ac/ad),4G/5G 通信标准,面临着更复杂、更高精度需求的同步场景。相对于广播电视直播场景,OFDM 通信系统传输的分组数据报具有随机接入和高速传输的特点,因此数据传输格式并不是连续的、时频二维静态分片的,而是需要接收端实时监测,在呼叫连接和数据传输的过程,需要实时确定分组窗口定界,获取分组的头部和尾部、分组的帧数。同步需要在极短的时间内捕获,且在一次性捕获的过程中精确定时,同时因分组长度不统一,也需要对帧尾进行精确的同步定界。传统互联网在有线通道传输时通过监测曼彻斯特编码的信号能量变化就可以获取精确的定界,但此种方法在无线衰落信道中并不可行,因为需要在分组首部、尾部设置同步信号帧,因为分组精度造成的失真或者残帧,会被丢弃。

在分组检测过程中,可通过设计相关性很强的同步头进行快速捕获,比如采用扩频序列作为 OFDM 同步头进行帧/定时同步时,可以通过优化扩频序列的正交特性提升相关性和抗噪能力,可以通过增加同步头的长度增加相关性和抗噪能力,还可以通过降低同步头的失真和噪声污染来提升相关性,以此获得同步精度的增强。

作为经典的同步结构,移动多媒体标准在帧头设计了两个相同的同步符号,用于快速同步和辅助信道估计。同步头由 $N/2$ 点的 IFFT 变换得到,长度为 OFDM 数据体的一半,载波间隔为 OFDM 数据体的 2 倍,频域信号为 BPSK 调制的扩频码,具备很强的相关性。

基于双同步结构的同步算法中比较经典的是 SC(Schmidl and Cox)定时同步法。

由图 5-13 可以看出两个同步符号是完全相同的 OFDM 同步序列,OFDM 同步符号由相关性很强的扩频码 IFFT 调制完成,且 OFDM 同步头长度为 OFDM 数据体周期的一半,即 OFDM 数据体的载波数为 N 时,OFDM 同步头的载波数为 $N/2$。另外双同步头结构用作频偏估计,可以同时解决时间和频域同步问题。频率偏差造成信号的相位偏差,而 SC 算法利用双同步头的互相关,近似于单同步头的自相关,而相关性对频率偏差不敏感,因此测量的精度与频偏无关。SC 定时同步的算法度量函数为

$$M(d) = \frac{|P(d)|^2}{R^2(d)} \tag{5-28}$$

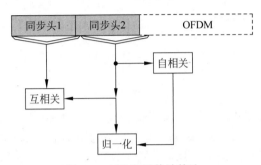

图 5-13　SC 定时估计算法

其中,$|P(d)|^2$ 表示将双同步头中所有的样本前同步与后同步对应的数据共轭相乘相加,即

$$P(d) = \sum_{m=0}^{N/2-1} r_{d+m}^* r_{d+m+\frac{N}{2}} \tag{5-29}$$

式中,d 是估计到的滑动窗的起始位置;$P(d)$ 是前同步头的数据能量。基于信号能量的判决也基于滑动窗机制,其表达式为

$$R(d) = \sum_{m=0}^{N/2-1} |r_{d+m+\frac{N}{2}}|^2 \tag{5-30}$$

在 SC 算法中,多径衰落不会影响度量函数。所以在 $M(d)$ 取得最大值时,d 就是符号起始位置,记作 $\hat{d}$,基于 SC 算法可以估计 FFT 的起始位置为

$$\hat{d} = \arg \max_d [M(d)] \tag{5-31}$$

程序 5-2"S_C",SC 定时估计

```
function SyncPos = S_C(sync_signal, chips_channel)
samples = length(sync_signal); %2048
Ns = samples * 2;
P1 = zeros(1, Ns * 2);
R1 = zeros(1, Ns * 2);
recv = chips_channel;
for d = 1+Ns/2:1:2 * Ns
    for m = 0:1:Ns/2-1
        P1(d-Ns/2) = P1(d-Ns/2) + conj(recv(d+m)) * recv(d+Ns/2+m);
        R1(d-Ns/2) = R1(d-Ns/2) + power(abs(recv(d+Ns/2+m)),2);
```

```
        end
    end
    M=power(abs(P1),2)./power(abs(R1),2);
    M1 = (M - min(M))/(max(M) - min(M));%归一化
    % d=1:1:Ns;
    % figure(1)
    % plot(d,M1(d));
    % grid on;
    % title('S&C');
    % xlabel('Time (sample)');
    % ylabel('Time');
    SyncPos = find(M==max(M(10:samples)));
    clear M M1;
    end
```

程序 5-2 为 SC 定时同步的实现过程。图 5-14 为 SC 定时估计遍历窗口,选择峰值采样点作为定时起始位置。基于双同步头的自相关性在受到噪声干扰的情况下会使 SC 算法产生明显的平台效应,而且信噪比越低平台效应就越明显,以至于 SC 算法在同步高精度要求下难以胜任;SC 算法的优点是 SC 这种对称结构和扩频比较容易生成,而且有着较强的稳定性,同时适用于时间和频域同步。

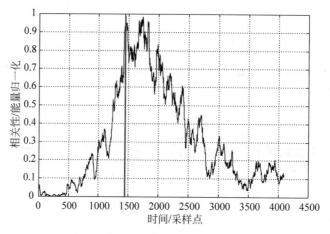

图 5-14　SC 定时估计遍历窗口

5.2.3　双滑动窗口法定时同步

如图 5-15 所示,双滑动窗口法定时同步算法类似于 SC 算法,信号帧由双同步头和 OFDM 数据体组成,类似于 SC 算法发送的信号帧由双同步头和 OFDM 数据体组成,为了进行时域同步,接收机存储无损的双同步头来进行定时估计。接收机利用本地的双同步头同接收信号进行互相关,当双同步窗口滑动到接收信号帧同步头的位置可以获得相关性最强的遍历值。同步过程中,设定 r_1 为接收数据,r_2 为接收器存储的同步头。利用本地无损的双同步头对接收信号进行相关性遍历,互相关公式为

$$\gamma(d) = \sum_{k=d}^{d+N} r_{1,k} r_{2,k}^* \qquad (5\text{-}32)$$

执行接收同步头与本地无损同步头的能量统计：

$$\Phi(d) = \sum_{k=d}^{d+N} |r_{1,k}|^2 + |r_{2,k}|^2 \qquad (5\text{-}33)$$

基于式(5-33)进行归一化：

$$\hat{d} = \arg \max_d \left[\frac{|\gamma(d)|^2}{\Phi(d)^2} \right] \qquad (5\text{-}34)$$

当 $\hat{d}$ 为先增后减的凸分布时,判定最大遍历值为 FFT 窗口的起始位置。

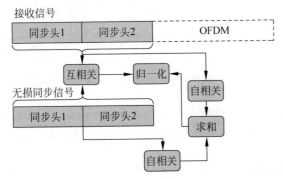

图 5-15 双滑动窗口法定时估计算法

程序 5-3"Double_sliding_window",双滑动窗口定时估计

```
function SyncPos＝Double_sliding_window(sync_signal, chips_channel)
q=4;%采样率
samples = length(sync_signal);
theta = zeros(1, samples * q);
r2 = sync_signal;
for i=1:samples * q
    r1 = chips_channel(i:q:i＋q * (samples-1));
    gamma = r1 * r2';
    epsilon = r1 * r1'＋r2 * r2';
    theta(i) = gamma * gamma'/epsilon/epsilon;
end
SyncPos = find(theta==max(theta(10:end)));
clear r2 r1 gamma epsilon theta;
end
```

程序 5-3 为双滑动窗口法定时同步过程。图 5-16 为双滑动窗口法定时估计算法遍历窗口,遍历结果表明双滑动窗口法可有效提升相关特性,容易通过峰值定位到精确的起始点。

双滑动窗口法相对于 SC 算法获得了精度的提升,且不存在平层效应。主要得益于以下几方面的改进:

(1) 实际参与相关性分析的同步头窗口长度变为原来的 2 倍,扩频序列构成 OFDM 同步头,增加同步头的长度可以提升相关性。

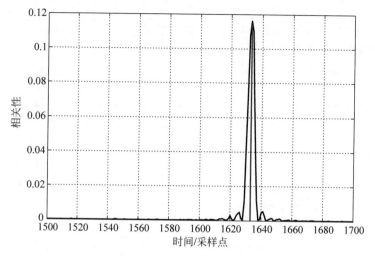

图 5-16　双滑动窗口法定时估计算法遍历窗口

（2）通过香农极限分析，降低同步头的噪声干扰可以提升相关性，接收机通过引入无损的同步头与接收信号的同步头进行同步，可以有效提升同步精度。

5.3　频偏估计

式（5-12）分析了离散信号的频率偏差，可以归一化成载波间隔的系数。

$$y(n) = \Big[\sum_{k=0}^{N-1} X_k \mathrm{e}^{\mathrm{j}2\pi\frac{n}{N}k} H_k \mathrm{e}^{\mathrm{j}2\pi\frac{n}{N}\epsilon}\Big] + w(n) \tag{5-35}$$

式中，$\varepsilon = \dfrac{\mathrm{d}f}{\Delta f} = \dfrac{\Delta\theta}{2\pi}$ 为相对频偏系数；H_k 为第 k 个子载波的信道衰落系数。

多径信道和多普勒频移都会产生相位偏移，但是二者有本质的区别。

如图 5-17 所示，在时频二维结构中多径产生的失真分为两部分，一部分是恒定失真，包含相位失真和幅值衰落，恒定失真部分在时域维和频域维一定范围内具备平坦特征；另一部分为多径时延，所有 OFDM 符号入射角的相偏在时域维满足平坦特征，但是时延等效的相偏在频域维存在频率选择性衰落特征。

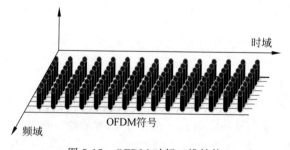

图 5-17　OFDM 时频二维结构

多普勒频移引起的相偏随着时间不断变化，但是相对值满足稳定特征。从时域角度，相邻 OFDM 的相位相对偏差满足平坦特征，固定频点相邻 OFDM 符号，子载波之间相位随着时间不断变化,但是相对偏差满足平坦特征。基于相位偏差的频偏估计正是利用相偏相对值的稳定特征来进行测算的。

5.3.1　小数倍频偏估计

如图 5-18 所示,Moose 频率同步采用双同步头结构,理想情况下假设接收信号已经完成精确定时。设定两个接收 OFDM 同步符号的时域导频序列为 $\boldsymbol{y}_1 = \{y_{1,n}\}$,$(n=0,1,2,\cdots,N)$ 和 $\boldsymbol{y}_2 = \{y_{2,n}\}$,$(n=0,1,2,\cdots,N)$;将双同步信号进行 FFT 变换,FFT 变换后的前同步导频序列中的第 k 个子载波的信号是 $Y_{1k} = R_{1k} + W_{1k}$,后同步导频序列中第 k 个子载波的信号是 $Y_{2k} = R_{1k} \mathrm{e}^{\mathrm{j}2\pi\epsilon} + W_{2k}$,其中,$R_{1k} = R_{2k}$ 为同步头第 k 个子载波频域导频,W_{1k} 和 W_{2k} 为加性噪声,$\mathrm{e}^{\mathrm{j}2\pi\epsilon}$ 为固定子载波在相邻 OFDM 周期内的相对相偏。

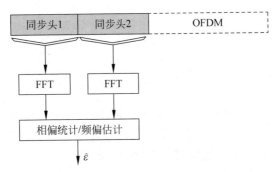

图 5-18　Moose 频率同步算法的训练符号结构

连续两个 OFDM 符号对应子载波的相对频率偏差引起的相位偏差由互相关函数获取:

$$
\begin{aligned}
Y_{2k} Y_{1k}^* &= (R_{1k} \mathrm{e}^{\mathrm{j}2\pi\epsilon} + W_{2k})(R_{1k} + W_{1k})^* \\
&= |R_{1k}|^2 \mathrm{e}^{\mathrm{j}2\pi\epsilon} + R_{1k} \mathrm{e}^{\mathrm{j}2\pi\epsilon} W_{1k}^* + R_{1k} W_{1k} + W_{2k} W_{1k}^*
\end{aligned}
\tag{5-36}
$$

式中,$R_{1k} \mathrm{e}^{\mathrm{j}2\pi\epsilon} W_{1k}^* + R_{1k} W_{1k} + W_{2k} W_{1k}^*$ 为估计误差函数。

根据欧拉变换,最后可以根据最大似然法估计出载波频偏,即

$$
\hat{\epsilon} = \frac{1}{2\pi} \tan^{-1} \left\{ \frac{\sum_{k=-K}^{K} \mathrm{Im}[Y_{2k} Y_{1k}^*]}{\sum_{k=-K}^{K} \mathrm{Re}[Y_{2k} Y_{1k}^*]} \right\}
\tag{5-37}
$$

由式(5-37)可知,$-1/2$ 到 $+1/2$ 的子载波间隔为 Moose 频率同步算法的最大频偏估计范围,可以通过所有子载波的加权平均统计得到。然而频域导频需要精确的时域同步,和复杂的 FFT 变换过程,限制了 Moose 频率同步算法的广泛应用。

既然频偏引起的相对相偏在时域维和频域维都存在相同的统计特性,那么,时域维的相偏检测将更为简单(规避了 FFT 变换的步骤),所以时域频偏估计相对而言更为普及。如图 5-19 所示,根据多普勒频移的相偏在时域维的统计特征,通过时域的互相关性统计相位偏差为

$$P(d) = \sum_{n=0}^{N-1} y_{1,n}^* y_{2,n}$$

$$= \sum_{n=0}^{N-1} y_{1,n}^* y_{1,n} \mathrm{e}^{\mathrm{j}\varphi} \qquad (5\text{-}38)$$

$$= \left(\sum_{n=0}^{N-1} y_{1,n}^* y_{1,n} \right) \mathrm{e}^{\mathrm{j}\varphi}$$

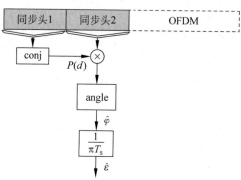

图 5-19　小数倍频偏估计

连续两个 OFDM 符号的时域相偏由频偏引起，即 $\mathrm{e}^{\mathrm{j}\varphi} = \mathrm{e}^{\mathrm{j}2\pi\varepsilon}$，由此可知相位偏移为

$$\hat{\varphi} = \mathrm{angle}\,[P(d)] \qquad (5\text{-}39)$$

式中，同步头的长度为 OFDM 数据体的 $1/2$，即 $T_\mathrm{s}/2$。

基于相位偏移得到频偏系数：

$$\varphi = 2\pi \frac{T_\mathrm{s}}{2}\varepsilon = \pi T_\mathrm{s}\varepsilon \qquad (5\text{-}40)$$

$$\varepsilon = \frac{\varphi}{\pi T_\mathrm{s}} \qquad (5\text{-}41)$$

因为观测到的相位偏差在 $[0, 2\pi]$，即无法统计整数倍 2π 的相位偏移。利用相位偏差估算频偏的算法只能获取小数倍频偏，无法估计整数倍频偏。

5.3.2　整数倍频偏估计

完成对小数倍频偏估计之后，可以利用同步信号中频域导频的相关性来完成整数倍频偏的估计。整数倍频偏需要通过统计频域频谱搬移获得：

设定两个相同的同步头作为频偏估计的导频，每个同步头载波数为 $2N$ 的 OFDM 信号，即载波间隔为 $\Delta f/2$，载波数为 $2N$，在有效频域导频数 N 的基础上进行频域间隔插零获得。

图 5-20 为整数倍频偏估计的原理图。在时域定时双同步的基础之上，首先补偿接收到的同步信号的小数倍频偏 V_k，并基于接收频域同步信号进行相关性扫描，互相关公式为

$$\tilde{\gamma}(d) = \sum_{k \leqslant N} X_{1,k+2g}^* V_k^* X_{2,k+2g} \qquad (5\text{-}42)$$

统计其中一个接收同步头的能量：

$$\tilde{\Phi}(d) = \sum_{k \leqslant N} |X_{2,k}|^2 \qquad (5\text{-}43)$$

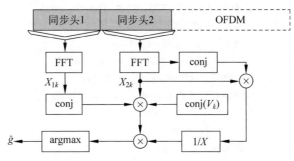

图 5-20 整数倍频偏估计的原理图

基于式(5-43)进行归一化：

$$\hat{g} = \arg \max_g \left[\frac{|\tilde{\gamma}(d)|^2}{2\Phi(d)^2} \right] \tag{5-44}$$

当存在整数倍频偏时，通过相关性的扫描可以统计得到存在相关性的载波数，相对频偏的载波相关性近似为 0，通过统计 $\hat{g}$ 与 N 的关联度，计算出整数倍频偏的数值。

5.4 OFDM 同步系统仿真和性能分析

5.4.1 OFDM 同步系统实验仿真模型

仿真视频

程序 5-4"OFDM_synchronization"，OFDM 同步系统仿真分析模型

```
function OFDM_synchronization
format long;
warning off
clear all;
clc;
OFDM_SimNum＝2;
BER＝zeros(OFDM_SimNum,41);
for SimNum＝1:OFDM_SimNum
    %参数设置%
    Ensemble_SimNum ＝ 1;
    Sys_OFDM_MODE ＝ 8;%8MHz 模式
    %modulationMode ＝'16QAM';%'QPSK';
    modulationMode ＝'QPSK';
    bitwidth ＝ 18;
    xid_8M_file ＝ 'xid_8M.dat';%TS 流文件
    xid_2M_file ＝ 'xid_2M.dat';
    prbs_mode ＝ 2;
    txid_region_code ＝ 100;%0～127
    txid_txer_code ＝ 228;%128～255
    fs ＝ 1e7;%采样频率
    q＝4; %采样倍数
    fover ＝ q * fs;
    %固定参数设置%
```

```
Fcs_id = 39062.5;%发射机识别标识 TXID 载波间隔，39.0625kHz
Tu_id = 0.0000256;%TXID OFDM 周期，25.6μs
Tcp_id = 0.0000104;%TXID 循环前缀，10.4μs
Fcs_sync = 4882.8125;%同步头载波间隔，4.8828125kHz
Tu_sync = 0.0002048;%同步头 OFDM 周期，204.8μs
Fcs = 2441.40625;%数据 OFDM 载波间隔，2.44140625kHz
Tu = 0.0004096;%OFDM 周期，409.6μs
Tcp = 0.0000512;%OFDM 循环前缀，51.2μs
Tgi = 0.0000024;%保护间隔 GI，2.4μs
%参数生成%
fft_pnts = 512 * Sys_OFDM_MODE;%IFFT 点数
fft_pnts_txid = 32 * Sys_OFDM_MODE;
fft_pnts_sync = 256 * Sys_OFDM_MODE;
T = 1/fs;
Tofdm = Tu+Tcp+Tgi;%OFDM 符号总长度
Tid = Tu_id+Tcp_id+Tgi;%TXID OFDM 符号总长度
Tsync = 2 * Tu_sync+Tgi;%同步头总长度
Tensemble = Tofdm * 53+Tsync+Tid;%时隙长度
NumEsemble = round(Tensemble/T);
prbs_init_regs =[...
    0 0 0 0 0 0 0 0 0 0 0 1;
    0 0 0 0 1 0 0 1 0 0 1 1;
    0 0 0 0 0 1 0 0 1 1 0 0;
    0 0 1 0 1 0 1 1 0 0 1 1;
    0 1 1 1 0 1 0 0 0 1 0 0;
    0 0 0 0 0 1 0 0 1 1 0 0;
    0 0 0 1 0 1 1 0 1 1 0 1;
    0 0 1 0 1 0 1 1 0 0 1 1];
if Sys_OFDM_MODE == 8
    ValidCarrierNum = 3076;%有效载波数
    DataCarrierNum = 2610;%数据载波数
    ContinualPilotNum = 82;%连续导频数
    ScatteredPilotNum = 384;%离散导频数
    ZeroPad_carriers = 1020;
    ZeroPad_Ensemble = 90;
    xid_file = xid_8M_file;
    txid_num = 191;
    sync_num = 1536;
    DirectorContinualPilotCarriers =[...
        22   78   92   168  174  244  274  278...
        344  382  424  426  496  500  564  608...
        650  688  712  740  772  846  848  932...
        942  950  980  1012 1066 1126 1158 1214...
        1860 1916 1948 2008 2062 2094 2124 2132...
        2142 2226 2228 2302 2334 2362 2386 2424...
        2466 2510 2574 2578 2648 2650 2692 2730...
        2796 2800 2830 2900 2906 2982 2996 3052];
```

```
    ZeroContinualPilotCarriers =[0 1244 1276 1280 1326 1378 1408 ...
        1508 1537 1538 1566 1666 1736 1748 1794 1798 1830 3075];
elseif Sys_OFDM_MODE == 2
    ValidCarrierNum = 628;
    DataCarrierNum = 522;
    ContinualPilotNum = 18;
    ScatteredPilotNum = 78;
    ZeroPad_carriers = 396;
    ZeroPad_Ensemble = 18;
    xid_file = xid_2M_file;
    txid_num = 37;
    sync_num = 314;
    DirectorContinualPilotCarriers =[20 32 72 88 128 146 154 156 ...
        470 472 480 498 538 554 594 606];
    ZeroContinualPilotCarriers =[0 216 220 250 296 313 314 330 ...
        388 406 410 627];
end
N=53;
SignalContinualPilotCarriers=zeros(1,64);
ext_iter = zeros(1,4);
cnt_signal=zeros(53,3076);
tic
fcsrrc = Fcs * (ValidCarrierNum+2)/2;%4e6;
figureindex = 0;
%生成连续导频
load a a
for p=1:16
    for i=1:16:64
        SignalContinualPilotCarriers(i+p-1)=BPSK_Mapping(a(p));
    end
end
%生成 TXID 信号
if 1
    disp('Generating signal of tx id...');
    txid_code = txid_region_code;
    txid = load(xid_file);
    txid = txid(txid_code+1,:);
    txid =[0 1-2 * txid(1:floor(txid_num/2)) ...
    zeros(1,fft_pnts_txid-txid_num-1) 1-2 * txid(floor(txid_num/2)+1:txid_num)];
    %txid = ifft(txid,fft_pnts_txid) * sqrt(fft_pnts_txid);
    txid = ifft([txid zeros(1, fft_pnts-fft_pnts_txid)], fft_pnts) * fft_pnts/sqrt(fft_pnts_txid);
    txid = txid(1:fft_pnts/fft_pnts_txid:fft_pnts);
    Num = Tu_id/T;
    times = Num/fft_pnts_txid;
    txid_resample = zeros(1, Num);
    for cnts = 0:times-1
        txid_resample(cnts+1:times:(fft_pnts_txid-1) * times+cnts+1) = txid;
```

```
            end
            txid_even = txid_resample;
            txid_code = txid_txer_code;
            txid = load(xid_file);
            txid = txid(txid_code+1, :);
            txid = [0 1-2 * txid(1:floor(txid_num/2)) ...
            zeros(1, fft_pnts_txid-txid_num-1) 1-2 * txid(floor(txid_num/2)+1:txid_num)];
            txid = ifft([txid zeros(1, fft_pnts-fft_pnts_txid)], fft_pnts) * fft_pnts/sqrt(fft_pnts_txid);
            txid = txid(1:fft_pnts/fft_pnts_txid:fft_pnts);
            for cnts = 0:times-1
                txid_resample(cnts+1:times:(fft_pnts_txid-1) * times+cnts+1) = txid;
            end
            txid_odd = txid_resample;
            clear txid_resample;
            save txid txid_even txid_odd;
        else
            load txid;
        end
        %生成同步头%
        if 1
            disp('Generating signal of sync...');
            prbs_sync = [0 1 1 1 0 1 0 1 1 0 1];
            sync_signal = zeros(1, sync_num);
            for i=1:sync_num
                sync_signal(i) = prbs_sync(1);
                temp = mod(prbs_sync(1)+prbs_sync(3), 2);
                prbs_sync = [prbs_sync(2:11) temp];
            end
            sync_signal = [0 1-2 * sync_signal(1:floor(sync_num/2)) ...
            zeros(1, fft_pnts_sync-sync_num-1) 1-2 * sync_signal(floor(sync_num/2)+1:sync_num)];
            sync_signal=ifft([sync_signal zeros(1, fft_pnts-fft_pnts_sync)], ...
            fft_pnts) * fft_pnts/sqrt(fft_pnts_sync);
            sync_signal = sync_signal(1:fft_pnts/fft_pnts_sync:fft_pnts);
            Num = Tu_sync/T;
            times = Num/fft_pnts_sync;
            sync_signal_resample = zeros(1, Num);
            for cnts = 0:times-1
                sync_signal_resample(cnts+1:times:(fft_pnts_sync-1) * times+cnts+1) = sync_
        signal;
            end
            sync_signal = sync_signal_resample;
            clear sync_signal_resample;
            save sync_signal sync_signal;
        else
            load sync_signal;
        end
        %生成扰码序列%
```

```
prbs_init_reg = prbs_init_regs(prbs_mode, :);
Si = zeros(1, ValidCarrierNum * 53);
Sq = zeros(1, ValidCarrierNum * 53);
for PcCounter = 1:ValidCarrierNum * 53
    Si(PcCounter) = prbs_init_reg(1);
    Sq(PcCounter) = prbs_init_reg(4);
    RegNew = mod(sum(prbs_init_reg([1 2 5 7])),2);
    prbs_init_reg = [prbs_init_reg(2:12) RegNew];
end
Pc = complex(1-2 * Si, 1-2 * Sq)/sqrt(2);
save prbs_pc Pc;
clear Pc;
%成帧%
NumGI=Tgi/T;
Wt=0.5+0.5 * cos(pi+pi * (0:T:(Tgi-T))/Tgi);
Pos=1;
ValidDataPos = 0;
SignalLastFrameForGI = zeros(1, NumGI);
SignalLastFrameForGI_noclip = zeros(1, NumGI);
ValidCarrier=[];
ValidCarrier1=[];
if 1
    disp('Generating ensemble signal...');
    for TimeSlot_Var = 0:Ensemble_SimNum-1
        disp(['The ' num2str(TimeSlot_Var+1) 'th time slot generating...']);
        assert(Pos == NumEsemble * TimeSlot_Var+1);
        %TXID%
        if mode(TimeSlot_Var,2) == 0
            txid = txid_even;
        else
            txid = txid_odd;
        end
        Num = Tu_id/T;
        NumCP = Tcp_id/T;
        SignalEnsemble(Pos:Pos+NumGI-1)=txid(Num-NumCP-NumGI+1:Num- ...
        NumCP. * Wt + SignalLastFrameForGI . * (1-Wt);
        SignalEnsemble_nocode(Pos:Pos+NumGI-1)=txid(Num-NumCP- ...
        VNumGI+1:Num-NumCP) . * Wt + SignalLastFrameForGI_noclip . * (1-Wt);
        Pos = Pos+NumGI;
        SignalEnsemble(Pos:Pos+NumCP-1) = txid(Num-NumCP+1:Num);
        SignalEnsemble_nocode(Pos:Pos+NumCP-1) = txid(Num-NumCP+1:Num);
        Pos = Pos+NumCP;
        SignalEnsemble(Pos:Pos+Num-1) = txid;
        SignalEnsemble_nocode(Pos:Pos+Num-1) = txid;
        Pos = Pos+Num;
        SignalLastFrameForGI = txid(1:NumGI);
        SignalLastFrameForGI_nocode = txid(1:NumGI);
```

```matlab
%同步头%
Num = Tu_sync/T;
SignalEnsemble(Pos:Pos+NumGI-1) = sync_signal(Num-NumGI+1:Num) . * Wt...
+ SignalLastFrameForGI . * (1-Wt);
SignalEnsemble_nocode(Pos:Pos+NumGI-1)=sync_signal(Num- ...
NumGI+1:Num). * Wt + SignalLastFrameForGI_nocode . * (1-Wt);
Pos = Pos+NumGI;
SignalEnsemble(Pos:Pos+Num-1) = sync_signal;
SignalEnsemble_nocode(Pos:Pos+Num-1) = sync_signal;
Pos = Pos+Num;
SignalEnsemble(Pos:Pos+Num-1) = sync_signal;
SignalEnsemble_nocode(Pos:Pos+Num-1) = sync_signal;
Pos = Pos+Num;
SignalLastFrameForGI = sync_signal(1:NumGI);
SignalLastFrameForGI_nocode = sync_signal(1:NumGI);
%OFDM 信号%
for framecnt = 0:52
    disp(['The ' num2str(framecnt+1) 'th ofdm signal generating...']);
    if mod(framecnt,2) == 0
        ScatteredPilotInit = 1;
    else
        ScatteredPilotInit = 5;
    end
    %OFDM 频域信号%
    ScatteredPilotCarriers = zeros(1,ScatteredPilotNum);
    ScatteredPilotCarriers(1:ScatteredPilotNum/2) = ...
    8 * (0:ScatteredPilotNum/2-1)+ScatteredPilotInit;
    ScatteredPilotCarriers(ScatteredPilotNum/2+1:ScatteredPilotNum) = ...
    8 * (ScatteredPilotNum/2:ScatteredPilotNum-1)+ScatteredPilotInit+2;
    ContinualPilotNum=0;
    ValidCarrierSig = zeros(1, ValidCarrierNum);
    for ValidCarrierCnt = 0:ValidCarrierNum-1
        if find(ZeroContinualPilotCarriers==ValidCarrierCnt)
            ValidCarrierSig(ValidCarrierCnt+1) = BPSK_Mapping(0);
        elseif find(DirectorContinualPilotCarriers==ValidCarrierCnt)
            ContinualPilotNum=ContinualPilotNum+1;
            ValidCarrierSig(ValidCarrierCnt+1)=...
            SignalContinualPilotCarriers(ContinualPilotNum);
        elseif find(ScatteredPilotCarriers==ValidCarrierCnt)
            ValidCarrierSig(ValidCarrierCnt+1) = 1;
        else
            ValidDataPos = ValidDataPos+1;
            switch modulationMode
                case 'BPSK'
                    ValidData(ValidDataPos) = randint();
                    ValidCarrierSig(ValidCarrierCnt+1)=...
                    BPSK_Mapping(ValidData(ValidDataPos));
```

```
                case 'QPSK'
                    ValidData(ValidDataPos) = randi([0 3],1,1);
                    %ValidData(ValidDataPos) = randint(1,1,4);
                    ValidCarrierSig(ValidCarrierCnt+1)=...
                        QPSK_Mapping(ValidData(ValidDataPos));
                case '16QAM'
                    ValidData(ValidDataPos) = randi([0 15],1,1);
                    ValidCarrierSig(ValidCarrierCnt+1)=...
                        QAM16_Mapping(ValidData(ValidDataPos));
                otherwise
                    error('Modulation not supported');
            end
        end
    end
    %加扰%
    load prbs_pc;
    ValidCarrierSig=ValidCarrierSig. * ...
    Pc(framecnt * ValidCarrierNum+1:(framecnt+1) * ValidCarrierNum);
    ValidCarrier=[ValidCarrier ValidCarrierSig];
    %IFFT 变换%
    OFDMSig=[zeros(1, 1) ValidCarrierSig(1:ValidCarrierNum/2) zeros(1,1019) ...
    ValidCarrierSig(ValidCarrierNum/2+1:ValidCarrierNum)];
    OFDMSig = ifft(OFDMSig, fft_pnts) * sqrt(fft_pnts);
    %OFDM 组帧%
    NumCP = Tcp/T;
    Num = Tu/T;
    times = Num/fft_pnts;
    OFDMSig_resample = zeros(1, Num);
    OFDMSig_nocode = zeros(1, Num);
    for cnts = 0:times-1
        OFDMSig_resample(cnts+1:times:(fft_pnts-1) * times+cnts+1)= ...
        OFDMSig;
    end
    SignalEnsemble(Pos:Pos+NumGI-1)=OFDMSig_resample(Num-NumCP-...
    NumGI+1:Num-NumCP) . * Wt + SignalLastFrameForGI . * (1-Wt);
    Pos = Pos+NumGI;
    SignalEnsemble(Pos:Pos+NumCP-1)=OFDMSig_resample(Num-...
    NumCP+1:Num);
    Pos = Pos+NumCP;
    SignalEnsemble(Pos:Pos+Num-1) = OFDMSig_resample;
    Pos = Pos+Num;
    SignalLastFrameForGI = OFDMSig_resample(1:NumGI);
    clear OFDMSig_resample   ValidCarrierSig ValidDataRev;
    end
end
save ValidData ValidData;
save SignalEnsemble SignalEnsemble;
```

```
else
    load ValidData ValidData;
    load SignalEnsemble SignalEnsemble;
end

if 1
    disp('Oversample and filter...');
    Hdlow = filter1;%(fs/2, fover);
    %Upconverter (incomplished)
    %chips = [SignalEnsemble;zeros(q-1,L)];
    %chips = reshape(chips, 1, L*q);
    %升采样%
    OFDM_Signall = upsample(SignalEnsemble, q);
    OFDM_Signall=complex(conv(real(OFDM_Signall), ...
    Hdlow.numerator*q), conv(imag(OFDM_Signall), Hdlow.numerator*q));
    OFDM_Signall=OFDM_Signall((length(Hdlow.numerator)-1)/2+1:end-...
    (length(Hdlow.numerator)-1)/2);
    save OFDM_Signall OFDM_Signall;
else
    load OFDM_Signall OFDM_Signall;
end
%Rayleigh 信道%
p1=[ 0.057662 0.576809   0.407163   0.303585 0.258782 0.061831 0.150340 0.051534
    0.185074 0.400967 0.295723 0.350825 0.262909 0.225894 0.170996 0.149723 0.240140
    0.116587 0.221155 0.259730];
q1=[4.885121 3.419109 5.864470 2.215894 3.758058 5.430202 3.952093 1.093586 5.775198
    0.154459 5.928383 3.053023 0.628578 2.128544 1.099463 3.462951 3.664773 2.833799
    3.334290 0.393889];
ti=[1.003019 5.422091 0.518650 2.751772 0.602895 1.016585 0.143556 0.153832 3.324866
    1.935570 0.429948 3.228872 0.848831 0.073883 0.203952 0.194207 0.924450 1.381320
    0.640512 1.368671]*100;
ti1=fix(ti/0.025);
K=1/(sqrt(sum(p1.^2)));
li=sqrt(-1);
Signal_channel=zeros(size(OFDM_Signall));
p2=circshift(p1,1);
q2=circshift(q1,5);
ti2=circshift(ti,8);
for i=1:20
    Signalstest=   K*p1(i)*exp(-2*pi*li*q1(i))*circshift(OFDM_Signall,ti1(i));
    Signal_channel=Signal_channel+Signalstest;
end
Signal_channel1=Signal_channel;
%高斯信道接收解调和 BER 分析%
SNRS = [0:0.5:30];
for SNRindex = 1:length(SNRS)
    chips_channel = awgn(Signal_channel1,SNRS(SNRindex),'measured');
```

```
%同步%
sync_type＝2;
disp('sync searching…');
% %单滑动窗口能量检测%
%if sync_type＝＝1%未设置空符号
%     SyncPos＝energy_detection(chips_channel,sync_signal);
%end
%S&C 同步算法%
if sync_type＝＝2
    SyncPos＝S_C(sync_signal,chips_channel);
end
%双滑动窗口同步算法%
if sync_type＝＝3
    SyncPos＝Double_sliding_window(sync_signal,chips_channel);
end
samples ＝ length(sync_signal);
%降采样
chips_channel＝[chips_channel chips_channel(1:10000)];
Signal_rev ＝ chips_channel(SyncPos:q:end);
clear r2 r1 gamma epsilon theta;
disp('Receiving and demodulating ofdm signal…');
Signal_rev ＝ Signal_rev(2 * samples＋1＋round((Tgi＋Tcp) * fft_pnts/Tu):end);
OFDM_Signall ＝ zeros(53,fft_pnts);
for i＝1:53
    offset ＝ (i-1) * round((Tgi＋Tcp＋Tu) * fft_pnts/Tu)＋1;
    OFDM_Signall(i,:) ＝ Signal_rev(offset:offset＋fft_pnts-1);
end
OFDM_Signall ＝ fft(OFDM_Signall.',fft_pnts)/sqrt(fft_pnts);
OFDM_Signall＝OFDM_Signall([2:ValidCarrierNum/2＋1 fft_pnts-…
ValidCarrierNum/2＋1:fft_pnts],:);
OFDM_Signall ＝ reshape(OFDM_Signall, 1, 53 * ValidCarrierNum);
disp('Descramble…');
load prbs_pc;
%Pc1＝Pc(1:3076 * 53);
OFDM_Signall ＝ OFDM_Signall./Pc;
clear Pc;
OFDM_Signall ＝ reshape(OFDM_Signall, ValidCarrierNum, 53).';
% scatterplot(OFDM_Signall);
ValidDataRev ＝ zeros(53, DataCarrierNum);
disp('Get off pilots carriers…');
ScatteredPilotCarriersEven＝[1:8:8 * (ScatteredPilotNum/2-1)＋1 …
8 * (ScatteredPilotNum/2)＋3:8:8 * (ScatteredPilotNum-1)＋3];
ScatteredPilotCarriersOdd＝[5:8:8 * (ScatteredPilotNum/2-1)＋5…
8 * (ScatteredPilotNum/2)＋7:8:8 * (ScatteredPilotNum-1)＋7];
ContinualPilotCarriers ＝ [ZeroContinualPilotCarriers DirectorContinualPilotCarriers];
k0＝1;
k1＝1;
```

```
%LS 信道估计%
if 1
    ValidDataRev_ScatteredPilot=zeros(size(OFDM_Signall));
    for i=1:ValidCarrierNum
        if (find([ScatteredPilotCarriersEven]==i-1))
            ValidDataRev_ScatteredPilot(1:2:53, i) = OFDM_Signall(1:2:53, i);
        elseif (find([ScatteredPilotCarriersOdd]==i-1))
            ValidDataRev_ScatteredPilot(2:2:53, i) = OFDM_Signall(2:2:53, i);
        end
    end
    D1=find(ValidDataRev_ScatteredPilot(1, :));
    D2=find(ValidDataRev_ScatteredPilot(2, :));
    Hp=ValidDataRev_ScatteredPilot;
    HL=Hp;
    % %linear interpolation in time
    HL(2:2:52,D1)=(HL((2:2:52)-1,D1)+HL((2:2:52)+1,D1))/2;
    HL(1,D2)=HL(2,D2)-(HL(4,D2)-HL(2,D2))/2;
    HL(3:2:51,D2)=(HL((3:2:51)-1,D2)+HL((3:2:51)+1,D2))/2;
    HL(53,D2)=HL(52,D2)-(HL(50,D2)-HL(52,D2))/2;
    Hl=HL.';%%LMMS
    %linear interpolation in frequency
    HL(:,1)=HL(:,2)-(HL(:,6)-HL(:,2))/2;
    HL(:,3076)=HL(:,3072)-(HL(:,3072-4)-HL(:,3072))/2;
    for k=0:(384-2)
        for t=1:3
            HL(:,2+k*4+t)=(1-t/3)*HL(:,2+k*4)+(t/3)*HL(:,2+(k+1)*4);
        end
    end
    for t=1:5
        HL(:,1534+t)=(1-t/5)*HL(:,1534)+(t/5)*HL(:,1540);
    end
    for k=0:(384-1)
        for t=1:3
            HL(:,1538+2+k*4+t)=(1-...
            t/3)*HL(:,1538+2+k*4)+(t/3)*HL(:,1538+2+(k+1)*4);
        end
    end
    OFDM_Signall=OFDM_Signall./HL;
end
%判决%
k0=1;
k1=1;
for i=1:ValidCarrierNum
    if (find([ContinualPilotCarriers ScatteredPilotCarriersEven]==i-1))
        assert(k0<=DataCarrierNum+1);
    else
        ValidDataRev(1:2:53, k0) = OFDM_Signall(1:2:53, i);
```

```
                    k0＝k0＋1;
                end
                if (find([ContinualPilotCarriers ScatteredPilotCarriersOdd]＝＝i-1))
                    assert(k1<＝DataCarrierNum＋1);
                else
                    ValidDataRev(2:2:53, k1) = OFDM_Signall(2:2:53, i);
                    k1＝k1＋1;
                end
            end
            disp('Demodulating...');
            switch modulationMode
                case 'BPSK'
                    Const = BPSK_Mapping(0:1);
                case 'QPSK'
                    Const = QPSK_Mapping(0:3);
                case '16QAM'
                    Const = QAM16_Mapping(0:15);
                otherwise
                    error('Modulation not supported');
            end
            ValidDataRev = reshape(ValidDataRev.', Ensemble_SimNum * 53 * DataCarrierNum, 1).';
            ValidDataRev1＝ValidDataRev(1:2610 * 53);
            for i＝1:length(ValidDataRev)
                [c x] = min(abs(Const-ValidDataRev(i)));
                ValidDataRev(i) = x-1;
            end
            %SER 和 BER 分析%
            disp('Calculating BER...');
            ValidData＝ValidData(1:2610 * 53);
            diff = ValidDataRev-ValidData;
            %catterplot(ValidDataRev,1,0,'rx');
            SER(SNRindex) = sum(abs(diff)> 1e-6)/length(ValidDataRev);
            bit_recev_noclip = dec2bin(ValidDataRev,2);
            bit_recev_noclip = reshape(bit_recev_noclip.',1,[]);
            bit_ori = dec2bin(ValidData,2);
            bit_ori = reshape(bit_ori.',1,[]);
            diff = bit_recev_noclip - bit_ori;
            BER(SimNum,SNRindex) = sum(abs(diff)> 1e-6)/length(diff);
            clear diff;
        end
end
ber＝mean(BER,1);
figure;
hold on;
semilogy(SNRS,ber,'r')
grid on;
hold off;
```

```
title('BER of transimited data')
xlabel('SNR/dB')
ylabel('BER')
end
```

程序 5-4 为双同步头 OFDM 同步系统仿真分析模型实验平台主程序,第 2 章程序 2-22～程序 2-25 和第 5 章程序 5-1～程序 5-3 为程序 5-4 调用的子程序模块。

5.4.2 实验结果分析

表 5-1 给出了实验平台(程序 5-4)OFDM 系统各项参数,无线信道选择瑞利信道模型及参数。

表 5-1　OFDM 实验平台参数

带宽模式	8M
IFFT/FFT 载波个数	4K
有效子载波	3076
数据子载波	2610
离散导频/连续导频	384/82
调制模式	QPSK/16QAM

如图 5-21 所示,信号经过瑞利信道后,因为多径时延的影响,导致信号混叠。滑动窗口法能量检测不适合定时同步,由此本实验选择 SC 定时同步和双滑动窗口同步算法进行同步性能检验,基于 BER 分析同步的影响和精度。由图 5-21 可知,双滑动窗口同步算法的同步更为精确,验证了前续分析结论。SC 定时同步在估计精度要求下,受衰落和噪声影响较大,很难达到高度精确的估计效果。

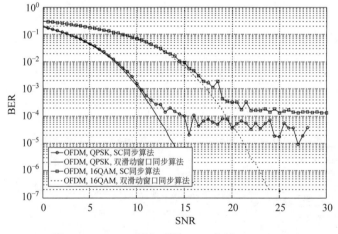

图 5-21　OFDM 同步系统 BER 分析(SNR/dB)

第6章 OFDM 接收机信道估计技术

CHAPTER 6

源代码

　　信道状态信息(CSI，Channel State Information)是无线通信系统中信号检测、相干解调、信道译码、波束成形、资源分配等关键技术的先期基础，因而精确的信道状态信息可以显著地提高系统的整体性能。信道估计的目的是获取复杂且动态变化的无线信道信息。无线信道是复杂且多维度快速变化的，因此信道估计问题极具挑战性。OFDM 系统高性能实现的前提是对接收机收到的来自各发送天线的信号进行很好的去相关处理，而进行这一处理的必要条件是接收端对信道进行精确估计，获得准确的信道信息，从而正确地恢复被信道干扰和噪声污染的信号。

6.1　OFDM 信道估计概述

　　地面无线信道受多径效应和多普勒频移的影响产生了复杂的频率选择性/时间选择性衰落。如图 6-1 所示，在接收过程需要对多径效应和多普勒频移进行均衡，产生与信道多径相反的特性，抵消信道由时变多径传播特性引起的信道衰落，削弱多径效应引起的符号间干扰，降低错误判决的概率。在此过程中需要利用信道估计获得信道冲击函数，及信道在时域/频域的相对变化，要求均衡器的特性能够自动适应信道的变化，所以信道估计的过程需要克服时域维/频域维缓慢变化带来的估计偏差，同时要克服加性噪声引起的估计误差，因此信道估计的准确性直接影响移动通信的可靠性。

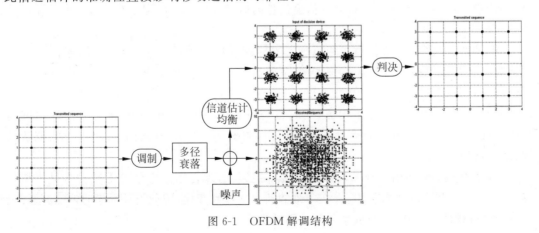

图 6-1　OFDM 解调结构

6.1.1　OFDM 信道估计的分类

目前,已有的针对 OFDM 系统的信道估计方法按是否借助于发送信号的先验信息,分为有辅助符号的基于导频信道估计、无辅助符号的盲信道估计、介于两者之间的半盲信道估计。盲估计是利用调制信号本身固有的、与具体承载信息比特无关的一些特性,或是采用判决反馈的方法来进行信道估计的方法。典型的盲估计如基于子空间分解算法,主要包括信号子空间分解和噪声子空间分解这两种算法,这类算法是基于接收自相关矩阵分解的噪声子空间和信号子空间的正交性原理提出的。LMS 算法也是经典的盲估计方法,优点是实现起来较为简单,通过自适应迭代策略提升估计性能。由于盲估计算法不需要额外的导频序列,所以节省了大量频谱资源,但是已知的大多数盲估计自身具有计算复杂度高、收敛速度慢、估计精度受限的缺点,因此难以实际应用。半盲估计采用少量的导频序列,充分利用接收信号的相关性,具有极高的频谱利用率,同时还解决了盲估计的诸多缺点,比如相位模糊、收敛速度慢、计算量大。由于充分利用了已知信息的统计特性,估计精确度得到了明显的改善。半盲估计的算法非常繁多,其中,从子空间盲估计演变而来的子空间分解半盲估计算法是典型的半盲估计技术。基于导频的信道估计按照特定的估计准则确定信道参数,或者按照某些准则进行逐步跟踪和调整待估参数的估计值,其特点是需要借助参考信号,即导频和训练序列。综合考虑实现复杂度、收敛速度和估计精度等优势和约束,工程上普遍采用基于导频的信道估计算法,目前接收机普遍应用的是 LS 算法、LMMSE 算法、ALMMSE 算法等,其中,LS 算法计算简单但精度差,LMMSE 和 ALMMSE 算法则估计精度高但实现复杂度也相对较高。

6.1.2　导频结构

OFDM 系统中基于导频符号的信道估计方法,即在发射端以一定的时域/频域间隔把已知导频符号插入到 OFDM 符号时频二维结构当中,经过信道衰减后,接收端提取这些位置的信道响应,利用这些位置的信道响应和时频二维平坦特征进行内插滤波,从而估计出其他子载波的信道频率响应。主要涉及三方面:发送端的导频结构;接收端导频位置信道信息获取的方式;通过导频位置获取的信道信息内插、滤波、变换得到所有子载波的信道状态信息。

OFDM 符号多径衰落信道可以看成是在时间和频率上的一个二维信号,通常 OFDM 解调过程是基于时频二维信道矩阵结构完成的,利用导频对信道在时/频二维空间的特性间隔进行采样,利用采样插值即可得到整个信道的频率响应值。导频的插入方式和插入密度与信道估计的精度直接相关,同时也与频谱效率直接相关,通常需要估计精度与导频密度的相应折中,并选择合适的导频结构,如图 6-2 所示,常见的有块状结构、梳状结构、格状结构。

(1) 块状类型:适用于频率选择性信道,在复杂的多径场景中信道参数在频域维变化较快,往往在时间维度相对平坦,存在单维的频率选择性变化,因此设计导频时遍历频域维,在时域进行线性插入,同时时域维导频间隔满足:

$$S_t \leqslant T_c = \frac{1}{f_{max}} \tag{6-1}$$

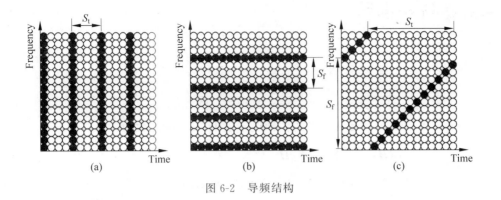

图 6-2　导频结构

即相邻时域导频在时域相干时间 T_c 范围,时域维的导频满足平坦特征,可以利用相邻导频进行中间子载波的插值和估计。

(2) 梳状类型:适用于时间选择性信道(快衰落),在高速移动场景中信道参数在时域维变化较快,往往在频域维度相对平坦,存在单维的时间选择性变化,因此设计导频时遍历时域维,在频域进行线性插入,同时频域维导频间隔满足:

$$S_f \leqslant B_c = \frac{1}{\tau_{\max}} \tag{6-2}$$

即相邻频域导频在频域相干带宽 B_c 范围,频域维的导频满足平坦特征,可以利用相邻导频进行中间子载波的插值和估计。

(3) 格状类型:更为普遍的场景是信道在时域维和频域维皆存在相对变化,只是相对变化的快慢不同,有时时域选择性衰落占主导、有时频率选择性衰落占主导,皆可通过符号周期、载波间隔来调整和优化,同时根据相干带宽和相干时间来设定导频间隔,使信道在时/频域上插值更为便利,即同时满足相干时间和相干带宽的约束:

$$S_t \leqslant T_c = \frac{1}{f_{\max}}, \quad S_f \leqslant B_c = \frac{1}{\tau_{\max}} \tag{6-3}$$

6.1.3　LS 和 MMSE 信道估计

移动通信系统的传输要求是:覆盖面广、质量高、大容量的传输可靠性、高速移动的传输鲁棒性。OFDM 技术不仅可以提高频谱效率,最大化传输容量,还能够减缓频率选择性衰落带来的影响。前提是解码过程需要在接收端预知可靠的无线信道信息。由此,综合考虑实际应用的效果,本章详细分析和设计了几种训练序列信道估计方法及 OFDM 系统应用。LMMSE(线性最小均方误差)算法是业内共识的可以应用到 OFDM 系统的最好算法之一。与其他信道估计方法相比,LMMSE 估计能获得更好的 MSE(均方误差)性能,与此同时也伴随着更高的计算复杂度。

1. LS 信道估计

假设信道为瑞利信道,信道中的元素都是高斯随机变量且信道中的加性噪声也是均值为 0、方差为 σ^2 的高斯随机变量。此时信号传输模型可以表示为

$$\boldsymbol{Y}_P = \boldsymbol{X}_P \boldsymbol{H} + \boldsymbol{N} \tag{6-4}$$

式中,$\boldsymbol{Y}_P$ 表示接收到的信号矩阵;$\boldsymbol{H}$ 为频域信道矩阵;$\boldsymbol{N}$ 为噪声向量。若所有子载波正

交,则 $\boldsymbol{X}_{\mathrm{P}}$ 是一个对角矩阵:

$$\boldsymbol{X}_{\mathrm{P}} = \left\{ \begin{matrix} X_0 & 0 & \cdots & 0 \\ 0 & X_1 & \cdots & 0 \\ \vdots & \vdots & \ddots & \vdots \\ 0 & 0 & \cdots & X_{N_{\mathrm{P}}-1} \end{matrix} \right\} \tag{6-5}$$

LS 算法的估计目标是使观测量的估计误差最小,其目标函数为:

$$\begin{aligned} J(\hat{\boldsymbol{H}}_{\mathrm{P}}) &= \| \boldsymbol{Y}_{\mathrm{P}} - \boldsymbol{X}_{\mathrm{P}}\hat{\boldsymbol{H}}_{\mathrm{P}} \|^2 \\ &= (\boldsymbol{Y}_{\mathrm{P}} - \boldsymbol{X}_{\mathrm{P}}\hat{\boldsymbol{H}}_{\mathrm{P}})^{\mathrm{H}}(\boldsymbol{Y}_{\mathrm{P}} - \boldsymbol{X}_{\mathrm{P}}\hat{\boldsymbol{H}}_{\mathrm{P}}) \\ &= \boldsymbol{Y}_{\mathrm{P}}^{\mathrm{H}}\boldsymbol{Y}_{\mathrm{P}} - \boldsymbol{Y}_{\mathrm{P}}^{\mathrm{H}}\boldsymbol{X}_{\mathrm{P}}\hat{\boldsymbol{H}}_{\mathrm{P}} - \hat{\boldsymbol{H}}_{\mathrm{P}}^{\mathrm{H}}\boldsymbol{X}_{\mathrm{P}}^{\mathrm{H}}\boldsymbol{Y}_{\mathrm{P}} + \hat{\boldsymbol{H}}_{\mathrm{P}}^{\mathrm{H}}\boldsymbol{X}_{\mathrm{P}}^{\mathrm{H}}\boldsymbol{X}_{\mathrm{P}}\hat{\boldsymbol{H}}_{\mathrm{P}} \end{aligned} \tag{6-6}$$

令目标函数关于 $\hat{\boldsymbol{H}}$ 的偏导数为 0,即

$$\frac{\partial J(\hat{\boldsymbol{H}}_{\mathrm{P}})}{\partial \hat{\boldsymbol{H}}_{\mathrm{P}}} = -2\boldsymbol{Y}_{\mathrm{P}}^{\mathrm{H}}\boldsymbol{X}_{\mathrm{P}} + 2\hat{\boldsymbol{H}}_{\mathrm{P}}^{\mathrm{H}}\boldsymbol{X}_{\mathrm{P}}^{\mathrm{H}}\boldsymbol{X}_{\mathrm{P}} = 0 \tag{6-7}$$

可以得到 $\boldsymbol{X}_{\mathrm{P}}^{\mathrm{H}}\boldsymbol{X}_{\mathrm{P}}\hat{\boldsymbol{H}}_{\mathrm{P}} = \boldsymbol{X}_{\mathrm{P}}^{\mathrm{H}}\boldsymbol{Y}_{\mathrm{P}}$,因此 LS 信道估计的解为

$$\hat{\boldsymbol{H}}_{\mathrm{LS}} = (\boldsymbol{X}_{\mathrm{P}}^{\mathrm{H}}\boldsymbol{X}_{\mathrm{P}})^{-1}\boldsymbol{X}_{\mathrm{P}}^{\mathrm{H}}\boldsymbol{Y}_{\mathrm{P}} = \boldsymbol{X}_{\mathrm{P}}^{-1}\boldsymbol{Y}_{\mathrm{P}} \tag{6-8}$$

MSE 是评价信道估计算法性能的重要指标,由定义可知 LS 信道估计的 MSE 为

$$\begin{aligned} \mathrm{MSE}_{\mathrm{LS}} &= \mathrm{E}\{\| \boldsymbol{H} - \hat{\boldsymbol{H}}_{\mathrm{LS}} \|^2\} = \mathrm{E}\{(\boldsymbol{H} - \hat{\boldsymbol{H}}_{\mathrm{LS}})^{\mathrm{H}}(\boldsymbol{H} - \hat{\boldsymbol{H}}_{\mathrm{LS}})\} \\ &= \mathrm{E}\{(\boldsymbol{H} - \boldsymbol{X}_{\mathrm{P}}^{-1}\boldsymbol{Y}_{\mathrm{P}})^{\mathrm{H}}(\boldsymbol{H} - \boldsymbol{X}_{\mathrm{P}}^{-1}\boldsymbol{Y}_{\mathrm{P}})\} \\ &= \mathrm{E}\{(\boldsymbol{H} - \boldsymbol{X}_{\mathrm{P}}^{-1}(\boldsymbol{X}_{\mathrm{P}}\boldsymbol{H} + \boldsymbol{N}))^{\mathrm{H}}(\boldsymbol{H} - \boldsymbol{X}_{\mathrm{P}}^{-1}(\boldsymbol{X}_{\mathrm{P}}\boldsymbol{H} + \boldsymbol{N}))\} \\ &= \mathrm{E}\{(\boldsymbol{X}_{\mathrm{P}}^{-1}\boldsymbol{N})^{\mathrm{H}}(\boldsymbol{X}_{\mathrm{P}}^{-1}\boldsymbol{N})\} \\ &= \mathrm{E}\{\boldsymbol{N}^{\mathrm{H}}(\boldsymbol{X}_{\mathrm{P}}\boldsymbol{X}_{\mathrm{P}}^{\mathrm{H}})\boldsymbol{N}\} \\ &= \frac{\sigma_{\mathrm{N}}^2}{\sigma_x^2} \end{aligned} \tag{6-9}$$

由式(6-9)可知,LS 信道估计的 MSE 性能与信噪比 $\sigma_x^2/\sigma_{\mathrm{N}}^2$ 成反比,受噪声影响比较大,估计偏差还将引入更大的噪声。另外,当基站端天线数目和噪声功率一定时,随着导频长度增加,信道估计误差减小的同时,系统的频谱效率也会相应降低。

2. LMMSE 信道估计

为了提升 LS 算法的估计精度,研究人员提出了基于 LS 的 MMSE 信道估计优化算法:

$$\hat{\boldsymbol{H}}_{\mathrm{MMSE}} = \boldsymbol{W}\hat{\boldsymbol{H}}_{\mathrm{LS}} \tag{6-10}$$

式中,$\boldsymbol{W}$ 为加权优化矩阵。通过确定合适的 $\boldsymbol{W}$ 使得 MSE 最小化,可表示为

$$J(\hat{\boldsymbol{H}}_{\mathrm{MMSE}}) = \mathrm{E}\{\| \boldsymbol{e} \|^2\} = \mathrm{E}\{\| \boldsymbol{H} - \hat{\boldsymbol{H}}_{\mathrm{MMSE}} \|^2\} \tag{6-11}$$

此时误差向量 $\boldsymbol{e}$ 与 $\hat{\boldsymbol{H}}_{\mathrm{MMSE}}$ 正交,即满足:

$$\begin{aligned} \mathrm{E}\{\boldsymbol{e}\hat{\boldsymbol{H}}_{\mathrm{LS}}^{\mathrm{H}}\} &= \mathrm{E}\{(\boldsymbol{H} - \hat{\boldsymbol{H}}_{\mathrm{MMSE}})\hat{\boldsymbol{H}}_{\mathrm{LS}}^{\mathrm{H}}\} = \mathrm{E}\{(\boldsymbol{H} - \boldsymbol{W}\hat{\boldsymbol{H}}_{\mathrm{LS}})\hat{\boldsymbol{H}}_{\mathrm{LS}}^{\mathrm{H}}\} \\ &= \mathrm{E}\{\boldsymbol{H}\hat{\boldsymbol{H}}_{\mathrm{LS}}^{\mathrm{H}}\} - \boldsymbol{W}\mathrm{E}\{\hat{\boldsymbol{H}}_{\mathrm{LS}}\hat{\boldsymbol{H}}_{\mathrm{LS}}^{\mathrm{H}}\} \end{aligned}$$

$$= R_{\hat{H}\hat{H}_{LS}} - WR_{\hat{H}_{LS}\hat{H}_{LS}} \tag{6-12}$$

式中,若以 R_{AB} 表示矩阵 A 和 B 的互相关矩阵,$R_{\hat{H}\hat{H}_{LS}}$ 是实际信道矩阵与估计信道矩阵的

互相关矩阵,$R_{\hat{H}_{LS}\hat{H}_{LS}}$ 为 $\hat{H}_{LS}$ 的自相关矩阵,即

$$
\begin{aligned}
R_{\hat{H}_{LS}\hat{H}_{LS}} &= E\{\hat{H}_{LS}\hat{H}_{LS}^{H}\} \\
&= E\{X^{-1}Y(X^{-1}Y)^{H}\} \\
&= E\{(H+X^{-1}Z)(H+X^{-1}Z)^{H}\} \\
&= E\{HH^{H}\} + E\{X^{-1}ZZ^{H}(X^{-1})^{H}\} \\
&= R_{HH} + \frac{\sigma_z^2}{\sigma_x^2}I
\end{aligned}
\tag{6-13}
$$

令式(6-12)为零,根据式(6-13)可得 MMSE 信道估计:

$$
\begin{aligned}
\hat{H}_{MMSE} &= W\hat{H}_{LS} = R_{\hat{H}\hat{H}_{LS}} R_{\hat{H}_{LS}\hat{H}_{LS}}^{-1} \hat{H}_{LS} \\
&= R_{\hat{H}\hat{H}_{LS}}\left(R_{HH} + \frac{\sigma_z^2}{\sigma_x^2}I\right)^{-1}\hat{H}_{LS}
\end{aligned}
\tag{6-14}
$$

LS 算法因复杂度低、实现简单得以广泛应用,缺陷是放大了噪声干扰,信噪比低时性能较差。与 LS 信道估计算法相比,MMSE 算法有着更好的估计性能,但是该算法需要提前获取信道状态和噪声的先验信息和统计特性。另外,MMSE 信道估计算法中存在自相关矩阵求逆运算,使得计算复杂度和计算开销随着导频长度的增加而急剧增大。

LMMSE 算法是 MMSE 算法的特例,基于接收数据的估计值是接收数据的线性变换,比较典型的是维纳窗函数插值滤波变换。本章将研究 LS 频域插值滤波信道估计算法,并在 LS 算法的基础上实现改进型的 LMMSE 维纳滤波信道估计算法,在维纳滤波信道状况下,结合同步反馈、多径时延信道,进而提升估计精度,同时结合正交训练序列结构简化算法的复杂度。

6.2　TDS-OFDM 时域信道估计算法

除了频域导频结构之外,还有时域导频的信道估计算法。基于时域导频的信道估计最典型的就是 DTMB TDS-OFDM 系统的 PN 信道估计算法,该算法通过插入时域 PN 扩频信号来代替频域导频信号,利用 PN 序列良好的自相关性来同步时域多径的衰落系数。

前续章节中,TDS-OFDM 系统的 OFDM 符号分成 OFDM 数据体和 PN 序列,PN 序列的特殊结构可以完成同步和信道估计。假设无 OFDM 数据体干扰的情况下,接收到的 PN 序列帧头 $r(k)$ 可表示为

$$r(k) = \sum_{l=0}^{L-1} c(k-l)h_c(l) + n(k) \tag{6-15}$$

式中,$h_c(l) = \rho_l e^{j\theta_l}$ 是信道时域冲激响应,包含衰落系数和相位偏移;$n(k)$ 是高斯白噪声;$c(k)$ 是使用的 PN 序列。利用 PN 序列的自相关性进行归一化:

$$\rho(n) = \frac{1}{K} \sum_{k=0}^{K-1} c(n-k)^* c(k) \approx \begin{cases} 1, & (n=k) \\ 0, & \text{其他} \end{cases} \quad (6\text{-}16)$$

式中，n、k 表示序号；K 为 PN 序列的长度。将无损的 PN 序列与接收信号进行滑动窗口遍历，可以在每一径 PN 窗口的位置上完成同步，该位置的采样时间为多径时延，同时经过 PN 序列 $c(k)$ 归一化并滤除其余路径，剩下的系数为 $h_c(l) = \rho_l e^{j\theta_l}$。

经过时域相关之后可得到信道的时域冲激响应的粗估计：

$$\begin{aligned} \hat{h}_c(n) &= \frac{1}{K} \sum_{k=0}^{K-1} c(k)^* r(k) \\ &= \frac{1}{K} \sum_{k=0}^{K-1} c(n-k)^* c(k) h_c(n) + \frac{1}{K} \sum_{k=0}^{K-1} c(k)^* n(k) \quad (6\text{-}17) \\ &= h_c(n) + \frac{1}{K} \sum_{k=0}^{K-1} c(k)^* n(k) \quad (n \in [0, K-1]) \end{aligned}$$

式中，$h_c(n)$ 为理想信道的时域冲激响应；$\frac{1}{K} \sum_{k=0}^{K-1} c(k)^* n(k)$ 为噪声分量，决定了 PN 序列的估计误差，同时 PN 序列的估计误差还受 OFDM 数据体的干扰。

如图 6-3 所示，PN 序列的前同步长度为 L_{pre}、后同步长度为 L_{post}。式（6-17）通过滑动窗口法进行多径同步，其中相关性最强的路径为主径。时域信道估计需要确定能量集中的时间范围，要得到比较准确的信道时域冲击响应估计，前后同步长度要超过最大时延，前同步长度大于信道的前径长度，后同步长度大于信道的后径长度，整个 PN 信号总长 N_g，此时就要合理分配前同步缓冲和后同步缓冲的长度。通过滑动窗口法，利用归一化得到的主径定位，以主径为中心前推前同步缓冲长度 L_{pre} 并后推后同步缓冲长度 L_{post}，使选取的相关输出段 $[k'-L_{\text{pre}}+1, k'+L_{\text{post}}]$ 集中了信道的主要能量，其中，k' 对应主径位置。

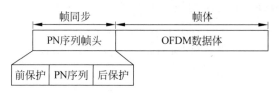

图 6-3 TDS-OFDM 符号结构

以主径位置作为基准点，从时域信道估计中区分信道前径部分 $\hat{\boldsymbol{h}}_{\text{tc,pre}}$ 为 $[k'-L_{\text{pre}}+1, k'-1]$ 的数据，而信道后径部分 $\hat{\boldsymbol{h}}_{\text{tc,post}}$ 为 $[k'+1, k'+L_{\text{post}}]$ 的数据。将 $\hat{\boldsymbol{h}}_{\text{tc,pre}}$ 和 $\hat{\boldsymbol{h}}_{\text{tc,post}}$ 进行移位处理，然后在中间位置填零，得到长度为 N 的信道系数序列：

$$\hat{\boldsymbol{h}}_{\text{tc},N}(n) = \begin{cases} \hat{\boldsymbol{h}}_{\text{tc,post}} & (0 < n \leqslant L_{\text{post}}) \\ \boldsymbol{0} & (L_{\text{post}} < n < N - L_{\text{pre}}) \\ \hat{\boldsymbol{h}}_{\text{tc,pre}} & (N - L_{\text{pre}} \leqslant n < N) \end{cases} \quad (6\text{-}18)$$

此时 $\hat{\boldsymbol{h}}_{\text{tc},N}(n)$ 满足 FFT 的循环特性，最终经过 N 点的 FFT 处理便可以得到各个 OFDM 子载波频率的信道系数估计值：

$$\hat{\boldsymbol{H}} = \text{FFT}(\hat{\boldsymbol{h}}_{\text{tc},N}) \quad (6\text{-}19)$$

利用时域同步 PN 序列相关算法得到信道冲激响应之后,仍需在频域完成信道均衡。

6.3　时频二维 LS 线性插值信道估计算法

相对于时域信道估计,将时域卷积转化为频域信道系数的形式,可以极大地简化信道估计的复杂度,获得时域维和频域维的平坦特征,并利用平坦特征进行导频设计和导频采样,获得估计精度的提升。基于导频的信道估计器在得到信道导频点的估计值后,必须经过插值或滤波得到其他位置的信道估计值,本节重点介绍时频二维 LS 线性插值的信道估计算法。

如图 6-4 所示,前续章节中对 CP-OFDM 的 OFDM 结构做了详细描述,发射调制和接收解调过程皆以时频二维矩阵为基础。其中离散导频结构设计为格状结构的信道估计导频序列。在时频二维矩阵中,数据载波用以携带 M-QAM 调制信号,TPS 为导频传输系统信息,离散/分散导频用来完成信道估计,连续导频用作同步解调。如图 6-5 所示,时频二维线性内插的信道估计可分为如下步骤:提取导频位置的接收数据,利用接收导频数据进行 LS 信道估计获得导频信道系数,在导频信道系数的基础上完成时频二维线性插值。

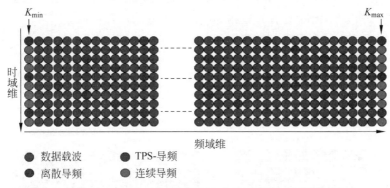

图 6-4　OFDM 帧中导频插入位置示意图(见彩插)

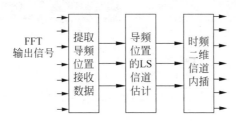

图 6-5　LS 时频二维线性插信道估计

1) 导频提取

利用已知的同步信号在接收端完成时频同步,并在时域和频域做相关处理,将接收的 OFDM 符号经过 FFT 变换并解析为时频二维矩阵结构,如图 6-4 所示,得到:

$$\boldsymbol{R}_k = \boldsymbol{H}_k \boldsymbol{X}_k + \boldsymbol{N}_k \tag{6-20}$$

式中,$\boldsymbol{H}_k$ 和 $\boldsymbol{N}_k$ 表示第 k 个载波频率所对应的 OFDM 系统信道向量和加性高斯白噪声向量。提取导频位置的接收信号:

$$\boldsymbol{R}_{k_{\mathrm{p}}} = \boldsymbol{H}_{k_{\mathrm{p}}} \boldsymbol{X}_{k_{\mathrm{p}}} + \boldsymbol{N}_{k_{\mathrm{p}}} \tag{6-21}$$

2）离散导频的 LS 信道估计

通过 LS 信道估计算法和导频接收信号，估计出 OFDM 系统离散导频部分对应的信道参数。采用 LS 准则，即求

$$\widetilde{\boldsymbol{H}}_{k_{\mathrm{p}}} = \arg\min_{\boldsymbol{H}} |\boldsymbol{R}_{k_{\mathrm{p}}} - \boldsymbol{H}_{k_{\mathrm{p}}} \boldsymbol{X}_{k_{\mathrm{p}}}|_{\mathrm{F}}^2 \tag{6-22}$$

得到离散导频 LS 信道估计结果

$$\widetilde{\boldsymbol{H}}_{k_{\mathrm{p}}} = \frac{\boldsymbol{R}_{k_{\mathrm{p}}}}{\boldsymbol{X}_{k_{\mathrm{p}}}} = \boldsymbol{H}_{k_{\mathrm{p}}} + \frac{\boldsymbol{N}_{k_{\mathrm{p}}}}{\boldsymbol{X}_{k_{\mathrm{p}}}} \tag{6-23}$$

式中，$\boldsymbol{N}_{k_{\mathrm{p}}}/\boldsymbol{X}_{k_{\mathrm{p}}}$ 为 LS 信道估计偏差，受噪声影响，与信噪比成反比，同时 LS 信道估计过程放大了噪声功率，往往设置导频功率超过数据子载波功率，以此提升导频位置信道估计的精度。

3）时频二维线性插值

根据离散导频设置，通过对相邻离散导频信道响应的 LS 估计值进行线性插值获得导频间隔数子载波位置的信道状态信息。由于每个子帧可分为时频二维结构，因此可分别在频域和时域进行线性插值以获得较为准确的信道估计值，具体的实施步骤如下：

（1）时域二维线性插值：计算时域相邻的两个导频线性插值的斜率和截距。根据图 6-6 所示的数据结构，两个时域维导频数间隔 3 个数据子载波，数据子载波的信道响应可以通过以下公式插值得到：

$$\hat{\boldsymbol{H}}_{i,n+m}^{\mathrm{t}} = \left(1 - \frac{m}{4}\right)\hat{\boldsymbol{H}}_{i,n}^{\mathrm{p}} + \frac{m}{4}\hat{\boldsymbol{H}}_{i+4,n}^{\mathrm{p}}, \quad 1 \leqslant m \leqslant 3 \tag{6-24}$$

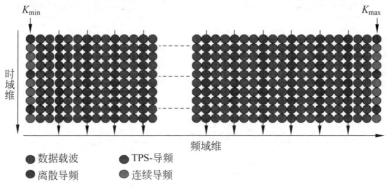

图 6-6　时域二维线性插值示意图（见彩插）

（2）频域二维线性插值：在完成时域插值的基础上，得到梳状的导频结构，进而进行频域插值、遍历，计算相邻的两个频域梳状导频序列（已知线性插值的斜率和截距）。根据图 6-7 所示的数据结构，确定时域插值之后的频域导频间隔，数据子载波的频域信道信息可以通过以下公式插值得到：

$$\hat{\boldsymbol{H}}_{i,n+l} = \left(1 - \frac{l}{3}\right)\hat{\boldsymbol{H}}_{i,n}^{\mathrm{t}} + \frac{l}{3}\hat{\boldsymbol{H}}_{i,n+3}^{\mathrm{t}}, \quad 1 \leqslant l \leqslant 2 \tag{6-25}$$

经过时频二维线性插值之后获得所有数据子载波位置上的信道状态信息。在时频二维线性插值信道估计算法中存在两大问题：离散导频的 LS 估计偏差较大、受噪声影响；时频

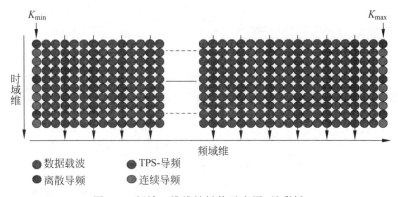

图 6-7 频域二维线性插值示意图(见彩插)

二维结构中,时间、频域存在选择性衰落和相对变化,线性插值无法处理和应对此种偏差,失真较大。为了克服上述问题,接下来介绍改进型的 LMMSE 信道估计算法。

6.4 基于维纳滤波的 MIMO-OFDM LMMSE 信道估计算法

本节基于 MIMO-OFDM 系统平台完成以下工作:给出并行结构的空时编译码,使其具备实现复杂度低,系统稳定性高等优势;提出双天线并行传输结构的差分离散导频设计,使其具备频谱利用率高和提升信道估计精度等优势;在 MIMO-OFDM 系统框架下实现 LMMSE 维纳滤波信道估计算法。本章基于 LMMSE 维纳信道估计算法,给出了同步和信道估计联合算法,充分利用同步反馈的多径时延信息,提升信道估计的精确度。

6.4.1 MIMO-OFDM 导频设计和发射调制

在接收端和发射端配置多根接收天线可以实现空间分集,但对于移动接收设备而言,因为体积较小,需要超高频短波长信号进行天线配置,无法通过相同的办法实现分集。以双发射天线为例,Alamouti 提出了一种在双发射天线系统中实现发射分集的方法,其编码的特点是源数据流和编码数据流并行传输。本节利用并行 Alamouti 的双发射结构,构建 MIMO-OFDM 系统实现方法,并基于此平台,实现基于维纳滤波的 LMMSE 信道估计算法:在传统 OFDM 发射机的基础上,并行出一路编码信号,经双天线同步发射(见图 6-8)。

双天线结构采用并行编码方式:首先对星座映射之后的频域符号进行频域维或时域维的平行 Alamouti 编码;平行 Alamouti 编码被分成源信号和编码信号分别进行 OFDM 调制,源信号通过第一根发射天线发送,编码信号通过第二根发射天线发送,两路信号的射频调制和发射过程同步进行。引入 MIMO 并行编码结构具有如下的优势:便于传统的单天线发射机改装成双天线结构,有效利用现有资源,节约改造成本,简化了多天线模式调试和优化的步骤。并行的编解码设计革新了发射机应急机制,在双发射天线中任意一根天线发生故障,接收端依然可以完成解码,其误码特性和传统的单发射天线性能吻合。

空时/空频编码是 MIMO 的核心技术之一。通过在多发射天线系统中引入空时/空频编解码技术,可以恢复终端的多发射天线叠加信号,从而实现空间复用提高传信率,或者实

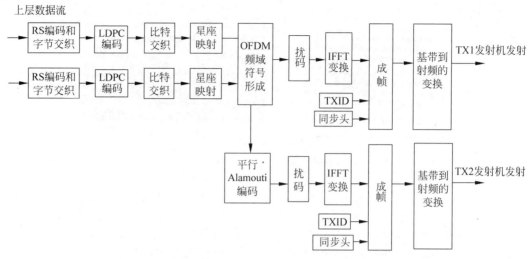

图 6-8　多发射天线 MIMO-OFDM 系统调制流程图

现空间分集增加系统的可靠性。与时域维的空时编码不同,空频编码是在频域维进行的符号流映射,设计的目标就是要在编译码复杂度有限的情况下获得尽量大的编码增益、分集增益和尽可能大的系统吞吐量,在同频干扰的条件下,增加空间自由度,提升空间资源的利用率。

　　多天线选取空时编码还是空频编码,需视实际的传输信道的特征而定,如果信道在频域维相对于时域维的变化较为稳定,则推荐采用空频编码结构,反之则推荐采用空时编码的办法。

1. 空频分组编码技术

　　空频编码设计准则:图 6-9 给出了 MIMO-OFDM 系统时频二维帧结构,空频编码在每个 OFDM 的相邻子载波之间完成频域维度双天线的编码。图 6-10 为空频编码调制结构。空频 Alamouti 编码矩阵为

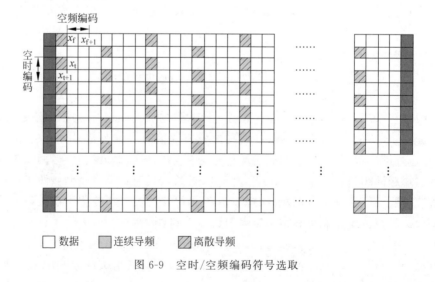

图 6-9　空时/空频编码符号选取

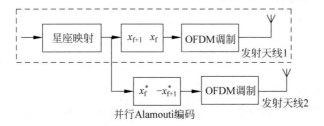

图 6-10 SFBC 编码结构

$$\boldsymbol{x} = \begin{bmatrix} x_{\mathrm{f}} & x_{\mathrm{f+1}} \\ -x_{\mathrm{f+1}}^* & x_{\mathrm{f}}^* \end{bmatrix} \tag{6-26}$$

式中，x_{f} 和 $x_{\mathrm{f+1}}$ 为频域毗邻的两个连续子载波所携带信号。

考虑单根天线接收，两个时隙接收信号可以表示为：

$$r_1^{(1)} = h_1 x_{\mathrm{f}} - h_2 x_{\mathrm{f+1}}^* + n_1^{(1)} \tag{6-27}$$

$$r_1^{(2)} = h_1 x_{\mathrm{f+1}} + h_2 x_{\mathrm{f}}^* + n_1^{(2)} \tag{6-28}$$

式中，h_j 为信道冲激响应，$j = 1, 2$，表示第 j 根发射天线。

定义接收信号向量为

$$\boldsymbol{y} = \begin{bmatrix} r_1^{(1)} \\ r_1^{(2)*} \end{bmatrix} = \begin{bmatrix} h_1 & -h_2 \\ h_2^* & h_1^* \end{bmatrix} \begin{bmatrix} x_{\mathrm{f}} \\ x_{\mathrm{f+1}} \end{bmatrix} + \begin{bmatrix} n_1^{(1)} \\ n_1^{(2)*} \end{bmatrix} \tag{6-29}$$

最大似然译码可以表示为

$$
\begin{aligned}
(\hat{x}_{\mathrm{f}}, \hat{x}_{\mathrm{f+1}}) &= \arg\min_{(\hat{x}_{\mathrm{f}}, \hat{x}_{\mathrm{f+1}}) \in \mathbf{C}} \ (|h_1|^2 + |h_2|^2 - 1) + d^2(\tilde{x}_{\mathrm{f}}, \tilde{x}_{\mathrm{f}}) + d^2(\tilde{x}_{\mathrm{f+1}}^*, \tilde{x}_{\mathrm{f+1}}^*) \\
&= \arg\min_{(\hat{x}_{\mathrm{f}}, \hat{x}_{\mathrm{f+1}}) \in \mathbf{C}} \ (|h_1|^2 + |h_2|^2 - 1) + d^2(\tilde{x}_{\mathrm{f}}, \tilde{x}_{\mathrm{f}}) + d^2(\tilde{x}_{\mathrm{f+1}}, \tilde{x}_{\mathrm{f+1}})
\end{aligned}
\tag{6-30}
$$

通过合并接收信号和信道状态信息产生两个判决统计，表示为

$$\tilde{x}_{\mathrm{f}} = h_1^* r_1^{(1)} + h_2 r_1^{(2)*} \tag{6-31}$$

$$\tilde{x}_{\mathrm{f+1}}^* = -h_2^* r_1^{(1)} + h_1 r_1^{(2)*} \tag{6-32}$$

考虑多天线的条件下，第 i 根接收天线两个时隙的接收信号分别为

$$r_i^{(1)} = h_{i,1} x_{\mathrm{f}} - h_{i,2} x_{\mathrm{f+1}}^* + n_i^{(1)} \tag{6-33}$$

$$r_i^{(2)} = h_{i,1} x_{\mathrm{f+1}} + h_{i,2} x_{\mathrm{f}}^* + n_i^{(2)} \tag{6-34}$$

线性合并之后的两个判决统计结果如下：

$$\tilde{x}_{\mathrm{f}} = \sum_{i=1}^{N_r} h_{i,1}^* r_i^{(1)} + h_{i,2} (r_i^{(2)})^* \tag{6-35}$$

$$\tilde{x}_{\mathrm{f+1}}^* = \sum_{i=1}^{N_r} -h_{i,2}^* r_i^{(1)} + h_{i,1} (r_i^{(2)})^* \tag{6-36}$$

并行 Alamouti 编码的最大似然译码准则可以表示为：

$$\hat{x}_{\mathrm{f}} = \arg\min_{(\hat{x}_{\mathrm{f}}) \in s} \left(-1 + \sum_{i=1}^{N_r} \sum_{j=1}^{N_t} |h_{i,j}|^2 \right) |\hat{x}_{\mathrm{f}}|^2 + d^2(\tilde{x}_{\mathrm{f}}, \hat{x}_{\mathrm{f}}) \tag{6-37}$$

$$\hat{x}_{\mathrm{f+1}} = \arg\min_{(\hat{x}_{\mathrm{f+1}}) \in s} \left(|-1 + \sum_{i=1}^{N_r} \sum_{j=1}^{N_t} |h_{i,j}|^2 \right) |\hat{x}_{\mathrm{f+1}}^*|^2 + d^2(\tilde{x}_{\mathrm{f+1}}^*, \hat{x}_{\mathrm{f+1}}^*)$$

$$=\arg \min_{(\hat{x}_{t+1}) \subset S} \left(-1+\sum_{i=1}^{N_r}\sum_{j=1}^{N_t} \mid h_{i,j}\mid^2\right) \mid \hat{x}_{t+1}\mid^2 + d^2(\tilde{x}_{t+1}, \hat{x}_{t+1}) \tag{6-38}$$

2. 空时分组编码技术

图 6-9 是空时/空频编码及其导频结构,空频编码在频域维顺序编码,其编码符号为 (x_f, x_{f+1});空时编码则在时域维完成空间和时间编码,其中待编码符号为 (x_t, x_{t+1})。空时编码在相邻 OFDM 符号中数据载波固定位置的子载波之间完成时域维的双天线编码,编码矩阵如下所示:

$$x = \begin{bmatrix} x_t & x_{t+1} \\ -x_{t+1}^* & x_t^* \end{bmatrix} \tag{6-39}$$

考虑单根天线接收,两个时隙接收信号可以表示为

$$r_1^{(1)} = h_1 x_t - h_2 x_{t+1}^* + n_1^{(1)} \tag{6-40}$$

$$r_1^{(2)} = h_1 x_{t+1} + h_2 x_t^* + n_1^{(2)} \tag{6-41}$$

并行 Alamouti 编码的最大似然译码准则可以表示为

$$\hat{x}_t = \arg \min_{(\hat{x}_t) \in S} \left(-1+\sum_{i=1}^{N_r}\sum_{j=1}^{N_t} \mid h_{i,j}\mid^2\right) \mid \hat{x}_t\mid^2 + d^2(\tilde{x}_t, \hat{x}_t) \tag{6-42}$$

$$\hat{x}_{t+1} = \arg \min_{(\hat{x}_{t+1}) \in S} \left(\mid -1+\sum_{i=1}^{N_r}\sum_{j=1}^{N_t} \mid h_{i,j}\mid^2\right) \mid \hat{x}_{t+1}^*\mid^2 + d^2(\tilde{x}_{t+1}^*, \hat{x}_{t+1}^*)$$

$$\tag{6-43}$$

$$=\arg \min_{(\hat{x}_{t+1}) \in S} \left(-1+\sum_{i=1}^{N_r}\sum_{j=1}^{N_t} \mid h_{i,j}\mid^2\right) \mid \hat{x}_{t+1}\mid^2 + d^2(\tilde{x}_{t+1}, \hat{x}_{t+1})$$

3. MIMO-OFDM 导频设计

双天线的分集编码在本质上就是同频干扰,需要设计相应的导频结构加以应对。导频的结构和接收端的信道估计是密切相关的,一方面要提高导频的效率,保持通信系统频谱的利用率;另一方面要保证信道估计的精度,简化信道估计算法的复杂度。基于导频的信道估计方法是在发送端 OFDM 符号分组帧内插入导频信号,接收端通过在固定的或可变的位置上插入已知的导频符号,利用导频恢复出导频位置的信道信息,然后利用内插、滤波等处理手段获得所有时段的信道信息。在多天线 OFDM 系统中,接收机将接收所有发射天线信号的叠加,不同发射天线若采用相同的导频序列会发生同频干扰现象,这使得 MIMO-OFDM 系统的导频设计问题与图 6-9 所示的单天线 OFDM 系统有很大的不同。为了能在接收端准确估计不同发射天线之间的信道,避免不同发射天线之间导频的干扰,图 6-11 给出了差分相移导频结构,且导频序列满足正交关系。以双发射天线的导频结构为例。

第一路调制信号的离散导频和连续导频同 OFDM 单发射天线的导频结构一致;而第二路调制信号设置偶数 OFDM 符号的离散导频为 1,奇数 OFDM 符号的离散导频为 −1。该导频的设计有两个考虑:(1)选择欧洲数字电视标准推荐的瑞利信道模型,该信道具备准静态衰落特点,根据时间上信道衰落系数缓慢变化的特性,将相位差置于不同 OFDM 符号中的相同子载波上更加合理;(2)离散导频用于估计信道状态信息,引入 180° 的相位差,便于同频网的解调,同时保持一路调制信号工作时,接收端可以正常完成信号接收。

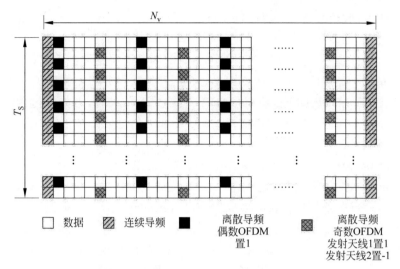

图 6-11　MIMO-OFDM 相移导频结构

6.4.2　MIMO-OFDM 信道建模

第 i 根发射天线到第 j 根接收天线之间的信道响应可以表示为

$$h(i,j) = k_{i,j} \sum_{l=1}^{N} \rho_{i,j,l} \mathrm{e}^{-\mathrm{j}2\pi\theta_{i,j,l}} \delta(t - \tau_{i,j,l}) \tag{6-44}$$

式中，$k_{i,j} = \dfrac{1}{\sqrt{\sum\limits_{l=1}^{N} \rho_{i,j,l}^2}}$；多径数目为 N；$\tau_{i,j,l}$ 表示第 l 径的时延；$\theta_{i,j,l}$ 表示第 l 径的相偏；

$\rho_{i,j,l}$ 为第 l 径的衰落系数。设置信道环境为便携接收，衰落为瑞利平坦衰落，路径时延缓慢变化。忽略多普勒频移引起的载波间干扰（ICI），近似认为 $\rho_{i,j,l}$ 在一个时隙 OFDM 信号长度内保持不变。

6.4.3　基于导频的 MIMO-OFDM LMMSE 信道估计算法

1. 接收机系统

设系统采用 $N_t = 2$ 根发射天线，$N_r = 2$ 根接收天线，MIMO-OFDM 接收系统如图 6-12 所示。信号经过瑞利平坦衰落信道，接收信号如下：

$$y^j(t) = \sum_{i=1}^{N_t} k_{i,j} \sum_{l=1}^{N} \rho_{i,l,j} \mathrm{e}^{-\mathrm{j}2\pi\theta_{i,l,j}} x(t - \tau_{i,l,j}) + n(t) \tag{6-45}$$

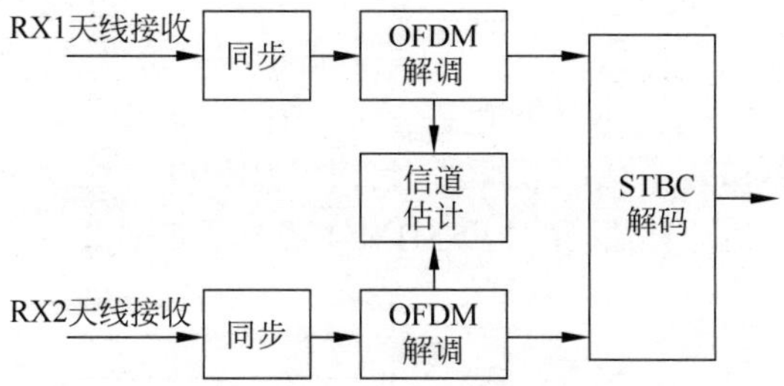

图 6-12　MIMO-OFDM 接收机简图

前续章节中,接收信号首先经过帧同步处理,由伪随机同步信号,经过自相关同步算法,确定信号起始位置,同步技术一般需要测量多径信号的首径和信号能量最大的路径。同步之后对相关时延做同步补偿,同步信号对最大时延的测量值将反馈到 LMMSE 信道估计中改善其估计的精度。经过同步补偿的 OFDM 信号,开始去循环前缀和保护间隔,截取 FFT 窗,并作 FFT 变换。在 OFDM 接收机中,FFT 变换之后的信号,首先经过伪随机解扰,进而从频域信号中取出离散导频做信道估计。基于导频的信道估计将充分利用离散导频和连续导频位置的接收信息,本章将对信道估计算法做深入的算法和实现分析。

2. 基于导频的 MIMO-OFDM LMMSE 维纳滤波信道估计

MIMO-OFDM 系统能提供高速率、高信道容量的数据传输。为了进行 MIMO 的空时处理,系统的功率分配、信号检测及波束成形,对所接收的 OFDM 数据进行相干解调、信道解码都需要较为准确的信道状态信息作为数据处理的必要条件。实际上,信道状态信息是未知的,能否准确地从接收信号中恢复信道状态信息是保证 MIMO-OFDM 发挥其优越性的关键所在。与传统单发单收的 OFDM 系统相比,MIMO-OFDM 系统的信道数量随收发天线数的增加而成倍增加,不同发射天线之间的同频干扰也直接影响到信道估计算法的性能。因此,对 MIMO-OFDM 系统的信道估计和跟踪是较复杂、困难的,具有重要的研究意义。

在基于导频的信道估计算法中,虽然导频训练序列的使用不可避免地占用了频带资源和部分发射功率,降低了频谱利用率和传输效率,但是该方案也大大降低了接收机的实现复杂度,提高了其估计精度,现行的绝大多数通信标准都采用训练序列的方法来辅助接收端的信号解调。

根据实现准则的不同,训练序列方法可以分为最小均方误差(MMSE)、最小二乘估计(LS)等。本章设计了 MIMO-OFDM 系统双发射导频结构,给出了充分利用同步反馈信息的 LMMSE 维纳滤波信道估计方法,并通过正交导频的设计极大地简化了计算复杂度。如图 6-13 所示,给出了 LMMSE 信道估计流程图。

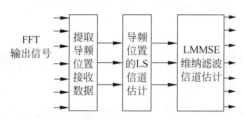

图 6-13　LMMSE 信道估计流程图

利用已知的同步信号在接收端完成时频同步,通常自相关算法会同步到能量最大路径位置,并在时域和频域做相关处理,将接收的 OFDM 符号经过 FFT 变换到频域,得到时频二维矩阵:

$$\boldsymbol{R}_k = \boldsymbol{H}_k \boldsymbol{X}_k + \boldsymbol{N}_k \tag{6-46}$$

式中,$\boldsymbol{H}_k$ 和 $\boldsymbol{N}_k$ 分别表示第 k 个载波频率所对应的 MIMO 系统信道矩阵和加性高斯白噪声向量。现通过 LS 信道估计算法,估计出 MIMO 系统导频部分对应的信道参数。采用 LS 准则,即求

$$\widetilde{\boldsymbol{H}}_{k_p} = \arg \min_{\boldsymbol{H}} \mid \boldsymbol{R}_{k_p} - \boldsymbol{H}_{k_p} \boldsymbol{X}_{k_p} \mid_{\mathrm{F}}^{2} \tag{6-47}$$

得到 LS 信道估计方法

$$\widetilde{\boldsymbol{H}}_{k_{\mathrm{p}}}=\frac{\boldsymbol{R}_{k_{\mathrm{p}}}}{\boldsymbol{X}_{k_{\mathrm{p}}}}=\boldsymbol{H}_{k_{\mathrm{p}}}+\frac{\boldsymbol{N}_{k_{\mathrm{p}}}}{\boldsymbol{X}_{k_{\mathrm{p}}}} \tag{6-48}$$

令 $\boldsymbol{X}_{k_{\mathrm{p}}}=\begin{bmatrix}1&1\\1&-1\end{bmatrix}$ 为两路发射天线的第 k_{p} 个子载波位置的导频传输序列。LS 信道估计只需知道导频矩阵 $\boldsymbol{X}_{k_{\mathrm{p}}}$,而不需要其他接收信号和噪声统计的先验信息,这就是 LS 信道估计的最大优势。LS 信道估计往往作为其他估计的初值,是精确信道估计的基础,得到较为广泛的推广。

根据图 6-11 中 MIMO-OFDM 导频设计方案,通过插值获得连续两个 OFDM 符号错位导频,增加每个 OFDM 符号的导频数。线性内插是利用一个子帧中相邻的导频信道响应的估计值进行线性插值获得该子帧其他频率位置的信道响应估计值的方法。由于每个子帧分为时频二维,因此可以分别在频域和时域进行线性插值获得较为准确的信道估计值,具体的实施步骤如下:

1)导频的 LS 信道估计

分别对连续两个 OFDM 符号的导频按式(6-48)进行 LS 信道估计。利用差分导频 $\boldsymbol{X}_{k_{\mathrm{p}}}=\begin{bmatrix}1&1\\1&-1\end{bmatrix}$ 和 LS 信道估计恢复两根发射天线对应的导频位置信道矩阵,并分别进行时域插值和频域插值。

2)时域插值

在连续三个 OFDM 符号中,相对于第一个和第三个 OFDM 符号,第二个 OFDM 符号没有导频的位置,采用第一个和第三个 OFDM 符号导频获得衰落系数的平均值;第一个和最后一个 OFDM 符号无法获取均值的导频部分,采用符号距离最近的导频信息。经过时域插值的时频二维结构如图 6-14 所示。

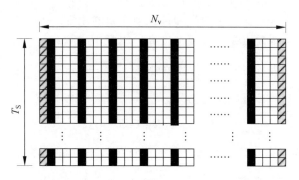

□ 数据　▨ 连续导频　■ 时域插值之后的导频序列

图 6-14　经过时域插值之后的离散导频分布

3)频域 LMMSE 维纳滤波信道估计

LMMSE 信道估计是采用信道相关性矩阵和噪声功率,对 LS 信道估计结果进行了修正。为了克服 LS 信道估计不能抑制噪声的缺陷,利用基于线性最小均方误差(LMMSE)的维纳滤波方法来降低噪声影响,在均方误差意义上是最优的。在 LMMSE 信道估计中,首先用简单的单点均衡算法得到导频子载波信道冲激响应的 LS 信道估计,然后利用噪声和信道的统计特性设计维纳滤波器,插值计算数据子载波信道状态信息。但二维 LMMSE 维纳滤波信道估计的复杂性相当高,对实际应用而言过于复杂。本章采用时域插值与频域一维滤波器的设计方案。此时滤波器性能与二维滤波器的估计性能相差不大,且实现起来较为简单。由 LS 算法可以进一步得到 LMMSE 信道估计算法如下:

$$\widetilde{\boldsymbol{H}}_{\text{LMMSE}} = \boldsymbol{R}_{\text{HP}} (\boldsymbol{R}_{\text{PP}} + \sigma_n^2 (\boldsymbol{X} \boldsymbol{X}^{\text{H}})^{-1})^{-1} \widetilde{\boldsymbol{H}}_{\text{LS}} \qquad (6\text{-}49)$$

式中,σ_n^2 表示噪声的方差;$\boldsymbol{R}_{\text{HP}}$ 是数据与导频子载波间的互相关矩阵,其中 $[\boldsymbol{R}_{\text{HP}}]_{i,j}$ 表示第 i 个数据子载波和第 j 个导频子载波的相关系数;$\boldsymbol{R}_{\text{PP}}$ 是导频子载波间的自相关矩阵,且 $[\boldsymbol{R}_{\text{PP}}]_{i,j}$ 为第 i 个导频和第 j 个导频的自相关系数。

基于 LMMSE 信道估计算法的频域维维纳滤波主要包含如下步骤:

(1) 通过 LS 算法和差分导频估计出导频位置的信道响应。

(2) 对估算出的两路发射天线导频信道分别进行时域维平均插值。

(3) 基于时域插值之后的 $\widetilde{\boldsymbol{H}}_{\text{LS}}$,计算维纳滤波系数:

$$\boldsymbol{W}_f = \boldsymbol{R}_{\text{HP}} (\boldsymbol{R}_{\text{PP}} + \sigma_n^2 (\boldsymbol{X} \boldsymbol{X}^{\text{H}})^{-1})^{-1} \qquad (6\text{-}50)$$

进而实现对 LS 信道估计的频域维插值和优化:

$$\widetilde{\boldsymbol{H}}_{\text{LMMSE}} = \boldsymbol{W}_f \widetilde{\boldsymbol{H}}_{\text{LS}} \qquad (6\text{-}51)$$

首先获取频域相关函数,表示如下:

$$r_{\text{corrf}}(k) = \frac{1 - e^{-L_{\text{ch}}(1/\tau_{\text{rms}} + j2\pi k / N_{\text{FFT}})}}{(1 - e^{-L_{\text{ch}}/\tau_{\text{rms}}} (1 + j2\pi k \tau_{\text{rms}} / N_{\text{FFT}}))} \qquad (6\text{-}52)$$

式中,L_{ch} 为信道的时延扩展长度,本章采用首径和能量最大路径的时延差(帧同步部分反馈信息);N_{FFT} 为 OFDM 符号的载波数;k 是频域子载波间隔;τ_{rms} 则是以采样间隔归一化的信道的 RMS 时延扩展。进一步通过维纳滤波窗函数计算互相关矩阵元素:

$$[\boldsymbol{R}_{\text{HP}}]_{i,j} = r_{\text{corrf}}(|d(i) - \varphi(j)|)$$
$$[\boldsymbol{R}_{\text{PP}}]_{i,j} = r_{\text{corrf}}(|\varphi(i) - \varphi(j)|) \qquad (6\text{-}53)$$

式中,$d(i)$ 和 $\varphi(j)$ 分别表示第 i 个数据和第 j 个导频的位置。

LMMSE 算法的主要缺点是计算复杂度高。本章中导频和信号传输矩阵均采用正交结构 $\boldsymbol{X} \boldsymbol{X}^{\text{H}} = \frac{1}{\beta} \boldsymbol{I}$,并对 $\boldsymbol{R}_{\text{PP}}$ 进行特征向量特征值分解(EVD,Eigenvalue-Eigenvector Decomposition)分解,$\boldsymbol{R}_{\text{PP}} = \boldsymbol{U} \boldsymbol{\Lambda} \boldsymbol{U}^{\text{H}}$,LMMSE 可以简化为

$$\widetilde{\boldsymbol{H}}_{\text{LMMSE}} = \boldsymbol{R}_{\text{HP}} \boldsymbol{U} \boldsymbol{\Sigma} \boldsymbol{U}^{\text{H}} \widetilde{\boldsymbol{H}}_{\text{LS}} \qquad (6\text{-}54)$$

式中,$\boldsymbol{\Sigma} = \frac{1}{\boldsymbol{\Lambda} + \beta \sigma_n^2 \boldsymbol{I}}$ 为对角矩阵。对角矩阵的运算等效于对角矩阵中对应元素的运算,极大简化了 LMMSE 的计算复杂度。

6.5 MIMO-OFDM 系统信道估计仿真与分析

6.5.1 MIMO-OFDM 信道估计仿真模型

仿真视频

程序 6-1 "MIMO_OFDM_LMMSE",基于 MIMO-OFDM 的 LMMSE 维纳滤波信道估计系统模型
function MIMO_OFDM_LMMSE
close all

```
clc;
clear all;
    for nframeloop=1:10
        tstart=tic;
        global Frame;
        global log_fid;
        global CE_fig;
        %设置系统参数%
        Frame.MODE = 8; %8MHz带宽
        Frame.LEVEL = 2; %星座映射层级设置(1:BPSK, 2:QPSK, 4:16QAM)
        Frame.PRBS_MODE=1;
        Frame.TX_MODE = 1;
        Frame.TXID_REGION = 100;
        Frame.TXID_TXER = 228;
        log_file = ";
        nframe = 4; %帧数
        nOverSample = 4; %采样率
        %固定参数%
        Frame.FCS_TXID = 39062.5; %发射机识别标识TXID载波间隔, 39.0625kHz
        Frame.TU_TXID = 0.0000256; %TXID OFDM周期, 25.6μs
        Frame.TCP_TXID = 0.0000104; %TXID循环前缀, 10.4μs
        Frame.FCS_SYNC = 4882.8125; %同步头载波间隔, 4.8828125kHz
        Frame.TU_SYNC = 0.0002048; %同步头OFDM周期, 204.8μs
        Frame.FCS = 2441.40625; %数据OFDM载波间隔, 2.44140625kHz
        Frame.TU = 0.0004096; %数据OFDM周期, 409.6μs
        Frame.TCP = 0.0000512; % OFDM循环前缀, 51.2μs
        Frame.TGI = 0.0000024; %保护间隔GI, 2.4μs
        CE_fig = 1;
        %参数生成%
        Frame.fft_pnts = 512 * Frame.MODE; % IFFT点数
        Frame.txid_pnts = 32 * Frame.MODE;
        Frame.sync_pnts = 256 * Frame.MODE;
        Frame.FS = 2.5e6/2 * Frame.MODE; %采样率
        if Frame.MODE == 8 %8M模式
            Frame.ValidCarrierNum = 3076; %有效载波数
            Frame.DataCarrierNum = 2610; %数据载波数
            Frame.DataPerFrame = 138240; %单帧总载波数
            Frame.ScatterPilotNum = 384; %离散导频
            Frame.TXID_FILE = 'xid_8M.dat'; % TS流文件
            Frame.TX_NUM = 191; % TXID有效载波数
            Frame.SYNC_NUM = 1536; %同步有效载波数
        elseif Frame_MODE == 2 %2M模式
            Frame.ValidCarrierNum = 628;
            Frame.DataCarrierNum = 522;
            Frame.DataPerFrame = 27648;
            Frame.ScatterPilotNum = 78;
            Frame.TXID_FILE = 'xid_2M.dat';
            Frame.TX_NUM = 37;
```

```matlab
        Frame.SYNC_NUM = 314;
    end
if isempty(log_file)
        log_fid = 1;
else
        log_fid = fopen(log_file, 'w+');
end
ValidData = zeros(Frame.DataPerFrame, nframe);% 53 个 OFDM 符号数据子载波总数
signal = zeros(Frame.ValidCarrierNum * 53, nframe);% 有效子载波总数
datax = zeros(Frame.DataCarrierNum * 53, nframe);
Data0 = zeros(Frame.DataCarrierNum * 53, nframe);
fprintf(log_fid, 'Generating ensemble signal...\n');
locData = true(1, Frame.ValidCarrierNum * 53);% 时频二维矩阵
fprintf(log_fid, 'Locating the directer continual pilots...\n');
locDCP = DirectContinuePilot();%携带传输指示信息
locData(locDCP+1) = false;
fprintf(log_fid, 'Locating the zero continual pilots...\n');
loc = ZeroContinuePilotLoc();
signal(loc+1, :) = 1/sqrt(2) + 1i/sqrt(2); %导频插入
locData(loc+1) = false;%3076 * 53=163028
fprintf(log_fid, 'Locating the scatter pilots...\n');
loc = ScatterPilotLoc();
signal(loc+1, :)=1+0i;
locData(loc+1) = false;
pos = find(locData, Frame.DataPerFrame, 'first');
pos = pos(end);
locTail = locData;
locTail(1:pos) = false;
assert(sum(locTail)==Frame.DataCarrierNum * 53-Frame.DataPerFrame, 'Last tail data of
frame error!');
for n=1:nframe%连续导频(指示信息)和随机数据
    %for m=1:53
    fprintf(log_fid, 'Generating the random data of %dth frame...\n', n-1);
    InforDir = zeros(16, 1);
    InforDir(1:6) = de2bi(n-1, 6, 'left-msb');
    InforDir = (1+1i - InforDir * (2+2i))/sqrt(2);
    InforDir = repmat(InforDir, [Frame.MODE/2 1]);
    InforDir = repmat(InforDir, [53, 1]);
    signal(locDCP+1, n) = InforDir;
    randData = randi(2^Frame.LEVEL, Frame.ValidCarrierNum * 53, 1)-1;
    Data = randData(locData);
    Data0(:,n)=Data;
    Data = Mapping(Data);
    datax(1:Frame.DataPerFrame,n)=Data(1:Frame.DataPerFrame);
    signal(locData, n) = Data;
    ValidData(:, n) = Data(1:Frame.DataPerFrame);
    signal(locTail, n) = (sqrt(2)+sqrt(-1) * sqrt(2))/2;
end
```

```
clear pc Data InforDir loc locDCP randData;
fprintf(log_fid, 'Generating signal in timing domain...\n');
%LPF滤波器设置%
Fpass = Frame.FCS * (Frame.ValidCarrierNum/2+1);
Fstop = Frame.FS-Fpass;
Hd = lpf(Fpass, Fstop, Frame.FS * 4, 0);
%空时编码/空频编码%
[X0, Xcode] = decode_stbc(signal, datax, locData, locTail); %空时编码
% [X0, Xcode] = decode_sfbc(signal, datax, locData, locTail); %空频编码
%原码天线 OFDM 信号 IFFT 变换%
signal = ifft(X0, Frame.fft_pnts) * sqrt(Frame.fft_pnts);
signal = reshape(signal, Frame.fft_pnts * 53, nframe);
%原码天线 OFDM 信号成帧%
signal = frame_gen(signal);
%原码天线 OFDM 信号升采样:时域插值滤镜像%
fs = Frame.FS * nOverSample;
if nOverSample > 1
    Fpass = Frame.FCS * (Frame.ValidCarrierNum/2+1);
    Fstop = Frame.FS-Fpass;
    Hd = lpf(Fpass, Fstop, fs, 0);%DVBTSETTINGS.BW * 1e6/2
    fprintf(log_fid, '%d times upsample and low-pass filter...\n', nOverSample);
    signal = upsample(signal, nOverSample) * nOverSample;
    len=length(Hd);
    signal = [signal(end-(len-1)/2+1:end); signal; signal(1:(len-1)/2)];
    signal = conv(signal, Hd);
    signal = signal((len-1)/2+1:end-(len-1)/2);
    signal = signal((len-1)/2+1:end-(len-1)/2);
end
rmax = max(abs(real(signal)));
imax = max(abs(imag(signal)));
smax = max([rmax imax]);
signal = signal /smax;
signal = signal * (2^15);
signal = round(signal);
signal = signal/(2^15) * smax;
%编码天线 OFDM 信号 IFFT 变换%
signalcode = ifft(Xcode, Frame.fft_pnts) * sqrt(Frame.fft_pnts);
signalcode = reshape(signalcode, Frame.fft_pnts * 53, nframe);
%编码天线 OFDM 信号成帧%
signalcode = frame_gen(signalcode);
%编码天线 OFDM 信号升采样:时域插值滤镜像%
fs = Frame.FS * nOverSample;
if nOverSample > 1
    Fpass = Frame.FCS * (Frame.ValidCarrierNum/2+1);
    Fstop = Frame.FS-Fpass;
    Hd = lpf(Fpass, Fstop, fs, 0);%DVBTSETTINGS.BW * 1e6/2
    fprintf(log_fid, '%d times upsample and low-pass filter...\n', nOverSample);
    signalcode = upsample(signalcode, nOverSample) * nOverSample;
```

```matlab
        len＝length(Hd);
        signalcode ＝ [signalcode(end-(len-1)/2+1:end); signalcode; signalcode(1:(len-1)/2)];
        signalcode ＝ conv(signalcode, Hd);
        signalcode ＝ signalcode((len-1)/2+1:end-(len-1)/2);
        signalcode ＝ signalcode((len-1)/2+1:end-(len-1)/2);
    end
    rmax ＝ max(abs(real(signalcode)));
    imax ＝ max(abs(imag(signalcode)));
    smax ＝ max([rmax imax]);
    signalcode ＝ signalcode /smax;
    signalcode ＝ signalcode * (2^15);
    signalcode ＝ round(signalcode);
    signalcode ＝ signalcode /(2^15) * smax;
    %MIMO-OFDM: Rayleigh 信道模型%
    p1 ＝ [ 0.057662 0.176809   0.407163   0.303585 0.258782 0.061831 0.150340 0.051534
    0.185074 0.400967, 0.295723 0.350825 0.262909 0.225894 0.170996 0.149723 0.240140
    0.116587 0.221155 0.259730];
    q1 ＝ [4.885121 3.419109 5.864470 2.215894 3.758058 5.430202 3.952093 1.093586  5.775198
    0.154459, 5.928383 3.053023 0.628578 2.128544 1.099463 3.462951 3.664773 2.833799
    3.334290 0.393889];
    ti ＝ [1.003019 5.422091 0.518650 2.751772 0.602895 1.016585 0.143556 0.153832 3.324866
    1.935570, 0.429948 3.228872 0.848831 0.073883 0.203952 0.194207 0.924450 1.381320
    0.640512 1.368671];
    ti1 ＝ fix(ti/0.025);
    K ＝ 1/(sqrt(sum(p1.^2)));
    li ＝ sqrt(-1);
    signal_channel1 ＝ zeros(size(signal));
    signal_channel2 ＝ zeros(size(signal));
    p2 ＝ circshift(p1',1);
    p3 ＝ circshift(p1',7);
    p4 ＝ circshift(p1',13);
    q2 ＝ circshift(q1',3);
    q3 ＝ circshift(q1',6);
    q4 ＝ circshift(q1',10);
    ti2 ＝ circshift(ti1',5);
    ti3 ＝ circshift(ti1',8);
    ti4 ＝ circshift(ti1',11);
    clear ValidData X0 Xcode datax
    for i＝1:20
        signaltest＝K * p1(i) * exp(-2 * pi * li * q1(i)) * circshift(signal, ti1(i));
        signal_channel1＝signal_channel1+signaltest;
        clear signaltest
        signaltestcode＝K * p2(i) * exp(-2 * pi * li * q2(i)) * circshift(signalcode, ti2(i));
        signal_channel2＝signal_channel2+signaltestcode;
        clear signaltestcode
    end
    signal_channel_rx1＝signal_channel1+signal_channel2;
    save signal_channel_rx1 signal_channel_rx1
```

```
clear signal_channel1 signal_channel2
signal_channel3＝zeros(size(signal));
signal_channel4＝zeros(size(signal));
for i＝1:20
    signaltest2＝  K * p3(i) * exp(-2 * pi * li * q3(i)) * circshift(signal,ti3(i));
    signal_channel3＝signal_channel3＋signaltest2;
    clear signaltest2
    signaltestcode2＝  K * p4(i) * exp(-2 * pi * li * q4(i)) * circshift(signalcode,ti4(i));
    signal_channel4＝signal_channel4＋signaltestcode2;
    clear signaltestcode2
end
signal_channel_rx2＝signal_channel3＋signal_channel4;
clear signal_channel3 signal_channel4 signal signalcode
%MIMO-OFDM 接收机 LMMSE 维纳滤波信道估计%
SNRS ＝ [0:0.5:30];
for SNRindex ＝ 1:length(SNRS)
    for rx＝1:1
        if rx＝＝1
            signal_channel＝awgn(signal_channel_rx1,SNRS(SNRindex),'measured');
        else
            signal_channel＝awgn(signal_channel_rx2,SNRS(SNRindex),'measured');
        end
        %同步%
        disp('sync searching...');
        load sync sync;
        %load sync_signal sync_signal
        q＝nOverSample;
        samples ＝ length(sync);
        theta ＝ zeros(1,samples * q);
        %r2＝ sync_signal;
        r2 ＝ sync.';
        for i＝1:samples * q%k-samples * q
            r1 ＝ signal_channel(i:q:i＋q * (samples-1)).';
            gamma ＝ r1 * r2';
            epsilon ＝ r1 * r1'＋r2 * r2';
            theta(i) ＝ gamma * gamma'/epsilon/epsilon;
        end
        %theta ＝ theta(100:end);
        SyncPos ＝ find(theta＝＝max(theta(10:end)));
        SyncPos ＝SyncPos(1)-1633＋1;
        %降采样%
        signal_channel＝circshift(signal_channel,-SyncPos);%时延补偿
        if nOverSample > 1
            signal ＝ downsample(signal_channel, nOverSample);
        end
        signal ＝ reshape(signal, Frame.FS * 25e-3, nframe);
        signal ＝ remove_cp(signal);
        signal ＝ reshape(signal, Frame.fft_pnts, 53, nframe);
```

```matlab
signal = fft(signal, Frame.fft_pnts) / sqrt(Frame.fft_pnts);
%signal = reshape(signal, Frame.fft_pnts * 53, nframe);
signal = zero_undopadding(signal);
for i=1:nframe
    signal(:, i) = signal(:, i) ./ pc_prbs();
end
%scatterplot(signal(:,1));
%OFDM 解调和导频提取%
global Frame;
disp('channel estimation & equation...');
Hrev1=zeros(Frame.ValidCarrierNum,53,nframe);
Hrev2=zeros(Frame.ValidCarrierNum,53,nframe);
ScatteredPilotCarriersEven = [1:8:8 * (Frame.ScatterPilotNum/2-1)+1
8 * (Frame.ScatterPilotNum/2)+3:8:8 * (Frame.ScatterPilotNum-1)+3];
ScatteredPilotCarriersOdd = [5:8:8 * (Frame.ScatterPilotNum/2-1)+5
8 * (Frame.ScatterPilotNum/2)+7:8:8 * (Frame.ScatterPilotNum-1)+7];
load loc_zeroCP loc_zeroCP;
load loc_directCP loc_directCP;
ContinualPilotCarriers = [loc_zeroCP loc_directCP];
for framecnt=1:nframe
    signal_rev=signal(:,framecnt);
    ofdm_signal= reshape(signal_rev,Frame.ValidCarrierNum,53).';
    ValidDataRev = zeros(53, Frame.DataCarrierNum);
    disp('Get off pilots carriers...');
    k0=1;
    k1=1;
    ValidDataRev_ScatteredPilot=zeros(size(ofdm_signal));
    for i=1:Frame.ValidCarrierNum
        if (find([ScatteredPilotCarriersEven]==i-1))
            ValidDataRev_ScatteredPilot(1:2:53, i) = ofdm_signal(1:2:53, i);
        elseif (find([ScatteredPilotCarriersOdd]==i-1))
            ValidDataRev_ScatteredPilot(2:2:53, i) = ofdm_signal(2:2:53, i);
        end
    end
    D1=find(ValidDataRev_ScatteredPilot(1,:));
    D2=find(ValidDataRev_ScatteredPilot(2,:));
    Hp=ValidDataRev_ScatteredPilot;
    HL=Hp;
    %差分导频分离%
    HL1=zeros(size(HL));
    HL2=zeros(size(HL));
    for time=1:52/2
        for pilotcnt=1:length(D1)
            h1=(HL(2 * time-1,D1(pilotcnt))+ HL(2 * time,D2(pilotcnt)))/2;
            h2= (HL(2 * time-1,D1(pilotcnt))-HL(2 * time,D2(pilotcnt)))/2;
            HL1(2 * time-1,D1(pilotcnt))=h1;
            HL1(2 * time,D2(pilotcnt))=h1;
            HL2(2 * time-1,D1(pilotcnt))=h2;
```

```
                    HL2(2 * time,D2(pilotcnt))=h2;
            end
    end
    HL1(53,D1)= HL1(51,D1);
    HL2(53,D1)= HL2(51,D1);
    for channel=1:2
        if channel==1
                HL=HL1;
        else
                HL=HL2;
        end
        %时域线性插值%
        HL(2:2:52,D1)=(HL((2:2:52)-1,D1)+HL((2:2:52)+1,D1))/2;
        HL(1,D2)=HL(2,D2)-(HL(4,D2)-HL(2,D2))/2;
        HL(3:2:51,D2)=(HL((3:2:51)-1,D2)+HL((3:2:51)+1,D2))/2;
        HL(53,D2)=HL(52,D2)-(HL(50,D2)-HL(52,D2))/2;
        %维纳滤波 LMMSE 信道估计%
        Hl=HL.';
        SNR=10^(SNRS(SNRindex)/10);%信噪比
        Nf=3076;% 8M 模式下频率维 3076 个有效子载波
        Nt=53;% 时间维符号数
        FFTNum=4096;% FFT 点数
        ts=1/10e6;
        Tu=4096 * ts;% 有用符号间隔，409.6μs，OFDM 数据体时间长度
        Ts=(4096+512) * ts;%OFDM 符号的时间,加上了循环前缀的长度
        Fc=1/Tu;%子载波间隔
        %t_max=5.0000e-006;%信道时延扩展最大=滤波器的时延参数,…
        信道模型最大多径时延
        %t_max=(max(ti)-min(ti)) * ts;
        t_max=(max(ti)-(ti(3))) * ts;
        p_max=max(q1)-min(q1);
        f_max=0;%最大多普勒频移
        trms=t_max/2;%均方根时延

        CorrF=[1,(1-exp((-1) * 1i * 2 * pi * (1:FFTNum) * (Fc * t_max)))./(1i
        * 2 * pi * (1:FFTNum) * Fc * t_max)];
        %signaltest= K * p1(i) * exp(-2 * pi * li * q1(i)) * …
        circshift(chips_nocode.',ti(i)).';
        %CorrF=1./((1+1i * 2 * pi * (0:FFTNum) * Fc * t_max)./Tu);
        EstCh=zeros(Nf,Nt);
        IndexF=sort([D1 D2]);%导频估计值,按升序排列
        Rpp=zeros(numel(IndexF),numel(IndexF));
        %OFDM 符号内导频数据的自相关
        for irow=1:numel(IndexF)
            for icol=1:numel(IndexF)
                    Rpp(irow,icol)=CorrF(abs(IndexF(irow)-IndexF(icol))+1);
            end
        end
```

```matlab
                    Rhp = zeros(Nf,numel(IndexF));%OFDM 符号内导频与数据互相关
                    for k=1:Nf
                        carr=k;
                        Rhp(k,:)=CorrF(abs(carr-IndexF)+1);
                    end
                    Wf = Rhp * inv(Rpp+1/SNR * eye(numel(IndexF)));
                    EstCh((1:Nf),:)=Wf * Hl(IndexF,:);
                    matcChanEst=EstCh.';
                    if channel==1
                        Hrev1(:,:,framecnt)=matcChanEst.';
                    else
                        Hrev2(:,:,framecnt)=matcChanEst.';
                    end
            end
    end
%ofdm_signal0= ofdm_signal./HL1;
%空时解码%
Hrev1 = reshape(Hrev1,Frame.ValidCarrierNum * 53,nframe);
Hrev1 = Hrev1(locData,:);
Hrev2 = reshape(Hrev2,Frame.ValidCarrierNum * 53,nframe);
Hrev2 = Hrev2(locData,:);
signal = signal(locData,:);
Hrev1 = reshape(Hrev1,1,[]);
Hrev1 = reshape(Hrev1,Frame.DataCarrierNum,53 * nframe);
Hrev2 = reshape(Hrev2,1,[]);
Hrev2 = reshape(Hrev2,Frame.DataCarrierNum,53 * nframe);
signal = reshape(signal,1,[]);
signal = reshape(signal,Frame.DataCarrierNum,53 * nframe);
ValidDataRev=[];
Habs=[];
for encodecnt=1:size(signal,2)/2
    r1=signal(:,2 * encodecnt-1);
    r2=signal(:,2 * encodecnt);
    hp1=(Hrev1(:,2 * encodecnt-1)+Hrev1(:,2 * encodecnt))/2;
    hp2=(Hrev2(:,2 * encodecnt-1)+Hrev2(:,2 * encodecnt))/2;
    z1=r1. * conj(hp1)+conj(r2). * hp2;
    z2=-conj(r1). * hp2+r2. * conj(hp1);
    ValidDataRev=[ValidDataRev z1.' z2.'];
    Habs=[Habs (hp1. * conj(hp1)+hp2. * conj(hp2)).'
    (hp1. * conj(hp1)+hp2. * conj(hp2)).'];
end
%if rx==1
%     ValidDataRev1=ValidDataRev;
%     Habs1=Habs;
%   else
%     ValidDataRev2=ValidDataRev;
%     Habs2=Habs;
%end
```

```
            end
        %ValidDataRev=(ValidDataRev1+ValidDataRev2);
        %Habs=Habs1+Habs2;
        %判决%
        disp('Demodulating...');
        Const=Mapping(0:3);
        for i=1:length(ValidDataRev)
            %[c x] = min(abs(Const-ValidDataRev(i)));
            %d1(:,m)=abs(sum(z1,2)-s(m)).^2+(-1+sum(Habs,2)) * abs(s(m))^2;
            [c x] = min(abs(Const-ValidDataRev(i)).^2+(Habs(i)-1) * (abs(Const).^2));
            ValidDataRev(i) = x-1;
        end
        %BER 分析%
        ValidDataRev=reshape(ValidDataRev, Frame.DataCarrierNum * 53, nframe);
        ValidDataRev0=ValidDataRev(1:Frame.DataPerFrame, :);
        Data1=Data0(1:Frame.DataPerFrame, :);
        ValidData=reshape(Data1, 1, []);
        ValidDataRev=reshape(ValidDataRev0, 1, []);
        disp('Calculating BER...');
        diff = ValidDataRev-ValidData;
        diff0=diff(1:length(diff)/2);
        %scatterplot(ValidDataRev,1,0,'rx');
        SER(nframeloop,SNRindex) = sum(abs(diff)>1e-6)/length(ValidDataRev);
        bit_recev = dec2bin(ValidDataRev,2);
        bit_recev = reshape(bit_recev.',1,[]);
        bit_ori = dec2bin(ValidData,2);
        bit_ori = reshape(bit_ori.',1,[]);
        diff = bit_recev - bit_ori;
        BER(nframeloop,SNRindex) = sum(abs(diff)>1e-6)/length(diff);
        clear chips diff;
        save SER SER
        save BER BER
    end
    clear all;
    load SER SER
    load BER BER
  end
load BER BER
BER=mean(BER);
plot(SNRS,BER);
toc(tstart);
end
```

程序 6-2 "Mapping",星座映射

```
function Sig = Mapping(datain)
global Frame;
switch (Frame.LEVEL)
    case 1%BPSK
```

```
            Constellation = [1+1i -1-1i]./sqrt(2);
        case 2%QPSK
            Constellation = [1+1i 1-1i -1+1i -1 1i]./sqrt(2);
        case 3%16QAM
            Constellation =([3 3 1 1 3 3 1 1 -3 -3 -1 -1 -3 -3 -1 -1]+ ...
                [3 1 3 1 -3 -1 -3 -1 3 1 3 1 -3 -1 -3 -1] * 1i)./sqrt(10);
        otherwise
            error('Mapping level error!');
    end
    Sig = Constellation(datain+1);
end
```

程序 6-3 "DirectContinuePilot",计算连续导频位置

```
function loc_directCP = DirectContinuePilot
global Frame;
switch(Frame.MODE)
    case 2
        loc_directCP =[20 32 72 88 128 146 154 156 ...
            470 472 480 498 538 554 594 606];
    case 8
        loc_directCP =[...
            22   78   92   168   174   244   274   278...
            344  382  424  426   496   500   564   608...
            650  688  712  740   772   846   848   932...
            942  950  980  1012  1066  1126  1158  1214...
            1860 1916 1948 2008  2062  2094  2124  2132...
            2142 2226 2228 2302  2334  2362  2386  2424...
            2466 2510 2574 2578  2648  2650  2692  2730...
            2796 2800 2830 2900  2906  2982  2996  3052];
        save loc_directCP loc_directCP;
    otherwise
        error('Frame mode error!');
end
offset = (0:52) * Frame.ValidCarrierNum;
len = length(loc_directCP);
offset = repmat(offset, [len 1]);
offset = reshape(offset, 1, []);
loc_directCP = repmat(loc_directCP, [1 53]);
loc_directCP = loc_directCP + offset;
end
```

程序 6-4 "ZeroContinuePilotLoc",计算连续导频补零位置

```
function loc_zeroCP = ZeroContinuePilotLoc
global Frame;
switch(Frame.MODE)
    case 2
        loc_zeroCP =[0 216 220 250 296 313 314 330 ...
            388 406 410 627];
```

```
    case 8
        loc_zeroCP = [0 1244 1276 1280 1326 1378 1408 ...
            1508 1537 1538 1566 1666 1736 1748 1794 1798 1830 3075];
        save loc_zeroCP loc_zeroCP;
    otherwise
        error('Frame mode error!');
end
offset = (0:52) * Frame.ValidCarrierNum;
len = length(loc_zeroCP);
offset = repmat(offset, [len 1]);
offset = reshape(offset, 1, []);
loc_zeroCP = repmat(loc_zeroCP, [1 53]);
loc_zeroCP = loc_zeroCP + offset;
end
```

程序 6-5 "ScatterPilotLoc",计算离散导频位置

```
function loc_SP = ScatterPilotLoc
global Frame;
loc = zeros(1, Frame.ScatterPilotNum);
loc(1:Frame.ScatterPilotNum/2) = ...
    8 * (0:Frame.ScatterPilotNum/2-1)+1;
loc(Frame.ScatterPilotNum/2+1:Frame.ScatterPilotNum) = ...
    8 * (Frame.ScatterPilotNum/2:Frame.ScatterPilotNum-1)+3;
loc_SP=[loc loc+4];
offset = (0:52) * Frame.ValidCarrierNum;
offset = repmat(offset, [Frame.ScatterPilotNum 1]);
offset = reshape(offset, 1, []);
loc_SP = repmat(loc_SP, [1 54/2]);
loc_SP = loc_SP(1:Frame.ScatterPilotNum * 53);
loc_SP = loc_SP + offset;
end
```

程序 6-6 "pc_prbs",生成频域加扰序列

```
function pc=pc_prbs()
global Frame;
prbs_init_regs =[...
    0 0 0 0 0 0 0 0 0 0 0 1;
    0 0 0 0 1 0 0 1 0 0 1 1;
    0 0 0 0 0 1 0 0 1 1 0 0;
    0 0 1 0 1 0 1 1 0 0 1 1;
    0 1 1 1 0 1 0 0 0 1 0 0;
    0 0 0 0 0 1 0 0 1 1 0 0;
    0 0 0 1 0 1 1 0 1 1 0 1;
    0 0 1 0 1 0 1 1 0 0 1 1];
prbs_init_reg = prbs_init_regs(Frame.PRBS_MODE, :);
Si = zeros(Frame.ValidCarrierNum * 53, 1);
Sq = zeros(Frame.ValidCarrierNum * 53, 1);
for PcCounter = 1:Frame.ValidCarrierNum * 53
```

```
        Si(PcCounter) = prbs_init_reg(1);
        Sq(PcCounter) = prbs_init_reg(4);
        RegNew = mod(sum(prbs_init_reg([1 2 5 7])),2);
        prbs_init_reg = [prbs_init_reg(2:12) RegNew];
    end
pc = complex(1-2 * Si,1-2 * Sq)/sqrt(2);
end
```

程序 6-7 "tx_gen",生成发射机识别标识 OFDM 频域信号

```
function signal = tx_gen()
global Frame;
global log_fid;
fprintf(log_fid, 'Generating signal of tx id...\n');
txid = load(Frame.TXID_FILE);
txid_even = txid(Frame.TXID_REGION+1,:).';
txid_odd = txid(Frame.TXID_TXER+1, :).';
txid = txid_even;
txid = [0; 1-2 * txid(1:floor(Frame.TX_NUM/2)); zeros(Frame.txid_pnts-Frame.TX_NUM-1, 1); ...
1-2 * txid(floor(Frame.TX_NUM/2)+1:Frame.TX_NUM)];
txid = ifft(txid,Frame.txid_pnts) * sqrt(Frame.txid_pnts);
txid_even = txid;
txid = txid_odd;
txid = [0; 1-2 * txid(1:floor(Frame.TX_NUM/2)); zeros(Frame.txid_pnts-Frame.TX_NUM-1, 1); ...
1-2 * txid(floor(Frame.TX_NUM/2)+1:Frame.TX_NUM)];
txid = ifft(txid,Frame.txid_pnts) * sqrt(Frame.txid_pnts);
txid_odd = txid;
signal = [txid_even txid_odd];
end
```

程序 6-8 "sync_gen",生成同步序列 OFDM 频域信号

```
function signal = sync_gen()
global Frame;
global log_fid;
fprintf(log_fid, 'Generating signal of sync...\n');
prbs_sync = [0 1 1 1 0 1 0 1 1 0 1];
sync = zeros(Frame.SYNC_NUM, 1);
for i=1:Frame.SYNC_NUM
    sync(i) = prbs_sync(1);
    temp = mod(prbs_sync(1)+prbs_sync(3), 2);
    prbs_sync = [prbs_sync(2:11) temp];
end
sync = [0; 1-2 * sync(1:floor(Frame.SYNC_NUM/2));
zeros(Frame.sync_pnts-Frame.SYNC_NUM-1, 1); ...
1-2 * sync(floor(Frame.SYNC_NUM/2)+1:Frame.SYNC_NUM)];
signal = ifft(sync,Frame.sync_pnts) * sqrt(Frame.sync_pnts);
end
```

程序 6-9 "frame_gen",OFDM 系统成帧

```matlab
function signalout = frame_gen(signalin)
global Frame;
global log_fid;
Lgi = Frame.TGI * Frame.FS;
Lframe = 25e-3 * Frame.FS;
Ltxcp = Frame.TCP_TXID * Frame.FS;
Ltx = Frame.TU_TXID * Frame.FS;
Lsync = Frame.TU_SYNC * Frame.FS;
Lcp = Frame.TCP * Frame.FS;
L = Frame.TU * Frame.FS;
T = 1/Frame.FS;
assert(L == Frame.fft_pnts, 'Signal length error.');
wt2=0.5+0.5 * cos(pi+pi * (0:T:(Frame.TGI-T))/Frame.TGI).';
wt1=flipud(wt2);
nframe = size(signalin, 2);
signalout = zeros(Lframe * nframe, 1);
txid = tx_gen();
sync = sync_gen();
save sync sync;
Sgi = signalin((L-1) * 53+(1:Lgi), nframe);
pos = 0;
for n=1:nframe
    fprintf(log_fid, 'Assembling the %dth time slot signal...\n', n-1);
    if mod(n-1, 2) == 0
        txid_cur = txid(:, 1);
    else
        txid_cur = txid(:, 2);
    end
    signalout(pos+(1:Lgi)) = Sgi. * wt1 + txid_cur(Ltx-Ltxcp-Lgi+(1:Lgi)) . * wt2;
    pos = pos + Lgi;
    signalout(pos+(1:Ltxcp)) = txid_cur(Ltx-Ltxcp+1:Ltx);
    pos = pos + Ltxcp;
    signalout(pos+(1:Ltx)) = txid_cur(1:Ltx);
    pos = pos + Ltx;
    Sgi = txid_cur(1:Lgi);
    signalout(pos+(1:Lgi)) =  Sgi. * wt1 + sync(Lsync-Lgi+(1:Lgi)). * wt2;
    pos = pos + Lgi;
    signalout(pos+(1:Lsync)) = sync(:);
    pos = pos + Lsync;
    signalout(pos+(1:Lsync)) = sync(:);
    pos = pos + Lsync;
    Sgi = sync(1:Lgi);
    for i=1:53
        signalout(pos+(1:Lgi)) = Sgi . * wt1 + signalin(i * L-Lcp-Lgi+(1:Lgi), n) . * wt2;
        pos = pos + Lgi;
        signalout(pos+(1:Lcp)) = signalin(i * L-Lcp+(1:Lcp), n);
        pos = pos + Lcp;
        signalout(pos+(1:L)) = signalin((i-1) * L+(1:L), n);
```

```
            pos = pos + L;
            Sgi = signalin((i-1) * L+(1:Lgi), n);
        end
    end
    assert(pos == Lframe * nframe, 'Ensemble length error!');
end
```

程序 6-10 "average_power",计算平均功率

```
function power = average_power(datain)
datain = reshape(datain, 1, []);
len = length(datain);
power = datain * datain'/len;
end
```

程序 6-11 "plot_spectrum",画频谱图

```
function plot_spectrum(signal, fs, figureindex, xlab, ylab, title_str)
figure(figureindex);
pts = length(signal);
spectrum = abs(fftshift(fft(signal)));
spectrum = spectrum/max(spectrum);
f = -fs/2:fs/pts:(fs/2-fs/pts);
plot(f, 20 * log10(spectrum));
xlabel(xlab);
ylabel(ylab);
title(title_str);
axis([-fs/2 fs/2 -100, 10]);
grid on;
end
```

程序 6-12 "lpf",生成 LPF 低通滤波器系数

```
function Hd = lpf(Fpass, Fstop, Fsample, fig)
Dpass = 0.0063095734448;%带通
Dstop = 0.001; %带阻
flag  = 'scale';
% KAISERORD 窗函数%
[N,Wn,BETA,TYPE] = kaiserord([Fpass Fstop]/(Fsample/2), [1 0], [Dstop Dpass]);
N = ceil(N/2) * 2;
% FIR 函数%
b  = fir1(N, Wn, TYPE, kaiser(N+1, BETA), flag);
Hd = dfilt.dffir(b);
Hd = Hd.numerator;
if (fig > 1)
    freqz(Hd);
end
end
```

程序 6-13 "psd",画 PSD 功率谱函数

```
function psd(signal, fs)
```

```
global log_fid;
fprintf(log_fid, 'Estimates the Power Spectral Density using Welch"s method…\n');
[Pxx, f] = pwelch(signal,[],[],[],fs);
Pxx = 10 * log10(fftshift(Pxx));
plot(f, Pxx);
end
```

程序 6-14 "remove_cp"，去循环前缀

```
function signalout = remove_cp(signalin)
global Frame;
global log_fid;
Lgi = Frame.TGI * Frame.FS;
Ltxcp = Frame.TCP_TXID * Frame.FS;
Ltx = Frame.TU_TXID * Frame.FS;
Lsync = Frame.TU_SYNC * Frame.FS;
Lcp = Frame.TCP * Frame.FS;
L = Frame.TU * Frame.FS;
signalout = zeros(L * 53, size(signalin,2));
offset = Lgi+Ltxcp+Ltx+Lgi+Lsync * 2+Lgi+Lcp;
for i=0:52
    signalout(i * L+(1:L), :) = signalin(offset+i * (L+Lcp+Lgi)+(1:L), :);
end
end
```

程序 6-15 "decode_stbc"，空时编码

```
function [X0, Xcode] = decode_stbc(X, data, locData, locTail)
global FIX_POINT;
global log_fid;
global Frame;
nframe = size(X, 2);
pc=pc_prbs();
XX= zeros(size(X));
XXcode = zeros(size(X));
data( Frame.DataPerFrame+1:end, :)=(sqrt(2)+sqrt(-1) * sqrt(2))/2;
data0=data;
[frampres, ns]=size(data0);
data = reshape(data, 1, []);
data = reshape(data, Frame.DataCarrierNum, 53 * nframe);
datacode = zeros(size(data));
for i=1:size(data,2)
    if mod(i,2)
        datacode(:,i+1)=conj(data(:,i));
    else
        datacode(:,i-1)=-conj(data(:,i));
    end
end
datacode = reshape(datacode, 1, []);
datacode = reshape(datacode, frampres, ns);
```

```
signal0 = zeros(Frame. ValidCarrierNum * 53, ns);
signal0(locData, :) = datacode;
signal0 = reshape(signal0, 1, [ ]);
signal0 = reshape(signal0, Frame. ValidCarrierNum, 53 * nframe);
for ofdmcnt=0:size(signal0,2)-1
    framecnt=floor(ofdmcnt/53);
    if mod(framecnt,2)==0
        if mod(ofdmcnt,2)==0
            ScatteredPilotInit = 1;
            ploitset=1;
        else
            ScatteredPilotInit = 5;
            ploitset=-1;
        end
    else

        if mod(ofdmcnt,2)
            ScatteredPilotInit = 1;
            ploitset=1;
        else
            ScatteredPilotInit = 5;
            ploitset=-1;
        end
    end
    ScatteredPilotCarriers = zeros(1,Frame. ScatterPilotNum);
    ScatteredPilotCarriers(1:Frame. ScatterPilotNum/2) = 8 * (0:Frame. ScatterPilotNum/2-...
    1)+ScatteredPilotInit;
    ScatteredPilotCarriers(Frame. ScatterPilotNum/2+1:Frame. ScatterPilotNum) =...
    8 * (Frame. ScatterPilotNum/2:Frame. ScatterPilotNum-1)+ScatteredPilotInit+2;
    for ValidCarrierCnt=0:Frame. ValidCarrierNum-1
        if find(ScatteredPilotCarriers==ValidCarrierCnt)
            signal0(ValidCarrierCnt+1,ofdmcnt+1)=ploitset;
        end
    end
end
signal0 = reshape(signal0, 1, [ ]);
signal0 = reshape(signal0, Frame. ValidCarrierNum * 53,nframe);
for i=1:nframe
    XX(:, i) = X(:, i) .* pc;
    XXcode(:, i) = signal0(:, i) .* pc;
end
X0 = zero_padding(XX);
Xcode = zero_padding(XXcode);
end
```

程序 6-16 "decode_sfbc",空频编码

```
function [X0, Xcode] = decode_sfbc(X, data, locData, locTail)
global FIX_POINT;
```

```
global log_fid;
global Frame;
nframe = size(X, 2);
pc=pc_prbs();
XX= zeros(size(X));
XXcode = zeros(size(X));
data( Frame.DataPerFrame+1:end, :)=(sqrt(2)+sqrt(-1) * sqrt(2))/2;
data0=data;
[frampres, ns]=size(data0);
data = reshape(data, 1, []);
data = reshape(data, Frame.DataCarrierNum, 53 * nframe);
datacode = zeros(size(data));
for i=1:2:size(data,1)
    datacode(i+1, :)=conj(data(i, :));
    datacode(i, :)=-conj(data(i+1, :));
end
%导频设置%
datacode = reshape(datacode, 1, []);
datacode = reshape(datacode, frampres, ns);
signal0= zeros(Frame.ValidCarrierNum * 53, ns);
signal0(locData, :) = datacode;
signal0 = reshape(signal0, 1, []);
signal0 = reshape(signal0, Frame.ValidCarrierNum, 53 * nframe);
for ofdmcnt=0:size(signal0,2)-1
    framecnt=floor(ofdmcnt/53);
    if mod(framecnt,2)==0
        if mod(ofdmcnt,2)==0
            ScatteredPilotInit = 1;
            ploitset=1;
        else
            ScatteredPilotInit = 5;
            ploitset=-1;
        end
    else
        if mod(ofdmcnt,2)
            ScatteredPilotInit = 1;
            ploitset=1;
        else
            ScatteredPilotInit = 5;
            ploitset=-1;
        end
    end
    ScatteredPilotCarriers = zeros(1,Frame.ScatterPilotNum);
    ScatteredPilotCarriers(1:Frame.ScatterPilotNum/2) = 8 * (0:Frame.ScatterPilotNum/2-...
1)+ScatteredPilotInit;
    ScatteredPilotCarriers(Frame.ScatterPilotNum/2+1:Frame.ScatterPilotNum) =...
8 * (Frame.ScatterPilotNum/2:Frame.ScatterPilotNum-1)+ScatteredPilotInit+2;
    for ValidCarrierCnt=0:Frame.ValidCarrierNum-1
```

```
                    if find(ScatteredPilotCarriers==ValidCarrierCnt)
                        signal0(ValidCarrierCnt+1,ofdmcnt+1)=ploitset;
                    end
                end
            end
        end
        signal0 = reshape(signal0, 1, []);
        signal0 = reshape(signal0, Frame.ValidCarrierNum * 53,nframe);
        for i=1:nframe
            XX(:, i) = X(:, i) .* pc;
            XXcode(:, i) = signal0(:, i) .* pc;
        end
        X0 = zero_padding(XX);
        Xcode = zero_padding(XXcode);
        end
```

程序 6-17 "zero_padding",插入虚拟子载波
```
function signal = zero_padding(signal)
global Frame;
nframe = size(signal, 2);
signal = reshape(signal, Frame.ValidCarrierNum, 53, nframe);
signal =[zeros(1, 53, nframe);signal(1:Frame.ValidCarrierNum/2, :, :); ...
zeros(Frame.fft_pnts-1-Frame.ValidCarrierNum, 53, nframe); ...
signal(1+Frame.ValidCarrierNum/2:Frame.ValidCarrierNum, :, :)];
end
```

程序 6-18 "zero_undopadding",去掉虚拟子载波
```
function signal = zero_undopadding(signal)
global Frame;
signal =[signal(2:Frame.ValidCarrierNum/2+1, :, :); ...
signal(Frame.fft_pnts-Frame.ValidCarrierNum/2+1:Frame.fft_pnts, :, :)];
signal = reshape(signal, Frame.ValidCarrierNum * 53, size(signal, 3));
end
```

其中程序 6-1 为 MIMO-OFDM 信道估计仿真主程序,程序 6-2~程序 6-18 为辅助调制和解调的子程序。

6.5.2 实验结果分析

在接收系统中,信道解码对接收信号做到近似无误差的解调,要求纠错之前的误比特率控制在 $10^{-2} \sim 10^{-3}$,本节以均衡之后 10^{-2} 的误比特率作为纠错码可以完成精确解调的前提。表 6-1 给出了 MIMO-OFDM 系统各项参数。6.5.1 节基于 MIMO-OFDM 平台仿真了单发射天线单接收天线模式(SISO)、双发射天线单接收天线模式(MISO)、单发射天线双接收天线模式(SIMO)和双发射天线双接收天线模式(MIMO)的信道估计过程。双发射天线采用空频并行 Alamouti 编码结构。信道环境选择瑞利平坦衰落、高斯白噪声信道模型。接收机信道估计对比了 LS 插值滤波算法和基于同步与 LMMSE 维纳滤波联合信道估计算法。

表 6-1　OFDM 实验平台参数

带宽模式	8MHz
IFFT/FFT 载波个数	4K
有效子载波	3076
数据子载波	2610
离散导频/连续导频	384/82
调制模式	QPSK/16QAM

1. 空频编码 MIMO-OFDM 信道估计

图 6-15 和图 6-16 分别描述了 MIMO-OFDM 通信系统中,基于空频编码技术的 QPSK 和 16QAM 调制的 BER 曲线。设置为便携接收环境,通过基础的 LS 频域插值信道估计算法,获得信道状态信息,完成接收信号的均衡。表 6-2 列出了 BER 曲线在 10^{-2} 处的 SNR 测试结果。可见,引入分集技术后,16QAM 解调后的信噪比可超出 QPSK 单发单收的水平。这说明,如果在系统中考虑通过 16QAM 调制方式提升传信率,天线分集是较为经济和理想的技术方案。在 QPSK 调制下,天线分集获得分集增益,最优模式为双发双收的

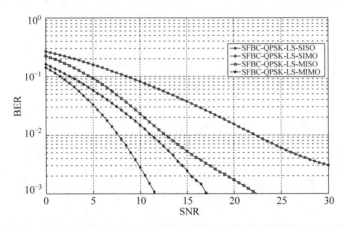

图 6-15　QPSK 调制模式下空频编码结构的 LS 信道估计算法 BER 曲线

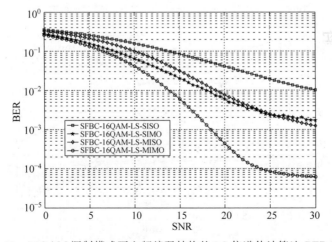

图 6-16　16QAM 调制模式下空频编码结构的 LS 信道估计算法 BER 曲线

MIMO 结构,SNR 工作点相较于原始的 SISO 通信系统可以提升 15.7dB。接收分集单发射天线的 SIMO 模式仅次于 MIMO 模式的 BER 性能,相较于 SISO 系统可以获得 11.2dB 的 SNR 增益,双发射天线单接收天线的 MISO 模式次之,可以获得 9.7dB 的 SNR 增益。MIMO-OFDM 系统选择 16QAM 调制时,相较于 QPSK 调制 SISO 系统,相差 7.8dB。16QAM 调制在 MIMO 系统中可以获得最优的 BER 性能曲线,相较于 SISO 系统可以获得 16dB 的 SNR 增益。MISO 系统和 SIMO 系统,则分别获得了 11dB 和 12dB 的 SNR 增益。比较 QPSK 和 16QAM 调制方式,在 SIMO、MISO 和 MIMO 系统中,SNR 性能指标相差 7dB、6.5dB 和 7.5dB。

表 6-2 图 6-15 和图 6-16 中 BER 曲线在 10^{-2} 处的 SNR 测试结果

调制/分集	SISO	SIMO	MISO	MIMO
QPSK	22.2	11	12.5	6.5
16QAM	30	18	19	14

图 6-17 和图 6-18 则分别描述了 MIMO-OFDM 系统中,QPSK 和 16QAM 调制在 LMMSE 维纳滤波信道估计算法条件下的 BER 曲线。LMMSE 维纳滤波信道估计是目前

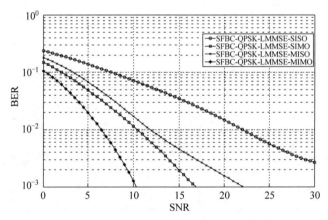

图 6-17 QPSK 调制模式下空频编码结构的 LMMSE 信道估计算法 BER 曲线

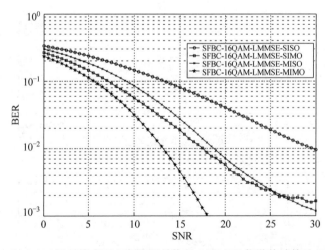

图 6-18 16QAM 调制模式下空频编码结构的 LMMSE 信道估计算法 BER 曲线

可应用到接收机体系中较为优秀的信道估计算法,后续的优化设计主要是针对滤波方式进行改进处理,本节采用经过同步技术优化处理之后的 LMMSE 维纳滤波算法。表 6-3 比较了 BER 曲线 10^{-2} 处的 SNR 结果,可知在 LMMSE 信道估计条件下,引入分集技术,16QAM 的解调结果也可以超过 QPSK 单发单收的水平。在 QPSK 调制下,双发双收的 MIMO 结构的 SNR 工作点相较于 SISO 系统可以提升 15.5dB,SIMO 和 MISO 模式分别获得了 11.5dB、10dB 的增益。在 16QAM 调制下,经过 LMMSE 信道估计辅助解调的接收信号,其误比特曲线在分集情况下的表现如下:相比于 SISO 通信模式,SIMO、MISO 和 MIMO 模式分别获得了 13dB、11dB 和 16.5dB 的分集增益。

表 6-3　图 6-17 和图 6-18 中 BER 曲线在 10^{-2} 处的 SNR 测试结果

调制/分集	SISO	SIMO	MISO	MIMO
QPSK	22	10.5	12	6.5
16QAM	29.5	16.5	18.5	13

在 QPSK 调制 SISO 模式下,相对于 LS 信道估计,LMMSE 只获得了 0.2dB 的信噪比增益。在 16QAM 调制 SISO 模式下,LMMSE 解调结果获得了 0.5dB 的信噪比增益。在 MIMO 模式下,不管是 QPSK 还是 16QAM 调制,采用 LMMSE 信道估计的系统 SNR 工作点都降低了 1dB,优势比较明显。而对于 SIMO 和 MISO 模式,不管在 QPSK 调制还是 16QAM 调制条件下,可以获得 0.5dB 的信噪比增益。

2. 空时编码 MIMO-OFDM 信道估计

空时编码采用了图 6-11 中的离散导频设计结构,信道估计算法采用 LS 频域插值算法和 LMMSE 维纳滤波算法。

图 6-19 和图 6-20 分别描述了 MIMO-OFDM 系统基于空时编码技术的 QPSK 和 16QAM 调制的 BER 曲线。如表 6-4 所示,接收机采用 LS 频域插值估计信道算法,在 QPSK/16QAM 调制下,SISO、SIMO、MISO 和 MIMO 四种模式解调的 BER 曲线在 10^{-2} 处的 SNR 测量值和空频编码 MIMO-OFDM 系统的测试结果一致。

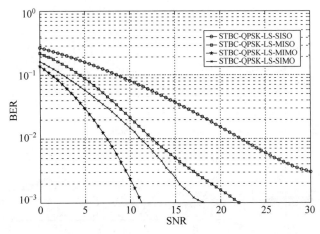

图 6-19　QPSK 调制模式下空时编码结构的 LS 信道估计算法 BER 曲线

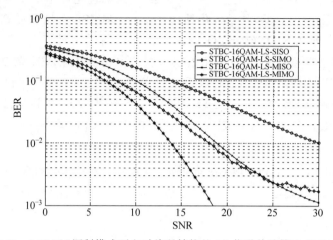

图 6-20　16QAM 调制模式下空时编码结构的 LS 信道估计算法 BER 曲线

表 6-4　图 6-19 和图 6-20 中 BER 曲线在 10^{-2} 处的 SNR 测试结果

调制/分集	SISO	SIMO	MISO	MIMO
QPSK	22.2	11	12.5	6.5
16QAM	30	18	19	14

图 6-21 和图 6-22 分别描述了 MIMO-OFDM 系统,基于空时编码技术的 QPSK 和 16QAM 调制的 BER 曲线,接收机信道估计算法采用优化的 LMMSE 维纳滤波信道估计。表 6-5 中的测试结果证明了天线分集的增益,在 MIMO 条件下,QPSK 调制的 OFDM 系统,采用 LMMSE 信道估计相比于采用 LS 频域插值滤波信道估计的接收机,获得了 1dB 的信噪比增益。相比于空频编码的结构,空时结构在 MISO 模式下采用 QPSK 调制时,将获得 0.5dB 的信噪比增益,而两种编码结构在其他条件下的测试结果一致。

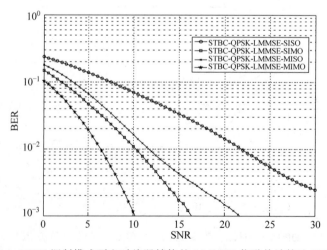

图 6-21　QPSK 调制模式下空时编码结构的 LMMSE 信道估计算法 BER 曲线

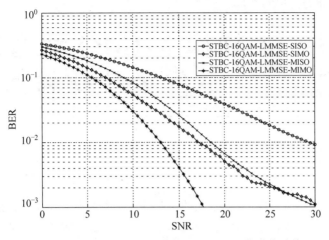

图 6-22　16QAM 调制模式下空时编码结构的 LMMSE 信道估计算法 BER 曲线

表 6-5　图 6-21 和图 6-22 中 BER 曲线在 10^{-2} 处的 SNR 测试结果

调制/分集	SISO	SIMO	MISO	MIMO
QPSK	22	10.5	11.5	6.5
16QAM	29.5	16.5	18.5	13

图 6-23 给出了基于空时编码技术和 QPSK 调制的 MIMO-OFDM 系统,分别采用 LS 频域插值滤波信道估计,传统采用循环前缀作为最大时延参数的 LMMSE 维纳滤波信道估计和经过同步反馈信息优化的 LMMSE 信道估计算法。实验结果显示,经过优化的 LMMSE 算法,比之传统的 LMMSE 算法和插值滤波算法,分别可以获得 0.5dB 和 1dB 的信噪比增益。

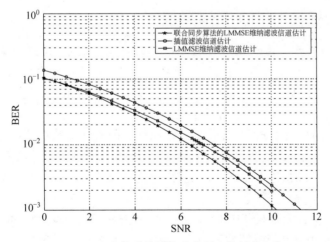

图 6-23　三种信道估计算法的误比特性能比较

第 7 章

大规模 MIMO 信道估计与能效优化技术

源代码

能效优化在无线通信系统,特别是在约束条件较多的大规模 MIMO 系统中有着迫切的需求和深远的意义。本章针对大规模 MIMO 系统,考虑信道估计和反馈,利用具有复杂约束的克拉美罗边界精确地量化信道估计误差,提出动态资源分配方案,以实现能量效率最大化。大规模 MIMO 系统的基站端配置大规模天线阵列,可以充分利用空间维度资源,提高通信系统的传输能力。本章利用改进的 CSI 反馈策略和算法,在重构的 MIMO 架构中,发射端根据 CSI 估计值为每个子信道分配合理的发射功率,并结合功率损耗进行天线资源分配,获得大规模 MIMO 的能效优化。

毫米波具有频率高、波长短、天线尺度小以及易于大规模集成等特点,适合与大规模 MIMO 系统配置,构建毫米波大规模 MIMO 系统框架。在 5G 毫米波大规模 MIMO 系统架构中,面临的瓶颈就是如何快速且准确地获取信道状态信息,准确的信道估计可以为后续的上下行链路数据传输阶段相关用户数据的调度和功率分配策略提供良好的指导。

7.1 大规模 MIMO 能效优化技术

7.1.1 大规模 MIMO 通信系统

大规模 MIMO 技术在传统 MIMO 技术的基础上演进而来,其基站端部署超大规模天线阵列。大规模 MIMO 系统在容量、能效等各方面的性能要优于传统 MIMO 系统。当天线数目达到一定的量级后,不确定的信道因素可以趋于稳定,无线信道呈现较高的相关性,使用简单的信号处理便可以显著提升系统性能。

随着通信技术的日新月异,无线业务数量和种类的剧增对数据速率有了更高的要求。2010 年 Thomas L. Marzetta 在关于大规模 MIMO 技术的一项研究成果中阐述了大规模 MIMO 在提高系统吞吐量等性能方面的优势,此后大规模 MIMO 技术得到更加充分的研究和发展。

考虑图 7-1 所示的大规模 MIMO 系统下行链路模型中,发射端和接收端分别配置 $N_T = M$ 和 $N_R = N$ 根天线,接收信号可表示为

$$y(k) = \sqrt{\frac{P}{M}} Hx(k) + z(k) \tag{7-1}$$

式中,k 代表时隙;$x \in \mathbb{C}^{M \times 1}$ 为传输符号向量,满足 $R_{xx} = \mathrm{E}\{xx^H\}$,$\mathrm{tr}(R_{xx}) = M$,$R_{xx}$ 为发射信号 x 的自相关矩阵,$\mathrm{tr}(R_{xx})$ 是 R_{xx} 对角线上各个元素的和;P 表示基站端的平均发射功

率；$z \in \mathbb{C}^{N \times 1}$ 代表满足 $E\{z(k)z(l)^H\} = \delta(k,l)\sigma_n^2 I$ 的加性高斯白噪声，其中 $\delta(k,l) = \begin{cases} 1, k=l \\ 0, k \neq l \end{cases}$；$H$ 表示 $N \times M$ 维独立分布、均值为 0 的复高斯信道矩阵，其中的元素 h_{ji} 表示第 i 根发射天线与第 j 根接收天线之间的信道系数。

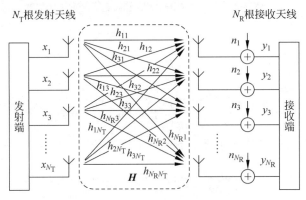

图 7-1　MIMO 通信系统模型

在发射端 CSI 未知的情况下，每根发射天线分配相同的功率。大规模 MIMO 容量公式可以表示为

$$C_{equ} = \log_2 \det\left(I_{N_R} + \frac{P}{M\sigma_n^2}HH^H\right) \tag{7-2}$$

式(7-2)表明等功率分配算法为每个数据通道分配相同的功率。

对 HH^H 执行特征值分解的操作：

$$HH^H = Q\Lambda Q^H \tag{7-3}$$

式中，Q 是 $N \times N$ 的酉矩阵，满足 $Q^H Q = QQ^H = I_N$，对角矩阵的对角元素可以写成：

$$\lambda_i = \begin{cases} \sigma_i^2, & i = 1,2,\cdots,r \\ 0, & i = r+1,\cdots,N \end{cases} \tag{7-4}$$

式中，σ_i 是对 H 进行奇异值分解得到的奇异值，并且 $\Sigma = \text{diag}\{\sigma_1, \sigma_2, \cdots, \sigma_r, 0, \cdots, 0\}$，大规模 MIMO 信道容量可以重新表示为

$$\begin{aligned} C_{equ} &= \log_2 \det\left[I_N + \frac{P}{M\sigma_n^2}Q\Lambda Q^H\right] \\ &= \sum_{i=1}^{r} \log_2\left(1 + \frac{P}{M\sigma_n^2}\lambda_i\right) \end{aligned} \tag{7-5}$$

MIMO 系统的信道容量是 r 个功率增益为 P/M 的单天线信道容量之和，发射端和接收端使用 MIMO 技术开辟了发射端和接收端的多个数据通道。由于 CSI 是未知的，最有效的方法就是执行等功率分配算法。

当发射端获得完备 CSI 时，可以增加功率这一资源调配维度，获得信道容量的提升。发射端可以根据 CSI 为每根天线分配恰当的功率使得系统的整体性能最高。对 H 进行奇异值分解操作，发射信号在发射端先预乘矩阵 V，接收信号在接收端乘以 U^H，模态分解的重构结构如图 7-2 所示。

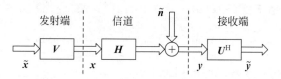

图 7-2　大规模 MIMO 信道模态分解重构图

接收信号可以表示为

$$
\begin{aligned}
\tilde{\boldsymbol{y}} &= \sqrt{\frac{P}{M}}\boldsymbol{U}^{\mathrm{H}}\boldsymbol{H}\boldsymbol{V}\tilde{\boldsymbol{x}} + \tilde{\boldsymbol{n}} \\
&= \sqrt{\frac{P}{M}}\boldsymbol{\Sigma}\tilde{\boldsymbol{x}} + \tilde{\boldsymbol{n}}
\end{aligned}
\tag{7-6}
$$

此时可将信道矩阵分解成 r 个虚拟的并行子信道,表示为

$$
\tilde{y}_{i.} = \sqrt{\frac{P}{M}}\sqrt{\lambda_i}\,\tilde{x}_i + \tilde{n}_i, \quad i = 1, 2, \cdots, r
\tag{7-7}
$$

MIMO 系统的信道容量是所有子信道容量之和,即

$$
C_{\mathrm{CSI}} = \sum_{i=1}^{r} \log_2\left(1 + \frac{P\gamma_i}{M\sigma_{\mathrm{n}}^2}\lambda_i\right)
\tag{7-8}
$$

功率注水分配算法为信道状态好的信道分配更多的功率。通过求解功率分配问题,能够得到信道容量的最大值:

$$
C_{\mathrm{CSI}} = \max_{\langle \gamma_i \rangle}\sum_{i=1}^{r} \log_2\left(1 + \frac{P\gamma_i}{M\sigma_{\mathrm{n}}^2}\lambda_i\right)
$$
$$
\text{s. t. } \sum_{i=1}^{r}\gamma_i = M
\tag{7-9}
$$

使用拉格朗日乘子法,可以得到最优的能量分配:

$$
\gamma_i^{\mathrm{opt}} = \max\left\{\left(\mu - \frac{MN_0}{P\lambda_i}\right), 0\right\}
\tag{7-10}
$$

式中,

$$
\mu = \frac{M}{r - q + 1}\left[1 + \frac{N_0}{P}\sum_{i=1}^{r-q+1}\frac{1}{\lambda_i}\right]
\tag{7-11}
$$

式中,q 代表迭代次数。

实际信道矩阵 $\boldsymbol{H}$ 与估计信道矩阵 $\hat{\boldsymbol{H}}$ 之间会存在一定的偏差,造成这种现象的主要原因是信道估计误差和反馈时延。当存在估计误差时,估计信道矩阵 $\hat{\boldsymbol{H}}$ 和实际信道矩阵 $\boldsymbol{H}$ 之间的关系可表示为

$$
\boldsymbol{H} = \hat{\boldsymbol{H}} + \Delta\boldsymbol{H}
\tag{7-12}
$$

式中,$\Delta\boldsymbol{H}$ 代表独立于 $\hat{\boldsymbol{H}}$ 和 $\boldsymbol{x}$ 的估计误差矩阵,其元素满足: $\Delta h_{ji} \sim \mathcal{CN}(0, \sigma_{\mathrm{e}}^2)$。$\sigma_{\mathrm{e}}^2$ 为信道估计误差的方差,可以反映信道估计的准确性。根据条件均值的定义,$\hat{\boldsymbol{H}}$ 和 $\Delta\boldsymbol{H}$ 是相互独立的,$\hat{\boldsymbol{H}}$ 和 $\Delta\boldsymbol{H}$ 中的元素为独立同分布的复高斯变量。

对估计信道矩阵 $\hat{\boldsymbol{H}}$ 进行奇异值分解:

$$\hat{\boldsymbol{H}} = \hat{\boldsymbol{U}}\hat{\boldsymbol{\Sigma}}\hat{\boldsymbol{V}}^{\mathrm{H}} \tag{7-13}$$

式中,$\hat{\boldsymbol{\Sigma}} = \mathrm{diag}(\sqrt{\hat{\lambda}_1}, \sqrt{\hat{\lambda}_2}, \cdots, \sqrt{\hat{\lambda}_r}, 0, \cdots, 0)$,$\hat{\lambda}_i$ 是矩阵 $\hat{\boldsymbol{H}}\hat{\boldsymbol{H}}^{\mathrm{H}}$ 的特征值,r 为矩阵 $\hat{\boldsymbol{H}}$ 的秩;$\hat{\boldsymbol{U}}$ 和 $\hat{\boldsymbol{V}}$ 为酉矩阵。结合式(7-12),受信道估计误差影响的等效接收信号可表示为

$$\begin{aligned}
\tilde{\boldsymbol{y}} &= \sqrt{\frac{P}{M}}\hat{\boldsymbol{U}}^{\mathrm{H}}\boldsymbol{H}\hat{\boldsymbol{V}}\tilde{\boldsymbol{x}} + \hat{\boldsymbol{U}}^{\mathrm{H}}\tilde{\boldsymbol{z}} \\
&= \sqrt{\frac{P}{M}}\hat{\boldsymbol{U}}^{\mathrm{H}}\hat{\boldsymbol{U}}\hat{\boldsymbol{\Sigma}}\hat{\boldsymbol{V}}^{\mathrm{H}}\hat{\boldsymbol{V}}\tilde{\boldsymbol{x}} + \sqrt{\frac{P}{M}}\hat{\boldsymbol{U}}^{\mathrm{H}}\Delta\boldsymbol{H}\hat{\boldsymbol{V}}\tilde{\boldsymbol{x}} + \hat{\boldsymbol{U}}^{\mathrm{H}}\tilde{\boldsymbol{z}} \\
&= \sqrt{\frac{P}{M}}\hat{\boldsymbol{\Sigma}}\tilde{\boldsymbol{x}} + \underbrace{\sqrt{\frac{P}{M}}\hat{\boldsymbol{U}}^{\mathrm{H}}\Delta\boldsymbol{H}\hat{\boldsymbol{V}}\tilde{\boldsymbol{x}} + \hat{\boldsymbol{U}}^{\mathrm{H}}\tilde{\boldsymbol{z}}}_{\boldsymbol{Z}}
\end{aligned} \tag{7-14}$$

式中,$\boldsymbol{Z} = \sqrt{\dfrac{P}{M}}\hat{\boldsymbol{U}}^{\mathrm{H}}\Delta\boldsymbol{H}\hat{\boldsymbol{V}}\tilde{\boldsymbol{x}} + \hat{\boldsymbol{U}}^{\mathrm{H}}\tilde{\boldsymbol{z}}$ 代表等效噪声,由信道估计误差和噪声组成。等效噪声增加了总的噪声功率,造成信噪比的严重损失。下面将推导等效噪声的近似方差。

首先,设 $\boldsymbol{f} = \sqrt{\dfrac{P}{M}}\hat{\boldsymbol{U}}^{\mathrm{H}}\Delta\boldsymbol{H}\hat{\boldsymbol{V}}\tilde{\boldsymbol{x}}$,$\boldsymbol{G} = \hat{\boldsymbol{U}}^{\mathrm{H}}\Delta\boldsymbol{H}\hat{\boldsymbol{V}}$,则:$\boldsymbol{f} = \sqrt{\dfrac{P}{M}}\boldsymbol{G}\tilde{\boldsymbol{x}}$,可以得到:

$$\mathrm{E}(\boldsymbol{G}) = \mathrm{E}(\hat{\boldsymbol{U}}^{\mathrm{H}}\Delta\boldsymbol{H}\hat{\boldsymbol{V}}) = \boldsymbol{0} \tag{7-15}$$

$$\begin{aligned}
\mathrm{E}(\boldsymbol{G}\boldsymbol{G}^{\mathrm{H}}) &= \mathrm{E}(\hat{\boldsymbol{U}}^{\mathrm{H}}\Delta\boldsymbol{H}\hat{\boldsymbol{V}}\hat{\boldsymbol{V}}^{\mathrm{H}}\Delta\boldsymbol{H}^{\mathrm{H}}\hat{\boldsymbol{U}}) \\
&= \boldsymbol{U}^{\mathrm{H}}\mathrm{E}(\Delta\boldsymbol{H}\Delta\boldsymbol{H}^{\mathrm{H}})\boldsymbol{U} \\
&= \sigma_{\mathrm{e}}^2\boldsymbol{I}_{N\times N}
\end{aligned} \tag{7-16}$$

根据式(7-15)与式(7-16),经过酉变换后,$\boldsymbol{G}$、$\Delta\boldsymbol{H}$ 的概率分布相同,元素 g_{ij} 也为独立同分布的均值为 0、方差为 σ_{e}^2 的复高斯随机变量。将功率分配因子考虑到等效噪声方差的推导中,$\boldsymbol{f} = \sqrt{\dfrac{P}{M}}\hat{\boldsymbol{U}}^{\mathrm{H}}\Delta\boldsymbol{H}\hat{\boldsymbol{V}}\tilde{\boldsymbol{x}}$ 可以重新表示为

$$\boldsymbol{f} = \sqrt{\frac{P}{M}}\begin{bmatrix} g_{11} & \cdots & g_{1M} \\ \vdots & \ddots & \vdots \\ g_{N1} & \cdots & g_{NM} \end{bmatrix}\begin{bmatrix} \sqrt{\gamma_1} & 0 & \cdots & 0 \\ 0 & \sqrt{\gamma_2} & \cdots & 0 \\ \vdots & \vdots & \ddots & \vdots \\ 0 & 0 & \cdots & \sqrt{\gamma_M} \end{bmatrix}\begin{bmatrix} x_1 \\ x_2 \\ \vdots \\ x_M \end{bmatrix} = \sqrt{\frac{P}{M}}\begin{bmatrix} \sum\limits_{i=1}^{M} g_{1i}\cdot\sqrt{\gamma_i}\cdot x_i \\ \sum\limits_{i=1}^{M} g_{2i}\cdot\sqrt{\gamma_i}\cdot x_i \\ \vdots \\ \sum\limits_{i=1}^{M} g_{Ni}\cdot\sqrt{\gamma_i}\cdot x_i \end{bmatrix} \tag{7-17}$$

对 $\boldsymbol{f}$ 中任意的元素:$f_d = \sqrt{\dfrac{P}{M}}\sum\limits_{i=1}^{M} g_{di}\cdot\sqrt{\gamma_i}\cdot x_i (d=1,2,3,\cdots,N)$,求其方差,过程如下:

$$\mathrm{E}\{[f_d - \mathrm{E}\{f_d\}]\cdot[f_d - \mathrm{E}\{f_d\}]^*\}$$

$$= \mathrm{E}\left\{\left[\sqrt{\frac{P}{M}}\sum_{i=1}^{M}g_{di}\cdot\sqrt{\gamma_i}\cdot x_i\right]\cdot\left[\sqrt{\frac{P}{M}}\sum_{i=1}^{M}g_{di}\cdot\sqrt{\gamma_i}\cdot x_i\right]^*\right\}$$

$$=\frac{P}{M}\sum_{i=1}^{M}\mathrm{E}\left\{\left[g_{di}\cdot\sqrt{\gamma_i}\cdot x_i\right]\left[g_{di}\cdot\sqrt{\gamma_i}\cdot x_i\right]^*\right\} \tag{7-18}$$

$$=\frac{P}{M}\sum_{i=1}^{M}\gamma_i\mathrm{E}\{|g_{di}|^2\}\cdot\mathrm{E}\{|x_i|^2\}=P\sigma_e^2$$

由于 $\boldsymbol{Z}=\boldsymbol{f}+\hat{\boldsymbol{U}}^H\tilde{\boldsymbol{z}}$，其元素可表示为：$\widetilde{Z}_d=f_d+\tilde{z}_d,d=1,2,\cdots,N$，由于 $\boldsymbol{f}$ 和 $\tilde{\boldsymbol{z}}$ 是相互独立的，可以求得 $\widetilde{Z}_d$ 的方差：

$$\mathrm{E}\{(f_d+\tilde{z}_d)(f_d+\tilde{z}_d)^*\}$$

$$=\mathrm{E}\{|f_d|^2\}+\mathrm{E}\{|\tilde{z}_d|^2\} \tag{7-19}$$

$$=P\sigma_e^2+\sigma_n^2$$

同理，$\boldsymbol{Z}$ 中其余元素的方差也为：$P\sigma_e^2+\sigma_n^2$。故等效噪声方差为：$\sigma_{\hat{n}}^2=P\sigma_e^2+\sigma_n^2$。

综上所述，等效噪声 $\boldsymbol{Z}$ 满足：

$$\boldsymbol{Z}\sim\mathcal{CN}(0,\sigma_{\hat{n}}^2\boldsymbol{I})$$

$$\sigma_{\hat{n}}^2=P\sigma_e^2+\sigma_n^2 \tag{7-20}$$

根据推导出的等效噪声理论结果，结合功率分配算法，式(7-9)在等效噪声影响下的信道容量可以表示为

$$C_{\mathrm{CSI}}=\sum_{i=1}^{r}\log_2\left(1+\frac{P\gamma_i}{M\sigma_{\hat{n}}^2}\hat{\lambda}_i\right) \tag{7-21}$$

7.1.2 传统信道估计与反馈模型

1）基于导频序列的传统信道估计与反馈模型

图 7-3 详细描述了基于 CSI 的功率分配过程。接收端可以根据接收到的正交导频序列进行信道估计(Channel Estimation,CE)得到 CSI,再通过上行链路将 CSI 回传给发射端,构成信道估计与反馈的闭环系统,发射端再根据反馈得到的 CSI 进行自适应的功率分配。需要注意的是,除了下行链路接收端的信道估计误差外,上行反馈链路还存在噪声失真,从而严重影响了 CSI 反馈的准确性。

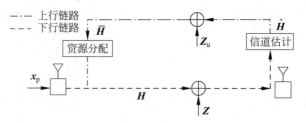

图 7-3 传统信道估计和反馈模型

图 7-3 中下行链路接收端接收到的导频序列可以表示为

$$\boldsymbol{y}_p=\sqrt{\frac{P}{M}}\boldsymbol{H}\boldsymbol{x}_p+\boldsymbol{z} \tag{7-22}$$

假设下行链路总共使用 Q 个符号进行传输,在这些传输符号中,初始的 L 个符号为已知的正交导频序列: $\boldsymbol{x}_\mathrm{p}=[x_1,x_2,\cdots,x_L]$, $\boldsymbol{x}_\mathrm{p}\in\mathbb{C}^{M\times L}$,满足 $\mathrm{E}\{\boldsymbol{x}_\mathrm{p}\boldsymbol{x}_\mathrm{p}^\mathrm{H}\}=\sigma_\mathrm{s}^2\boldsymbol{I}$, $Q-L$ 为数据传输符号。

$\hat{\boldsymbol{H}}$ 可以通过对接收端的训练序列进行信道估计得到,下面给出通用的结果来量化传统信道估计与反馈模型的估计精度。

为了简化能效优化方案,对估计信道矩阵 $\hat{\boldsymbol{H}}$ 和复杂约束的克拉美罗边界进行了详细的推导。信道估计误差 σ_e^2 和信道噪声 σ_n^2 对应的下行干扰项的分布可以近似为 $\boldsymbol{Z}\sim\mathcal{CN}(0,\sigma_\mathrm{n}^2\boldsymbol{I})$。上行信道反馈可以建模为一个未衰落的 AWGN 通道。

2）估计误差边界

本节利用文献[86]提出的复杂约束的克拉美罗边界理论,通过基于训练序列的信道估计方法精确地量化信道估计误差。根据克拉美罗边界理论,信道估计误差的下限正比于描述 $\boldsymbol{H}$ 所需要的无约束参数的数量 $\boldsymbol{\Psi}$。

$$\mathrm{E}(\|\boldsymbol{H}-\hat{\boldsymbol{H}}\|_\mathrm{F}^2)\geqslant \boldsymbol{\Psi}\frac{\sigma_\mathrm{n}^2}{2\sigma_\mathrm{s}^2 L} \tag{7-23}$$

在传统信道估计与反馈模型中,根据正交导频序列: $\boldsymbol{x}_\mathrm{p}=[x_1,x_2,\cdots,x_L]$,得到信道矩阵 $\boldsymbol{H}$ 的估计误差的下界:

$$\mathrm{E}(\|\boldsymbol{H}-\hat{\boldsymbol{H}}\|_\mathrm{F}^2)\geqslant MN\frac{\sigma_\mathrm{n}^2}{\sigma_\mathrm{s}^2 L} \tag{7-24}$$

式中,$2MN$ 为描述信道矩阵所需要的无约束参数的数目;$\hat{\boldsymbol{H}}$ 为 $\boldsymbol{H}$ 的任意估计值。从式(7-24)中可以看出,信道估计误差是存在下界的。由于 $\Delta\boldsymbol{H}$ 的均值为0,可以得到 $\Delta\boldsymbol{H}$ 的方差统计特征,其元素满足 $\Delta h\sim\mathcal{CN}(0,\sigma_\mathrm{e}^2)$。其中,

$$\begin{aligned}\sigma_\mathrm{e}^2&=\frac{1}{MN}\min\mathrm{E}(\|\boldsymbol{H}-\hat{\boldsymbol{H}}\|_\mathrm{F}^2)\\&=\frac{\sigma_\mathrm{n}^2}{\sigma_\mathrm{s}^2 L}\end{aligned} \tag{7-25}$$

3）上行链路的反馈失真

参考文献[83-85]的上行信道模型:假设上行反馈信道与下行链路具有不同信噪比的 AWGN 信道,并且接收端以正交的方式传输。接收端直接将估计的 CSI 或接收到的训练序列反馈给发射端。注意,接收端使用模拟线性调制来传输反馈数据,并使用文献[87]中的传输形式直接调制载波,避免了对反馈数据进行数字化和编码的操作,因此可以非常快速地传递信息,这种反馈策略对于发射机的信道估计尤其重要,因为估计的偏差很容易分析得到。在此基础上,建立功率分配的反馈信道模型:

$$\overline{\boldsymbol{H}}=\hat{\boldsymbol{H}}+\boldsymbol{z}_\mathrm{u} \tag{7-26}$$

式中,$\boldsymbol{z}_\mathrm{u}$ 为上行链路的高斯噪声,满足: $\boldsymbol{z}_\mathrm{u}\sim\mathcal{CN}(0,\sigma_{\mathrm{n}_\mathrm{u}}^2\boldsymbol{I})$。

根据式(7-20)等效噪声的定义,通过将式(7-25)的信道估计误差与式(7-26)中的上行失真进行叠加,得到总的等效噪声 σ_t^2,表示为

$$\sigma_\mathrm{t}^2=(\sigma_{\mathrm{n}_\mathrm{u}}^2+\sigma_\mathrm{e}^2)P+\sigma_\mathrm{n}^2 \tag{7-27}$$

结合功率分配算法,考虑等效噪声的信号干扰比(Signal-to-Interference-plus-Noise

Ratio,SINR)可以表示如下：

$$\text{SINR} = \frac{P\gamma_i \hat{\lambda}_i}{M[\sigma_n^2 + (\sigma_{n_u}^2 + \sigma_e^2)P]} \tag{7-28}$$

大规模 MIMO 系统的下行信噪比与总的等效噪声密切相关。因此，考虑信道估计误差和回传失真的影响，可以得到存在信道估计误差和上行加性高斯噪声干扰的信道容量：

$$C_{\text{TCE-CSI}} = \sum_{i=1}^{r} \log_2 \left(1 + \frac{P\gamma_i}{M[\sigma_n^2 + (\sigma_{n_u}^2 + \sigma_e^2)P]} \hat{\lambda}_i \right) \tag{7-29}$$

信道估计误差和上行失真都会造成信道容量的损耗。当 CSI 失真过大时，功率分配算法的优势并不明显。

7.1.3　分布式双向信道估计与反馈模型

如图 7-4 所示，为了克服传统信道估计与反馈模型中 CSI 失真过大的缺点，采用分布式双向信道估计与反馈的设计模型。分布式双向信道估计与反馈方案的设计可以提高 CSI 反馈的精度。与图 7-3 不同的是，在下行链路中，接收端不需要进行信道估计，而是直接将接收到的导频序列回传给发射端。

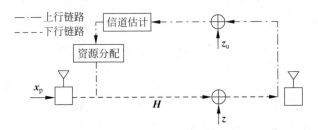

图 7-4　分布式双向信道估计与反馈模型

假设下行链路接收端接收到的导频序列被建模为式(7-22)，为了简化 CSI 反馈过程，并且有效利用信道矩阵 $\boldsymbol{H}$ 的空间特征结构，在发射端通过联合对角化和特征值分解技术实现 $\boldsymbol{HH}^{\text{H}}$ 的空间选择性噪声分离。

具体地，发射端观测到的输出信号可以表示为

$$\begin{aligned}
\bar{\boldsymbol{y}} &= \boldsymbol{y}_p + \boldsymbol{z}_u \\
&= \sqrt{\frac{P}{M}} \boldsymbol{H}\boldsymbol{x}_p + \boldsymbol{z} + \boldsymbol{z}_u \\
&= \sqrt{\frac{P}{M}} \boldsymbol{H}\boldsymbol{x}_p + \boldsymbol{z}'
\end{aligned} \tag{7-30}$$

式中，$\boldsymbol{z}_u$ 表示上行信道中的 AWGN 噪声；$\boldsymbol{z}' = \boldsymbol{z} + \boldsymbol{z}_u \sim (0, \sigma_n^2 \boldsymbol{I})$ 代表上行信道和下行信道叠加的高斯噪声。

分布式双向信道估计与反馈方案基于矩阵 $\boldsymbol{H}$ 的奇异值分解：$\boldsymbol{H} = \boldsymbol{U\Sigma V}^{\text{H}}$。利用信号和噪声空间分离结构，根据收发两端的接收数据可以估计出 $\boldsymbol{U}$ 和 $\boldsymbol{\Sigma}$。根据克拉美罗边界理论，信道估计误差的下界与估计信道矩阵所需要的无约束参数个数成正比。因此，在特定的条件下，使用正交迫近(OP)算法估计酉矩阵比直接通过训练序列估计整个信道矩阵的准确度更高、复杂度更低。

1）空间选择性噪声分离技术估计酉矩阵与特征值

首先对传输信号矩阵和噪声矩阵的特性进行下列假设：

（1）加性噪声是时域白色、空域有色的，即其自相关矩阵满足：

$$\mathrm{E}\{z'(k)z'^{\mathrm{H}}(l)\}$$
$$=\delta(k,l)\sigma_{\mathrm{n}'}^2\boldsymbol{I}=\begin{cases}\sigma_{\mathrm{n}'}^2\boldsymbol{I}, & k=l \\ \boldsymbol{0}, & k\neq l\end{cases} \tag{7-31}$$

式中，k 和 l 代表时隙。

（2）发射信号在空间和时间上是相互独立的，并且具有相同的源信号功率，即发射信号的自相关矩阵满足：

$$\mathrm{E}\{\boldsymbol{x}_{\mathrm{p}}(k)\boldsymbol{x}_{\mathrm{p}}^{\mathrm{H}}(l)\}=\delta(k,l)\sigma_{\mathrm{s}}^2\boldsymbol{I}=\begin{cases}\sigma_{\mathrm{s}}^2\boldsymbol{I}, & k=l \\ \boldsymbol{0}, & k\neq l\end{cases} \tag{7-32}$$

（3）发射信号与加性噪声是统计独立的，即

$$\mathrm{E}\{\boldsymbol{x}_{\mathrm{p}}(k)z'^{\mathrm{H}}(k-l)\}=\boldsymbol{0} \tag{7-33}$$

在式（7-31）～式（7-33）成立的条件下，接收信号 $\overline{\boldsymbol{y}}$ 的自相关矩阵可以表示为

$$\begin{aligned}\boldsymbol{R}_{\overline{\boldsymbol{y}}} &=\mathrm{E}\{\overline{\boldsymbol{y}}\overline{\boldsymbol{y}}^{\mathrm{H}}\} \\ &=\mathrm{E}\left\{\left(\sqrt{\frac{P}{M}}\boldsymbol{H}\boldsymbol{x}_{\mathrm{p}}+z'\right)\left(\sqrt{\frac{P}{M}}\boldsymbol{x}_{\mathrm{p}}^{\mathrm{H}}\boldsymbol{H}^{\mathrm{H}}+z'^{\mathrm{H}}\right)\right\} \\ &=\frac{P}{M}\mathrm{E}\{\boldsymbol{H}\boldsymbol{x}_{\mathrm{p}}\boldsymbol{x}_{\mathrm{p}}^{\mathrm{H}}\boldsymbol{H}^{\mathrm{H}}+z'z'^{\mathrm{H}}\} \\ &=\frac{P}{M}\boldsymbol{H}\boldsymbol{H}^{\mathrm{H}}+\sigma_{\mathrm{n}'}^2\boldsymbol{I}\end{aligned} \tag{7-34}$$

对 $\boldsymbol{R}_{\overline{\boldsymbol{y}}}$ 进行特征值分解（Eigenvalue Decomposition，EVD）：

$$\begin{aligned}\boldsymbol{R}_{\overline{\boldsymbol{y}}} &=\frac{P}{M}\boldsymbol{H}\boldsymbol{H}^{\mathrm{H}}+\sigma_{\mathrm{n}'}^2\boldsymbol{I} \\ &=\begin{bmatrix}\boldsymbol{U} & \boldsymbol{U}_{\mathrm{n}}\end{bmatrix}\begin{bmatrix}\boldsymbol{\Lambda}_{\mathrm{s}} & 0 \\ 0 & \boldsymbol{\Lambda}_{\mathrm{n}}\end{bmatrix}\begin{bmatrix}\boldsymbol{U}^{\mathrm{H}} \\ \boldsymbol{U}_{\mathrm{n}}^{\mathrm{H}}\end{bmatrix}\end{aligned} \tag{7-35}$$

式中，

$$\boldsymbol{\Lambda}_{\mathrm{s}}=\mathrm{diag}\left(\frac{P}{M}\lambda_1+\sigma_{\mathrm{n}'}^2,\cdots,\frac{P}{M}\lambda_{\mathrm{r}}+\sigma_{\mathrm{n}'}^2\right)_{r\times r} \tag{7-36}$$

$$\boldsymbol{\Lambda}_{\mathrm{n}}=\mathrm{diag}(\sigma_{\mathrm{n}'}^2,\cdots,\sigma_{\mathrm{n}'}^2)_{(N-r)\times(N-r)} \tag{7-37}$$

式中，$\boldsymbol{\Lambda}_{\mathrm{s}}$ 和 $\boldsymbol{\Lambda}_{\mathrm{n}}$ 分别表示信号子空间和噪声子空间的特征值；$\boldsymbol{U}$ 和 $\boldsymbol{U}_{\mathrm{n}}$ 分别表示信号子空间和噪声子空间的特征向量。

假设 $\sigma_{\mathrm{n}'}^2$ 已知，$\boldsymbol{U}$ 和 $\boldsymbol{\Sigma}$ 可以通过对接收信号进行空间选择性噪声分离得到：

$$\boldsymbol{\Sigma}=\sqrt{\frac{\Lambda_{\mathrm{s}}-\sigma_{\mathrm{n}'}^2}{P/M}\boldsymbol{I}} \tag{7-38}$$

此时，发射端可以得到精确的 λ_i，下行链路和上行链路总的噪声干扰 $\sigma_{\mathrm{n}'}^2$ 可以被消除。

2）酉矩阵的正交迫近估计

通过子空间分离技术可以获得 $\boldsymbol{\Sigma}$ 和 $\boldsymbol{U}$ 矩阵，可以设定 $\boldsymbol{R}=\boldsymbol{U}\boldsymbol{\Sigma}$ 已经被准确地估计得到。

为了保证 V^H 估计的精确性,采用一种高效且准确性非常高的信道估计算法:OP 算法。训练序列是正交矩阵,噪声是加性高斯白噪声,用 OP 算法对 V^H 进行估计时,优化目标函数表示为

$$\min \left\| \bar{y} - \sqrt{\frac{P}{M}} R V^H x_p \right\|_F^2 \tag{7-39}$$

式中,矩阵 V^H 和矩阵 x_p 满足如下的正交特性:$(V^H x_p)^H V^H x_p = I$。将优化目标函数的 Frobenius 范数展开如下:

$$\left\| \bar{y} - \sqrt{\frac{P}{M}} R V^H x_p \right\|_F^2$$

$$= \operatorname{tr}(\bar{y}^H \bar{y}) + \frac{P}{M} \operatorname{tr}(R^H R) - 2\sqrt{\frac{P}{M}} \operatorname{tr}((V^H x_p)^H R^H \bar{y}) \tag{7-40}$$

因此,最小化式(7-40)等效于最大化矩阵的迹函数:$\operatorname{tr}((V^H x_p)^H R^H \bar{y})$。$\operatorname{tr}((V^H x_p)^H R^H \bar{y})$ 的最大化可以通过矩阵乘积 $R^H \bar{y}$ 的奇异值分解来实现。对矩阵 $R^H \bar{y}$ 执行奇异值分解的操作:$R^H \bar{y} = U' \Sigma' V'^H$,$\Sigma' = \operatorname{diag}(\rho_1, \rho_2, \cdots, \rho_n)$。定义矩阵:$W = V'^H (V^H x_p)^H U'$,将函数 $\operatorname{tr}((V^H x_p)^H R^H \bar{y})$ 展开如下:

$$\begin{aligned}
&\operatorname{tr}((V^H x_p)^H R^H \bar{y}) \\
&= \operatorname{tr}(V'^H (V^H x_p)^H U' \Sigma') \\
&= \operatorname{tr}(W \Sigma') \\
&= \sum_{i=1}^n w_{ii} \rho_i \\
&\leqslant \sum_{i=1}^n \rho_i
\end{aligned} \tag{7-41}$$

当且仅当 $W = I$ 时,式(7-41)的等号才成立,即 $\operatorname{tr}((V^H x_p)^H R^H \bar{y})$ 取得最大值,从而使得 $\left\| \bar{y} - \sqrt{\frac{P}{M}} R V^H x_p \right\|_F^2$ 取得最小值。由此可以得到矩阵 V^H 的估计值:

$$V'^H (V^H x_p)^H U' = I \Rightarrow \hat{V}^H = U' V'^H x_p^H \tag{7-42}$$

3) 估计误差边界

H 估计误差的下限与描述 H 所需要的无约束实参数的数量 Ψ 成正比。矩阵 R 是可以精确得到的,并且 $x_p \sim \mathcal{CN}(0, \sigma_s^2 I)$,则从完整数据集 $\{x_p(1), x_p(2), \cdots, x_p(L)\}$、$\{\bar{y}(1), \bar{y}(2), \cdots, \bar{y}(Q)\}$ 估计矩阵 $H = R V^H$ 的误差下界为

$$\mathrm{E}(\| H - R \hat{V}^H \|_F^2) \geqslant \frac{M^2 \sigma_{n'}^2}{2\sigma_s^2 L} \tag{7-43}$$

式中,M^2 为描述复杂西矩阵 V^H 所需要的参数个数。由此可以得到误差矩阵 $\Delta H'$ 的统计特性,其元素满足 $\Delta h' \sim \mathcal{CN}(0, \sigma_{e'}^2)$。其中,

$$\sigma_{e'}^2 = \frac{1}{MN} \min \mathrm{E}(\cdot \| H - \hat{H} \|_F^2)$$

$$= \frac{M\sigma_{n'}^2}{2N\sigma_s^2 L} \tag{7-44}$$

式中，$\sigma_{e'}^2$ 为分布式双向信道估计与反馈模型下行信道估计误差的下界方差。当 $N > M$ 时，$\sigma_{e'}^2 < \sigma_e^2$。与式(7-25)相比，酉矩阵 $\boldsymbol{V}^H$ 的估计参数数量要少得多，因此对酉矩阵 $\boldsymbol{V}^H$ 进行信道估计能够获得估计精度的提升。

根据式(7-20)和式(7-44)，可以得到分布式双向信道估计与反馈模型下总的等效噪声：

$$\sigma_{t'}^2 = \sigma_{e'}^2 P + \sigma_n^2 \tag{7-45}$$

在分布式双向信道估计与反馈模型中，结合功率分配算法，信道容量公式可以重新表示为

$$C_{\text{SCE-CSI}} = \sum_{i=1}^{r} \log_2 \left(1 + \frac{P\gamma_i}{M(\sigma_n^2 + \sigma_{e'}^2 P)} \lambda_i \right) \tag{7-46}$$

通过求解下面的优化问题，得到分布式双向信道估计与反馈模型下系统信道容量的最佳值：

$$C_{\text{SCE-CSI}} = \max_{\langle \gamma_i \rangle} \sum_{i=1}^{r} \log_2 \left(1 + \frac{P\gamma_i}{M(\sigma_n^2 + \sigma_{e'}^2 P)} \lambda_i \right)$$
$$\text{s. t. } \sum_{i=1}^{r} \gamma_i = M \tag{7-47}$$

最优的能量分配方案可以通过拉格朗日乘子法得到：

$$\gamma_i^{\text{opt}} = \max \left\{ \left(\mu - \frac{M(\sigma_n^2 + \sigma_{e'}^2 P)}{P\lambda_i} \right), 0 \right\} \tag{7-48}$$

式中，$\mu = \dfrac{M}{r-q+1} \left[1 + \dfrac{(\sigma_n^2 + \sigma_{e'}^2 P)}{P} \sum_{1}^{r-q+1} \dfrac{1}{\lambda_i} \right]$；$q$ 代表迭代次数。

将传统信道估计与反馈模型与提出的分布式双向信道估计与反馈模型进行比较：

(1) 在式(7-31)~式(7-33)成立的条件下，$\boldsymbol{U}$ 和 $\boldsymbol{\Sigma}$ 是已知的。$\hat{\boldsymbol{V}}^H$ 是对 $\boldsymbol{V}^H$ 的无偏估计。$2MN$ 为描述信道矩阵 $\boldsymbol{H}$ 所需要的无约束参数数目，M^2 为描述复杂酉矩阵 $\boldsymbol{V}^H$ 所需要的参数个数。接收天线数目 N 的增加导致估计信道矩阵 $\boldsymbol{H}$ 所需的参数数量增加，而估计 $\boldsymbol{V}^H$ 所需的参数数量 M^2 保持不变。

(2) 基于克拉美罗边界理论，信道估计误差的下界与估计信道矩阵所需要描述的无约束实参数的数量成正比。显然，从式(7-24)和式(7-43)可以看出，对于相同的正交导频序列，在估计误差最小的情况下，相比直接估计 $\boldsymbol{H}$ 方法，所提出的 OP 算法可以获得明显的估计增益，特别是当接收端天线数目大于发射端天线数目时。

(3) 利用克拉美罗边界理论获得信道估计误差的统计特征，传统信道估计与反馈方案和所提的分布式双向信道估计与反馈方案下总的等效噪声分别为式(7-27)和式(7-45)，可以得到：

$$\sigma_{t'}^2 < \sigma_t^2$$
$$\text{s. t. } \sigma_{t'}^2 = \sigma_{e'}^2 P + \sigma_n^2$$
$$\sigma_t^2 = (\sigma_e^2 + \sigma_{n_u}^2) P + \sigma_n^2$$

$$\sigma_{e'}^2 < \sigma_e^2 \qquad (7\text{-}49)$$

式中，$\sigma_{e'}^2$ 为分布式双向信道估计与反馈模型下总的等效噪声；σ_t^2 为传统信道估计与反馈模型下总的等效噪声。

（4）分布式双向信道估计与反馈方案是一种分布式和并行的信道估计策略，在计算复杂度和时延方面有明显的优势，特别是对接收机而言。

7.1.4　能效模型

1）功耗模型

相比于传统的 MIMO 系统，大规模 MIMO 系统的总功率消耗 P_{sum} 要大很多。根据功耗与发射功率的关系，可以将总功耗分为两部分：功率放大器的功耗，该部分的功耗只与系统发射功率有关；除功率放大器的功耗之外的电路功耗，该部分功耗与发射端天线数目有关。

假设功率放大器的效率为 η，通信系统总功耗可以表示为

$$P_{sum} = \frac{P}{\eta} + MP_1 + P_2 \qquad (7\text{-}50)$$

式中，P 为总的发射功率；η 代表功放效率，且 $\eta \in (0,1)$；P_1 和 P_2 均为电路功耗。其中，$P_2 = 2P_{SYN} + P_{LNA} + P_{MIX} + P_{IFA} + P_{FILR} + P_{ADC}$，$P_{LNA}$、$P_{SYN}$、$P_{MIX}$、$P_{IFA}$、$P_{FILR}$、$P_{ADC}$ 分别代表低噪声放大器、频率合成器、混频器、中频放大器、接收滤波器、模数转换器消耗的功率，该部分功耗与发射天线的数目没有关系；$P_1 = P_{DAC} + P_{FILT} + P_{MIX}$，$P_{MIX}$、$P_{DAC}$、$P_{FILT}$ 分别代表电路模块中的混合器功耗、数模转换器功耗、发射滤波器功耗。

2）能效优化问题描述

在大规模 MIMO 系统中，能量效率通常被定义为分式函数的形式，能效优化的资源分配问题被划分为分式规划问题。考虑导频开销问题，需要去掉训练序列部分导致的容量损失。因此，下行链路的系统能效可以表示为

$$\eta_{EE} = \frac{(1-\tau)C_{SCE\text{-}CSI}}{P_{sum}}$$

$$= (1-\tau)\frac{\sum_{i=1}^{r}\log_2\left(1 + \frac{P\gamma_i}{M(\sigma_n^2 + \sigma_{e'}^2 P)}\lambda_i\right)}{\frac{P}{\eta} + MP_1 + P_2} \qquad (7\text{-}51)$$

式中，$\tau = L/Q$ 代表导频率，定义为导频数目与总传输符号数的比值。

大规模 MIMO 系统的发射端配置大规模天线阵列，使得大规模 MIMO 系统在容量、能效等方面的性能要优于传统 MIMO 系统。如果使用通信系统中的所有天线进行数据传输，则需要安装相同数目的射频链路，这会对大规模 MIMO 系统的性能产生不利的影响：一方面，组成射频链路的器件成本很高，如果射频链路的数目过多，不可避免地增加了硬件成本；另一方面，射频链路的功耗在总功耗中占据大部分比重，大量的射频链路会增加系统的总功耗，从而导致大规模 MIMO 系统的能效出现降低趋势。根据能效公式(7-51)，激活的射频链路数目并不是越多越好，而是存在一个最佳的激活天线数目使得大规模 MIMO 系统的信道容量和总功耗达到最佳的折中。因此，对大规模 MIMO 系统进行最佳天线子集选择是十

分有必要的。

为了获得联合天线子集选择和资源分配下的大规模 MIMO 系统的最佳能量效率,建立如下目标函数:

$$\max\eta_{\mathrm{EE}} = (1-\tau) \frac{\sum_{i=1}^{|\psi|} \log_2\left(1 + \frac{P\gamma_i}{M(\sigma_n^2 + \sigma_e^2 P)}\lambda_i\right)}{\frac{P}{\eta} + |\psi|P_1 + P_2} \tag{7-52}$$

$$\mathrm{s.t.} \ |\psi| \leqslant r$$

式中,λ_i 代表矩阵 $\pmb{H}\pmb{H}^{\mathrm{H}}$ 的特征值,并满足递减特征。由此,可以根据功率分配算法进行激活天线子集的选择。r 为可供选择的射频链路数目,且 $r = \min(N,M)$。$\psi \subseteq \{1,\cdots,M\}$ 代表可选择的天线集合,$|\psi|$ 代表集合 ψ 的大小,$|\psi|P_1$ 表示射频链路的电路功耗,该功耗与发射天线数量成正比。

3) 资源分配算法下的天线子集选取

首先分析天线子集 ψ 的选取问题。对于某种确定的资源分配模式来说,γ_i 代表功率分配因子,是依次递减排列的。当确定子信道采用的资源分配模式,也就确定了激活的链路数目 $|\psi|$。但是,随着 i 的增加,λ_i 的数值越来越小,从而对信道容量的增益效果越来越不明显。而分母中的电路功耗 P_1 关于 $|\psi|$ 呈线性增加的趋势,当信道容量的增益较小时,电路功耗占据了主导地位,从而会降低系统的能量效率,因此研究天线子集选择方案是十分有必要的。

考虑容量与功耗的折中,基于资源分配算法进行最佳天线子集的选取。算法的具体步骤如下:

步骤1:给定发射功率,初始化激活链路数目 $|\psi|$ 为 1,根据式(7-52)求出初始能效值 η_{EE_0};

步骤2:增加激活链路数目:$|\psi| = |\psi| + 1$,利用资源分配算法进行自适应功率分配,求出最佳的信道容量,再计算该天线数目下的功率损耗,根据式(7-52)求出此时的能量效率;

步骤3:判断新得到的能效数值是否大于初始能效值。如果是,就把新得到的能效数值赋为初始能效值,并返回步骤2;否则,算法结束,得到最佳的激活天线集合 $|\psi^*|$ 与能效值。天线子集选择算法的具体流程如图 7-5 所示。

能效优化的目标函数是寻找具有最佳能效的天线子集和发射功率。本节增加了发射功率这一资源维度联合进行能效优化。基于能效的资源分配算法的步骤如下:

步骤1:在分布式双向信道估计与反馈模型下进行 $\pmb{H}$ 的部分 CSI 估计,获得估计精度更高的 CSI,推导出分布式双向信道估计与反馈模型下大规模 MIMO 系统的信道容量公式;

步骤2:传统功耗模型只考虑发射功率带来的功耗损失,不再适用于大规模 MIMO 系统,建立同时考虑功率放大器功耗与发射端射频链路功耗的新功耗模型;

步骤3:根据能效定义给出能效公式,建立满足约束条件的能效优化模型;

步骤4:基于资源分配算法进行最佳天线子集的选取;

步骤5:当天线子集确定后,能效优化的目标函数只与发射功率有关,再通过遍历方法获取最佳的发射效率,得到最佳天线子集和发射功率下的能效边界。

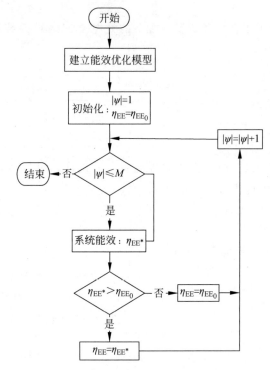

图 7-5　天线子集选择算法流程图

仿真视频

7.1.5　基于大规模 MIMO 分布式信道估计的能效模型

程序 7-1"Distributed_Optimization_Model",分布式信道估计与传统信道估计能效模型信道容量与能量效率性能分析

```
function Distributed_Optimization_Model
clc;
clear all;
close all;
%实验环境设置%
N0=0.01;%系统噪声
N1=0.01 %回传噪声
mt=64; %发射天线数
mr=64; %接收天线数
eta = 0.35; %功率放大器效率
P_DAC = 0.015; %数转换器功耗
P_ADC = 0.006; %模数转换器功耗
P_MIX = 0.03; %混频器功耗
P_LNA = 0.02; %低噪声放大器功耗
P_IFA = 0.003; %中频放大器功耗
P_FILT =0.003; %发送滤波器功耗
P_FILR =0.003; %接收滤波器功耗
P_SYN = 0.05; %频率合成器功耗
for    ESNO=1:31;%ESNO 代表发射功率的值
    for m=1:length(ESNO)
```

```
esno＝ESNO(m);
esno＝10^(esno/10);
PT＝N0 * esno;%发射功率的线性值
fax1＝0;%分布式信道估计模型信道容量初始化
fax2＝0;%传统信道估计模型信道容量初始化
lt＝64;    %导频训练符号个数
randn('state',0);
A＝randn(lt,lt)＋1j * randn(lt,lt);
P＝sqrt(PT/mt) * orth(A);%构造正交导频矩阵
for z＝1:100
    randn('state',0);
    hr＝randn(mr,mt)/sqrt(8);
    randn('state',0);
    hi＝randn(mr,mt)/sqrt(8);
    h＝hr＋sqrt(-1) * hi;%构造信道矩阵
    A1＝randn(lt,lt)＋j * randn(lt,lt)
    B＝orth(A1);
    V＝B(1:64,:);
    V＝sqrt((N0/mt) * 2) * V;%生成噪声矩阵
    S＝h * P＋V;
    imr＝eye(mr)
    S1＝S * (S');
    h2＝(S1-(N0/mt * 2) * imr)/((PT/mt));  %求信道矩阵 H 的自相关矩阵
    %求信道矩阵的特征值%
    a1＝eig(h2);
    a11＝real(a1);
    r1＝length(a11);
    b1＝zeros(r1,1);
    [a111,index1]＝sort(a11,'descend');
    for x＝1:1:r1
        if(a111(x)＞0)
            b1(x)＝a111(x);
        end
    end
    %分布式信道估计能效优化模型%
    N2(m)＝(N0＋N1)/(2 * PT * lt);%分布式信道估计模型的估计边界
    for p1＝1:r1
        sum1＝0;
        for x1＝1:r1-p1＋1
            sum1＝sum1＋1/(b1(x1));
        end
        aver1＝mt/(r1-p1＋1) * (1＋sum1/(PT/(N0＋N2(m) * PT)));   %求水平线
        y1(x1)＝aver1-mt/((PT/(N0＋N2(m) * PT)) * b1(x1));
        if(y1(x1)＞0)
            break;
        else
            y1(x1)＝0;
        end
```

```
                    end
            for x1=1:r1-p1+1
                y1(x1)=aver1-mt/((PT/(N0 | N2(m) * PT)) * b1(x1));
                if (y1(x1)<0)
                    y1(x1) = 0;
                end
            end
            c1=0;
            for x1=1:r1-p1+1
                c1=c1+log2(1+b1(x1) * y1(x1)/mt * PT/((N0+N2(m) * PT)));
            end
            fax1=fax1+c1;
            P1=(PT/eta)+mt * (P_DAC+P_MIX+P_FILT)+2 * P_SYN+mr * ...
            (P_LNA+P_MIX+P_IFA+P_FILR+P_ADC);
            EE1(ESNO)=fax1/P1;
            CC1(ESNO)=fax1;
        %传统信道估计能效优化模型%
        N3(m)=N0/(PT * lt); %传统信道估计模型的估计边界
        for p1=1:r1
            sum2=0;
            for x1=1:r1-p1+1
                sum2=sum2+1/(b1(x1));
            end
            aver2=mt/(r1-p1+1) * (1+sum2/(PT/(N0+(N1+N3(m)) * PT))); %求水平线
            y1(x1)=aver2-mt/((PT/(N0+(N1+N3(m)) * PT)) * b1(x1));
            if (y1(x1)>0)
                break;
            else
                y1(x1)=0;
            end
        end
        for x1=1:r1-p1+1
            y1(x1)=aver2-mt/((PT/(N0+(N1+N3(m)) * PT)) * b1(x1));
                if (y1(x1)<0)
                    y1(x1) = 0;
                end
        end
        c2=0;
        for x1=1:r1-p1+1
            c2=c2+log2(1+b1(x1) * y1(x1)/mt * PT/((N0+(N1+N3(m)) * PT)));
        end
        fax2=fax2+c2;
        P1=(PT/eta)+mt * (P_DAC+P_MIX+P_FILT)+2 * P_SYN+mr * ...
        (P_LNA+P_MIX+P_IFA+P_FILR+P_ADC);
        EE2(ESNO)=fax2/P1;
        CC2(ESNO)=fax2
    end
end
```

```
end
f1＝figure(1)
plot(1:31,EE1/100,'o-','Color','r')
hold on
plot(1:31,EE2/100,'＋-','Color','k')
hold on
set(f1,'color',[1,1,1])
legend('分布式信道估计模型','传统信道估计模型')
xlabel('SNR/dB'),ylabel('能量效率(bit/(s.Hz)/J')
grid on
f2＝figure(2)
plot(1:31,CC1/100,'o-','Color','r');
hold on
plot(1:31,CC2/100,'＋-','Color','k');
set(f1,'color',[1,1,1])
legend('分布式信道估计模型','传统信道估计模型')
xlabel('SNR/dB'),ylabel('信道容量(bit/(s.Hz)');
end
```

　　程序 7-1 为大规模 MIMO 分布式信道估计与传统信道估计能效模型信道容量与能量效率性能分析实验平台主程序。实验环境统一设置系统信道为瑞利衰落信道,系统噪声与上行回传噪声均为加性高斯噪声,传输信道状态信息所用导频均为正交导频。设置实验参数如表 7-1 所示。

表 7-1　实验参数的设置

仿真参数	参数值
发射天线数 M	64
接收天线数 N	64
功放效率 η	0.35
数模转换器功耗 P_{DAC}	15mW
模数转换器功耗 P_{ADC}	7mW
低噪声放大器功耗 P_{LNA}	20mW
混频器功耗 P_{MIX}	30mW
滤波器功耗 P_{FILT}	3mW
中频放大器功耗 P_{IFA}	3mW
下行噪声功率 σ_{n}^{2}	10dBM
上行噪声功率 $\sigma_{n_{u}}^{2}$	6dBM
导频率 τ	0.05

　　通过实验仿真,将传统信道估计与反馈模型和分布式信道估计与反馈模型的性能边界进行了对比,仿真结果如图 7-6 所示。

　　在图 7-6 曲线中选取 10dB、20dB、30dB 三个功率点对信道容量和能量效率进行分析,实验数据如表 7-2、表 7-3 所示。

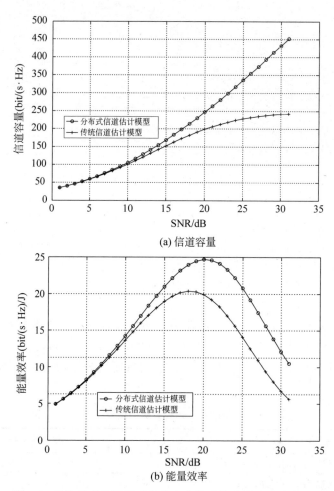

(a) 信道容量

(b) 能量效率

图 7-6 传统信道估计模型与分布式信道估计模型的性能对比

表 7-2 传统信道估计模型与分布式信道估计模型信道容量对比

性能指标上边界	容量（bit/(s·Hz)）		
信噪比（SNR）	10dB	20dB	30dB
分布式信道估计模型	105.6	246.8	432.3
传统信道估计模型	101.2	198.9	241.1
相差/%	＋4.35%	＋24.08%	＋79.30%

表 7-3 传统信道估计模型与分布式信道估计模型能量效率对比

性能指标上边界	能效（bit/(s·Hz)/J）		
信噪比（SNR）	10dB	20dB	30dB
分布式信道估计模型	14.22	24.69	12.10
传统信道估计模型	17.63	19.89	6.75
相差/%	＋4.33%	＋24.13%	＋79.26%

表 7-2 的实验数据表明,当信噪比为 10dB 时,分布式信道估计模型相较于传统信道估计模型,在容量边界上提高了 4.35%;当信噪比为 20dB 时,分布式信道估计模型相较于传统信道估计模型,在容量边界上提高了 24.08%;当信噪比为 30dB 时,分布式信道估计模型相较于传统信道估计模型,在容量边界上提高了 79.30%。

表 7-3 的实验数据表明,当信噪比为 10dB 时,分布式信道估计模型相较于传统信道估计模型,在能效边界上提高了 4.33%;当信噪比为 20dB 时,分布式信道估计模型相较于传统信道估计模型,在能效边界上提高了 24.13%;当信噪比为 30dB 时,分布式信道估计模型相较于传统信道估计模型,在能效边界上提高了 79.26%。

通过以上分析,在整个选定的信噪比范围内,分布式信道估计与反馈模型的信道容量和能量效率边界全面优于传统信道估计与反馈模型,可以有效实现降低信道状态信息误差影响的目标。分布式信道估计与反馈模型和传统的信道估计与反馈模型相比,容量边界和能效边界均有显著提升。

7.2　毫米波大规模 MIMO 角度域信道估计

由于较高的计算复杂度和复杂的空间结构,信道估计对毫米波大规模 MIMO 系统也是一个非常巨大的挑战。目前毫米波大规模 MIMO 阵列通常采用角度域估计算法的稀疏性获得信道估计高精度和低复杂度的优势。本节将经典的数字阵列信号处理的角度域估计算法扩展到大规模 MIMO 系统中,构建了毫米波大规模 MIMO 角度域估计场景,研究了基于稀疏阵列结构的毫米波大规模 MIMO 物理信道模型中发射角、到达角和信道增益等相关参数。针对角度域信道估计中存在的局部收敛和离散变量问题,采用拟牛顿全局优化算法,通过重构估计模型来提高搜索性能和计算速度。

7.2.1　毫米波大规模 MIMO 角度域系统模型

由于毫米波频率高、波长短,在信号传输过程中会出现散射少、衰减大等问题,使得毫米波在传输过程中到达接收端的 NLoS 径上的增益非常有限,其增益也主要集中在 LoS 径上,即毫米波信道具有稀疏特性。如何有效利用毫米波信道的稀疏特性来提升信道估计的相关性能一直是毫米波系统的研究热点之一。

本节所采用的角度域信道模型,是通过利用大规模天线阵列的物理特性,将信道状态信息有效地分解为信道增益和角度域信息,可以大大减少估计所需要的相关参数。与传统基于特征值和压缩感知的估计方法相比,角度域信道模型中下行链路的相关维度及其复杂度显著降低,使得频谱效率得到了大幅提升。

如图 7-7 所示,在毫米波大规模 MIMO 通信系统中,发射端配置有 N_T 根发射天线和 N_T^{RF} 条发射器射频(Radio Frequency,RF)链路,接收端配置有 N_R 根接收天线和 N_R^{RF} 条 RF 链,采用基于移相器的发射波束成型结构,输入信号通过调制后被映射到发射天线上经信道传输,接收端的接收信号为多发射天线信号的叠加,经过信号恢复/解调译码后输出。在毫米波大规模 MIMO 系统中,天线数目远远大于 RF 链的数目。在训练阶段,N_S 条数据流从基站端传输到用户端,且传输系统满足下列条件:$N_S \leqslant N_T^{RF} \leqslant N_T, N_S \leqslant N_R^{RF} \leqslant N_R$。发射端采用预编码器 $F \in \mathbb{C}^{N_T \times N_T^{RF}}$ 对传输符号向量 $s \in \mathbb{C}^{N_T^{RF} \times 1}$ 进行预处理,在传输过程中天线端传输的等效信号满足：

$$\boldsymbol{X} = \boldsymbol{F}\boldsymbol{s} \qquad (7\text{-}53)$$

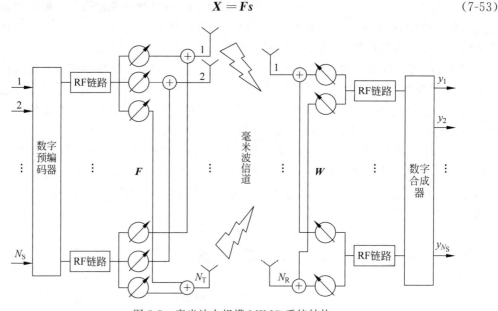

图 7-7 毫米波大规模 MIMO 系统结构

式中，$\boldsymbol{X} = [x_1, x_2, \cdots, x_L]$，$\boldsymbol{X} \in \mathbb{C}^{N_T \times 1}$，考虑毫米波大规模 MIMO 系统下行信道模型 $\boldsymbol{H}$，接收信号可表示为：

$$\boldsymbol{y} = \boldsymbol{H}\boldsymbol{F}\boldsymbol{s} + \boldsymbol{n} \qquad (7\text{-}54)$$

式中，$\boldsymbol{y} \in \mathbb{C}^{N_R^{RF} \times 1}$ 为接收信号；$\boldsymbol{H} \in \mathbb{C}^{N_T \times N_R}$ 代表毫米波通信基站端和移动端之间的信道矩阵且服从瑞利平坦分布；$\boldsymbol{n} \in \mathbb{C}^{N_R^{RF} \times 1}$ 为服从复杂高斯分布的噪声向量。在移动端，采用合成器 $\boldsymbol{W}$ 处理接收到的信号 $\boldsymbol{y}$，经过处理后的接收信号表示为

$$\boldsymbol{Y} = \boldsymbol{W}^H \boldsymbol{H} \boldsymbol{X} + \boldsymbol{W}^H \boldsymbol{n} \qquad (7\text{-}55)$$

式中，$\boldsymbol{n}' = \boldsymbol{W}^H \boldsymbol{n}$，服从复杂高斯分布。

7.2.2 角度域信道估计多元优化目标函数

1）角度域信道估计模型

在毫米波通信系统中，天线数目巨大而且高度集成。选择一个经典的单天线用户毫米波场景，设定基站端具有 N_T 根发射天线并服务于 N_R 个单天线用户，在基站端配置的 N_T 根天线组成均匀线性阵列（Uniform Linear Arrays，ULAs）。同时假设用户与基站间存在 L 条路径，$\alpha_l(t)$ 为第 l 条路经所对应的信道增益。考虑到毫米波信道的稀疏特性，信道增益主要集中在某几条路径上，其他路径的增益非常小，设 L 是一个远小于 N_T 的整数。信道增益的变化率远远大于路径方向的变化率，现假设信号来向在较短时间内是准静态的，可以将 t 时刻的上行信道矩阵表示为

$$\boldsymbol{h}(t) = \sum_{l=1}^{L} \alpha_l(t) \boldsymbol{A}(\varphi_l) = \boldsymbol{\alpha}_l(t) \boldsymbol{A} \qquad (7\text{-}56)$$

式中，$\boldsymbol{A}(\varphi_l) = [1, e^{j\pi\sin(\varphi_l)}, e^{j2\pi\sin(\varphi_l)}, \cdots, e^{j(N-1)\pi\sin(\varphi_l)}]^T$ 为第 l 条路径相对于基站端的到达角；

$A = [A(\varphi_1), A(\varphi_2), \cdots, A(\varphi_l)]$ 为基站端上行链路对应的导向矩阵,由 L 条路径所对应的导向向量组成; $\boldsymbol{\alpha}_l(t) = [\alpha_1(t), \alpha_2(t), \cdots, \alpha_L(t)]^T$。假设训练导频为 $s(t)$,令 $|s(t)| = 1$,通过将基站端接收信号乘以 $s^*(t)$,可以得到:

$$\tilde{y}(t) = s(t)h(t)s^*(t) + n(t) = h(t) + n(t) \tag{7-57}$$

式中, $\tilde{y}(t)$ 是基站端处理后的信号; $n(t)$ 是均值为零、方差为 σ^2 的加性高斯白噪声。

　　毫米波大规模 MIMO 系统的均匀面阵列(Uniform Planner Arrays,UPAs)的架构信道模型如下:

$$H = \sum_{l=1}^{L} \alpha_l A_R(\phi_{R,l}, \theta_{R,l}) A_T^H(\phi_{T,l}, \theta_{T,l}) \tag{7-58}$$

式中, $\alpha_l \sim \mathcal{CN}(0,1)$ 表示第 l 条路径上的信道增益;定义 $\phi_{R,l}$、$\theta_{R,l}$ 为接收端第 l 条路径上的角度信息,同理, $\phi_{T,l}$、$\theta_{T,l}$ 为相应路径发射端的角度信息,其中, $\phi_l \in (-90°, 90°)$ 作为第 l 条路径竖直方向上的俯仰角度, $\theta_l \in (-180°, 180°)$ 作为第 l 条路径水平方向上的方位角度。 $A_R(\theta_{R,l}, \phi_{R,l})$ 和 $A_T(\theta_{T,l}, \phi_{T,l})$ 分别代表接收机和发射机的导向向量,矩阵大小受到天线阵列形状的影响。在毫米波通信系统中,选择一个均匀线性的天线阵列,导向向量仅由一个角度决定:

$$A_R(\varphi_{R,l}) = \left[1, e^{2\pi j d \sin\frac{\varphi_{R,l}}{\lambda}}, \cdots, e^{2\pi j(N_R-1)d\sin\frac{\varphi_{R,l}}{\lambda}}\right]^T \tag{7-59}$$

$$A_T(\varphi_{T,l}) = \left[1, e^{2\pi j d \sin\frac{\varphi_{T,l}}{\lambda}}, \cdots, e^{2\pi j(N_T-1)d\sin\frac{\varphi_{T,l}}{\lambda}}\right]^T \tag{7-60}$$

　　相对应的信道模型如下:

$$H = \sum_{l=1}^{L} \alpha_l A_R\left(d\sin\frac{\varphi_{R,l}}{\lambda}\right) A_T^H\left(d\sin\frac{\varphi_{T,l}}{\lambda}\right) \tag{7-61}$$

　　定义归一化空间角度:

$$\varphi_{R,l} \triangleq d\sin\frac{\varphi_{R,l}}{\lambda} \tag{7-62}$$

$$\varphi_{T,l} \triangleq d\sin\frac{\varphi_{T,l}}{\lambda} \tag{7-63}$$

　　则毫米波信道矩阵 H 可以角度域形式描述:

$$H = A_R(\varphi_R)\text{diag}(\boldsymbol{\alpha})A_T^H(\varphi_T) \tag{7-64}$$

式中, $\varphi_R = [\varphi_{R,1}, \varphi_{R,2}, \cdots, \varphi_{R,L}]^T$, $\varphi_T = [\varphi_{T,1}, \varphi_{T,2}, \cdots, \varphi_{T,L}]^T$ 分别为接收端和发射端的角度信息矩阵, $\boldsymbol{\alpha} = [\alpha_1, \alpha_2, \cdots, \alpha_L]^T$ 是一个稀疏矩阵,矩阵内大多数元素都接近于零,只有少数非零元素位于矩阵的不同位置,非零元素代表相应路径上的信道增益。

2）基于角度域信道估计的范数优化重构目标函数

　　毫米波大规模 MIMO 信道可以表示为一种稀疏结构,考虑到角度域信道矩阵的稀疏特性,文献[91]将毫米波大规模 MIMO 信道估计的问题转化为重构的零范数优化问题,利用相关的理论和算法进行稀疏恢复,提高信道估计的结果。信道增益矩阵 $\boldsymbol{\alpha}$ 是一个稀疏的未知矩阵,其矩阵内的非零元素即为信道增益。信道增益矩阵的估计等价于得到信道路径的到达角和出发角,重构后的信道估计可表示为一个范数优化组合问题,表述为

$$\min_{\alpha,\varphi} \parallel \hat{\boldsymbol{\alpha}} \parallel_0 \tag{7-65}$$
$$\text{s. t.} \quad \parallel \boldsymbol{Y} - \boldsymbol{W}^H \boldsymbol{H} \boldsymbol{X} \parallel_2 \leqslant \varepsilon$$

式中，$\parallel \hat{\boldsymbol{\alpha}} \parallel_0$ 代表 $\boldsymbol{\alpha}$ 中的非零元素的数目，即稀疏度，$\boldsymbol{\alpha}$ 中的非零元素数目与矩阵稀疏度成反比，通过最小化 $\boldsymbol{\alpha}$ 中非零元素数目可以获得最大稀疏度，即最少的估计路径；ε 是与噪声统计相关的容错参数。通过求解上述优化问题，可以得到估计结果。式(7-65)的优化问题是一个有约束的优化问题，解决零范数问题的困难在于，难以获得最优解且计算效率不高，传统的解决方法是通过将零范数转换为非零范数问题。此外，对数和函数可用于稀疏信号恢复，通过使用对数和函数替换零范数，可以得到：

$$\min_{\alpha,\varphi} \quad L(\boldsymbol{\alpha}) = \sum_{i=1}^{L} \log(|\alpha_i|^2 + \delta) \tag{7-66}$$
$$\text{s. t.} \quad \parallel \boldsymbol{Y} - \boldsymbol{W}^H \boldsymbol{H} \boldsymbol{X} \parallel_2 \leqslant \varepsilon$$

式中，$\delta > 0$ 是一个转换参数，以确保函数是可以等效替换的。优化式(7-66)可以通过去除约束并添加数据拟合项来表示为无约束优化问题，得到：

$$\min_{\alpha,\varphi} G(\boldsymbol{\alpha},\boldsymbol{\varphi}) = \sum_{i=1}^{L} \log(|\alpha_i|^2 + \delta) + \lambda \parallel \boldsymbol{Y} - \boldsymbol{W}^H \boldsymbol{H} \boldsymbol{X} \parallel_2^2$$
$$= L(\boldsymbol{\alpha}) + \lambda \parallel \boldsymbol{Y} - \boldsymbol{W}^H \boldsymbol{H} \boldsymbol{X} \parallel_2^2 \tag{7-67}$$

定义 $\lambda > 0$ 为一个控制数据拟合和解决方案稀疏性之间的正则化权衡参数。此外，选择迭代函数用来代替 $G(\boldsymbol{\alpha},\boldsymbol{\varphi})$，$G(\boldsymbol{\alpha},\boldsymbol{\varphi})$ 的最小化问题等价于代理函数 $S^{(i)}(\boldsymbol{\alpha},\boldsymbol{\varphi})$ 的最小化：

$$S^{(i)}(\boldsymbol{\alpha},\boldsymbol{\varphi}) = \lambda^{-1} \boldsymbol{\alpha}^H \boldsymbol{D}^{(i)} \boldsymbol{\alpha} + \parallel \boldsymbol{Y} - \boldsymbol{W}^H \boldsymbol{H} \boldsymbol{X} \parallel_2 \tag{7-68}$$

式中，$\boldsymbol{D}^{(i)}$ 是一个对角矩阵：

$$\boldsymbol{D}^{(i)} = \begin{bmatrix} \frac{1}{|\hat{\alpha}_1^{(i)}|^2 + \delta} & & & \\ & \frac{1}{|\hat{\alpha}_2^{(i)}|^2 + \delta} & & \\ & & \ddots & \\ & & & \frac{1}{|\hat{\alpha}_L^{(i)}|^2 + \delta} \end{bmatrix} \tag{7-69}$$

式中，$\hat{\alpha}_L^{(i)}$ 是 $\boldsymbol{\alpha}$ 在第 i 次迭代时的估计值。文献[93]提出了一种迭代重权方法来优化估计目标，通过求偏导数并令偏导数等于零，$S^{(i)}(\boldsymbol{\alpha},\boldsymbol{\varphi})$ 的最小化问题可以表示为一个仅与信道增益和角度相关的最优化问题。然后，通过更新 λ 并初始化 $\boldsymbol{\alpha}$ 寻找新的估计角度，在满足阈值的条件下，删除信道增益最小的路径直到找到最优的 $\boldsymbol{\alpha}$，进而获取最优的角度信息，形成最优的信道参数组合，通过多次迭代可以获得估计的 AoAs/AoDs 以及所有路径的增益。但是，此种方法的问题是所获得的优化结果是局部而不是全局最优解，并使循环陷入局部最优的循环中难以跳出，影响对信道估计最优解的搜索。本节将通过拟牛顿方法得到该优化问题的全局最优解。

7.2.3　基于拟牛顿法的多元优化算法

1）基于拟牛顿法的角度域估计算法设计

考虑多元函数求极值的问题,可以通过选择优化算法求出数值解。如梯度下降法仅利用了梯度信息,为一阶优化算法,但是收敛速度慢;牛顿法综合考虑了梯度以及梯度变化率的信息,属于二阶优化算法,但每一步都需要计算 Hessian 矩阵的逆矩阵;拟牛顿法采用正定矩阵代替 Hessian 矩阵的逆矩阵,收敛速度快,算法性能高,是解决最优化问题常用的算法之一。拟牛顿法相比于牛顿法可以显著降低计算复杂度,拟牛顿法仅需构造目标函数 Hessian 矩阵的近似矩阵来替换 Hessian 矩阵及其逆矩阵。

本节基于拟牛顿法利用最优化理论对信道估计目标函数进行多元优化,设计了毫米波大规模 MIMO 系统的角度域估计方案,采用拟牛顿法实现全局多元优化,将优化目标函数变为多元全局优化问题,获得精度更高、复杂度更低的估计效果。

选取式(7-68)中 $S^{(i)}(\boldsymbol{\alpha},\boldsymbol{\varphi})$ 作为目标函数,拟合参数向量 $\boldsymbol{g}=[g_1,g_2,\cdots,g_n]$ 作为全局优化问题的代换向量。通过拟牛顿法对信道估计参数进行全局优化,以提高搜索性能和计算速度。为简化表达,将优化问题标记为

$$f(\boldsymbol{g}^{(k)})=S(\boldsymbol{g}^{(k)}) \tag{7-70}$$

式中,$\boldsymbol{g}^{(k)}=[g_1^{(k)},g_2^{(k)},\cdots,g_m^{(k)},\cdots,g_n^{(k)}]$。为了获得初始函数值,首次迭代初始化变量设定为 $\boldsymbol{g}^{(0)}=[g_1^{(0)},g_2^{(0)},\cdots,g_m^{(0)},\cdots,g_n^{(0)}]$。通常定义 $\boldsymbol{d}^{(k)}=-G(\boldsymbol{g}^{(k)})^{-1}\nabla f(\boldsymbol{g}^{(k)})$ 作为 $\boldsymbol{g}^{(k+1)}$ 的下一步搜索方向。其中,

$$\nabla f(\boldsymbol{g}^{(k)})=\left[\frac{\partial S(\boldsymbol{g}^{(k)})}{\partial g_1^{(k)}},\frac{\partial S(\boldsymbol{g}^{(k)})}{\partial g_2^{(k)}},\cdots,\frac{\partial S(\boldsymbol{g}^{(k)})}{\partial g_n^{(k)}}\right]^{\mathrm{T}} \tag{7-71}$$

$$G(\boldsymbol{g}^{(k)})=\begin{bmatrix}\dfrac{\partial^2 S(\boldsymbol{g}^{(k)})}{\partial g_1^{(k)^2}} & \dfrac{\partial^2 S(\boldsymbol{g}^{(k)})}{\partial g_1^{(k)}\partial g_2^{(k)}} & \cdots & \dfrac{\partial^2 S(\boldsymbol{g}^{(k)})}{\partial g_1^{(k)}\partial g_n^{(k)}} \\ \dfrac{\partial^2 S(\boldsymbol{g}^{(k)})}{\partial g_2^{(k)}\partial g_1^{(k)}} & \dfrac{\partial^2 S(\boldsymbol{g}^{(k)})}{\partial g_2^{(k)^2}} & \cdots & \dfrac{\partial^2 S(\boldsymbol{g}^{(k)})}{\partial g_2^{(k)}\partial g_n^{(k)}} \\ \vdots & \vdots & \ddots & \vdots \\ \dfrac{\partial^2 S(\boldsymbol{g}^{(k)})}{\partial g_n^{(k)}\partial g_1^{(k)}} & \dfrac{\partial^2 S(\boldsymbol{g}^{(k)})}{\partial g_n^{(k)}\partial g_2^{(k)}} & \cdots & \dfrac{\partial^2 S(\boldsymbol{g}^{(k)})}{\partial g_n^{(k)^2}}\end{bmatrix} \tag{7-72}$$

设置步长 $\Delta\delta_m=\Delta\delta_l$,计算 $S(\boldsymbol{g}^{(k)})$ 的偏导并使用步长调整的具体参数 $g_m^{(k)}$ 获取 $S(\boldsymbol{g}^{(k)})$ 测量值,构造偏导数函数为

$$S_1=S(g_1^{(k)},g_2^{(k)},\cdots,g_m^{(k)}+\Delta\delta_m,\cdots,g_n^{(k)}) \tag{7-73}$$

$$S_2=S(g_1^{(k)},g_2^{(k)},\cdots,g_m^{(k)},\cdots,g_n^{(k)}) \tag{7-74}$$

$$S_3=S(g_1^{(k)},g_2^{(k)},\cdots,g_m^{(k)}-\Delta\delta_m,\cdots,g_n^{(k)}) \tag{7-75}$$

满足

$$\frac{\partial S(\boldsymbol{g}^{(k)})}{\partial g_m^{(k)}}\approx\frac{S_1-S_2}{\Delta\delta_m} \tag{7-76}$$

$$\frac{\partial^2 S(\boldsymbol{g}^{(k)})}{\partial g_m^{(k)} \partial g_l^{(k)}} \approx \frac{\left\{\begin{matrix} S(\boldsymbol{g}^{(k)}) + S(g_1^{(k)}, g_2^{(k)}, \cdots, g_m^{(k)} + \Delta\delta_m, \cdots, g_n^{(k)}) \cdots - \\ S(g_1^{(k)}, g_2^{(k)}, \cdots, g_m^{(k)} + \Delta\delta_m, \cdots, g_l^{(k)} + \Delta\delta_l, \cdots, g_n^{(k)}) \\ \cdots - S(g_1^{(k)}, g_2^{(k)}, \cdots, g_l^{(k)} + \Delta\delta_l, \cdots, g_n^{(k)}) \end{matrix}\right\}}{\Delta\delta_m \Delta\delta_l} \tag{7-77}$$

$$\frac{\partial^2 S(\boldsymbol{g}^{(k)})}{\partial g_m^{(k)2}} \approx \frac{S_1 + S_3 - 2S(\boldsymbol{g}^{(k)})}{(\Delta\delta_m)^2} \tag{7-78}$$

在搜索的过程中,搜索步长 $\Delta\delta_m$ 不断减小,$\boldsymbol{g}^{(k+1)} = \boldsymbol{g}^{(k)} + \boldsymbol{d}^{(k)}$ 设定为参数向量的优化方向。当搜索结果接近最优值时,$\Delta\delta_m$ 的值近似为 0,设搜索精度 $\varepsilon \approx 0$ 作为拟牛顿法的迭代收敛条件:

如果 $\Delta\delta_m > \varepsilon$,$m = 1, 2, \cdots, n$,则进入下一次搜索:$\boldsymbol{g}^{(k+1)} = \boldsymbol{g}^{(k)} + \boldsymbol{d}^{(k)}$;

如果 $\Delta\delta_m \leqslant \varepsilon$,$m = 1, 2, \cdots, n$,则搜索停止。

2)拟牛顿法实现步骤

利用拟牛顿法进行多元优化搜索角度域估计信道参数,步骤如下:

输入:初始自变量 $\boldsymbol{x}_0$、精度 ε;

输出:目标函数的极值、对应自变量的取值。

步骤 1:给定信道估计目标函数的初始值 $\boldsymbol{x}_0$、正定矩阵 $\boldsymbol{H}_0$、精度 ε,求解 $\boldsymbol{g}_0 = \nabla f(\boldsymbol{x}_0)$,记 $k = 0$;

步骤 2:如果 $\| \boldsymbol{g}_k \| \leqslant \varepsilon$,算法终止;否则,计算拟牛顿法的搜索方向 $\boldsymbol{d}_k = -\boldsymbol{H}_k \boldsymbol{g}_k$;

步骤 3:计算搜索步长:$\boldsymbol{s}_k = \mu \boldsymbol{d}_k$,令 $\boldsymbol{x}_{k+1} = \boldsymbol{x}_k + \boldsymbol{s}_k$;

步骤 4:对矩阵 $\boldsymbol{H}_k$ 进行更新和校正,得到 $\boldsymbol{H}_{k+1}$,使其满足拟牛顿法条件。令 $k+1 \sim k$,返回步骤 2。

7.2.4 大规模 MIMO 角度域信道估计仿真模型

仿真视频

程序 7-2"MIMO_CE",大规模 MIMO 角度域信道估计

```
function MIMO_CE
clc
clear all
close all
global Nt Nr L %定义全局变量
snr=20;%信噪比
Nt = 16;%发射天线数
Nr = 16;%接收天线数
Ny = 36;%导频数
Nx = 36;%导频数
L = 3;%路径
d = 0.005;%天线间隔
%生成信道矩阵%
skip=0;
if skip==1
    B=rand(1,(Nt+Nr) * L);
    alpha = zeros(L,1);
    alpha(1) = exp(1i * 2 * pi * rand(1));
```

```
        alpha(2:L) = (normrnd(0, 0.1, L-1, 1) + 1i * normrnd(0, 0.1, L-1, 1)) / sqrt(2);
        while (find(abs(alpha)<0.01))
            alpha(2:L) = (normrnd(0, 0.1, L-1, 1) + 1i * normrnd(0, 0.1, L-1, 1)) / sqrt(2);
        end
        alpha = sort(alpha, 'descend');%对 alpha 降序排列
        phi_t = 2 * rand(L,1)-1;%Virtual AoD
        phi_r = 2 * rand(L,1)-1;%Virtual AoA
        H = zeros(Nr, Nt);%信道矩阵
        noise = sqrt(10^(-snr/10)/2);%定义噪声
        for l= 1:L%对每条路径循环计算
            at = exp(-1i * 2 * pi * [0:Nt-1]' * d * phi_t(l));
            ar = exp(-1i * 2 * pi * [0:Nr-1]' * d * phi_r(l));
            H = H + alpha(l) * ar * at';%角度域信道模型
        end
        %保存生成变量%
        save H H
        save noise noise
        save B B
    else
        load H H
        load noise noise
        load B B
    end
    C=[ -0.6908 0.4322 0.9240 0.5871 0.3569 0.564 -0.1587 0.3569 0.564];%赋初值计算
    newton_method([10^-16 0], 'target_min',C)%调用拟牛顿法优化目标函数
    load newtonmethod_coefficients
    newtonmethod_coefficients.coefficients %保存搜索结果
end
```

程序 7-3"target_min",大规模 MIMO 角度域信道估计的目标函数

```
function [S] = target_min(CO)
%信道估计的目标函数
global Nt Nr L %声明全局变量
Ny = 36;%导频数
Nx = 36;%导频数
d = 0.005;%天线间隔
M=CO(1:L);%路径增益
At=CO(L+1:2 * L);%发射角
Ar=CO(2 * L+1:end);%接收角
%加载变量%
skip=0;
load H H
load noise noise
if skip==1
    X = 1/sqrt(Nt) * exp(-1i * 2 * pi * rand(Nt, Nx));%发送信号矩阵
    W = 1/sqrt(Nr) * exp(-1i * 2 * pi * rand(Ny, Nr));%预编码矩阵
    Y = W * (H * X + noise * (normrnd(0, 1, Nr, Nx) + 1i * normrnd(0, 1, Nr, Nx)));
    %接收信号矩阵
```

```matlab
        save X X;
        save W W;
        save Y Y;
    else
        load X X;
        load W W;
        load Y Y;
    end
    z= exp(1i * 2 * pi * M); %路径增益
    theta_t＝exp(-1i * 2 * pi * At); %发射天线角度
    theta_r＝exp(-1i * 2 * pi * Ar); %接收天线角度
    epsilon = 1;
    H_e = zeros(Nr, Nt);
        for l= 1:L
            at = exp(-1i * 2 * pi * [0:Nt-1]' * d * theta_t(l));
            ar = exp(-1i * 2 * pi * [0:Nr-1]' * d * theta_r(l));
            H_e =   H_e + z(l) * ar * at'; %生成信道估计矩阵
        end
    save H_e
    R = Y-W * H_e * X; %信道估计误差
    R_2 = norm(R, 'fro');
    lambda = max( 1 * (R_2^2), 1e-8);
    dd=1./(abs(z(1:L)).^2+epsilon);
    D=diag(dd);
    S=abs((1/lambda) * z(1:L) * D * z(1:L)' + R_2);
    %信道估计的目标函数,用拟牛顿法搜索 z, theta_t, theta_r 使 S 最小
    S=1/S;
    end
```

程序 7-4"newton_method",牛顿法/拟牛顿法智能搜索函数

```matlab
Function [best_point]=newton_method(set, function_name, initial_point, settings_1, settings_2, …
settings_3, settings_4, settings_5, settings_6)
%初始化 & 检错保护%
if nargin < 2 %缺少输入变量
    error('not enough inputs')
end
if nargin > 9
    error('too many input arguments')
end
switch length(set)
    case 1
        newtonmethod_search_model=0;
        newtonmethod_whether_display=0;
    case 2
        newtonmethod_search_model=set(2);
        newtonmethod_whether_display=0;
    case 3
        newtonmethod_search_model=set(2)
```

```
                newtonmethod_whether_display=set(3)
        otherwise
                error('unexpected settings')
end
accuricy=set(1);
if isempty(function_name)~=1&&ischar(function_name)
        eval(['target_function=@' num2str(function_name) ';']);
else
        error('unexpected function name')
end
if nargin==2%上次运算未完成,装载已存函数
        load newtonmethod_coefficients
        if strcmp(newtonmethod_coefficients.function_name,function_name)~=1
                error('this inputed function name is different from the previous one')
        end
elseif nargin>2%新的计算,生成牛顿法程序句柄,并保存牛顿法参数结构体
        if isempty(initial_point)
                error('please input initial point')
        else
                newtonmethod_coefficients.function_name=function_name;
                newtonmethod_coefficients.stepindex=ones(1,length(initial_point))/20;
                newtonmethod_coefficients.accuricy=accuricy;
                newtonmethod_coefficients.finished=0;
                switch nargin
                        case 3
                                newtonmethod_coefficients.coefficients=[0    initial_point];
                                newtonmethod_coefficients.coefficients(1)=target_function(initial_point);
                                newtonmethod_coefficients.executed_statement=['target_function…
                                (intermediate_variable)'];
                        case 4
                                newtonmethod_coefficients.coefficients=[0    initial_point];
                                newtonmethod_coefficients.coefficients(1)=…
                                target_function(initial_point,settings_1);
                                newtonmethod_coefficients.executed_statement=['target_function…
                                (intermediate_variable,newtonmethod_coefficients.settings_1)'];
                                newtonmethod_coefficients.settings_1=settings_1;
                        case 5
                                newtonmethod_coefficients.coefficients=[0    initial_point];
                                newtonmethod_coefficients.coefficients(1)=…
                                target_function(initial_point,settings_1,settings_2);
                                newtonmethod_coefficients.executed_statement=['target_function…
                                (intermediate_variable,newtonmethod_coefficients.settings_1,…
                                newtonmethod_coefficients.settings_2)'];
                                newtonmethod_coefficients.settings_1=settings_1;
                                newtonmethod_coefficients.settings_2=settings_2;
                        case 6
                                newtonmethod_coefficients.coefficients=[0    initial_point];
                                newtonmethod_coefficients.coefficients(1)=…
```

```
            target_function(initial_point,settings_1,settings_2,settings_3);
            newtonmethod_coefficients.executed_statement=['target_function…
            (intermediate_variable,newtonmethod_coefficients.settings_1,…
            newtonmethod_coefficients.settings_2,…
            newtonmethod_coefficients.settings_3)'];
            newtonmethod_coefficients.settings_1=settings_1;
            newtonmethod_coefficients.settings_2=settings_2;
            newtonmethod_coefficients.settings_3=settings_3;
    case 7
            newtonmethod_coefficients.coefficients=[0    initial_point];
            newtonmethod_coefficients.coefficients(1)=…
            target_function(initial_point,settings_1,settings_2,settings_3,settings_4);
            newtonmethod_coefficients.executed_statement=['target_function…
            (intermediate_variable,newtonmethod_coefficients.settings_1,…
            newtonmethod_coefficients.settings_2,…
            newtonmethod_coefficients.settings_3,…
            newtonmethod_coefficients.settings_4)'];
            newtonmethod_coefficients.settings_1=settings_1;
            newtonmethod_coefficients.settings_2=settings_2;
            newtonmethod_coefficients.settings_3=settings_3;
            newtonmethod_coefficients.settings_4=settings_4;
    case 8
            newtonmethod_coefficients.coefficients=[0    initial_point];
            newtonmethod_coefficients.coefficients(1)=…
            target_function(initial_point,settings_1,settings_2,settings_3,…
            settings_4,settings_5);
            newtonmethod_coefficients.executed_statement=['target_function…
            (intermediate_variable,newtonmethod_coefficients.settings_1,…
            newtonmethod_coefficients.settings_2,…
            newtonmethod_coefficients.settings_3,…
            newtonmethod_coefficients.settings_4,…
            newtonmethod_coefficients.settings_5)'] ;
            newtonmethod_coefficients.settings_1=settings_1;
            newtonmethod_coefficients.settings_2=settings_2;
            newtonmethod_coefficients.settings_3=settings_3;
            newtonmethod_coefficients.settings_4=settings_4;
            newtonmethod_coefficients.settings_5=settings_5;
    case 9
            newtonmethod_coefficients.coefficients=[0    initial_point];
            newtonmethod_coefficients.coefficients(1)= target_function…
            (initial_point,settings_1,settings_2,settings_3,settings_4,settings_5,settings_6);

            newtonmethod_coefficients.executed_statement=['target_function…
            (intermediate_variable,newtonmethod_coefficients.settings_1,…
            newtonmethod_coefficients.settings_2,…
            newtonmethod_coefficients.settings_3,…
            newtonmethod_coefficients.settings_4,…
            newtonmethod_coefficients.settings_5,…
            newtonmethod_coefficients.settings_6)'] ;
```

```
                newtonmethod_coefficients.settings_1=settings_1;
                newtonmethod_coefficients.settings_2=settings_2;
                newtonmethod_coefficients.settings_3=settings_3;
                newtonmethod_coefficients.settings_4=settings_4;
                newtonmethod_coefficients.settings_5=settings_5;
                newtonmethod_coefficients.settings_6=settings_6;
            end
            save newtonmethod_coefficients newtonmethod_coefficients
        end
    end
    % begin newton method
    while 1
        load newtonmethod_coefficients
        equ=newtonmethod_coefficients.executed_statement;
        g=zeros(1,length(newtonmethod_coefficients.coefficients)-1);
        G=zeros((length(newtonmethod_coefficients.coefficients)-1), ...
        (length(newtonmethod_coefficients.coefficients)-1));
        initial_point=newtonmethod_coefficients.coefficients(2:end);
        initial_result=newtonmethod_coefficients.coefficients(1);
        N=length(initial_point);
        intermediate_variable=initial_point;
        result_for_break(1,1)=initial_result;
        result_for_break(2:1+N,1)=initial_point';
        for i_1=1:N
            intermediate_variable=initial_point;
            intermediate_variable(i_1)=intermediate_variable(i_1)+ ...
            newtonmethod_coefficients.stepindex(i_1);
            result_adi= eval([num2str(equ)]);
            result_for_break(1,end+1)=result_adi;
            result_for_break(2:end,end)=intermediate_variable';
            intermediate_variable=initial_point;
            intermediate_variable(i_1)=intermediate_variable(i_1)- ...
            newtonmethod_coefficients.stepindex(i_1);
            result_mi= eval([num2str(equ)]);
            result_for_break(1,end+1)=result_mi;
            result_for_break(2:end,end)=intermediate_variable';
            g(i_1) = (result_adi-result_mi)/2/newtonmethod_coefficients.stepindex(i_1);
            G(i_1,i_1)=(result_adi+result_mi-initial_result*2)/ ...
            (newtonmethod_coefficients.stepindex(i_1)^2);
            % initial_result-result_adi
            % initial_result-result_mi
            while (sign(initial_result-result_adi)==sign(initial_result-result_mi))&& ...
            (sign(initial_result-result_mi)~=0&&sign(initial_result-result_adi)~=0)
            newtonmethod_coefficients.stepindex(i_1)=newtonmethod_coefficients.stepindex ...
            (i_1)/10;
                save newtonmethod_coefficients newtonmethod_coefficients
                intermediate_variable=initial_point;
                intermediate_variable(i_1)=intermediate_variable(i_1)+ ...
```

```matlab
            newtonmethod_coefficients.stepindex(i_1);
            result_adi= eval([num2str(equ)]);
            result_for_break(1,end)=result_adi;
            result_for_break(2:end,end)=intermediate_variable';
            intermediate_variable=initial_point;
            intermediate_variable(i_1)=intermediate_variable(i_1)- ...
            newtonmethod_coefficients.stepindex(i_1);
            result_mi= eval([num2str(equ)]);
            result_for_break(1,end)=result_mi;
            result_for_break(2:end,end)=intermediate_variable';
            %   initial_result-result_adi
            %   initial_result-result_mi
            %   newtonmethod_coefficients.stepindex
            g(i_1) = (result_adi-result_mi)/2/newtonmethod_coefficients.stepindex(i_1);
            G(i_1,i_1) =(result_adi+result_mi- ...
            initial_result * 2)/(newtonmethod_coefficients.stepindex(i_1)^2);
            if sign(initial_result-result_adi)~=sign(initial_result-result_mi)|| ...
            sign(initial_result-result_mi)==0||sign(initial_result-result_adi)==0
                break
            end
        end
end

for i_1=1:N-1 %生成 Hessian 阵
    for i_2=(i_1+1):N

            intermediate_variable=initial_point;
            intermediate_variable(i_1)=intermediate_variable(i_1)+ ...
            newtonmethod_coefficients.stepindex(i_1);
            intermediate_variable(i_2)=intermediate_variable(i_2)+ ...
            newtonmethod_coefficients.stepindex(i_2);
            result_x= eval([num2str(equ)]);
            result_for_break(1,end+1)=result_x;
            result_for_break(2:end,end)=intermediate_variable';
            G(i_1,i_2)=result_x;
            intermediate_variable=initial_point;
            intermediate_variable(i_1)=intermediate_variable(i_1)- ...
            newtonmethod_coefficients.stepindex(i_1);
            intermediate_variable(i_2)=intermediate_variable(i_2)- ...
            newtonmethod_coefficients.stepindex(i_2);
            result_x = eval([num2str(equ)]);
            result_for_break(1,end+1)=result_x;
            result_for_break(2:end,end)=intermediate_variable';
            G(i_1,i_2)= G(i_1,i_2)+result_x;
            intermediate_variable=initial_point;
            intermediate_variable(i_1)=intermediate_variable(i_1)+ ...
            newtonmethod_coefficients.stepindex(i_1);
            intermediate_variable(i_2)=intermediate_variable(i_2)- ...
```

```
            newtonmethod_coefficients. stepindex(i_2);
            result_x = eval([num2str(equ)]);
            result_for_break(1, end+1)=result_x;
            result_for_break(2:end, end)=intermediate_variable';
            G(i_1, i_2)= G(i_1, i_2)-result_x;
            intermediate_variable=initial_point;
            intermediate_variable(i_1)=intermediate_variable(i_1)- ...
            newtonmethod_coefficients. stepindex(i_1);
            intermediate_variable(i_2)=intermediate_variable(i_2)+ ...
            newtonmethod_coefficients. stepindex(i_2);
            result_x = eval([num2str(equ)]);
            result_for_break(1, end+1)=result_x;
            result_for_break(2:end, end)=intermediate_variable';
            G(i_1, i_2)= G(i_1, i_2)-result_x;
            G(i_1, i_2) = G(i_1, i_2)/newtonmethod_coefficients. stepindex(i_1)/ ...
            newtonmethod_coefficients. stepindex(i_2)/4;
            G(i_2, i_1)= G(i_1, i_2);
        end
    end
end
newtonstep=-G^(-1) * g';
newtonstep=newtonstep'
newtonstep=newtonstep * sqrt(newtonmethod_coefficients. stepindex * ...
newtonmethod_coefficients. stepindex')/(newtonstep * newtonstep');

zoom_step_index=1; %微分步长放缩标记
cont_1=1;
cont_for_break=0;
step_scale=1;
%沿着牛顿步长搜索%
while 1
    load newtonmethod_coefficients
    % step_scale
    %g
    intermediate_variable=newtonmethod_coefficients. coefficients(2:end) + ...
    newtonstep * step_scale;
    result_x = eval([num2str(equ)]);
    if result_x > newtonmethod_coefficients. coefficients(1)
        disp(' change ')
        newtonmethod_coefficients. coefficients(1)=result_x
        newtonmethod_coefficients. coefficients(2:end)=intermediate_variable;
        save newtonmethod_coefficients newtonmethod_coefficients
        zoom_step_index=0;
        step_scale = step_scale * (1+cont_1);
        cont_1=cont_1+1;
        cont_for_break=0;
    else
        if cont_1==0
            cont_for_break=cont_for_break+1;
```

```matlab
            end
            step_scale = -1 * sign(step_scale) * (1+abs(step_scale)/10);
            cont_1=0;
        end
        if cont_for_break > 1
            break
        end
    end
    if zoom_step_index==1
        newtonmethod_coefficients.stepindex=newtonmethod_coefficients.stepindex/10;
        save newtonmethod_coefficients newtonmethod_coefficients
    end
    result_x_index=find(result_for_break(1,1:end)==max(result_for_break(1,1:end)));
    %微分法搜索点大于牛顿法时%
    if  result_for_break(1,result_x_index(1,1))> newtonmethod_coefficients.coefficients(1,1)
        newtonmethod_coefficients.coefficients=result_for_break(:,result_x_index(1,1))';
        save newtonmethod_coefficients newtonmethod_coefficients
    end
    if isempty( find( result_for_break(1,:)> newtonmethod_coefficients.coefficients(1))) ...
        &&(abs(sum(newtonmethod_coefficients.stepindex))< accuricy)
        best_point = newtonmethod_coefficients.coefficients(2:end);
        newtonmethod_coefficients.finished = 1;
        save newtonmethod_coefficients newtonmethod_coefficients
        break
    end
end
clear result_for_break
%quasi newton 法%
if newtonmethod_search_model&&zoom_step_index==0;
    Hk = G^(-1);
    quasi_division_step=newtonmethod_coefficients.stepindex;
    cont_quasi_negative=0;
    while 1
        load newtonmethod_coefficients
        result_for_break(1,1)=newtonmethod_coefficients.coefficients(1,1);
        result_for_break(2:1+N,1)=newtonmethod_coefficients.coefficients(1,2:end)';
        Sk=newtonmethod_coefficients.coefficients(2:end)-initial_point;
        for i_1=1:N  %拟牛顿法求梯度 %
            intermediate_variable=newtonmethod_coefficients.coefficients(2:end);
            intermediate_variable(i_1)=intermediate_variable(i_1)+ ...
            quasi_division_step(i_1);
            result_adi= eval([num2str(equ)]);
            result_for_break(1,end+1)=result_adi;
            result_for_break(2:end,end)=intermediate_variable'
            intermediate_variable=newtonmethod_coefficients.coefficients(2:end);
            intermediate_variable(i_1)=intermediate_variable(i_1)- ...
            quasi_division_step(i_1);
            result_mi= eval([num2str(equ)]);
            result_for_break(1,end+1)=result_mi;
```

```
result_for_break(2:end,end)=intermediate_variable'
g1_quasi(1,i_1) = (result_adi-result_mi)/2/quasi_division_step(i_1);
result_for_break(1,1)-result_adi
result_for_break(1,1)-result_mi
while sign( result_for_break(1,1)-result_adi)==sign( result_for_break(1,1)- ...
    result_mi)&&(sign( result_for_break(1,1)- ...
    result_adi)~=0&&sign( result_for_break(1,1)-result_mi)~=0)
    disp('ee')
    disp('ee')
    quasi_divition_step(i_1)=quasi_division_step(i_1)/20
    newtonmethod_coefficients.stepindex(i_1) = quasi_division_step(i_1);
    save newtonmethod_coefficients newtonmethod_coefficients
    intermediate_variable=newtonmethod_coefficients.coefficients(2:end);
    intermediate_variable(i_1)=intermediate_variable(i_1)+ ...
    quasi_division_step(i_1);
    result_adi= eval([num2str(equ)]);
    result_for_break(1,end)=result_adi;
    result_for_break(2:end,end)=intermediate_variable';
    intermediate_variable=newtonmethod_coefficients.coefficients(2:end);
    intermediate_variable(i_1)=intermediate_variable(i_1)- ...
    quasi_division_step(i_1);
    result_mi= eval([num2str(equ)]);
    result_for_break(1,end)=result_mi;
    result_for_break(2:end,end)=intermediate_variable';
    result_for_break(1,1)-result_adi
    result_for_break(1,1)-result_mi
    g1_quasi(1,i_1) = (result_adi-result_mi)/2/quasi_division_step(i_1);
    if
sign( result_for_break(1,1)-result_adi)~=sign( result_for_break(1,1)- ...
        result_mi)|| sign( result_for_break(1,1)- ...
        result_adi)==0||sign( result_for_break(1,1)-result_mi)==0
            break
    end
end
end
Yk=g1_quasi-g;
Hk_1=Hk+((Sk'-Hk * Yk') * (Sk'-Hk * Yk')')/((Sk'-Hk * Yk')' * Yk');
quasi_step=-Hk_1 * g1_quasi';
quasi_step=quasi_step'
quasi_step=quasi_step * sqrt((newtonmethod_coefficients.stepindex * ...
newtonmethod_coefficients.stepindex')/(quasi_step * quasi_step'))
zoom_step_index=1; %微分步长放缩标记
cont_1=1;
cont_for_break=0;
step_scale=1;
while 1
    disp('inquasi')
    intermediate_variable=newtonmethod_coefficients.coefficients(2:end)+ ...
```

```
            quasi_step * step_scale;
            result_x = eval([num2str(equ)]);

            if result_x > newtonmethod_coefficients. coefficients(1)
                disp(' change ')
                newtonmethod_coefficients. coefficients(1) = result_x
                newtonmethod_coefficients. coefficients(2:end) = intermediate_variable;
                save newtonmethod_coefficients newtonmethod_coefficients
                zoom_step_index=0;
                step_scale = step_scale * (1+cont_1);
                cont_1=cont_1+1;
                cont_for_break=0;
                cont_quasi_negative=0;
            else
                if cont_1==0
                    cont_for_break=cont_for_break+1;
                end
                step_scale = -1 * sign(step_scale) * (1+abs(step_scale)/10);
                cont_1=0;
            end
            if cont_for_break > 1
                break
            end
        end
        if zoom_step_index==1
            cont_quasi_negative=cont_quasi_negative+1;
            quasi_division_step=quasi_division_step/10;
            if  isempty( find( result_for_break(1,1:end)> ...
                newtonmethod_coefficients. coefficients(1)))
                newtonmethod_coefficients. stepindex=quasi_division_step * 2;
                save newtonmethod_coefficients  newtonmethod_coefficients
            end
        end
        result_x_index=find(result_for_break(1,1:end)==max(result_for_break(1,1:end)));
        %微分法搜索点大于牛顿法时%
        if  result_for_break(1,result_x_index(1,1))> ...
            newtonmethod_coefficients. coefficients(1,1)
            newtonmethod_coefficients. coefficients=result_for_break ...
            (:,result_x_index(1,1))';
            save newtonmethod_coefficients newtonmethod_coefficients
            break
        end
        if  newtonmethod_coefficients. coefficients(1)~= result_for_break(1,1)
            %如果最佳点变更,则下一步拟牛顿法初始化%
            g=g1_quasi;
            initial_point=newtonmethod_coefficients. coefficients(2:end);
            Hk=Hk_1;
        end
```

```
            if( isempty( find( result_for_break(1,1:end)> …
                newtonmethod_coefficients.coefficients(1)))&&(abs(sum( …
                quasi_divition_step))< accuricy))||cont_quasi_negative > 1 …
                ||sum(isnan(quasi_step))> 0
                clear result_for_break
                break
            end
            clear result_for_break
        end
    end
end
end
```

程序 7-2 为基于全局优化的大规模 MIMO 角度域信道估计实验平台主程序,程序 7-3～程序 7-4 为程序 7-2 调用的子程序模块。

基于实验平台对大规模角度域信道估计算法的性能进行了仿真分析,使用归一化均方误差(Normalized Mean Square Error,NMSE)衡量基于拟牛顿法的超分辨信道估计的精度:

$$\mathrm{NMSE} = \frac{\mathrm{E}\left[\sum_{i=1}^{L}|\boldsymbol{H}(i) - \hat{\boldsymbol{H}}(i)|^{2}\right]}{\mathrm{E}\left[\sum_{i=1}^{L}|\boldsymbol{H}(i)|^{2}\right]} \tag{7-79}$$

主要的仿真参数如表 7-4 所示。

表 7-4　主要的仿真参数设置

仿 真 参 数	参 数 值
发射天线数目	64
接收天线数目	64
射频链路	4
路径数	3
波长/m	0.01
天线间隔/m	0.005
载波频率/GHz	28

在毫米波大规模 MIMO 系统模型下,对提出的基于拟牛顿法的角度域信道估计算法进行仿真和分析,主要比较分析 NMSE 与信噪比之间的关系,以此验证估计器的有效性。

图 7-8 反映了不同信道估计方案的 NMSE 性能随信噪比的变化。基于拟牛顿法的信道估计方案在相同信噪比下获得了更佳的 NMSE 性能。所提出的全局优化信道估计方案同时优化了所有 AoAs、AoDs 和信道增益,从角度域上的网格点出发,通过拟牛顿法迭代到所提算法的极限边界。所提信道估计方法与多目标梯度迭代算法相比,可以获得 5～7dB 的 SNR 增益,清晰地验证了所提方法的有效性,说明全局目标优化的信道估计可以显著提高估计精度。

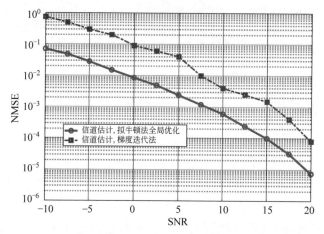

图 7-8   不同信道估计方案在信噪比下的 NMSE 性能(SNR/dB)

图 7-9 比较了不同天线数目情况下,NMSE 性能随信噪比变化的趋势。随着天线数的增加,基于拟牛顿法的信道估计方案可以获得估计精度的提升。相同实验环境下,大规模 MIMO 天线的估计结果优于传统 MIMO 天线的估计结果。同时,本实验的量化结果进一步验证了资源的堆叠可以获得估计精度的提升,但天线资源配置的增加必定会导致能耗增加,从而导致大规模 MIMO 系统的能耗大幅增加。而且当天线数目到达一定数量后,信道容量会产生增量平层,冗余的射频链路造成的功耗和成本会造成极大的浪费,系统能效会迅速降低。涉及能效优化的问题也是信道估计资源投入的一个重要参考维度。

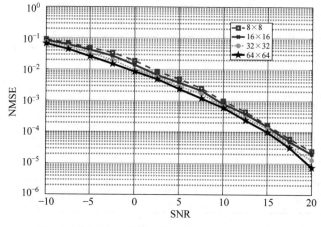

图 7-9   不同天线数目下的 NMSE 性能(SNR/dB)

第 8 章

OFDM 系统 Simulink 仿真实现

OFDM 作为一种多载波数字通信方案,是 4G/5G 移动通信的核心技术。采用串并转换和正交多载波调制可获得较高的传输速率和频谱效率。本章基于 Simulink 模块实现 OFDM 系统的仿真,并给出了不同参数条件下的 OFDM 系统性能分析。

8.1 OFDM 框架

前续章节中详细介绍了 OFDM 多载波调制技术,其原理是采用 N 个子载波把整个信道分割成 N 个窄带子信道,即将频率上等间隔的 N 个子载波信号调制并相加后同时发送,实现 N 个子信道并行传输信息。此时每个符号的频谱只占用信道带宽的 $1/N$,并满足各子载波在 OFDM 符号周期 T 内保持频域正交性。

如图 8-1 所示,OFDM 系统仿真流程可以设置如下:输入比特序列完成信道编码(RS码),根据选用的调制方式(QPSK/QAM)完成相应的星座映射,形成调制符号序列 $\{X(n)\}$,并对 $\{X(n)\}$ 执行 IFFT 变换,将 OFDM 频域表达式变换到时域上,得到 OFDM 调制信号的时域抽样序列,加上保护间隔(循环前缀),再进行数字上变频,得到 OFDM 高频时域波形。接收端首先对接收到的信号进行数字下变频,去除保护间隔,降采样后得到 OFDM 信号的抽样序列,并对该抽样序列执行 FFT 变换得到频域序列 $\{X(n)\}$。

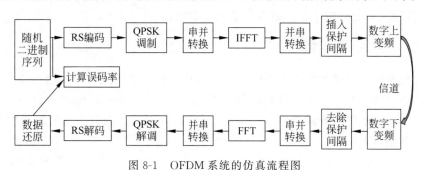

图 8-1 OFDM 系统的仿真流程图

8.1.1 RS 编译码

为简化信道编码的流程,通信系统仿真选择 RS 码作为纠错码。RS 码是一类纠错能力很强的 BCH 码(纠错码)。选择任意正整数 S,可构造出 $n=q^{S}-1$ 码长的 q 进制 BCH 码,其中 q 为某个素数的幂。当 $S=1,q>2$ 时所建立 $n=q-1$ 码长的 q 进制 BCH 码,称之为

RS 码。当 $q=2^m (m>1)$ 时,其码元符号取自于 GF(q) 的二进制 RS 码,用以纠正突发差错。RS 码主要参数设置为:

码长:$n=2^m-1$ 个符号或者 $m(2^m-1)$ 比特。

信息段:k 个符号或者 mk 比特。

监督段:$2t=n-k$ 个符号或者 $2mt=m(n-k)$ 个比特。

最小码距:$d_{min}=n-k+1$ 个符号或者 $md_{min}=m(n-k+1)$ 比特。

对于常用 RS(204,188) 码来说,源数据可以分割为 188 个比特一组码元,经过编码后生成 204 比特长的度码字。长度为 16 个符号的监督位可以纠正最多 8 个比特错误。

RS 编码的基本思想就是选择一个合适的生成多项式 $g(x)$,使每个编码码字多项式都是 $g(x)$ 的倍式,满足码字多项式除以 $g(x)$ 的余式为 0。此时,如果接收到的码字多项式除以 $g(x)$ 的余式非 0,则判定接收码字的余式存在错误,并且可纠正最多 $t=(n-k)/2$ 个比特的错误。

RS 码生成多项式如下:

$$g(x)=(x-a)(x-a^2)(x-a^3)\cdots(x-a^{2t-1})(x-a^{2t}) \tag{8-1}$$

式中,a^i 是 GF(2^m) 中的一个元素。

以 $d(x)$ 表示信息段多项式,可按照如下方法构造码字多项式 $c(x)$:首先计算商式 $h(x)$ 和余式 $r(x)$,得到:

$$\frac{x^{(n-k)}d(x)}{g(x)}=h(x)g(x)+r(x) \tag{8-2}$$

取余式 $r(x)$ 作为校验字,令:

$$c(x)=x^{n-k}d(x)+r(x) \tag{8-3}$$

在编码过程中将信息位和监督位码字组成完整码字:

$$\begin{aligned}c(x)/g(x)&=x^{(n-k)}d(x)/g(x)+r(x)/g(x)\\&=h(x)g(x)+r(x)+r(x)=h(x)g(x)\end{aligned} \tag{8-4}$$

此时码字多项式 $c(x)$ 必然可被生成多项式 $g(x)$ 整除。如果在接收端检测到余式非 0,则可判断接收到的码字有错误。由于这种 RS 码能纠正 t 个 m 进制的错误码字,显示出了高效的纠错能力,所以用于突发错误信道的前向纠错。

8.1.2 傅里叶变换

傅里叶变换(FFT)通常使用多项式法完成运算过程。多项式有两种表示方法:系数表示法和点值表示法。系数表示法就是将多项式 $f(x)=a_0x^0+a_1x^1+a_2x^2+\cdots+a_{n-1}x^{n-1}$ 凝练表示为多项式系数的形式 $f(x)=\{a_0,a_1,a_2,\cdots,a_{n-1}\}$。点值表示法则是用平面坐标系上的点来描述多项式:

$$f(x)=\{(x_0,f(x_0)),(x_1,f(x_1)),(x_2,f(x_2)),\cdots,(x_{n-1},f(x_{n-1}))\} \tag{8-5}$$

系数表示法和点值表示法可以互相转换,如果用传统的转换方法,随机选取 n 个点,再计算出对应的 $f(x)$,要求 n 个 $x^i,i\in[0,n-1]$,需消耗 $O(n^2)$ 的时间复杂度。为了简化计算过程,通常采取分治法来实现。

假设 $A(x)=\sum_{j=0}^{n-1}a_ix^i=a_0+a_1x^1+a_2x^2+\cdots+a_{n-1}x^{n-1}$,并将 $A(x)$ 中 x 的下标按奇

偶序列分成两部分,满足:

$$A(x)=(a_0+a_1x^1+a_4x^4+\cdots+a_{n-2}x^{n-2})+x(a_1+a_3x^2+a_5x^4+\cdots+a_{n-1}x^{n-2})$$

$$A(x)=A_1(x^2)+xA_2(x^2) \tag{8-6}$$

当 $k<\dfrac{n}{2}$ 时,将 ω_n^k 替代 x 代入 $A(x)$:

$$A(\omega_n^k)=A_1((\omega_n^k)^2)+xA_2((\omega_n^k)^2)=A_1(\omega_n^{2k})+xA_2(\omega_n^{2k})$$
$$=A_1(\omega_{\frac{n}{2}}^k)+\omega_n^kA_2(\omega_{\frac{n}{2}}^k) \tag{8-7}$$

取式(8-7)的后半部分,有 $x=\omega_n^{k+\frac{n}{2}}$,则

$$A\left(\omega_n^{k+\frac{n}{2}}\right)=A_1\left(\left(\omega_n^{k+\frac{n}{2}}\right)^2\right)+xA_2\left(\left(\omega_n^{k+\frac{n}{2}}\right)^2\right)$$

$$=A_1(\omega_n^{2k}\omega_n^n)+\omega_n^{k+\frac{n}{2}}A_2(\omega_n^{2k}\omega_n^n) \tag{8-8}$$

$$=A_1(\omega_n^{2k})-\omega_n^kA_2(\omega_n^{2k})=A_1\left(\omega_{\frac{n}{2}}^k\right)-\omega_n^kA_2\left(\omega_{\frac{n}{2}}^k\right)$$

对于 $k=n/2$ 的中介线来说, $A(\omega_n^k)$ 和 $A\left(\omega_n^{k+\frac{n}{2}}\right)$ 都可以通过 $\omega_{\frac{n}{2}}^k$ 进行计算,此时时间复杂度可降为 $O(n\log_2 n)$。

从系数表示法转换成点值表示法可以降低卷积的时间复杂度,但系数表示法便于分析和直观表述。通过对点值表示法的多项式进行卷积运算之后,仍需要将其转换回系数表示法,这个过程称为逆快速傅里叶变换(IFFT),相当于给定了 n 个线性方程组,完成求解过程:

$$a_0(\omega_n^0)^0+a_1(\omega_n^0)^1+\cdots+a_{n-1}(\omega_n^0)^{n-1}=A(\omega_n^0)$$
$$a_0(\omega_n^1)^0+a_1(\omega_n^1)^1+\cdots+a_{n-1}(\omega_n^1)^{n-1}=A(\omega_n^1)$$
$$\cdots \tag{8-9}$$
$$a_0(\omega_n^{n-1})^0+a_1(\omega_n^{n-1})^1+\cdots+a_{n-1}(\omega_n^{n-1})^{n-1}=A(\omega_n^{n-1})$$

可将式(8-9)写成矩阵的形式:

$$\begin{bmatrix}(\omega_n^0)^0 & (\omega_n^0)^1 & \cdots & (\omega_n^0)^{n-1}\\(\omega_n^1)^0 & (\omega_n^1)^1 & \cdots & (\omega_n^1)^{n-1}\\\vdots & \vdots & \ddots & \vdots\\(\omega_n^{n-1})^0 & (\omega_n^{n-1})^1 & \cdots & (\omega_n^{n-1})^{n-1}\end{bmatrix}\begin{bmatrix}a_0\\a_1\\\vdots\\a_{n-1}\end{bmatrix}=\begin{bmatrix}A(\omega_n^0)\\A(\omega_n^1)\\\vdots\\A(\omega_n^{n-1})\end{bmatrix} \tag{8-10}$$

定义第一个矩阵为 $\boldsymbol{D}$、第二个矩阵为 $\boldsymbol{V}$、第三个矩阵为 $\boldsymbol{E}$,按照矩阵乘法可简化为

$$e_{ij}=\sum_{k=0}^{n-1}d_{ik}v_{kj}=\sum_{k=0}^{n-1}\omega_n^{-ik}\omega_n^{kj}=\sum_{k=0}^{n-1}\omega_n^{k(j-i)} \tag{8-11}$$

并满足:

$$e_{ij}=\begin{cases}n, & i=j\\0, & i\neq j\end{cases} \tag{8-12}$$

基于式(8-11),FFT 可表示为

$$X(k)=\sum_{k=0}^{n-1}x(n)\omega_N^{kn} \tag{8-13}$$

则 IFFT 可表示为

$$x(n) = \frac{1}{N} \sum_{k=0}^{N-1} X(k) \omega_n^{-kn} \tag{8-14}$$

8.1.3 子载波正交性

OFDM 频谱效率主要体现在正交的载波混叠模式,且保持正交性也是 OFDM 解调的前提。函数正交性定义为在确定的时间周期内相乘,积分为 0。以一组双音信号为例:正交函数 $\sin(t)$ 和 $\sin(2t)$,两个函数在 2π 时间内具有完整的周期,且在 2π 时间内的积分均为 0。$\sin(t) \times \sin(2t)$ 正交包络关系如图 8-2 所示,$\int_0^{2\pi} \sin(t) \times \sin(2t)\, \mathrm{d}t = 0$。 如果将 $\sin(t)$ 的幅度调制为 a,$\sin(2t)$ 的幅度调制为 b,同时传输这两个调制的正弦波信号时,$a\sin(t) + b\sin(2t)$ 依然可以保持正交性。在接收端分别对两路子载波进行积分重构:

$$\int_0^{2\pi} (a\sin(t) + b\sin(2t)) \times \sin(t)\, \mathrm{d}t = a \int_0^{2\pi} \sin^2(t)\, \mathrm{d}t \tag{8-15}$$

$$\int_0^{2\pi} (a\sin(t) + b\sin(2t)) \times \sin(2t)\, \mathrm{d}t = b \int_0^{2\pi} \sin^2(2t)\, \mathrm{d}t \tag{8-16}$$

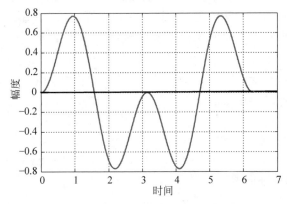

图 8-2 双音信号正交包络

采用相干解调可将调制符号 a 和 b 解调出来,实现两路子载波互不干扰下正交传输。而 OFDM 多载波就是通过互不干扰的多路载波完成信息的高效传输。

设 $f_0 \sim f_{N-1}$ 是以 Δf(每个子载波互相正交的频率间隔)为频率间隔的 N 个频率,N_c 为子载波个数,OFDM 多载波信号的通带形式可表示为

$$f(t) = b_1 \sin(2\pi f_k t) + b_2 \sin(2\pi f_{k+1} t) + \cdots + b_{N_c} \sin(2\pi f_{k+N_c-1} t) \tag{8-17}$$

8.2 OFDM 系统仿真模型的建立

参考图 8-1 搭建的 OFDM Simulink 仿真模型如图 8-3 所示,包含发射、信道、接收三个模块。

Bernoulli Binary
Binary Input RS Encoder
QPSK Mapping
Training
OFDM Baseband Modulator dan Add Cyclic Prefix
Add Cyclic Prefix
Training Insertion
SER Calculation
Rayleigh SISO
AWGN
Binary Output RS Decoder
QPSK Demapping
Remove Zero
Channel Compensation
Channel Estimator
OFDM Baseband Demodulator dan Remove Cyclic prefix
Remove Cyclic Prefix
Training Separation
In1
In2

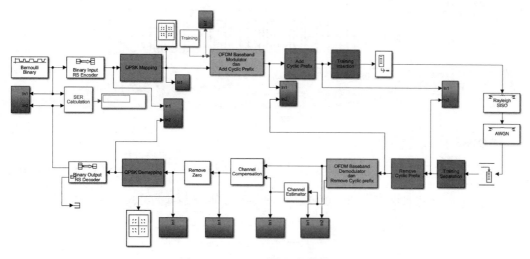

图 8-3　OFDM 系统的仿真模型图

8.2.1　各模块参数设置

通过 Simulink 各模块属性设置，设置三个模块的参数选项。

发射机模块包含：

1）信源

采用伯努利二进制序列(Bernoulli Binary)，设置占空比为 0.5，产生的序列以帧的形式输出，每帧数据是 44 位，采样时间为 $16\times10^{-5}/44/2$s，此时输出到信道的数据是 44×1 向量格式。

2）RS 编码

将信息位为 11 位的卷积码编码为 15 位，编码后输出的数据为 60×1 帧数据，参数设置如图 8-4 所示，编码之后的波形图如图 8-5 所示。

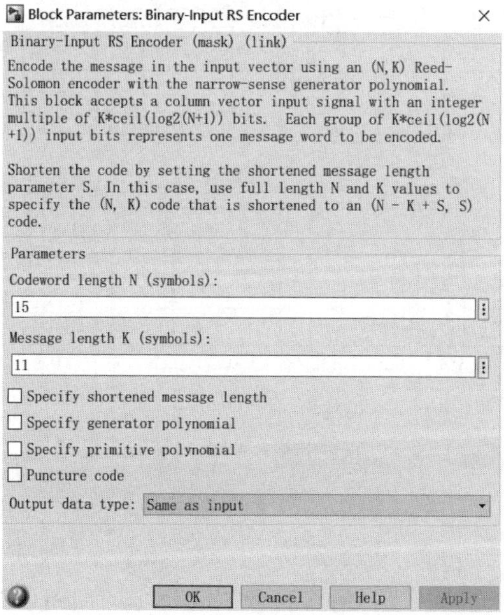

Block Parameters: Binary-Input RS Encoder
Binary-Input RS Encoder (mask) (link)
Encode the message in the input vector using an (N,K) Reed-Solomon encoder with the narrow-sense generator polynomial. This block accepts a column vector input signal with an integer multiple of K*ceil(log2(N+1)) bits. Each group of K*ceil(log2(N+1)) input bits represents one message word to be encoded.
Shorten the code by setting the shortened message length parameter S. In this case, use full length N and K values to specify the (N, K) code that is shortened to an (N - K + S, S) code.
Parameters
Codeword length N (symbols):
15
Message length K (symbols):
11
Specify shortened message length
Specify generator polynomial
Specify primitive polynomial
Puncture code
Output data type: Same as input
OK
Cancel
Help
Apply

图 8-4　RS 编码器参数

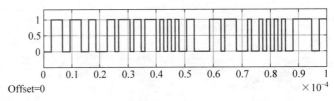

图 8-5　RS 编码之后的波形图

3) QPSK 调制

以 bit 类型进行编码,星座排序选择二进制,相位偏移为 $\frac{\pi}{4}$,此时实部和虚部两路数据的帧长均为 30,生成星座图如图 8-6 所示,实部和虚部两路数据的波形如图 8-7 所示。

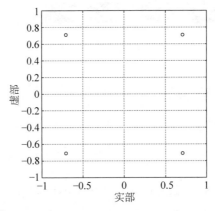

图 8-6　QPSK 星座图

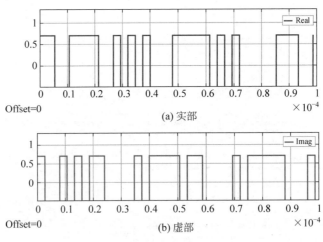

图 8-7　实部和虚部两类数据的波形图

4) OFDM 调制

搭建子模块如图 8-8 所示。

输入的数据是 30×1 的复数信号,将其分为 15×1 的两路信号,然后在中间补 0 构成

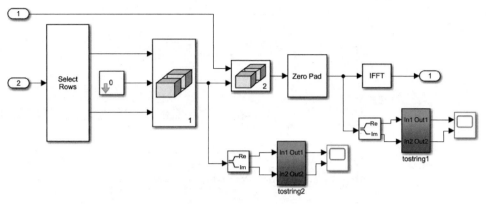

图 8-8　OFDM 调制模块

31×1 的复信号,与另外一路 31×1 的信号合成之后变成 31×2 矩阵信号。执行 IFFT 变换时需要 2^N 个数据,进一步补 0 构成 64×2 格式的数据流,进行 IFFT 调制后输出,设置为:

(1) Select Rows：Indices to output 为{1，2}。

(2) Constant：Constant value 为 0,Sample time 为 16e-5/2。

(3) Matrix1：Number of inputs 为 3,Concatenate dimension 为 1。Matrix2：Number of inputs 为 2,Concatenate dimension 为 2。

(4) Zero Pad：Pad value 为 0,Column size 为 64,Row size 为 2。补零之后的波形如图 8-9 所示。

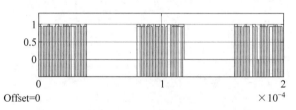

图 8-9　补零后的波形图

(5) IFFT：参数设置如图 8-10 所示,经 IFFT 调制后实部和虚部的波形分别如图 8-11、图 8-12 所示。

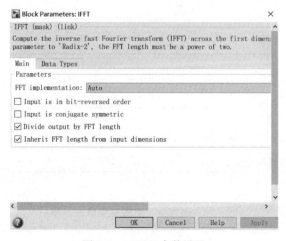

图 8-10　IFFT 参数设置

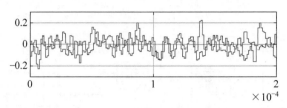

图 8-11 IFFT 调制后实部波形图

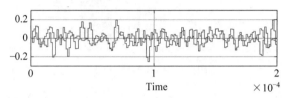

图 8-12 IFFT 调制后虚部波形图

5）添加循环前缀（Add Cyclic Prefix）

将数据的 $39\sim64$ 位共 25 位作为循环前缀加到每一帧 OFDM 符号最前面，输出 90×2 格式数据，用以抑制码间串扰，参数设置如图 8-13 所示，添加循环前缀后实部和虚部的波形分别如图 8-14、图 8-15 所示。

图 8-13 Selector 参数

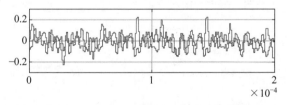

图 8-14 添加循环前缀后实部波形图

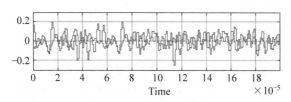

图 8-15　添加循环前缀后虚部波形图

6）并串转换

并串转换子模块如图 8-16 所示。

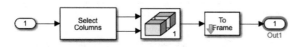

图 8-16　并串转换子模块

先将 90×2 的数据流分解为两路 90×1 的数据,再合成为 180×1 的数据,设置为:

① Select Columns:Indices to output 为$\{1, 2\}$。

② Matrix:Number of inputs 为 2,Concatenate dimension 为 1。

再经过一个 unbuffer 模块之后就可以将矩阵转化为数据流,在信道里传输。

7）信道

采用 AWGN 加性信道和瑞利平坦衰落信道模拟信道传输失真。

接收机部分包括:

（1）串并转换(Training Separation)。

串并转换子模块如图 8-17 所示。

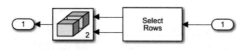

图 8-17　串并转换子模块

将接收到的数据转化为矩阵 180×1,然后经过 to frame 模块转换成帧 180×1,再将数据分成两路 90×1,按列合并为 90×2 的数据。

① Buffer:Output buffer size 为 180,选择 M channels。

② Select Rows:Indices to output 为$\{91:180, 1:90\}$。

③ Matrix:Number of inputs 为 2,Concatenate dimension 为 2。

将信号分解之后与源信号进行比较发现,除了时间延迟以外,输出的信号与源信号完全吻合,如图 8-18 所示。

（2）去除循环前缀。

选择输出第 27 行到第 90 行共 64 行数据为 OFDM 数据体,参数设置如图 8-19 所示。

将选择输出后的 OFDM 数据体与发送端 OFDM 源数据体进行比较,可以发现两路数据完全吻合,如图 8-20 所示。

（3）OFDM 解调。

OFDM 解调子模块如图 8-21 所示。

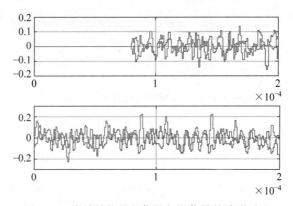

图 8-18　串并转换后的信号与源信号的波形对比

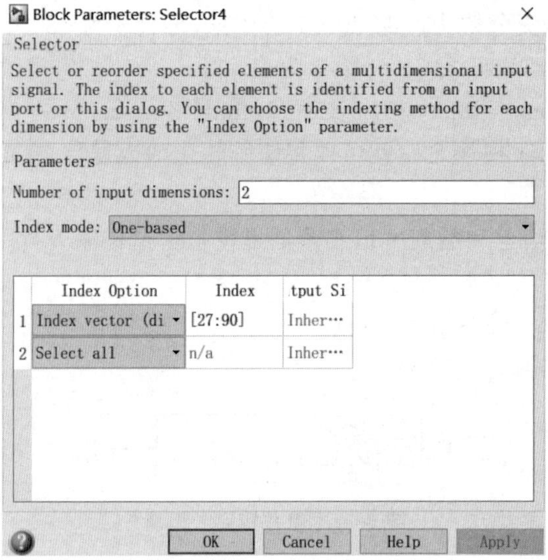

图 8-19　Selector 参数

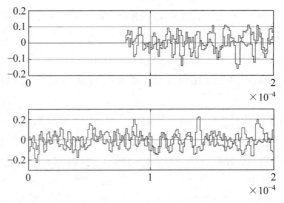

图 8-20　去除循环前缀后与添加循环前缀前的波形对比

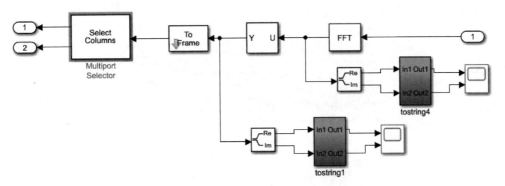

图 8-21　OFDM 解调子模块

① FFT：参数设置如图 8-22 所示，经过 FFT 处理之后的信号如图 8-23 所示。

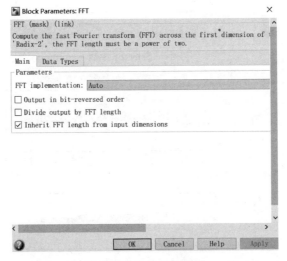

图 8-22　FFT 参数设置

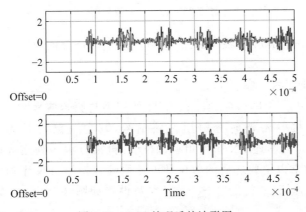

图 8-23　FFT 处理后的波形图

② Selector 选择器：去掉全 0 的部分，参数设置如图 8-24 所示，去 0 后的信号如图 8-25 所示。

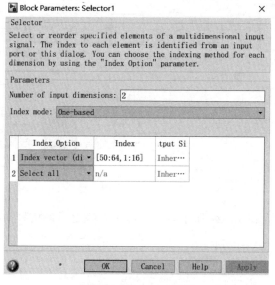

图 8-24　Selector 参数

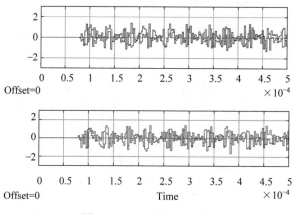

图 8-25　去 0 后的波形图

③ Select columns：Indices to output 为{1，2}，将 30×2 的数据流分解成两路。

（4）信道估计。

信道估计子模块如图 8-26 所示。

在 OFDM 调制中产生随机序列帧长为 31 的序列与原始信号加 0 后重构信号合成产生 31×2 的信号。接收解调时分解出两路信号，其中一路信号为随机序列，接收端 OFDM 解调出的信号与本地 PN 序列相乘，取反后再乘以源序列完成译码可得到变化因数，再利用变化因数乘以解码之后的数据即可还原源数据流，PN 序列发生器的参数设置如图 8-27 所示。去掉第 16 行的 0，Selector 参数设置如图 8-28 所示，输出的数据波形如图 8-29 所示。

（5）QPSK 解调。

参数设置同 QPSK 调制模块，将解调后的信号与 QPSK 调制前的数据进行比较，两路数据除了有延迟外完全吻合，如图 8-30 所示。

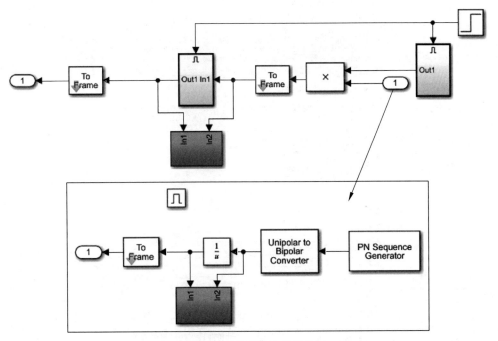

图 8-26　信道估计子模块

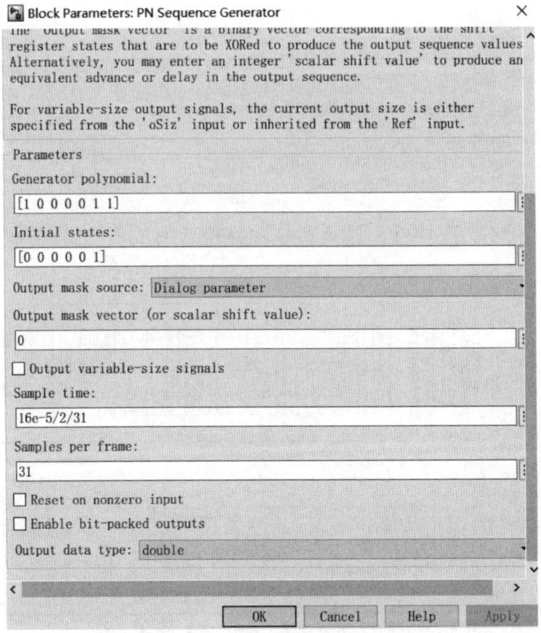

Block Parameters: PN Sequence Generator ✕

The Output mask vector is a binary vector corresponding to the shift
register states that are to be XORed to produce the output sequence values.
Alternatively, you may enter an integer 'scalar shift value' to produce an
equivalent advance or delay in the output sequence.

For variable-size output signals, the current output size is either
specified from the 'oSiz' input or inherited from the 'Ref' input.

Parameters

Generator polynomial:

[1 0 0 0 0 1 1]

Initial states:

[0 0 0 0 0 1]

Output mask source: Dialog parameter

Output mask vector (or scalar shift value):

0

☐ Output variable-size signals

Sample time:

16e-5/2/31

Samples per frame:

31

☐ Reset on nonzero input

☐ Enable bit-packed outputs

Output data type: double

[OK] [Cancel] [Help] [Apply]

图 8-27　PN 序列发生器的参数设置

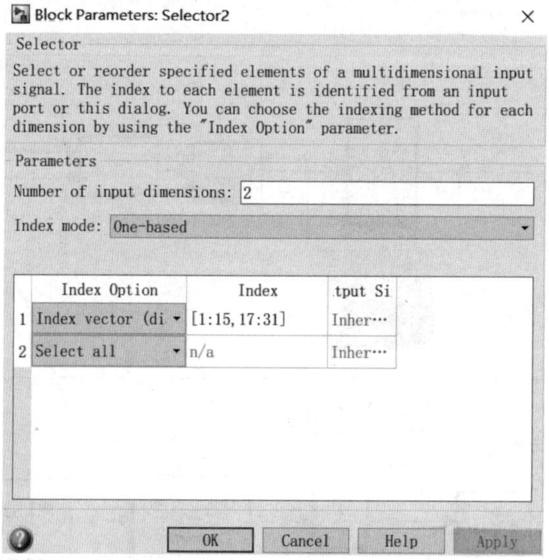

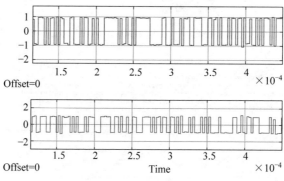

图 8-28　Selector 参数设置

图 8-29　信道估计和补偿后的波形图

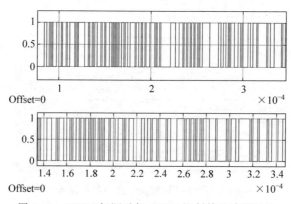

图 8-30　QPSK 解调后与 QPSK 调制前的波形对比

（6）RS 译码。

将信息位为 15 位的卷积码编码为 11 位码字,参数设置如图 8-31 所示,将译码后的数据与原始数据进行比较,发现除了有延迟以外波形完全吻合,如图 8-32 所示,误码率计算为 0(设置信噪比为 10dB)。

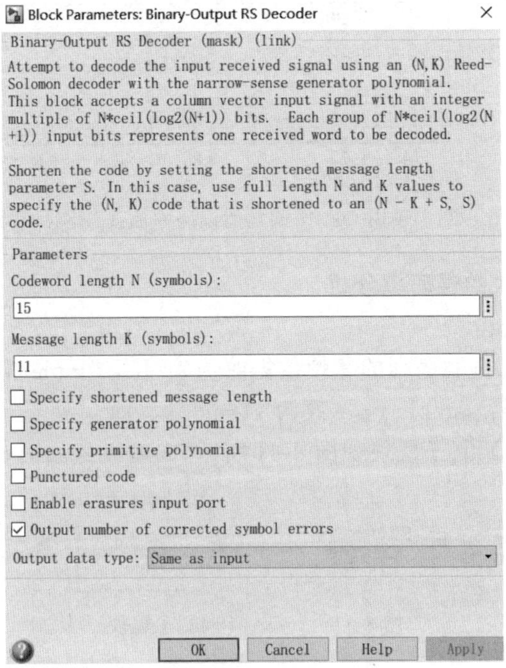

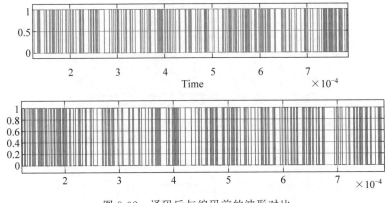

图 8-31　RS 译码器参数

图 8-32　译码后与编码前的波形对比

8.2.2　OFDM 解调性能分析

1）QPSK 调制模式的误码率分析

调整信道的信噪比,得出的误码率曲线如图 8-33 所示,由图中可看出,OFDM 系统的纠错能力很强。如需进一步降低误码率,可以考虑在卷积编码的基础加上交织,可以有效地提升纠错效率。

仿真视频

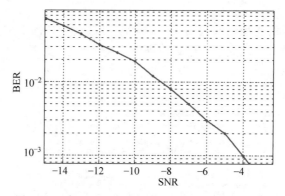

图 8-33   采用 QPSK 调制的误码率曲线(SNR/dB)

2）16QAM 调制模式的误码率分析

对系统进行如下修改：

（1）信源：伯努利二进制序列的每帧数据改为 44 位，sample time 改为 176e-5/88/2s。

（2）PN 序列发生器：sample time 改为 176e-5/2/31s。

（3）16QAM 调制：调制子模块如图 8-34 所示，参数设置如图 8-35 所示。

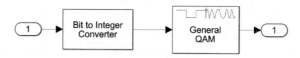

图 8-34   16QAM 调制子模块

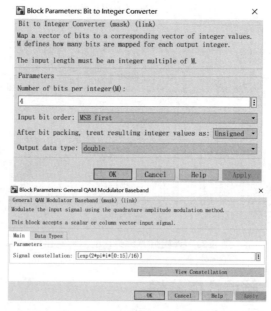

图 8-35   16QAM 调制参数设置

16QAM 解调的参数与 16QAM 调制设置相同。将 QPSK 调制与 16QAM 调制的误码率进行比较，如图 8-36 所示。

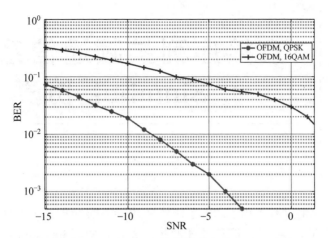

图 8-36 QPSK 与 16QAM 的误码率对比(SNR/dB)

从图 8-36 可以看出,QPSK 的抗噪能力明显优于 16QAM。但在高信噪比的信道中或者对数据有效性要求不高时,采用 16QAM 调制可以将传信率或频谱效率提升一倍。

第 9 章

CHAPTER 9

直接序列扩频通信系统的 Simulink 仿真

Simulink 是 MATLAB 中用于动态系统建模、仿真和分析的一个工程包,其可视化仿真被大量用于线性或非线性系统、信息处理的建模和仿真中。Simulink 能够用连续采样时间、离散采样时间或两种混合的采样时间信号进行建模,创建的动态系统模型快捷且简单明了,用户只需在模型方块图的图形用户接口单击和拖动鼠标即可组成系统模型,而且仿真结果是即时的,因此,Simulink 在通信系统仿真中具有比较重要的应用。

本章主要利用 Simulink 对直接序列扩频(DSSS)通信系统的发射机模块和接收机模块进行仿真设计,在高斯信道模块中加入特定中心频率、窄带干扰。通过传输过程中波形和频谱变换图,分析 DSSS 通信系统误码率与信噪比统计规律。当窄带干扰强度超过系统抗干扰容限时,可以使用自适应滤波器中的 LMS(最小均方差)和 RLS(最小递推二乘)滤波器来抑制窄带干扰。

9.1 扩频系统基本原理

DSSS 通信系统就是直接用具有高码率的扩频码序列(通常采用伪随机码序列)传输信号的方式,采用各种调制方式在发射端扩展信号的频谱,在接收端用相同的扩频码序列解扩,从扩频信号解调出传输信息。干扰信号与扩频码序列完全不相关,并在接收端被扩展,使落入信号频带内的干扰信号大幅减少,有效增强信噪比,达到提升抗干扰能力的目的。

DSSS 通信系统框图如图 9-1 所示,发射端的二进制数据经调制后由 PN 序列进行扩频,通过信道模块模拟传输过程。接收端经过自适应滤波器滤波后,依照 PN 序列相关性进行解扩,经过解调后得到恢复的二进制序列。

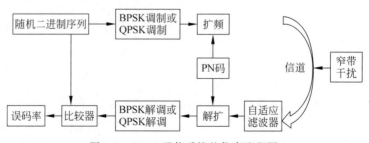

图 9-1 DSSS 通信系统的仿真流程图

9.2　扩频发射技术

9.2.1　扩频

DSSS 通信系统的扩频是将信息码与高速扩频码通过模二加法来实现的。模二加法等同于"异或"运算,规则是两个序列中对应位相加不进位,相同为 0,不同为 1,如图 9-2 所示。

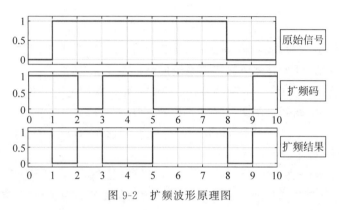

图 9-2　扩频波形原理图

9.2.2　调制

通信系统中发送端的原始信号通常有频率很低的频谱分量,不适宜在信道中直接传输,因此需要将原始信号变换成适合信道传输的高频信号并完成频率分配,这一过程被称为调制。在 DSSS 通信系统中,通常采用的调制方式是相移键控,比如二进制相移键控(BPSK)、正交相移键控(QPSK)和八进制相移键控(8PSK)等。

9.2.3　扩频通信系统分析

信号源产生信号 $a(t)$ 的信息流,码元速率为 R_a,码元宽度为 T_a,满足 $T_a = 1/R_a$,则 $a(t)$ 为

$$a(t) = \sum_{n=0}^{\infty} a_n g_a(t - nT_a) \tag{9-1}$$

式中,a_n 为信息码,以概率 P 取 $+1$ 或以概率 $1-P$ 取 -1,满足:

$$a_n = \begin{cases} +1, & P \\ -1, & 1-P \end{cases} \tag{9-2}$$

$$g_a(t) = \begin{cases} 1, & 0 \leqslant t \leqslant T_a \\ 0, & 其他 \end{cases} \tag{9-3}$$

式中,$g_a(t)$ 为门函数。

伪随机序列生成器生成伪随机序列 $c(t)$,速率为 R_c,宽度为 T_c,$T_c = 1/R_c$,则

$$c(t) = \sum_{n=0}^{\infty} c_n g_c(t - nT_c) \tag{9-4}$$

式中，c_n 为伪随机码码元，取值 $+1$ 或 -1；$g_c(t)$ 为门函数，定义与式(9-3)类似。

扩频过程实质上是信息流 $a(t)$ 与伪随机序列 $c(t)$ 的模 2 加或相乘的过程。伪随机码速率 R_c 比码元速率 R_a 大得多，一般 R_c/R_a 的比值为整数，且 $R_c/R_a \geqslant 1$，所以扩展后的序列的速率仍为伪随机码速率 R_c，扩展的序列 $d(t)$ 为

$$d(t) = a(t)c(t) = \sum_{n=0}^{\infty} d_n g_c(t - nT_c), \quad (n-1) \leqslant t \leqslant nT_c \tag{9-5}$$

式中，

$$d_n = \begin{cases} +1, & a_n = c_n \\ -1, & a_n \neq c_n \end{cases} \tag{9-6}$$

用扩频序列完成载波调制，将信号搬移到载频上去。实际上大多数数字调制方式均可用于 DSSS 系统调制，可视具体情况依据系统的性能要求来确定。

常用的调制方式有 BPSK、MSK、QPSK、QAM 等。本章采用 PSK 调制，用一般的平衡调制器就可完成 PSK 调制。调制信号 $s(t)$ 可表示为

$$s(t) = d(t)\cos\omega_0 t = a(t)c(t)\cos\omega_0 t \tag{9-7}$$

式中，ω_0 为载波频率。

接收端接收信号经高放选择放大和混频后，得到以下信号：有用信号 $s_1(t)$、信道噪声 $n_1(t)$、干扰信号 $J_1(t)$ 和其他网的扩频信号 $s_J(t)$ 等，即收到的中频信号(经混频后)为

$$r_1(t) = s_1(t) + n_1(t) + J_1(t) + s_J(t) \tag{9-8}$$

接收端的伪随机码产生器产生的伪随机序列与发送端产生的伪随机序列相同，但是存在相偏和时延，解调为 $c'(t)$。解扩过程与扩频过程相同，用本地的伪随机序列 $c'(t)$ 与接收到的信号相乘：

$$
\begin{aligned}
r_1'(t) &= r_1(t)c'(t) \\
&= s_1(t)c'(t) + n_1(t)c'(t) + J_1(t)c'(t) + s_J(t)c'(t) \\
&= s_1'(t) + n_1'(t) + J_1'(t) + s_J'(t)
\end{aligned}
\tag{9-9}
$$

以下对式(9-9)4 个分量进行详细分析。其中 $s_1'(t)$ 可扩展为

$$s_1'(t) = s_1(t)c'(t) = a(t)c(t)c'(t)\cos\omega_1 t \tag{9-10}$$

若接收端的伪随机序列 $c'(t)$ 与发送端产生的伪随机序列 $c(t)$ 同步，即 $c(t) = c'(t)$，则 $c(t)c'(t) = 1$，此时信号分量 $s_1'(t)$ 为

$$s_1'(t) = a(t)\cos\omega_1 t \tag{9-11}$$

紧接着依靠滤波器的低通频带获取有效信号，并进入解调器，将有用信号解调出来。

噪声分量 $n_1(t)$、干扰分量 $J_1(t)$ 和异网干扰分量 $s_J(t)$ 经解扩处理后，可以被显著削弱。$n_1(t)$ 分量一般为高斯带限白噪声，因而经 $c'(t)$ 处理后，谱密度基本不变，但相对带宽发生改变，可有效降低噪声功率。$J_1(t)$ 分量是人为干扰引起的。由于干扰分量与伪随机码不相关，因此相乘过程相当于频谱扩展，即将干扰信号功率分散到了一个更宽的频带上，谱密度降低，并通过低通滤波器滤除带外干扰。此时解调器输入端的干扰功率只是与信号频带相同的部分功率。解扩前后的频带相差甚大，因而解扩后干扰功率可显著降低，提高了解调器输入端的信干比，从而提高了系统抗干扰的能力。至于异网的同频干扰信号 $s_J(t)$，由于不同网所用的扩频序列也不同，满足正交关系，这样对于其他扩频信号而言，相当于再次扩展，从而降低了其他扩频信号的干扰。

1) BPSK 调制

BPSK 的调制只使用一种载波：$\cos(\omega_0 t)$。当输入的二进制信号为 0 时，调制信号为 $s(t) = \cos(\omega_0 t)$；当输入的二进制信号为 1 时，$s(t) = \cos(\omega_0 t + \pi) = -\cos(\omega_0 t)$，如图 9-3 所示。

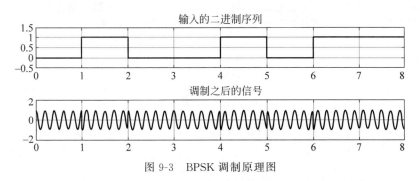

图 9-3　BPSK 调制原理图

2) QPSK 调制

QPSK 调制原理与 IQ 调制相同，如图 9-4 所示。

QPSK 的调制公式可表示为

$$s(t) = I\cos(\omega t) - Q\sin(\omega t) = A\cos(\omega t + \theta) \tag{9-12}$$

将 $(+1, +1)$、$(-1, +1)$、$(-1, -1)$、$(+1, -1)$ 作为 (I, Q) 分别代入，可得 $A = \sqrt{2}$，θ 依次为 $\dfrac{\pi}{4}$、$\dfrac{3\pi}{4}$、$\dfrac{5\pi}{4}$、$\dfrac{7\pi}{4}$。

同样地，QPSK 调制规定了 4 种载波相位，分别为 $\dfrac{\pi}{4}$、$\dfrac{3\pi}{4}$、$\dfrac{5\pi}{4}$、$\dfrac{7\pi}{4}$，调制器输入的数据是二进制数字序列，为了能和四进制波的相位配合起来，需要把二进制数据变换为四进制数据，把二进制序列中每两个比特分成一组，共有 4 种组合，即 00、01、10、11，其中每一组为双比特码元，如图 9-5 所示。

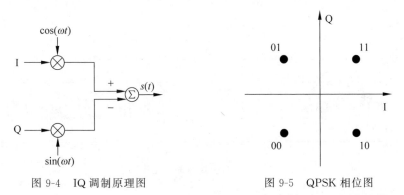

图 9-4　IQ 调制原理图　　　　　　　图 9-5　QPSK 相位图

当输入的数字信息分别为 11、01、00、10 时，输出已调载波的 θ 依次为 $\dfrac{\pi}{4}$、$\dfrac{3\pi}{4}$、$\dfrac{5\pi}{4}$、$\dfrac{7\pi}{4}$。QPSK 调制原理及映射关系如图 9-6 所示。

其中，串并转换模块是将码元序列进行 I/Q 分离，转换规则可以设定为奇数位为 I，偶

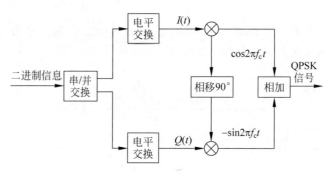

图 9-6 QPSK 调制原理图

数位为 Q。例如，1011001001，I 路为 11010，Q 路为 01001。电平转换模块是将 1 转换成幅度为 A 的电平，将 0 转换成幅度为 -A 的电平。经三角函数计算可得，当输入的数字信息分别为 11、01、00、10 时，则输出已调载波依次为 $\sqrt{2}A\cos\left(2\pi\omega+\dfrac{\pi}{4}\right)$、$\sqrt{2}A\cos\left(2\pi\omega+\dfrac{3\pi}{4}\right)$、$\sqrt{2}A\cos\left(2\pi\omega+\dfrac{5\pi}{4}\right)$、$\sqrt{2}A\cos\left(2\pi\omega+\dfrac{7\pi}{4}\right)$，QPSK 调制的波形如图 9-7 所示，从上至下依次为输入数据信号、I 路信号、Q 路信号、输出 QPSK 调制后的信号。

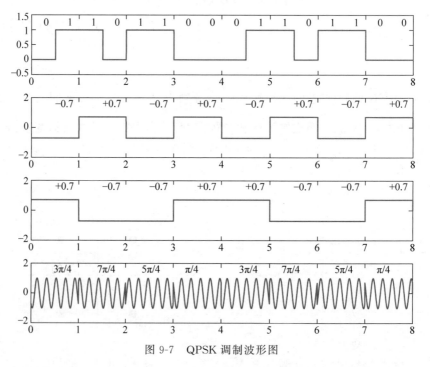

图 9-7 QPSK 调制波形图

3）8PSK 调制

8PSK 调制的本质也是 IQ 调制，将输入的数据每 3 比特划分为一组，共有 8 种组合，对应 8 个输出信号的相位，如图 9-8 所示。

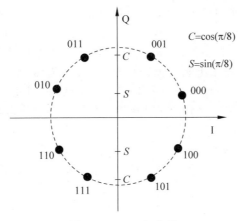

图 9-8 8PSK 相位图

如表 9-1 所示,列出 8PSK 调制后信号的幅度与相位。

表 9-1 输出信号相位表

输 入 信 号	IQ 信 号	输 出 相 位
000	$+C,+S$	$\pi/8$
001	$+S,+C$	$3\pi/8$
011	$-S,+C$	$5\pi/8$
010	$-C,+S$	$7\pi/8$
110	$-C,-S$	$9\pi/8$
111	$-S,-C$	$11\pi/8$
101	$+S,-C$	$13\pi/8$
100	$+C,-S$	$15\pi/8$

9.2.4 伪随机序列

在扩频系统中,伪随机序列具有十分重要的作用。m 序列与 Gold 序列作为最常用和实用的伪随机序列,各有其特点,M 序列作为全长序列,尽管在相关性能上有差异,但也有自身独特的优势。

在扩频通信系统中,扩频序列相关性能的优劣对系统性能具有显著影响,而伪随机序列码的码型直接影响码序列的相关特性,同时序列长度也决定了扩展频谱的宽度。因此,在扩频系统中,对于伪随机序列有如下的要求:

(1) 伪随机序列的长度(即伪码比特率)应该足够长,能够满足扩展带宽的需要;

(2) 伪随机序列要具有尖锐的自相关特性(用作地址码)和良好的互相关特性;

(3) 伪随机序列要有足够多的数量,以满足码分多址的需求;

(4) 应具有近似噪声的频谱特性,即近似连续谱,且均匀分布;

(5) 工程上易于实现。

可以预先确定并可以重复实现的序列称为确定序列;既不能预先确定又不能重复实现的序列称随机序列;不能预先确定但可以重复产生的序列称伪随机序列。

伪随机序列是具有某种随机特性的确定序列。由移位寄存器产生确定序列,却是具有某种随机特性的随机序列。因为同样具有随机特性,无法从一个已经产生的序列的特性中判断是真随机序列还是伪随机序列，只能根据序列的产生办法来判断。伪随机序列具有良好的随机性和接近于白噪声的相关函数，并且有预先的可确定性和可重复性。

m 序列：伪随机序列有很多种，但大多数是以 m 序列为基础构成的，因而本章首先介绍 m 序列的构成和特性。在二进制移位寄存器中，若 n 为移位寄存器的级数，n 级移位寄存器共有 2^n 个状态，除去全 0 状态外还剩下 2^n-1 个状态，因此它能产生的最大长度的码序列为 2^n-1 位。所以产生 m 序列的线性反馈移位寄存器称作最长线性移位寄存器。

如图 9-9 所示，$C_0,C_1,\cdots,C_n$ 都是反馈线，$C_0 、C_n$ 都为 1，代表反馈连接。m 序列是通过循环序列发生器产生的，所以 $C_0 、C_n$ 必等于 1。假如反馈系数 $C_1,C_2,\cdots,C_{n-1}$ 是 1，则表示参与反馈；如果为 0 的话，表示断开反馈线，又叫作无反馈连线。可用特征多项式的形式来表示反馈逻辑：

$$G(x)=C_0+C_1x^1+C_2x^2+\cdots+C_nx^n=\sum_{i=0}^{n}C_ix^i \tag{9-13}$$

式中，C_i 为二元域元素，取值为 0 或 1；x 的幂次表示位置。

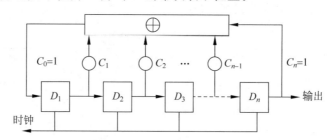

图 9-9　n 级简单型移位寄存器构成的码序列发生器

可以选用 3 种不同方式对 m 序列进行仿真，如图 9-10 所示。第一种采用 5 阶移位寄存器，特征多项式 $f(x)=x^5+x^3+1$ 为本原多项式，初始值均为 1；第二种采用 Simulink 里自带的 m 模块，参数设置如图 9-11 所示；第三种采用单位寄存器，将时钟信号进行寄存，在时钟到来时，将寄存的信号传送给下一个寄存器。

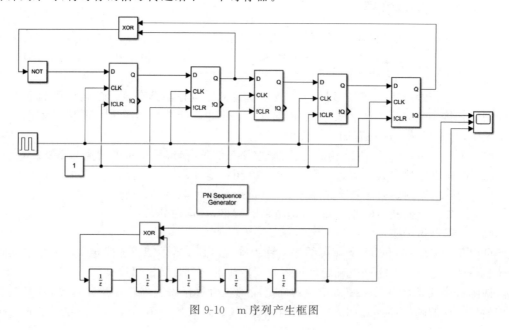

图 9-10　m 序列产生框图

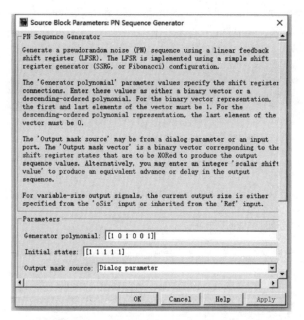

图 9-11 PN Sequence Generator 的参数设置

通过 Simulink 仿真,根据上述 3 种模型得到对应的 3 种 m 序列的时域波形,见图 9-12。由图 9-12 可知,使用不同方法产生的 m 序列的时域波形可以是相同的。

M 序列理论: M 序列包含了 r 级移位寄存器序列的所有 2^r 个状态,是最长的线性移位寄存器序列,产生的序列的长度为 2^r 个,码长为 2^r,达到了 r 级移位寄存器所能达到的最长周期,故又称为全长序列。目前对非线性移位寄存器的研究尚不成熟,足够有效的数学工具及系统的研究方法仍有待进一步探索。

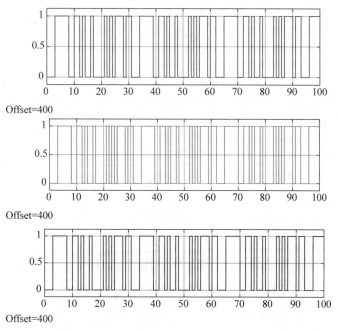

图 9-12 三种不同方式的 m 序列的时域波形

M序列产生：M序列可由 m 序列在适当位置设置 0 状态产生。m 序列已包含了 2^n-1 个非 0 状态，缺少由 n 个 0 组成的 0 状态。在适当位置插入 0 即可使码长为 2^n-1 的 m 序列转变为码长为 2^n 的 M 序列。显然应在状态 $1\,0\,0\cdots0$ 之后会出现 0 状态，同时 0 状态的后续必为原 m 序列后续 $0\cdots0\,1$ 状态。

产生 M 序列的状态为 $(000\cdots0)$，加入反馈逻辑项后，反馈逻辑为

$$f(x_1,x_2,\cdots,x_n)=f_0(x_1,x_2,\cdots,x_n)+\overline{x_1}\,\overline{x_2}\,\overline{x_{n-1}} \tag{9-14}$$

式中，$f_0(x_1,x_2,\cdots,x_n)$ 为原 m 序列反馈逻辑函数。

将本原多项式 $f(x)=1+x^3+x^4$ 产生的 2^n-1 长度的 m 序列加长为码长 2^n 的 M 序列，其反馈逻辑函数为

$$f(x_1,x_2,\cdots,x_n)=x_4+x_3+\overline{x_1}\,\overline{x_2}\,\overline{x_3} \tag{9-15}$$

M 序列发生器电路如图 9-13 所示。

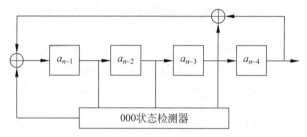

图 9-13　M 序列发生器电路

M 序列在 Simulink 中仿真框图如图 9-14 所示，得到的时域波形如图 9-15 所示。

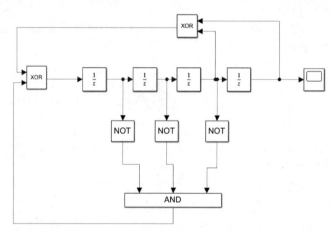

图 9-14　M 序列的仿真框图

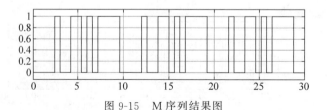

图 9-15　M 序列结果图

Gold 序列的产生：Gold 码是由两个码长相等、速率相同的 m 序列优选对通过模 2 相加构成的复合码序列。改变两个 m 序列的相对位移，则可得到一个新的 Gold 序列。一族 Gold 序列由两个原始 m 序列和改变相对位移得到的 2^n-1 个 Gold 序列组合而成，相对位移为 $1，2，\cdots，2^n-1$。

产生 Gold 序列的结构形式包括乘积型（串联型）和模 2 和型（并联型）。乘积型将 m 序列优选对的两个特征多项式的乘积多项式作为新的特征多项式，根据此 $2n$ 特征多项式构成新的线性移位寄存器。模 2 和型由两个码长相等、速率相同的 m 序列优选对的模 2 和序列构成，通过直接求两个 m 序列优选对输出序列的模 2 和获得。Gold 序列发生器结构框图如图 9-16 所示，Gold 码发生器如图 9-17 所示。

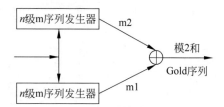

图 9-16　Gold 序列发生器结构框图

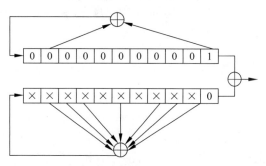

图 9-17　Gold 码发生器

Gold 序列在 Simulink 中的仿真框图如图 9-18 所示。采用的是本原多项式为 $1+x^4+x^7$ 和 $1+x^4+x^5+x^6+x^7$ 的两个 m 序列优选对，时域波形如图 9-19 所示。

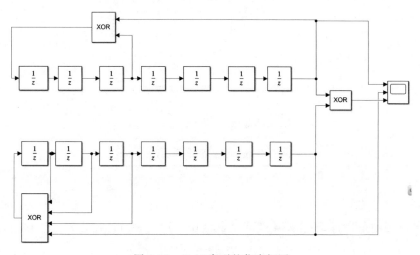

图 9-18　Gold 序列的仿真框图

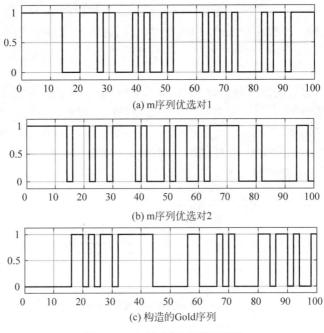

(a) m序列优选对1

(b) m序列优选对2

(c) 构造的Gold序列

图 9-19　Gold 序列时域波形图

9.3　扩频接收技术

9.3.1　解扩

DSSS 通信系统的解扩是扩频的逆过程,是通过信息码与高速扩频码的模二减法来实现的,规则与模二加法相同,两个序列中对应位相减,相同为 0,不同为 1,如图 9-20 所示。

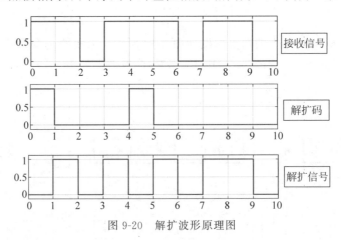

接收信号

解扩码

解扩信号

图 9-20　解扩波形原理图

9.3.2　解调

解调是调制的逆过程,是将基带信号从载波中提取出来以便接收者处理和理解的过程。相应地,解调方式也分为 BPSK 解调、QPSK 解调、8PSK 解调等。

1）BPSK 解调

由 BPSK 调制的过程可知,输入 0 时的 $s(t) = \cos(\omega_0 t)$,输入 1 时的 $s(t) = -\cos(\omega_0 t)$,而 $\cos(\omega_0 t) = \dfrac{1}{2}(e^{j\omega_0 t} + e^{-j\omega_0 t})$,这样可以理解为把 $\cos(\omega_0 t)$ 分解成两个幅值为 $\dfrac{1}{2}$,一个逆时针旋转、一个顺时针旋转的向量。那么解调的第一步,把 $s(t)$ 乘顺时针旋转单位向量 $e^{j\omega_0 t}$,再乘 2,就可以得到一个静止的、模为 1 的向量和一个顺时针旋转、角速度为 $2\omega_0$ 的向量:

$$2e^{-jw_0 t}\cos(w_0 t) = 2e^{-jw_0 t}\frac{1}{2}(e^{jw_0 t} + e^{-jw_0 t}) = 1 + e^{-2jw_0 t} \tag{9-16}$$

对于 $s(t) = -\cos(\omega_0 t)$ 时也是一致的,输入 0 时解调得到的是 $1 + e^{-2j\omega_0 t}$,输入 1 时得到的是 $-1 + e^{-2j\omega_0 t}$。然后取出直流量就可以解调出 $+1$ 和 -1,从而获得输入信号是 0 或是 1。以下用积分取出直流分量,当 $s(t) = \cos(\omega_0 t)$ 时,做如下积分:

$$\begin{aligned}
\frac{1}{T}\int_{-\frac{T}{2}}^{\frac{T}{2}} 2s(t) e^{-jw_0 t}\,\mathrm{d}t &= \frac{1}{T}\int_{-\frac{T}{2}}^{\frac{T}{2}}(e^{jw_0 t} + e^{-jw_0 t})e^{-jw_0 t}\,\mathrm{d}t \\
&= 1 + \frac{1}{T}\int_{-\frac{T}{2}}^{\frac{T}{2}} e^{-2jw_0 t}\,\mathrm{d}t \\
&= 1 + \frac{1}{T}\int_{-\frac{T}{2}}^{\frac{T}{2}}\left[\cos(-2w_0 t) + j\sin(-2w_0 t)\right]\mathrm{d}t \\
&= 1
\end{aligned} \tag{9-17}$$

2）QPSK 解调

接收机收到某一码元的 QPSK 信号可表示为 $y_i(t) = A\cos(2\pi f_c t + \varphi_n)$,其中,$\varphi_n = \dfrac{\pi}{4}$、$\dfrac{3\pi}{4}$、$\dfrac{5\pi}{4}$、$\dfrac{7\pi}{4}$,QPSK 解调原理如图 9-21 所示。

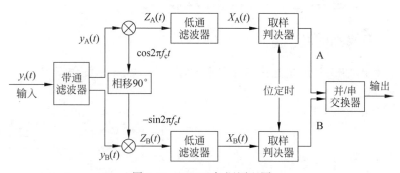

图 9-21 QPSK 解调原理图

其中解调过程如下所示:

$$y_i(t) = y_B(t) = y_i(t) = A\cos(2\pi f_c t + \varphi_n) \tag{9-18}$$

$$\begin{aligned}
z_A(t) &= A\cos(2\pi f_c t + \varphi_n)\cos(2\pi f_c t) \\
&= \frac{A}{2}\cos(4\pi f_c t + \varphi_n) + \frac{A}{2}\cos\varphi_n
\end{aligned} \tag{9-19}$$

$$\begin{aligned}
z_B(t) &= A\cos(2\pi f_c t + \varphi_n)\cos\left(2\pi f_c t + \frac{\pi}{2}\right) \\
&= -\frac{A}{2}\sin(4\pi f_c t + \varphi_n) + \frac{A}{2}\sin\varphi_n
\end{aligned} \tag{9-20}$$

$$x_A(t) = \frac{A}{2}\cos\varphi_n, \quad x_B(t)\frac{A}{2}\sin\varphi_n \qquad (9\text{-}21)$$

解调后信号如表 9-2 所示。

表 9-2　解调后信号对应表

符号相位 φ_n	$\cos\varphi_n$ 的极性	$\sin\varphi_n$ 的极性	判决器输出	
			A	B
$\pi/4$	$+$	$+$	1	1
$3\pi/4$	$-$	$+$	0	1
$5\pi/4$	$-$	$-$	0	0
$7\pi/4$	$+$	$-$	1	0

3）8PSK 解调

8PSK 调制条件下，将已调信号再乘以载波，可得

$$
\begin{aligned}
r_1(t) &- s(t)\cos(\omega_0 t) \\
&= x_k^2 \cos(\omega_0 t) - y_k \sin(\omega_0 t)\cos(\omega_0 t) \\
&= \frac{x_k}{2}\cos(1 + 2\omega_0 t) - \frac{y_k}{2}\sin(2\omega_0 t)
\end{aligned} \qquad (9\text{-}22)
$$

$$r_2(t) = s(t)(-\sin(\omega_0 t)) = -\frac{x_k}{2}\sin(2\omega_0 t) + \frac{y_k}{2}(1 - \cos(2\omega_0 t)) \qquad (9\text{-}23)$$

经过低通滤波，就可以得到原始信号。

9.4　扩频通信 Simulink 仿真模型

9.4.1　仿真模型的建立

仿真视频

图 9-22 为利用 Simulink 搭建的基于伪随机序列的 DSSS 系统仿真图。

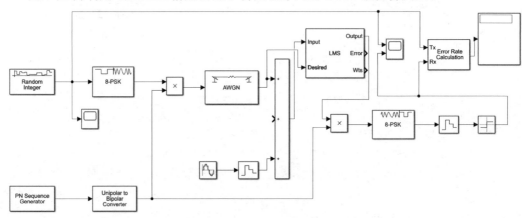

图 9-22　LMS 滤波器抗单音干扰的直扩通信系统仿真模型图

　　注：研究直扩系统抗干扰性的仿真模型大同小异，只需在图 9-10 和图 9-11 的基础上进行修改。

9.4.2　参数设置

（1）信源：随机整数发生器（Random Integer Generator），产生二进制随机信号。sample time 设置为 1/1000，即设置信源信息速率为 1000bps。

（2）调制与解调：可采用 BPSK、QPSK、8PSK 等方式实现，调制和解调由正弦载波与双极性扩频码直接相乘实现。

（3）扩频与解扩：PN 序列生成器模块（PN Sequence Generator）作为伪随机码产生器，扩频过程通过信息码与 PN 码进行双极性变换后相乘实现。解扩过程与扩频过程相同，即将接收的信号用 PN 码进行二次扩频处理。设置为 SNR 模式，sample time 为 1/255000。

（4）信道：传输信道为加性高斯白噪声信道，选择信噪比模式，symbol period 为 1/25500。

（5）单音干扰：选择 sine 函数模块，sine type 选择 Time based。

（6）误码计算：误码计算由误码仪实现，误码仪在通信系统中的主要任务是评估传输系统的误码率，它有两个输出端口：Tx 接收发送方的输入信号，Rx 接收接收方的输入信号。

9.5　扩频通信抗干扰性能分析

9.5.1　加入单音干扰的系统性能分析

给出仿真条件：单音干扰中心频率为 50Hz，幅度为 1V；分别采用 BPSK、QPSK、8PSK 方式进行调制；不加滤波器；加入信噪比 $-10\sim5$dB 的高斯信道进行仿真，得到的误码率曲线如图 9-23 所示。从图中可看出，在信噪比相同的情况下，不同调制阶数有不同的系统性能，BPSK 调制的抗干扰性最好，8PSK 调制的抗干扰性最差。

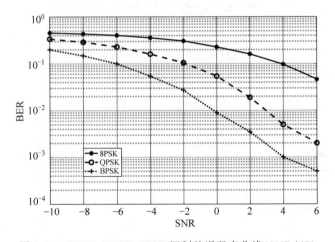

图 9-23　BPSK、QPSK、8PSK 调制的误码率曲线（SNR/dB）

9.5.2　加入多音干扰的系统性能分析

在给出下列仿真的条件下，观察仿真运行情况。采用 8PSK 调制方式；分别加入 50Hz、1V 的单音干扰和 50Hz、100Hz 且幅度均为 1V 的多音干扰；不加滤波器；加入信噪比 $0\sim12$dB 的高斯信道进行仿真，得到的误码率曲线如图 9-24 所示。

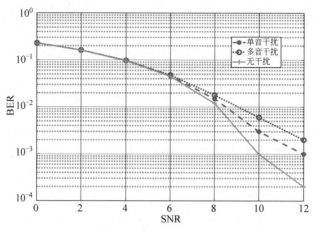

图 9-24　不含干扰与单多音干扰的误码率曲线（SNR/dB）

9.5.3　自适应滤波器抗单音干扰的分析

利用 Simulink 自带的 LMS 自适应滤波器、RLS 自适应滤波器模块，进行窄带干扰的抑制。为了观察滤波器对窄带干扰的抑制效果，进行下列仿真设置。采用 8PSK 调制方式；加入 50Hz、1V 的单音干扰；在解扩之前分别使用 LMS 和 RLS 自适应滤波器；加入信噪比 0～12dB 的高斯信道进行仿真，LMS 和 RLS 滤波器的设置参数分别如图 9-25、图 9-26 所示，得到的误码率曲线如图 9-27 所示。

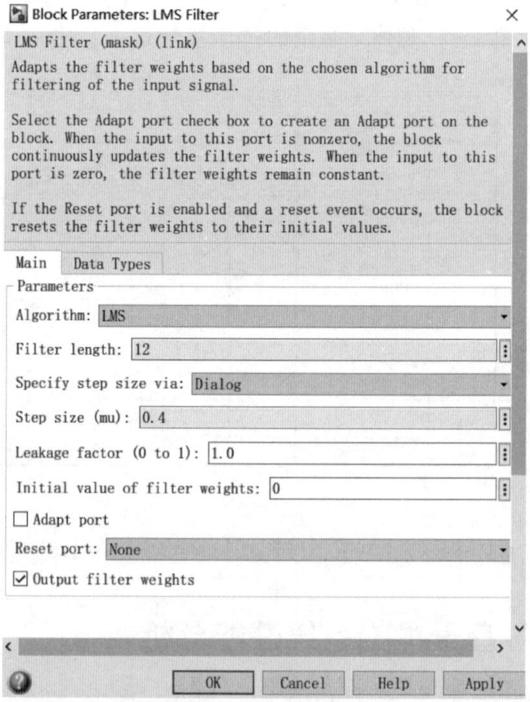

```
Block Parameters: LMS Filter                               ×

LMS Filter (mask) (link)
Adapts the filter weights based on the chosen algorithm for
filtering of the input signal.

Select the Adapt port check box to create an Adapt port on the
block. When the input to this port is nonzero, the block
continuously updates the filter weights. When the input to this
port is zero, the filter weights remain constant.

If the Reset port is enabled and a reset event occurs, the block
resets the filter weights to their initial values.

Main   Data Types
Parameters
Algorithm: LMS                                              ▼
Filter length: 12
Specify step size via: Dialog                               ▼
Step size (mu): 0.4
Leakage factor (0 to 1): 1.0
Initial value of filter weights: 0
☐ Adapt port
Reset port: None                                           ▼
☑ Output filter weights

           OK      Cancel      Help      Apply
```

图 9-25　LMS Filter 参数

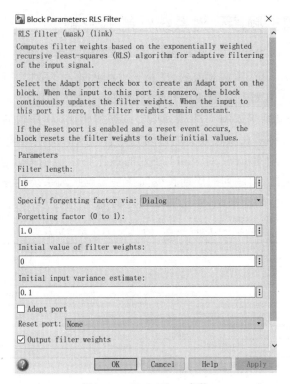

图 9-26　RLS Filter 参数

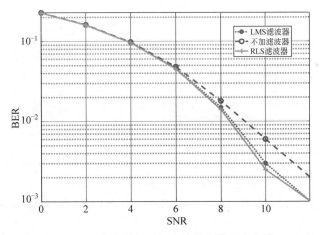

图 9-27　LMS、RLS 滤波器与不加滤波器的误码率曲线（SNR/dB）

　　从图 9-27 可以看出，对 50Hz、1V 的单音干扰，使用两种滤波器后误码率比未使用滤波器性能更佳，都达到了抗窄带干扰的效果。但通过仿真分析可知，RLS 滤波器的误码率更低，干扰抑制效果更好，但是使用 RLS 滤波器时延较大，仿真速度明显比使用 LMS 滤波器时要慢得多，可见其计算较复杂。LMS 滤波器仿真较快，但其收敛速度与步长参数有关，当步长较大时收敛速度更快，但同时滤波效果变差，当步长较小时滤波效果好但收敛速度又变慢，因此需要权衡步长大小与滤波效果。

9.5.4 不同扩频序列对系统性能的影响

在上述 Simulink 仿真基础上,将扩频序列换成不同的序列进行仿真分析,仿真系统参数如表 9-3 所示。采用 QPSK 调制方式,使用长度相近的 m 序列、M 序列和 Gold 序列这三种扩频序列进行对比;在解扩之前使用升余弦滤波器;加入信噪比 0~10dB 的高斯信道进行信道失真模拟。仿真结果如图 9-28 所示,与 m 序列相比,M 序列的性能稍差,但是 M 序列可供选择的序列数更多,在做跳频和加密码时具有极强的抗侦破能力。Gold 序列的互相关特性也不为零,但是对比 m 序列,Gold 序列的误比特性能稍差。从相关性能上来讲,m序列显然比 M 序列更优,而序列的周期长度同样是影响扩频系统性能的重要因素。理论上周期更长的 M 序列从性能上来说,要比周期较短的 m 序列与 Gold 序列好得多。

表 9-3　m、Gold 和 M 三种序列直扩系统仿真参数

参　　　数	数　　　值
调制方式	QPSK
符号速率/bps	256000
滤波器过采样数	8
升余弦滤波器滚降因子	0.5
m 序列长度、Gold 序列长度、M 序列长度	15、15、16

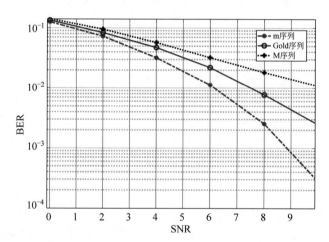

图 9-28　m 序列、M 序列、Gold 序列在 AWGN 信道下的性能(SNR/dB)

参 考 文 献

[1] WANG S, DEY S, et al. Adaptive Mobile Cloud Computing to Enable Rich Mobile Multimedia Applications[J]. IEEE Transactions on Multimedia, 2013, 15(4): 870-883.

[2] Eizmendi I, Velez M, et al. DVB-T2: The Second Generation of Terrestrial Digital Video Broadcasting System[J]. IEEE Transactions on Broadcasting, 2014, 60(2): 258-271.

[3] Lee J Y, Park S I, Yim H J, et al. IP-Based Cooperative Services Using ATSC 3.0 Broadcast and Broadband[J]. IEEE Transactions on Broadcasting, 2020, 66(2): 440-448.

[4] 葛东. 我国地面数字电视传输标准 DTMB 的国际化进展探究[J]. 数字技术与应用, 2020, 38(12): 220-222.

[5] He D, Wang W, Xu Y, et al. Overview of Physical Layer Enhancement for 5G Broadcast in Release 16[J]. IEEE Transactions on Broadcasting, 2020, 66(2): 471-480.

[6] Gimenez J J, Carcel J L, Fuentes M, et al. 5G New Radio for Terrestrial Broadcast: A Forward-Looking Approach for NR-MBMS[J]. IEEE Transactions on Broadcasting, 2019, 65(2): 356-368.

[7] Lauzon D, Vincent A, Wang L. Performance Evaluation of MPEG-2 Video Coding for HDTV[J]. IEEE Transactions on Broadcasting, 1996, 42(2): 88-94.

[8] Shannon C E. A Mathematical Theory of Communication[J]. Bell Labs Technical Journal, 1948, 27(4): 379-423.

[9] Mackay D J C. Good Error-Correcting Codes based on Very Sparse Matrices[J]. IEEE Trans on Information Theory, 1999, 47(2): 399-431.

[10] Hammoodi A, Audah L, Taher M A. Green Coexistence for 5G Waveform Candidates: A Review[J]. IEEE Access, 2019, 7: 10103-10126.

[11] Rosati S, Corazza G E, Vanelli-Coralli A. OFDM Channel Estimation Based on Impulse Response Decimatyion: Analysis and Novel Algotithms[J]. IEEE Trans Commum, 2012, 60(7): 1960-2008.

[12] Makki B, Chitti K, Behravan A, et al. A Survey of NOMA: Current Status and Open Research Challenges[J]. IEEE Open Journal of the Communications Society, 2020, 1: 179-189.

[13] 邓清勇. 异构蜂窝网络资源优化研究[D]. 北京: 北京邮电大学, 2019.

[14] Kammoun A, Müller A, Björnson E, et al. Linear Precoding Based on Polynomial Expansion: Large-Scale Multi-Cell MIMO Systems[J]. IEEE Journal of Selected Topics in Signal Processing, 2014, 8(5): 861-875.

[15] Rangan S, Rappaport T S, Erkip E, et al. Millimeter-wave cellular wireless networks: Potentials and challenges[J]. Proceedings of the IEEE, 2014, 102(3): 365-385.

[16] Naqvi S, Ho P, Peng L. 5G NR mm Wave Indoor Coverage with Massive Antenna System[J]. Journal of Communications and Networks, 2021, 23(1): 1-11.

[17] Ali A, Hamouda W. Advances on Spectrum Sensing for Cognitive Radio Networks: Theory and Applications[J]. IEEE Communications Surveys & Tutorials, 2017, 19(2): 1277-1304.

[18] 王文博, 郑侃. 宽带无线通信 OFDM 技术[M]. 北京: 人民邮电出版社, 2007.

[19] Armstrong J. OFDM for Optical Communications[J]. Journal of Light Wave Technology, 2009, 27(3): 189-204.

[20] Peled R，Ruiz A. Frequency Domain Data Transmission Using Reduced Computational Complexity Algorithms[C]. IEEE International Conference on Acoustics，Speech，and Signal Processing，1980：964-967.

[21] Liyanaarachchi S D，Riihonen T，et al. Optimized Waveforms for 5G-6G Communication with Sensing：Theory，Simulations and Experiments[J]. IEEE Transactions on Wireless Communications，2021，20(12)：8301-8315.

[22] 许炜阳. OFDM 宽带无线基带接收机中的同步算法研究[D]. 上海：复旦大学，2010.

[23] Tao Y，Liu L，Liu S，et al. A Survey：Several Technologies of Non-Orthogonal Transmission for 5G[J]. China Communications，2015，12(10)：1-15.

[24] Mohammadian A，Tellambura C. Joint Channel and Phase Noise Estimation and Data Detection for GFDM[J]. IEEE Open Journal of the Communications Society，2021，2：915-933.

[25] Kumar V，Mukherjee M，Lloret J，et al. A Joint Filter and Spectrum Shifting Architecture for Low Complexity Flexible UFMC in 5G[J]. IEEE Transactions on Wireless Communications，2021，20(10)：6706-6714.

[26] 王向展. 数字多媒体接收系统前端关键技术研究[D]. 成都：电子科技大学，2010.

[27] European Telecommunications Standard Institute. EN 300 744 V1.5.1 Digital Video Broadcasting (DVB)；Framing structure，channel coding and modulation for digital terrestrial television[S]. Sophia Antipolis Cedex：ETSI，2004.

[28] 中华人民共和国国家质量监督检验检疫总局，中国国家标准化管理委员会 GB 20600—2006. 数字电视地面广播传输系统帧结构、信道编码和调制[S]. 北京：中国标准出版社，2006.

[29] 国家广播电影电视总局. GY/T 220.1—2006 移动多媒体广播 第1部分：广播信道帧结构、信道编码和调制[S]. 北京：中国标准出版社，2006.

[30] Hu F，Jin L B，Li J Z. Performance of the CMMB System with MIMO Transmission Scheme[C]. IMCCC2012，2012，12：1041-1044.

[31] Jahid A，Islam M S，Hossain M S，et al. Toward Energy Efficiency Aware Renewable Energy Management in Green Cellular Networks with Joint Coordination[J]. IEEE Access，2019，7：75782-75797.

[32] Aziz A S，Tajuddin M F N，Adzman M R，et al. Feasibility Analysis of PV/Diesel/Battery Hybrid Energy System Using Multi-Year Module[J]. Int J Renew Energy Res，2018，8(4)：1980-1993.

[33] M2083 RIR. IMT Vision-Framework and Overall Objectives of the Future Development of IMT for 2020 and Beyond[R]. ITU-R，2015：2038-2047.

[34] Zhang S L，Cai X J，Zhou W H，et al. Green 5G Enabling Technologies：An Overview[J]. IET Communications，2019，13(2)：135-143.

[35] Feng D Q，Jiang C Z，Lim G B. A Survey of Energy-Efficient Wireless Communications[J]. IEEE Communications Surveys & Tutorials，2013，15(1)：167-178.

[36] Biyabani S R，Khan R，Alam M M，et al. Energy Efficiency Evaluation of Linear Transmitters for 5G NR Wireless Waveforms[J]. IEEE Transactions on Green Communications and Networking，2019，3(2)：446-454.

[37] Rajashekar R，Xu C，Ishikawa N，et al. Multicarrier Division Duplex Aided Millimeter Wave Communications[J]. IEEE Access，2019，7：100719-100732.

[38] Xu C，Ishikawa N，Rajashekar R，et al. Sixty Years of Coherent Versus Non-Coherent Tradeoffs and the Road From 5G to Wireless Futures[J]. IEEE Access，2019，7：178246-178299.

[39] Tang B，Qin K Y，Zhang X Y，et al. A Clipping-Noise Compression Method to Reduce PAPR of

OFDM Signals[J]. IEEE Communications Letters,2019,23(8)：1389-1392.

[40] Zhong J，Yang X L，Hu W S. Performance-Improved Secure OFDM Transmission Using Chaotic Active Constellation Extension[J]. IEEE Photonics Technology Letters,2017,29(12)：991-994.

[41] Sandoval F，Poitau G，Gagnon F. Optimizing Forward Error Correction Codes for COFDM with Reduced PAPR[J]. IEEE Transactions on Communications,2019,67(7)：4605-4619.

[42] Kryszkiewicz P. Amplifier-Coupled Tone Reservation for Minimization of OFDM Nonlinear Distortion[J]. IEEE Transactions on Vehicular Technology,2018,67(5)：4316-4324.

[43] Wang W，Hu M X，Yi J J，et al. Improved Cross-Entropy-Based Tone Injection Scheme with Structured Constellation Extension Design for PAPR Reduction of OFDM Signals [J]. IEEE Transactions on Vehicular Technology,2018,67(4)：3284-3294.

[44] Al-Rayif M I，Seleem H，Ragheb A，et al. A Novel Iterative-SLM Algorithm for PAPR Reduction in 5G Mobile Fronthaul Architecture[J]. IEEE Photonics Journal,2019,11(1)：1-13.

[45] Ali T H，Hamza A. PTS Scheme Based on MCAKM for Peak-to-Average Power Ratio Reduction in OFDM Systems[J]. IET Communications,2020,14(1)：89-94.

[46] Chang C，Huan H，Guo J M，et al. Complementary Peak Reducing Signals for TDCS PAPR Reduction[J]. IET Communications,2017,11(6)：961-967.

[47] Zayani R，Shaïek H，Roviras D. Ping-Pong Joint Optimization of PAPR Reduction and HPA Linearization in OFDM Systems[J]. IEEE Transactions on Broadcasting,2019,65(2)：308-315.

[48] Memisoglu E，Duranay A E，Arslan H. Numerology Scheduling for PAPR Reduction in Mixed Numerologies[J]. IEEE Wireless Communications Letters,2021,10(6)：1197-1201.

[49] Gökceli S，Levanen T，Riihonen T，et al. Novel Iterative Clipping and Error Filtering Methods for Efficient PAPR Reduction in 5G and Beyond[J]. IEEE Open Journal of the Communications Society,2020,2：48-66.

[50] Hammi O，Kwan A，Bensmida S，et al. A Digital Predistortion System with Extended Correction Bandwidth with Application to LTE-A Nonlinear Power Amplifiers [J]. IEEE Transactions on Circuits and Systems,2014,61(12)：3487-3495.

[51] Yu C，Guan L，Zhu E，et al. Band-Limited Volterra Series-Based Digital Predistortion for Wideband RF Power Amplifiers[J]. IEEE Transactions on Microwave Theory and Techniques,2012,60：4198-4208.

[52] Kim J，Konstantinou K. Digital Predistortion of Wideband Signals Based on Power Amplifier Model with Memory[J]. Electronics Letters,2001,37：1417-1418.

[53] 何华明，唐亮，张春生，等.一种基于正交多项式的自适应预失真方法[J].计算机应用与软件,2013,4：97-100.

[54] 王晖，菅春晓，李高升，等.基于记忆有理函数的功率放大器行为模型[J].国防科技大学学报,2013,3：149-152.

[55] 沈忠良，张子平.基于间接学习结构的改进功放非线性失真补偿算法[J].通信技术,2016,10：1320-1325.

[56] 胡峰，蔡超时，刘昌银，等.基于功放效率的OFDM信号幅度的最佳分布——峰均比抑制[J].电子学报,2018,46(10)：2450-2457.

[57] Merah H，Mesri M，Talbi L. Complexity Reduction of PTS Technique to Reduce PAPR of OFDM Signal Used in a Wireless Communication System[J]. IET Communications,2019,13(7)：939-946.

[58] Chen J C. Partial Transmit Sequences for PAPR Reduction of OFDM Signals with Stochastic Optimization Techniques[J]. IEEE Transactions on Consumer Electronics,2010,56(3)：1229-1234.

[59] Goldsmith A. Wireless communications[M]. Cambridge：Cambridge university press,2005.

[60] 刘骏. 地面数字电视广播关键技术研究[D]. 北京：北京邮电大学,2018.

[61] 杨知行,王军. 数字电视传输技术[M]. 北京：电子工业出版社,2011.

[62] Haneda K,Khatun A,Dashti M,et al. Measurement-Based Analysis of Spatial Degrees of Freedom in Multipath Propagation Channels[J]. IEEE Transactions on Antennas and Propagation,2013,61(2)：890-900.

[63] Barbiroli M,Carciofi C,Falciasecca G,et al. A New Statistical Approach for Urban Environment Propagation Modeling[J]. IEEE Transactions on Vehicular Technology,2002,51(5)：1234-1241.

[64] Wu Q Q,Zhang R. Intelligent Reflecting Surface Enhanced Wireless Network via Joint Active and Passive Beamforming［J］. IEEE Transactions on Wireless Communications，2019，18（11）：5394-5409.

[65] Cui M,Zhang G C,Zhang R. Secure Wireless Communication via Intelligent Reflecting Surface[J]. IEEE Wireless Communications Letters,2019,8(5)：1410-1414.

[66] Hrycak T,Dsa S,Matz G,et al. Low Complexity Equalization for Doubly Selective Channels Modeled by a Basis Expansion[J]. IEEE Transactions on Signal Processing,2010,58(11)：5706-5719.

[67] Hoyt R S. Probability Functions for the Modulus and Angle of the Normal Complex Variate[J]. Bell Syst Tech J,1947,26：318-369.

[68] Lindsey W C. Error Probabilities for Ricean Fading Multichannel Reception of Binary and Nary Signals[J]. IEEE Trans Inform Theory,1964,1(10)：339-350.

[69] Shames I,Bishop A N,Smith M,et al. Doppler Shift Target Localization[J]. IEEE Transactions on Aerospace and Electronic Systems,2013,49(1)：266-276.

[70] 张秀艳,高岩. OFDM 系统改进的定时同步算法[J]. 信息技术,2020,12：77-85.

[71] 严家明,冯波,毛瑞娟. 一种 OFDM 系统中的符号定时同步方法[J]. 计算机仿真,2008,25(12)：151-153.

[72] MOOSE P H. A Technique for OFDM Frequency Offset Correction[J]. IEEE Trans on Commu,1994,42(10)：2908-2914.

[73] Zheng Z W,Yang Z X,Pan C Y. Synchronization and Channel Estimation for TDS-OFDM Systems[C]. VTC 2003,2003：7803-7954.

[74] Kang S G,Ha Y M,Joo E K. A Comparative Investigation on Channel Estimation Algorithms for OFDM in Mobile Communications[J]. IEEE Transactions on Broadcasting,2003,49(2)：142-149.

[75] Hu F,Wang Y Y,Jin L B. Robust MIMO-OFDM Design for CMMB Systems Based on LMMSE Channel Estimation[C]. ICEIEC 2015,2015：59-62.

[76] Hu F,Jin L B,Li J Z. A Parallel Space-Time Block Code Based Transmission Scheme[C]. MPMT 2012,Advanced Materials Research,2012：1959-1964.

[77] Ruggiano M,Stolp E,et al. Multi-Target Performance of LMMSE Filtering in Radar[J]. IEEE Transactions on Aerospace and Electronic Systems,2012,48(1)：170-179.

[78] 芮赞,李明齐,张小东,等. 两次一维维纳滤波信道估计的一种噪声方差优化方法[J]. 电子学报,2008,36(8)：1577-1581.

[79] Wang B,Wu Y,Han F,et al. Green Wireless Communications：A Time-Reversal Paradigm[J]. IEEE Journal on Selected Areas in Communications,2011,29(8)：1698-1710.

[80] Hoydis J,et al. Massive MIMO in the UL/DL of Cellular Networks：How Many Antennas Do We Need[J]. IEEE Journal on Selected Areas in Communications,2013,31(2)：160-171.

[81] Marzetta T L. Noncooperative Cellular Wireless with Unlimited Numbers of Base Station Antennas[J].

IEEE Transactions on Wireless Communications,2010,9(11): 3590-3600.

[82] Caire G,Jindal N,Kobayashi M,et al. Multiuser MIMO Achievable Rates with Downlink Training and Channel State Feedback[J]. IEEE Transactions on Information Theory,2010,56(6): 2845-2866.

[83] Shirani-Mehr H,Caire G. Channel State Feedback Schemes for Multiuser MIMO-OFDM Downlink[J]. IEEE Transactions on Communications,2009,57(9): 2713-2723.

[84] Shen W,Dai L,Shi Y,et al. Joint Channel Training and Feedback for FDD Massive MIMO Systems[J]. IEEE Transactions on Vehicular Technology,2015,65(10): 8762-8767.

[85] Jagannatham A K,Rao B D. Whitening-Rotation-Based Semi-Blind MIMO Channel Estimation[J]. IEEE Transactions on Signal Processing,2006,54(3): 861-869.

[86] Marzetta T L,Hochwald B M. Fast transfer of channel state information in wireless systems[J]. IEEE Transactions on Signal Processing,2006,54(4): 1268-1278.

[87] Varma V S,Lasaulce S,Debbah M,et al. An Energy-Efficient Framework for the Analysis of MIMO Slow Fading Channels[J]. IEEE Transactions on Signal Processing,2013,61(10): 2647-2659.

[88] Hu F,Jin L B. Orthogonal procrustes based semi-blind MIMO channel estimation under space-time block code transmissions[J]. Journal of China Universities of Posts & Telecommunications,2011, 18(4): 20-24.

[89] Shafin R,Liu L,Zhang J,et al. DoA Estimation and Capacity Analysis for 3-D Millimeter Wave Massive-MIMO/FD-MIMO OFDM Systems[J]. IEEE Transactions on Wireless Communications, 2016,15(10): 6963-6978.

[90] Fang J,Wang F,Shen Y,et al. Super-Resolution Compressed Sensing for Line Spectral Estimation: An Iterative Reweighted Approach[J]. IEEE Transactions on Signal Processing,2016,64(18): 4649-4662.

[91] Shen Y N,Fang J,Li H B. Exact Reconstruction Analysis of Log-Sum Minimization for Compressed Sensing[J]. IEEE Signal Processing Letters,2013,20(12): 1223-1226.

[92] Hu C,Dai L,Mir T,et al. Super-Resolution Channel Estimation for mm Wave Massive MIMO with Hybrid Precoding[J]. IEEE Transactions on Vehicular Technology,2018,67(9): 8954-8958.

[93] Kang Z,Chatterjee C,et al. An Adaptive Quasi-Newton Algorithm for Eigensubspace Estimation[J]. IEEE Transactions on Signal Processing,2000,48(12): 3328-3333.

[94] Prasad R. OFDM for Wireless Communications Systems[M]. Artech,2004.

[95] Li J M,Liu M X,Cheng N P. Optimization and FPGA Implementation of RS Coding Algorithm[J]. Application of Electronic Technique,2020,46(2): 76-79.

[96] Arfken G B, Weber H J, Harris F E. Mathematical Methods for Physicists[M]. Academic Press,2012.

[97] Rao K R,et al. Fast Fourier Transform-Algorithms and Applications[M]. Springer,2016.

[98] 李献,骆志伟. MATLAB/Simulink 系统仿真[M]. 北京：清华大学出版社,2017.

[99] 姜增如. 控制系统建模与仿真——基于 MATLAB/Simulink 的分析与实现[M]. 北京：清华大学出版社,2020.

[100] 张炜. 无线通信系统[M]. 北京：科学出版社,2021.

[101] 田日才. 扩频通信[M]. 北京：清华大学出版社,2007.

[102] 孙锦华,何恒. 现代调制解调技术[M]. 西安：西安电子科技大学出版社,2014.

[103] Zigangirov K H. Theory of Code Division Multiple Access Communication[M]. IEEE Press,2004.

[104] Wang X,Zhang L, Jiang L. A New Effective Shift Rule for M-Sequences[J]. IEEE Access,2020,8: 74957-74964.

［105］ Rice M，Tretter S，Mathys P. On Differentially Encoded M-sequences［J］. IEEE Transactions on Communications,2001,49(3)：421-424.

［106］ Lee Y H，Kim S J. Sequence Acquisition of DS-CDMA Systems Employing Gold Sequences［J］. IEEE Transactions on Vehicular Technology,2000,49(6)：2397-2404.

［107］ Xinyu Z. Analysis of M-sequence and Gold-sequence in CDMA system［C］. 2011 IEEE 3rd International Conference on Communication Software and Networks. 2011：466-468.

［108］ 王玲.基于 Simulink 的直接序列扩频通信系统抗干扰的仿真实现［J］.中国传媒大学学报：自然科学版,2015,6：21-27.